职业教育课程改革系列教材

二维动画制作 Flash CS3 案例教程

沈大林　主　编

张晓蕾　曾　昊　副主编

電子工業出版社

Publishing House of Electronics Industry

北京·BEIJING

内 容 简 介

为适应职业院校技能紧缺人才培养的需要，根据职业教育计算机课程改革的要求，本书采用任务驱动的方法进行讲解，除了介绍大量的知识点外，还介绍了45个案例，以及100多个练习题。案例有详细的讲解，容易看懂、便于教学，读者可以边进行案例制作，边学习相关知识和技巧，轻松掌握中文Flash CS3的使用方法和技巧。

本书遵从教学规律，注意知识结构与实用技巧相结合，注意学生的认知特点，注意提高学生的学习兴趣和加强学生创造能力的培养，注意将重要的制作技巧融于案例当中。

本书适应社会、企业、人才和学校的需求，不仅可以作为中职计算机专业的教材、高职高专的非计算机专业的教材和培训学校的教材，还可以作为计算机爱好者的自学用书。

图书在版编目（CIP）数据

二维动画制作Flash CS3案例教程 / 沈大林主编. —北京：电子工业出版社，2010.9
职业教育课程改革系列教材
ISBN 978-7-121-11672-8

Ⅰ. ①二… Ⅱ. ①沈… Ⅲ. ①动画－设计－图形软件，Flash CS3－职业教育－教材 Ⅳ. ①TP391.41

中国版本图书馆CIP数据核字（2010）第163460号

策划编辑：关雅莉　杨　波
责任编辑：侯丽平　文字编辑：吴亚芬
印　　刷：北京盛通商印快线网络科技有限公司
装　　订：北京盛通商印快线网络科技有限公司
出版发行：电子工业出版社
　　　　　北京市海淀区万寿路173信箱　邮编　100036
开　　本：787×1 092　1/16　印张：20.5　字数：524.8千字
版　　次：2010年9月第1版
印　　次：2021年8月第13次印刷
定　　价：36.00元

凡所购买电子工业出版社图书有缺损问题，请向购买书店调换。若书店售缺，请与本社发行部联系，联系及邮购电话：（010）88254888，88258888。

质量投诉请发邮件至zlts@phei.com.cn，盗版侵权举报请发邮件至dbqq@phei.com.cn。

本书咨询联系方式：（010）88254617，luomn@phei.com.cn。

前言

为适应职业院校技能紧缺人才培养的需要，根据职业教育计算机课程改革的要求，从二维动画制作技能培训的实际出发，结合 Flash CS3，我们组织编写了本书。本书的编写从满足经济发展对高素质劳动者和技能型人才的需要出发，在课程结构、教学内容、教学方法等方面进行了新的探索与改革创新，以利于学生更好地掌握本课程的内容，利于学生理论知识的掌握和实际操作技能的提高。

Flash 是由美国一个著名的软件公司——Macromedia 公司制作的软件，是一款非常受欢迎的矢量绘图和动画制作软件。之后，Flash 被 Adobe 公司收购，又陆续推出了 Adobe Flash CS3 Professional 和 Adobe Flash CS4 Professional 版本，这两个版本是目前较高的版本。本书介绍 Adobe Flash CS3 Professional 版本。

使用 Flash 制作的扩展名为.swf 的动画文件，可以插入到 HTML 文件里，也可以单独成为网页。Flash 不仅可以用于网页制作，还可以制作具有较强交互性能的动画，可以在专业级的多媒体制作软件 Authorware 和 Director 中使用，或者独立地制作多媒体演示软件、多媒体教学软件和游戏等。

本书按照“以服务为宗旨，以就业为导向”的职业教育办学指导思想，采用任务驱动的方法进行讲解，通过完成任务带动知识点的学习，掌握中文 Flash CS3 软件的操作方法和操作技巧，以及程序设计过程和设计技巧。本书按节细化了知识点，并结合知识点介绍相关的实例。除了 1.1 节外，每节均由“任务描述”、“知识链接”、“操作步骤”和“课后习题”4 部分组成。全书除了介绍大量的知识点外，还介绍了 45 个案例，以及 100 多个练习题。案例有详细的讲解，容易看懂、便于教学，读者可以边进行案例制作，边学习相关知识和技巧，轻松掌握中文 Flash CS3 的使用方法和技巧。

本书共 8 章，第 1 章介绍 Flash CS3 的工作环境、一些基本操作和场景，使读者对 Flash CS3 有一个总体了解，为以后的学习打下一个良好的基础；第 2 章介绍如何绘制图形和编辑图形，绘图模式，以及 Flash 对象特点小结等；第 3 章介绍对象的基本操作，多个对象的调整，文本输入和文本编辑，库、元件和实例等；第 4 章介绍导入对象、遮罩和时间轴特效动画的制作方法；第 5 章介绍创建动画的基本方法、引导动画和形状动画的制作方法，以及图层文件夹；第 6 章介绍“动作”面板的使用和事件，ActionScript 基本语法，部分全局函数，分支和循环语句的使用方法，数学对象等；第 7 章介绍面向对象的编程方法；第 8 章介绍 Flash CS3 的组件及使用方法。

本书内容由浅入深、循序渐进，知识含量适度，使读者在阅读学习时，不但知其然，还知其所以然，不但能够快速入门，而且可以达到较高的水平。在本书的编写中，编者努力遵从教学规律，注意知识结构与实用技巧相结合，注意学生的认知特点，注意提高学生的学习兴趣和加强学生创造能力的培养，注意将重要的制作技巧融于案例当中。

本书主编：沈大林。参加本书编写的主要人员有：张晓蕾、曾昊、张士元、郭政、于建海、张伦、陶宁、沈昕、肖柠朴、王爱赪、郑原、郑瑜、郑淑晖、郑鹤、杨东霞、丰金兰、张磊、郭海、曲彭生、王浩轩、张铮、袁柳、杜金、关点、关山、毕凌云、王爱赪、董鑫、赵亚辉、李征、郝侠、季明辉、李稚平、赵艳霞和魏雪英等。

为了提高学习效率和教学效果，方便教师教学，本书还配有教学指南、电子教案和习题答案。请有此需要的读者登录华信教育资源网（http://www.hxedu.com.cn）免费注册后进行下载，有问题时请在网站留言板留言或与电子工业出版社联系（E-mail:hxedu@phei.com.cn）。

本书适应社会、企业、人才和学校的需求，不仅可以作为中职计算机专业的教材、高职高专的非计算机专业的教材和培训学校的教材，还可以作为计算机爱好者的自学用书。

由于技术的不断变化及操作过程中的疏漏，书中难免有偏漏和不妥之处，恳请广大读者批评指正。

编　者

2010 年 5 月 10 日

目　录

知识要点：

- 掌握使用选择工具、橡皮擦工具改变图形形状和擦除图形的方法与技巧。
- 掌握对象一般和精确变形调整的方法和技巧，进一步掌握对象精确定位的方法和精确调整对象大小的方法。
- 掌握多个对象的组合、层次排列、对齐和分散到图层的方法。
- 掌握文本输入和文本编辑的方法，掌握分离文字的方法。
- 进一步了解库、元件和实例，掌握创建与编辑 3 种元件与实例的方法。

知识要点：

- 掌握导入位图、分离位图的方法，掌握套索工具的使用方法。
- 掌握导入视频的方法，掌握利用 Flash Video Encoder 生成 FLV 文件的方法。
- 掌握导入音频的方法，掌握编辑声音的方法。
- 掌握创建遮罩层的方法和技巧，掌握建立与取消普通图层与遮罩层关联的方法。
- 掌握制作时间轴特效动画的方法，掌握编辑时间轴特效动画的方法。

知识要点：

- 进一步掌握制作动作动画的方法和技巧，掌握制作旋转和摆动动画的方法和技巧。
- 了解 Flash 动画的种类和特点，以及动作动画关键帧的“属性”面板的作用和设置方法。
- 掌握引导动画的制作方法和技巧，掌握形状动画的基本制作方法和技巧。
- “库”面板内图层文件夹的使用方法。

知识要点：

- 了解交互式动画就是用户可以参与控制的动画，用户可以通过鼠标操作或按键盘按键等操作，使动画画面产生跳转变化或者执行一些动作脚本（也称为程序）。动作脚本是可以在动画运行过程中起计算和控制作用的程序，它是使用 ActionScript 编程语言编写的。
- 了解“动作”面板的特点和基本使用方法。了解各种事件的名称和含义。掌握动作脚本在“动作”面板中的编写方法。
- 了解 ActionScript 2.0 的基本语法、常量、变量、注释、运算符、表达式、条件语句、循环语句、部分全局函数，掌握程序设计的基本方法和基本技巧。
- 初步掌握 ActionScript 2.0 类中的数学（Math）对象的基本使用方法。

知识要点：

- 了解面向对象编程的基本概念，初步掌握创建对象和访问对象的方法。
- 初步掌握键盘（Key）对象、鼠标（Mouse）对象、声音（Sound）对象、时间（Date）对象和颜色（Color）对象的基本使用方法。
- 初步掌握面向对象程序设计的基本方法和常用技巧。

知识要点：

- 了解组件的概念，了解 Flash 的几种组件的名称。
- 初步掌握“User Interface”类组件中的 Label（标签）、CheckBox（复选框）、ComboBox（下拉列表框）、List（列表框）、Button（按钮）、RadioButton（单选按钮，也称为单选项）和 UIScrollPane（滚动窗格）组件的基本使用方法，以及基本参数的设置方法。
- 初步掌握“User Interface”类组件中“FLVPlayback”组件和 DateChooser（日历）组件的基本使用方法。
- 了解 Flash 模板，初步掌握“照片幻灯片放映”模板的使用方法。

第1章

Flash CS3 工作区和基本操作

知识要点：

1. 了解中文 Flash CS3 工作区的基本组成和工作区布局。
2. 掌握文档的基本操作，播放 Flash 动画的方法和技巧。
3. 了解时间轴特点，掌握时间轴图层的基本操作方法和技巧。
4. 掌握时间轴帧的基本操作方法和技巧。
5. 掌握场景的基本操作，掌握影片的导出和发布方法。
6. 初步了解动画的制作方法和遮罩层的使用方法。

1.1 中文 Flash CS3 工作区和工作区布局

1.1.1 中文 Flash CS3 工作区简介

1. “欢迎”屏幕

通常在刚刚启动中文 Flash CS3 或者关闭所有 Flash 文档时，会自动弹出 Flash CS3 的“欢迎”屏幕，如图 1-1 所示。它由 5 个区域组成，各区域的作用如下。

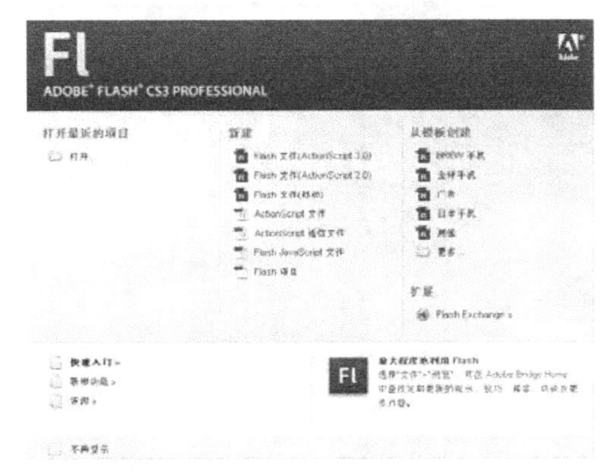

图 1-1 中文 Flash CS3 的“欢迎”屏幕

（1）“打开最近的项目”区域：其中列出了以前打开过的 Flash 文件名称，单击其中一个文件名称，即可打开相应的 Flash 文档。单击“打开”按钮 打开...，可以打开“打开”对话框，利用该对话框可以打开外部的一个或多个 Flash 文档。

（2）“新建”区域：其中列出了可以创建的 Flash 文件类型名称。选择“Flash 文件（ActionScript 3.0）”选项，可以新建一个版本为 ActionScript 3.0 的普通 Flash 文档；选择“Flash 文件（ActionScript 2.0）”选项，可以新建一个版本为 ActionScript 2.0 的普通 Flash 文档；默认的播放器版本均为 Flash Player 9。选择

“Flash 项目”选项，可以打开“新建项目”对话框，利用该对话框可以新建一个项目。单击其他项目名称，可以创建一个相应的 Flash 文档。

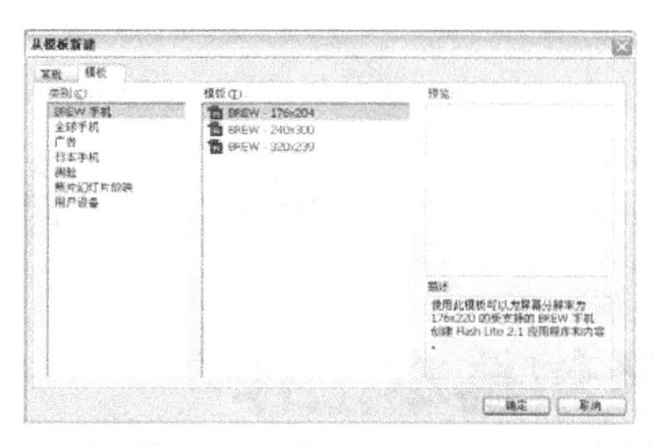

图 1-2 “从模板新建”对话框

（3）“从模板创建”区域：其中列出了一些 Flash CS3 提供的模板类型，单击其中一个模板类型名称或“更多”按钮，即可打开“从模板新建”对话框，如图 1-2 所示。利用该对话框可以选择一个具体的模板，来进一步创建 Flash 文档。

（4）“扩展”区域：单击“Flash Exchange”按钮，可以链接到“Flash Exchange”网站。可以在其中下载助手应用程序、扩展功能及相关信息。

（5）“帮助”区域：提供了对“帮助”资源的快速访问，可以了解 Flash CS3 新增功能、了解有关文档资源和查找 Adobe 授权的培训机构等。

如果选中最下边的“不再显示”复选框，则下次启动中文 Flash CS3 或关闭所有 Flash 文档时，就不会再出现此对话框，而是直接进入“新建文档”对话框。若要显示“欢迎”屏幕，可选择“编辑”→“首选参数”菜单命令，打开“首选参数”对话框，在该对话框的“类别”栏中选择“常规”选项，在“启动时”下拉列表框中选择“欢迎屏幕”选项，再单击“确定”按钮。

2. 工作区

启动中文 Flash CS3，新建一个普通的 Flash 文档，此时中文 Flash CS3 的工作区如图 1-3 所示。可以看出，Flash 工作区由标题栏、菜单栏、主工具栏、工具箱、时间轴、舞台工作区、“属性”面板、“颜色”面板、“库”面板和其他面板等组成。

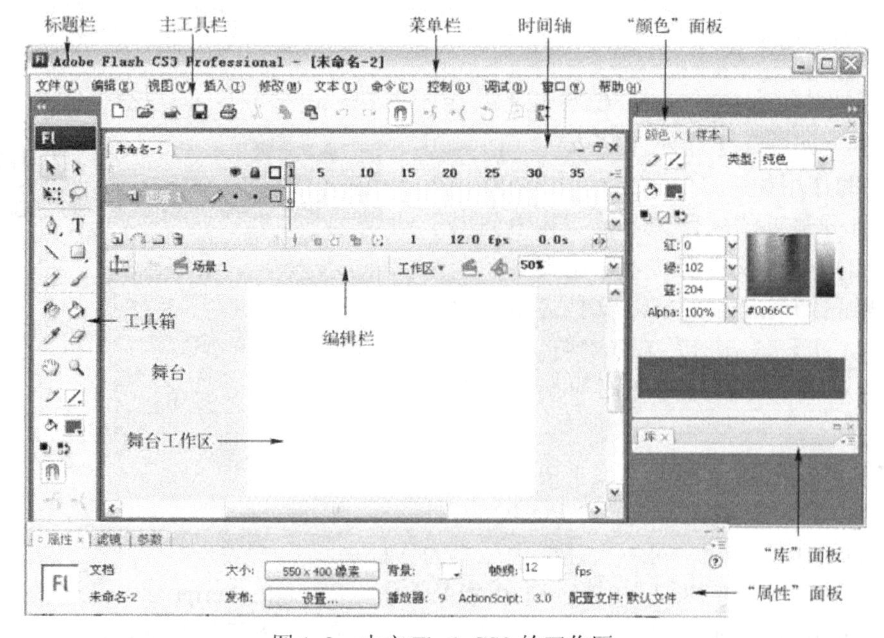

图 1-3 中文 Flash CS3 的工作区

选择“窗口”→“工具栏”→“××××”菜单命令，可以打开或关闭主工具栏、控制器（用于播放影片）和编辑栏。选择“窗口”→“工具”菜单命令，可以打开或关闭工具箱。选择“窗口”→“时间轴”菜单命令，可以打开或关闭时间轴窗口。选择“窗口”→“属性”→“××”菜单命令，可以打开或关闭“属性”、“滤镜”或“参数”面板。“属性”、“滤镜”和“参数”面板构成了一个面板组。

Flash CS3 还有许多面板，选择“窗口”→“××××”菜单命令或选择“窗口”→“其他面板”→“××××”菜单命令，可以打开或关闭其他面板。选择“窗口”→“工作区”→“默认”菜单命令，可以使工作区回到默认状态。选择“窗口”→“隐藏面板”菜单命令，可隐藏所有面板；选择“窗口”→“显示面板”菜单命令，可显示所有隐藏的面板。

3. 工具箱

工具箱提供了用于图形绘制和图形编辑的各种工具。工具箱中从上到下分为“工具”栏、“查看”栏、“颜色”栏和“选项”4 个栏。单击某个工具按钮，即可激活相应的操作功能，以后把这一操作叫做使用某个工具。将鼠标指针移到各按钮之上，会显示该按钮的中文名称。

（1）“工具”栏：工具箱“工具”栏中的工具是用来绘制图形、输入文字和编辑图形，以及用来选择对象的。其中各工具按钮的名称与作用如表 1-1 所示。

表 1-1 “工具”栏中工具按钮的名称与作用

序号	图标	中文名	热键	作用
1		选择工具	V	选择对象，移动、改变对象大小和形状
2		部分选取工具	A	选择加工矢量图形，增加和删除曲线节点，改变图形形状等
3-1		任意变形工具	Q	改变对象大小、旋转角度和倾斜角度等
3-2		渐变变形工具	F	改变填充的位置、大小、旋转角度和倾斜角度
4		套索工具	L	在图形中选择不规则区域内的部分图形
5-1		钢笔工具	P	采用贝塞尔绘图方式绘制矢量曲线图形
5-2		添加锚点工具	=	单击矢量图形线条之上一点，可添加锚点
5-3		删除锚点工具	-	单击矢量图形线条之上的锚点，可删除该锚点
5-4		转换锚点工具	C	将直线锚点和曲线锚点相互转换
6		文本工具	T	输入和编辑字符和文字对象
7		线条工具	N	绘制各种粗细、长度、颜色和角度的直线
8-1		矩形工具	R	绘制矩形的轮廓线或有填充的矩形图形
8-2		椭圆工具	O	绘制椭圆形的轮廓线或有填充的圆形图形
8-3		基本矩形工具	R	绘制基本矩形
8-4		基本椭圆工具	O	绘制基本椭圆或基本圆形
8-5		多角星形工具		绘制多边形和多角星形轮廓线或有填充的多边形和多角星形图形
9		铅笔工具	Y	绘制任意形状的曲线矢量图形
10		刷子工具	B	可像画笔一样绘制任意形状和粗细的曲线
11		墨水瓶工具	S	用于改变线条的颜色、形状和粗细等属性

续表

序　号	图　标	中文名	热　键	作　用
12		颜料桶工具	K	给填充对象填充彩色或图像内容
13		滴管工具	I	用于将选中对象的一些属性赋予相应的面板
14		橡皮擦工具	E	擦除图形和打碎后的图像与文字等对象

（2）“查看”栏：工具箱“查看”栏中的工具是用来调整舞台编辑画面的观察位置和显示比例的。其中两个工具按钮的名称与作用如表 1-2 所示。

表 1-2 “查看”栏中工具按钮的名称与作用

序　号	图　标	名　称	快捷键	作　用
1		手形工具	H	拖曳移动舞台工作区画面的观察位置
2		缩放工具	M,Z	改变舞台工作区和其内对象的显示比例

（3）“颜色”栏：工具箱“颜色”栏中的工具是用来确定绘制图形的线条和填充颜色的。其中各工具按钮的名称与作用如下。

◎ （笔触颜色）按钮：用于给线着色，也称为笔触颜色。

◎ （填充颜色）按钮：用于给图形填充着色。

◎ （从左到右分别是：黑白、交换颜色、没有颜色）按钮：单击“黑白”按钮，可使笔触颜色和填充色恢复到默认状态（笔触颜色为黑色，填充色为白色）。单击“交换颜色”按钮，可以使笔触颜色与填充色互换。单击“没有颜色”按钮，可设置没有笔触颜色（单击按钮）或没有填充色（单击按钮）。

（4）“选项”栏：工具箱“选项”栏中放置了用于对当前激活的工具进行设置的一些属性和功能按钮等选项。这些选项是随着用户选用工具的改变而变化的，大多数工具都有自己相应的属性设置。在绘图、输入文字或编辑对象时，通常应当在选中绘图或编辑工具后，再对其属性和功能进行设置。

4．主工具栏

主工具栏有 16 个按钮，如图 1-4 所示。主工具栏中各按钮的作用如表 1-3 所示。将鼠标指针移到各按钮之上，会显示该按钮的中文名称。

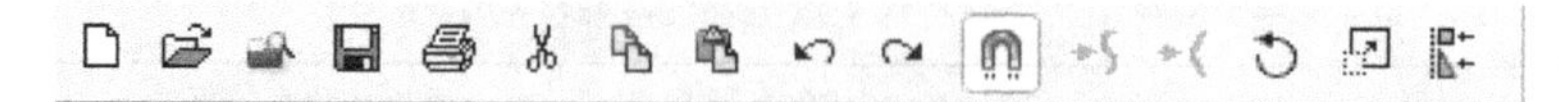

图 1-4　主工具栏

表 1-3　主工具栏按钮的名称与作用

序　号	图　标	名　称	作　用
1		新建	新建一个 Flash 文档
2		打开	打开一个已存在的 Flash 文档
3		转到 Bridge	单击该按钮，可弹出“Bridge”浏览器，它是一个文件浏览器，如图 1-5 所示
4		保存	将当前编辑的 Flash 文件保存（.fla 格式）

续表

序　号	图　标	名　称	作　用
5		打印	将当前编辑的 Flash 图像打印输出
6		剪切	将选中的对象剪切到剪贴板中
7		复制	将选中的对象复制到剪贴板中
8		粘贴	将剪贴板中的内容粘贴到光标所在的位置处
9		撤销	撤销刚刚完成的操作
10		重做	重新进行刚刚被撤销的操作
11		贴紧至对象	可以使编辑时进入“贴紧”状态。此时，绘图、移动对象都可自动贴紧到对象、网格或辅助线。不适合于微调
12		平滑	可使选中的曲线或图形外形更加平滑，多次单击可以产生累积效果
13		伸直	使选中的曲线或图形外形更加平直，多次单击可以产生累积效果
14		旋转与倾斜	可以改变舞台中对象的旋转角度和倾斜角度
15		缩放	可以改变舞台中对象的大小尺寸
16		对齐	用来将舞台中多个选中对象按设定的方式排列对齐

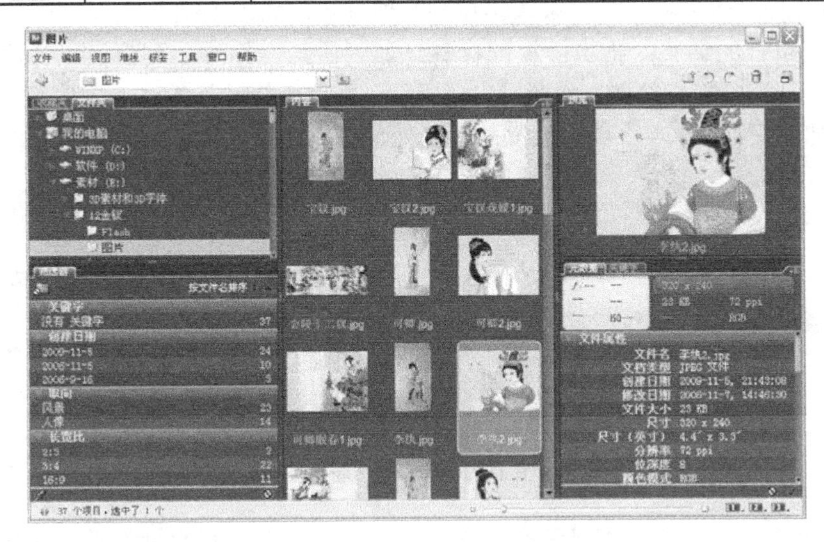

图 1-5 “Bridge”文件浏览器

5. 面板和面板组

几个面板可以组合成一个面板组，单击面板组内的面板标签可以切换面板。

（1）“停靠”区域：打开的面板通常会放置在 Flash 工作区的最右边和最下边（“属性”面板等）。停靠有面板和面板组的 Flash 工作区最右边的区域可简称为“停靠”区域，如图 1-6 所示。单击“停靠”区域内右上角的“折叠为图标”按钮，可以收缩所有“停靠”区域内的面板和面板组，形成由这些面板的图标和名称文字组成的列表，如图 1-7 所示。单击“停靠”区域内右上角的“展开停靠”按钮，可以将各面板和各面板组展开，如图 1-6 所示。单击“停靠”区域内的图标或面板的名称，可以快速打开相应的面板。例如，单击“变形”按钮，即可打开“变形”面板，如图 1-8 所示。

图 1-6 “停靠”区域

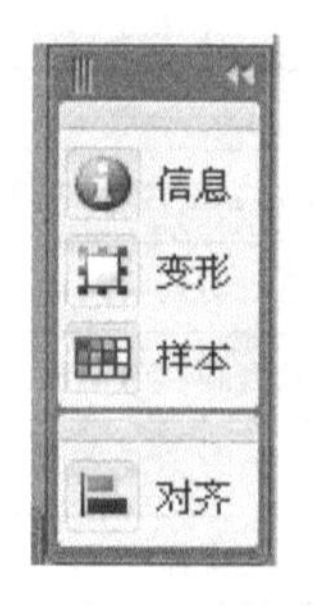

图 1-7 面板收缩

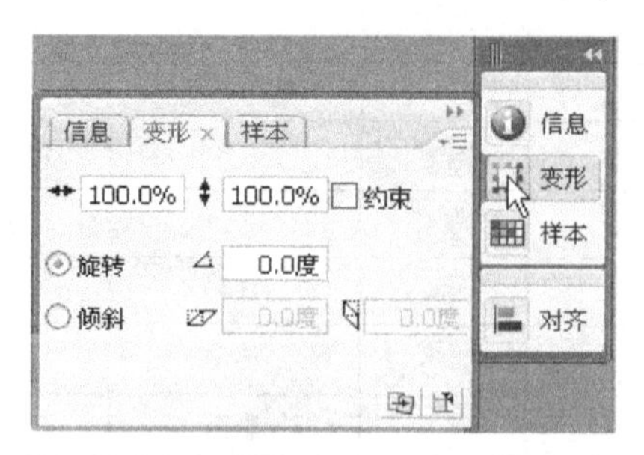

图 1-8 弹出“变形”面板

（2）面板和面板组的折叠和展开：单击面板或面板组顶部的▬按钮或其左边标签栏空白部分，可以使面板或面板组收缩，如图 1-9 所示；单击收缩面板或面板组顶部的▭按钮或其左边标签栏空白部分，可以使面板或面板组展开，如图 1-6 所示。

图 1-9 面板组收缩

（3）调整面板组的位置：拖曳面板组标签栏右边的空白处，可以将面板组或面板从“停靠”区域内拖曳到其他位置。例如，将“信息&变形&样本”面板组拖曳到其他位置，如图 1-10 所示。

（4）面板组合的调整：拖曳面板的标签（如“信息”标签）到面板组外边，可以使该面板（如“信息”标签）独立，如图 1-11 所示。拖曳面板的标签（如“信息”标签）到其他面板组（如“变形&样本”面板组）的标签处，可以将该面板与其他面板组组合在一起，如图 1-12 所示。

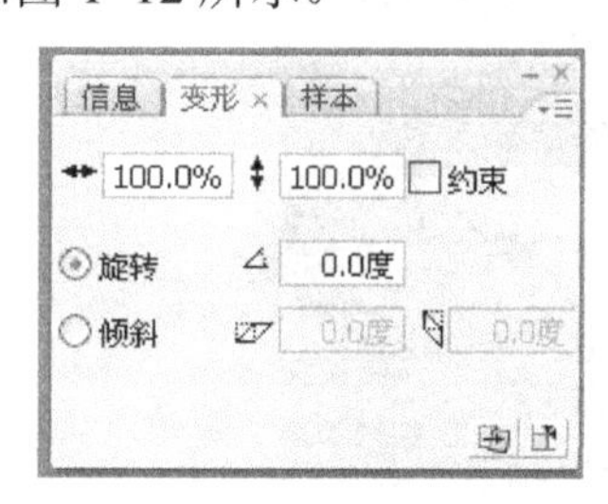

图 1-10 面板组

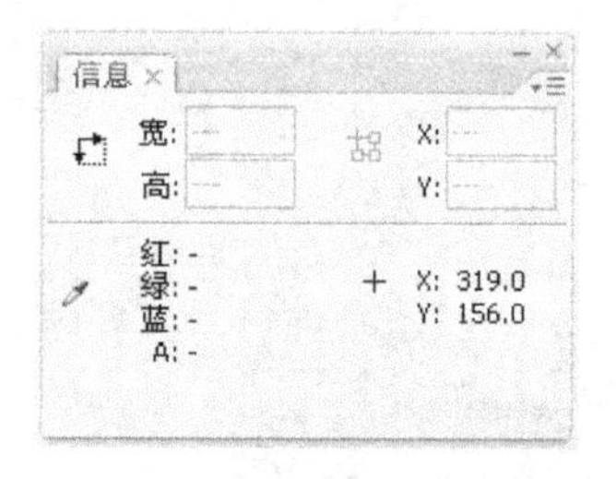

图 1-11 “信息”面板

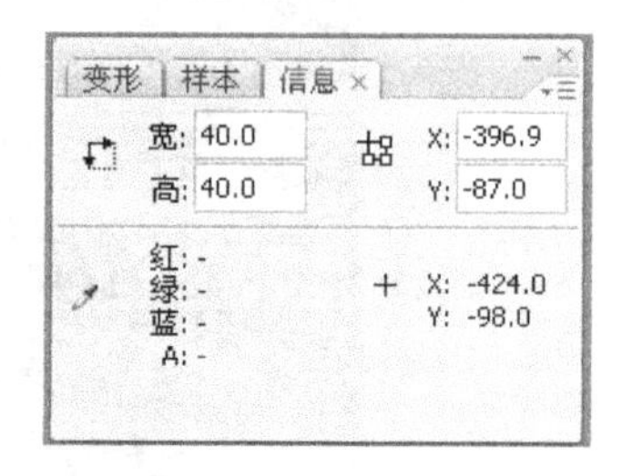

图 1-12 面板重新组合

（5）“属性”面板：该面板是一个特殊面板，单击选中不同的对象或工具时，会打开相应的“属性”面板，其中集中了相应的参数设置选项。例如，单击工具箱中的“文本工具”按钮**T**，再单击舞台工作区，此时的“属性”面板如图 1-13 所示，其中提供了用于设置文字字体、大小、颜色等工具选项。

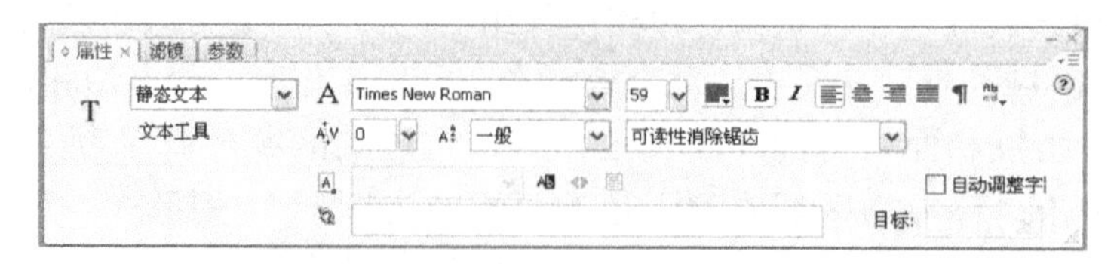

图 1-13 文本工具的“属性”面板

垂直向上拖曳“属性”面板的下边缘，可以收缩“属性”面板的下半部分内容；垂直向下拖曳“属性”面板的下边缘可以展开“属性”面板的下半部分内容。

（6）面板菜单：单击面板组标题栏右上角的▾☰，可以打开该面板组内选中面板（单击该面板的标签）的面板菜单，该菜单中只有“帮助”菜单命令。

1.1.2　舞台工作区

1．舞台和舞台工作区

在创建或编辑一段 Flash 影片时离不开舞台，像导演指挥演员演戏一样，要给演员一个排练演出的场所，这在 Flash 中被称为舞台。舞台是在创建 Flash 文档时放置图形内容的矩形区域。创作环境中的舞台相当于 Flash Player 或 Web 浏览器窗口中播放期间显示 Flash 文档的矩形空间。

舞台工作区是舞台中的一个白色或其他颜色的矩形区域，只有在舞台工作区内的对象才能够作为影片输出和打印。通常，在运行 Flash 后，它会自动创建一个新影片的舞台。舞台工作区是绘制图形和输入文字，编辑图形、文字和图像等对象的矩形区域，也是创建影片的区域。图形、文字、图像和影片等对象的展示也可以在舞台工作区中进行。可以使用舞台周围的区域存储图形和其他对象，而在播放 SWF 文件时不在舞台上显示它们。

2．舞台工作区显示比例的调整方法

（1）方法一：在舞台工作区的上方是编辑栏，编辑栏内的右边有一个可以改变舞台工作区显示比例的下拉列表框，如图 1-14 所示。利用该下拉列表框，可以选择下拉列表框内的选项或输入百分比来改变显示比例。该下拉列表框内各选项的作用如下。

◎“符合窗口大小”选项：可以按窗口大小显示舞台工作区。

◎“显示帧”选项：可以按舞台的大小自动调整舞台工作区的显示比例，使舞台工作区能够完全显示出来。

◎“显示全部”选项：可以自动调整舞台工作区的显示比例，将舞台工作区内所有对象完全显示出来。

◎“100%”（或其他百分比例数）选项：可以按 100%比例（或其他比例）显示。

（2）方法二：选择“视图”→“缩放比率”菜单命令，打开其子菜单，如图 1-15 所示，它与图 1-14 所示基本一样。

图 1-14　调整舞台工作区大小

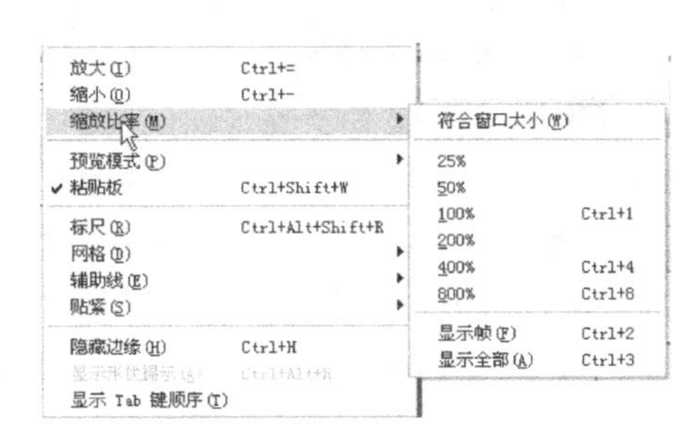

图 1-15　“缩放比率”菜单

（3）方法三：使用工具箱中的“缩放工具”可以改变舞台工作区的显示比例，同时也改变了其内对象的显示比例。单击工具箱内的“缩放工具”按钮🔍，则工具箱选项栏内会出现🔍和🔍两个按钮。单击🔍按钮，单击舞台可放大；单击🔍按钮，单击舞台可缩小。

单击“缩放工具”按钮后，在舞台工作区内拖曳出一个矩形，这个矩形区域中的内容将会撑满整个舞台工作区。

屏幕窗口的大小是有限的，有时画面中的内容会超出屏幕窗口可以显示的面积，这时可以使用窗口右边和下边的滚动条，把需要的部分移动到窗口中。单击工具箱内的“手形工具”按钮，拖曳舞台工作区，就可以看到整个舞台工作区随着鼠标的拖曳而移动。

3. 舞台工作区的网格、标尺和辅助线

在舞台中，为了使对象准确定位，可在舞台的上边和左边加入标尺，在舞台工作区内显示网格和辅助线，它们不会随影片输出。

（1）显示网格：选择“视图”→“网格”→“显示网格”菜单命令，会在舞台工作区内显示网格。再选择该菜单命令，可取消该菜单命令左边的对钩，同时取消网格。

（2）编辑网格：选择“视图”→“网格”→“编辑网格”菜单命令，打开“网格”对话框，如图 1-16 所示。利用该对话框，可编辑网格颜色、网格线间距，确定是否显示网格，移动对象时是否紧贴网格和贴紧网格线的精确度等。加入网格的舞台工作区如图 1-17 所示。

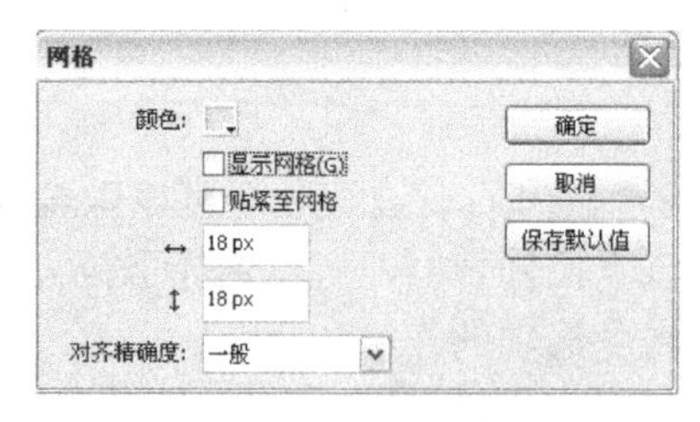

图 1-16 “网格”对话框

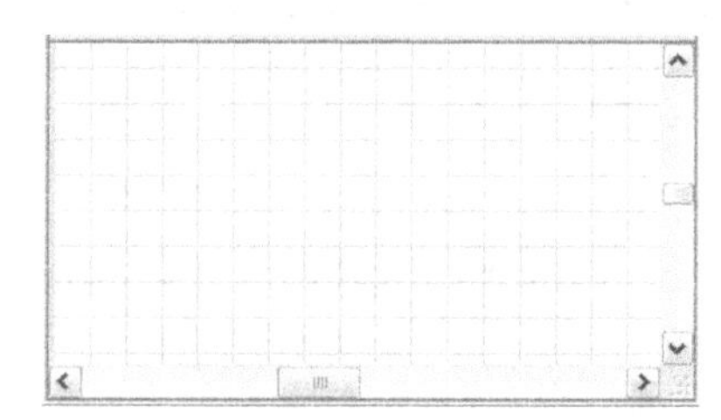

图 1-17 加入网格的舞台工作区

（3）显示标尺：选择“视图”→“标尺”菜单命令，使该菜单命令左边出现对钩，此时会在舞台工作区上边和左边出现标尺。再选择该菜单命令，可以取消标尺。

（4）显示/清除辅助线：选择“视图”→“辅助线”→“显示辅助线”菜单命令，再单击工具箱中的“选择工具”按钮，从标尺栏向舞台工作区内拖曳，即可产生辅助线，如图 1-18 所示。再选择该菜单命令，可以清除辅助线。拖曳辅助线，可以调整辅助线的位置。选择“视图”→“辅助线”→“清除辅助线”菜单命令，可以清除辅助线。

（5）锁定辅助线：选择“视图”→“辅助线”→“锁定辅助线”菜单命令，即可将辅助线锁定，此时再无法用鼠标拖曳改变辅助线的位置。

（6）编辑辅助线：选择“视图”→“辅助线”→“编辑辅助线”菜单命令，会打开“辅助线”对话框，如图 1-19 所示。利用该对话框，可以编辑辅助线的颜色，确定是否显示辅助线、是否对齐辅助线和是否锁定辅助线等。

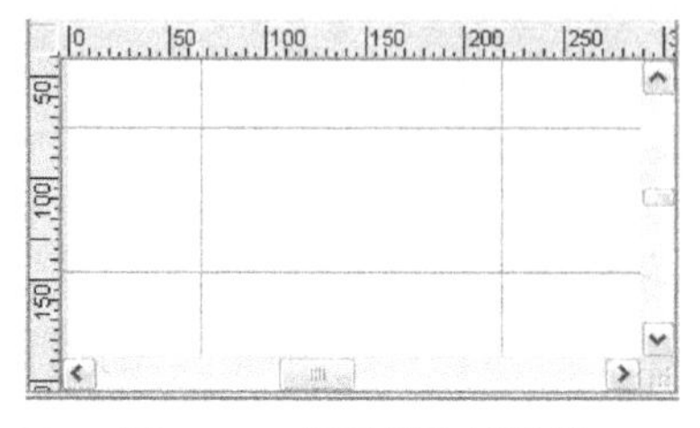

图 1-18 标尺栏和辅助线

图 1-19 “辅助线”对话框

4．对象贴紧

（1）与网格贴紧：如果选中“网格”对话框（如图 1-16 所示）的“贴紧至网格”复选框，则以后在绘制、调整和移动对象时，可以自动与网格线对齐。“网格”对话框内的“对齐精确度”下拉列表框中给出了“必须接近”、“一般”、“可以远离”和“总是对齐”4 个选项，表示贴紧网格的程度。

（2）与辅助线贴紧：在舞台工作区中创建了辅助线后，如果在“辅助线”对话框（如图 1-19 所示）中选中“贴紧至辅助线”复选框，则以后在创建、调整和移动对象时，可以自动与辅助线对齐。

（3）与对象贴紧：单击主工具栏内或工具箱“选项”栏（在选择了一些工具后）内的“贴紧至对象”按钮后，在创建和调整对象时，可自动与附近的对象贴紧。

如果选择“视图”→“贴紧”→“贴紧至像素”菜单命令，则当视图缩放比率设置为 400% 或更高时，会出现一个像素网格，它代表将出现单个像素。当创建或移动一个对象时，它会被限定到该像素网格内。如果创建的形状边缘处于像素边界内（例如，使用的笔触宽度是小数形式，如 6.5 像素），切记是贴紧像素边界，而不是贴紧图形的边缘。

1.1.3　时间轴的组成和特点

1．时间轴组成

时间轴是中文 Flash CS3 进行影片创作和编辑的主要工具，通常它位于舞台与主工具栏之间，用鼠标拖曳时间轴，也可以改变它的位置。时间轴就好像导演的剧本，它决定了各个场景的切换及演员出场、表演的时间顺序。Flash 把影片按时间顺序分解成帧，在舞台中直接绘制的图形或从外部导入的图像，均可形成单独的帧，再把各个单独的帧画面连在一起，合成影片。每个影片都有它的时间轴。图 1-20 给出了一个 Flash 影片的时间轴。

由图 1-20 可以看出，时间轴窗口可以分为左右两个区域。左边是图层控制区域，它主要用来进行各图层的操作；右边是帧控制区域，它主要用来进行各帧的操作。所谓图层就相当于舞台中演员所处的前后位置。图层靠上，相当于该图层的对象在舞台的前面。在同一个纵深位置处，前面的对象会挡住后面的对象。

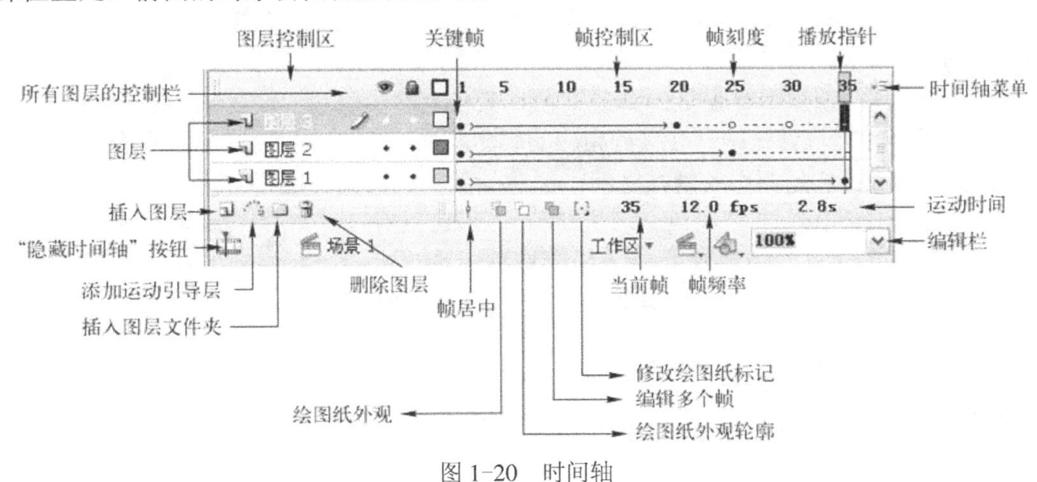

图 1-20　时间轴

（1）图层控制区：图层控制区内第 1 行有 3 个图标按钮，用来对所有图层的属性进行控制。从图层控制区内第 2 行开始到倒数第 2 行是图层区，其内有许多行，每行表示一个图层。在图层控制区内，从左到右按列划分有“图层类别图标”、“图层名称”、“当前图层图标”、“显示/隐藏图层”、“锁定/解除锁定”和“轮廓”6 列。双击图层名称，可以进入图层名称编辑状态，此时可以更改图层名称。“当前图层图标”列的图标为，表示该图层是当前图层。单击图层控制区中的“显示/隐藏图层”、“锁定/解除锁定”和“轮廓”列的按钮，可以改变图层的状态属性。右击图层控制区的图层，可以弹出图层快捷菜单，利用图层快捷菜单可以完成对图层的大部分操作。

（2）帧控制区：帧控制区上边的第 1 行是时间轴帧刻度区，用来标注随时间变化所对应的帧号码。帧控制区的下边是帧工作区，它给出各帧的属性信息。其内也有许多行，每行也表示一个图层。在一个图层中，水平方向上划分为许多个帧单元格，每个帧单元格表示一帧画面。单击一个单元格，即可在舞台工作区中将相应的对象显示出来。

在时间轴窗口中还有一条红色的竖线（图 1-20 中的红色竖线），这条竖线指示的是当前帧，称为播放指针，它指示了舞台工作区内显示的是哪一帧画面。可以用鼠标拖曳它，来改变舞台显示的画面。向右拖曳时间轴窗口的分隔条，可以调整帧控制区的大小，还可以将它隐藏起来。有一个小黑点的单元格表示是关键帧（动画中起点、终点或转折点的帧）。右击帧控制区的帧，可以打开帧快捷菜单，利用该菜单可以完成对帧的大部分操作。

2．时间轴帧控制区

时间轴窗口内有许多图层和帧单元格（简称帧），每行表示一个图层，每个图层的一列表示一帧。帧主要有以下几种，不同种类的帧表示了不同的含义。

（1）空白帧：也叫帧。该帧内是空的，没有任何对象，也不可以在其内创建对象。

（2）空白关键帧：也叫白色关键帧，帧单元格内有一个空心的圆圈，表示它是一个没有内容的关键帧，可以创建各种对象。新建一个 Flash 文件，则在第 1 帧会自动创建一个空白关键帧。单击选中某一个空白帧，再按【F7】键，即可将它转换为空白关键帧。

（3）关键帧：帧单元格内有一个实心的圆圈，表示该帧内有对象，可以进行编辑。单击选中一个空白帧，再按【F6】键，即可创建一个关键帧。

（4）普通帧：在关键帧右边的浅灰色背景帧单元格是普通帧，表示它的内容与左边的关键帧内容一样。单击选中关键帧右边的一个空白帧，再按【F5】键，则从关键帧到选中的帧之间的所有帧均变成普通帧。

（5）动作帧：该帧本身也是一个关键帧，其中有一个字母“a”，表示这一帧中分配有动作脚本。当影片播放到该帧时会执行相应的脚本程序。有关内容将在第 5 章介绍。

（6）过渡帧：它是两个关键帧之间，创建补间动画后由 Flash 计算生成的帧，它的底色为浅蓝色（动作动画）或浅绿色（形状动画）。不可以对过渡帧进行编辑。

创建不同帧的方法还有：选中某一帧，选择“插入”→“时间轴”→“××××”菜单命令；或右击关键帧，打开帧快捷菜单，再选择该帧快捷菜单中相应的菜单命令。

3．时间轴图层控制区

时间轴图层控制区内按钮的名称和作用如表 1-4 所示。

表 1-4　时间轴图层控制区内按钮的名称和作用

序　号	按　钮	按 钮 名 称	按 钮 作 用
1		显示/隐藏所有图层	使所有图层的内容显示或隐藏
2		锁定/解除锁定所有图层	使所有图层的内容锁定（其中的所有对象不可以被操作）或解锁
3		显示所有图层的轮廓	使所有图层中的图形只显示轮廓
4		插入图层	在选定图层的上面再增加一个新的普通图层
5		添加运动引导层	在选定图层的上面新增一个引导图层
6		插入图层文件夹	在选定图层之上新增一个图层目录，拖曳图层到图层目录处，可将图层放入该图层目录中
7		删除图层	删除选定的图层
8		帧居中	将当前帧（播放指针所在的帧）显示到帧控制区窗口中间
9		绘图纸外观	显示一个多帧选择区域，并将该区域内的所有帧的对象同时在舞台显示
10		绘图纸外观轮廓	在时间轴上制作多帧选择区域，除当前帧外，其余帧中的对象仅显示其轮廓线，实现多帧同时显示，如图 1-21 所示
11		编辑多个帧	在时间轴上制作多帧选择区域，该区域内关键帧内的对象均显示在舞台工作区中，可以同时编辑它们
12		修改绘图纸标记	显示一个“多帧显示”菜单，利用该菜单可以定义多帧选择区域的范围，可以定义显示 2 帧、5 帧或全部帧的内容
13	35　12.0 fps　2.8s	信息栏	从左到右，分别用来显示当前帧、帧频（影片播放速率）和运动时间
14		时间轴菜单	弹出一个菜单，利用它可以改变时间轴单元格的显示方式

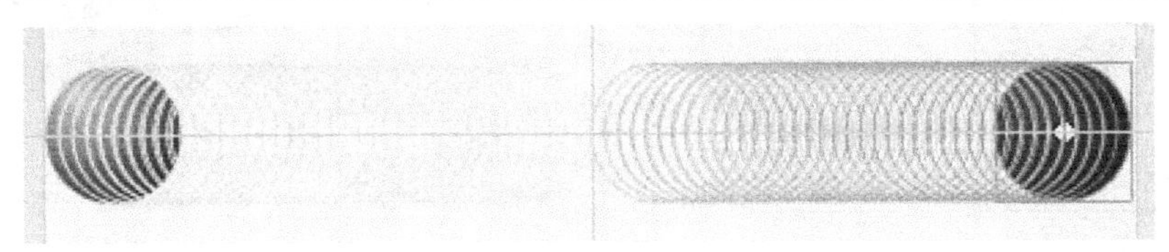

图 1-21　单击“绘图纸外观轮廓”按钮后的效果

1.1.4　工作区布局

工作区布局就是中文 Flash CS3 工作区，用户可以根据自己的喜好或工作的需要，重新调整各面板的位置，打开哪些面板，调整工作区大小等。

1．保存工作区布局

调整工作区后，选择“窗口”→“工作区”→“保存当前”菜单命令，打开“保存工作区布局”对话框，如图 1-22 所示（还没有输入工作区布局的名称）。在该对话框的文本框中输入工作区布局的名称（如“工作区布局 1”），再单击“确定”按钮，即可在“窗口”→“工作区”菜单中添加一个“工作区布局 1”菜单命令。

2．使用面板布局

选择“窗口”→“工作区”→“工作区布局 1”菜单命令，可将工作区改变为当时保存的状态；选择“窗口”→“工作区”→“默认”菜单命令，可将工作区改变为默认状态；选择“窗口”→“工作区”→“管理”菜单命令，即可打开“管理工作区布局”对话框，如图 1-23 所示。利用该对话框可以给保存的工作区更名或删除保存的工作区名称。

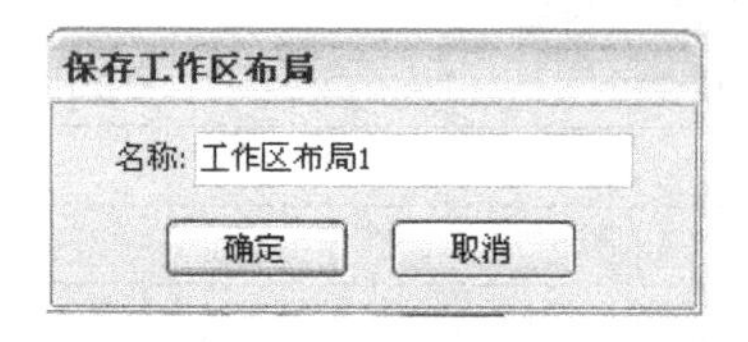

图 1-22 “保存工作区布局”对话框

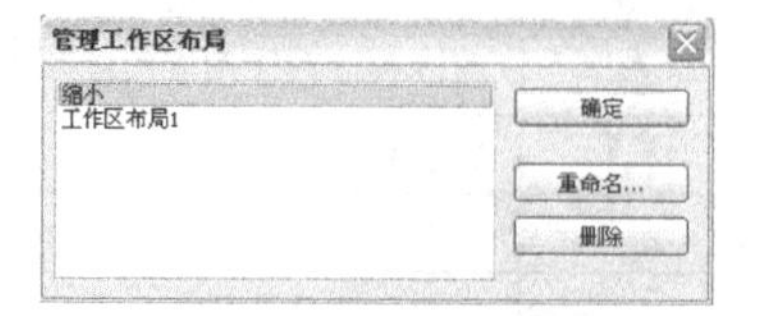

图 1-23 “管理工作区布局”对话框

3. 使用“停靠”的面板布局

选择“窗口”→“工作区”→“图标和文本默认值”菜单命令，可以打开由所有面板的图标和名称文字组成的列表，停靠在“停靠”区域内，如图 1-24 所示。选择“窗口”→“工作区”→“仅图标默认值”菜单命令，可以打开由所有面板的图标组成的列表，停靠在“停靠”区域内，如图 1-25 所示。单击“停靠”区域内右上角的“展开停靠”按钮，可以将各面板组合展开，如图 1-26 所示。

图 1-24 “停靠”区域（1）

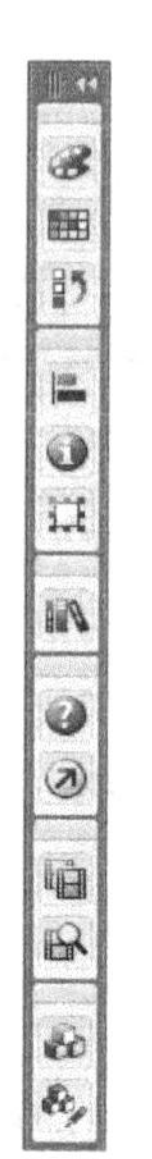

图 1-25 “停靠”区域（2）

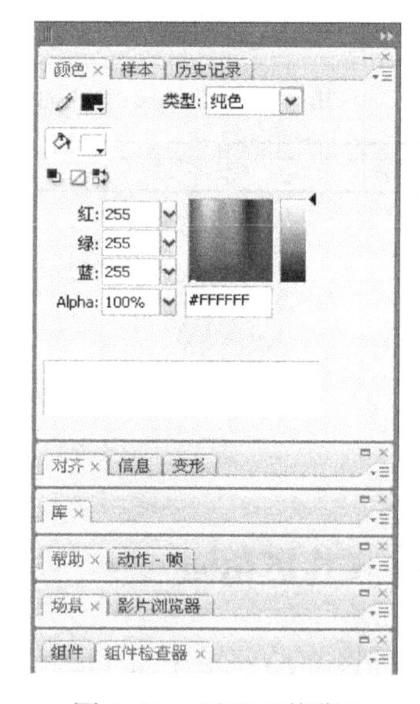

图 1-26 展开“停靠”

1.1.5 获取帮助简介

（1）选择“帮助”→“Flash 帮助”菜单命令或按【F1】键，可以打开“帮助”面板，如图 1-27 所示。在该对话框内左边是“帮助目录”列表框，其内采用树形结构列出了“帮助信息”的目录，在该对话框内右边是相应的“帮助信息”列表框，给出了要获取的中文 Flash CS3 帮助信息。单击选中目录中的题目，即可在右边的列表框中显示相应的帮助信息。

（2）在“帮助”对话框的“帮助目录”列表框中，单击⊞图标，可以展开目录列表，单击⊟图标，可以收缩目录列表。

（3）单击“帮助”对话框中的“下一页”按钮和“上一页”按钮，可以翻页浏览，单击“历史记录回退”按钮⇦和“历史记录前进”按钮⇨，可以翻看曾看过的帮助页，单击“打印”按钮，可打印显示的帮助信息。

（4）在“搜索”按钮左边的文本框内输入要搜索的单词，这时，“清除”按钮变为有效。单击“搜索”按钮，即可搜索与输入的单词有关的文件，并列在左边的目录栏内。单击“清除”按钮，可将“搜索”按钮左边文本框内输入的内容清除。单击“清除搜索项并恢复目录视图”按钮，可回到原来的目录状态，如图 1-27 所示。

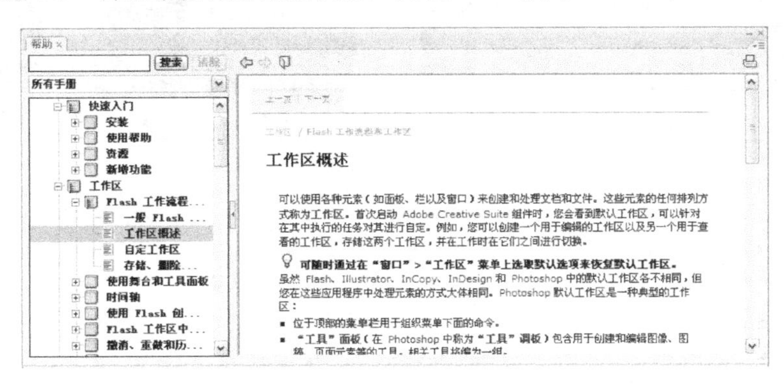

图 1-27　“帮助”面板

课后习题 1-1

1．启动中文 Flash CS3，了解中文 Flash CS3 工作区的特点，了解主工具栏和工具箱内所有工具按钮的名称。

2．新建一个 Flash 文档，参见表 1-1、表 1-2 和表 1-3，初步了解工具箱和主工具栏内工具的使用方法。

3．打开一个 Flash 文档，参见表 1-4 等内容，了解时间轴的特点。

4．启动中文 Flash CS3，打开“颜色”、“样本”、“对齐”、“信息”和“库”面板，将“颜色”和“样本”面板组成一个“颜色&样本”面板组，将“对齐”和“信息”面板组成“对齐&信息”面板组，将两个面板组和“库”面板置于“停靠”区域内，构成一种工作区布局，将这种工作区布局以名称“我的基础工作区”保存。再将工作区布局还原为默认状态，再将工作区布局改成名称为“我的基础工作区”的工作区布局状态。

5．利用中文 Flash CS3“帮助”面板，了解什么是 Flash 的特点和 Flash CS3 新增功能。

1.2　文档基本操作——【任务 1】图像水平移动切换

任务描述

“图像水平移动切换”动画播放后，在立体金黄色图像框架内显示第 1 幅图像，接着第 2 幅图像在图像框架内从右向左水平移动，逐渐将第 1 幅图像完全覆盖。该动画播放中的两幅画面如图 1-28 所示。

图 1-28 “图像水平移动切换”动画播放后的两幅画面

知识链接

1. 新建 Flash 文档

（1）方法一：选择“文件”→“新建”菜单命令，打开“新建文档”（常规）对话框，如图 1-29 所示。选择“新建文档”（常规）对话框的“Flash 文件（ActionScript 3.0）”选项或“Flash 文件（ActionScript 2.0）”选项，再单击“确定”按钮，即可创建一个新的 Flash 空文档。

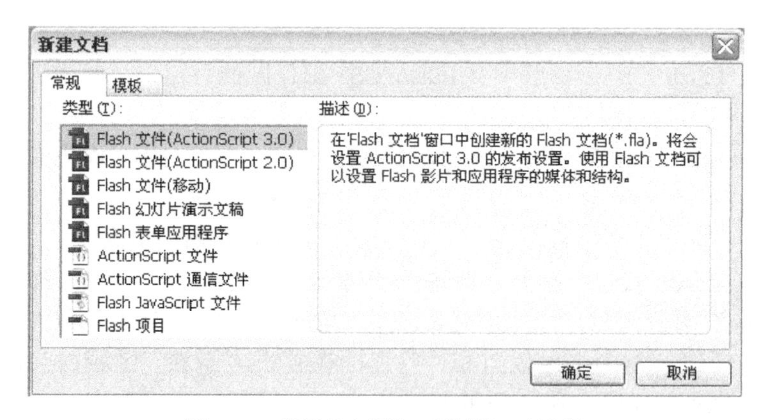

图 1-29 “新建文档”（常规）对话框

（2）方法二：单击主工具栏内的“新建”按钮，可以直接创建一个空 Flash 文档。

（3）方法三：打开 Flash CS3 的“欢迎”屏幕。选择“新建”区域内的“Flash 文件（ActionScript 3.0）”选项或“Flash 文件（ActionScript 2.0）”选项，即可新建一个普通的 Flash 文档，单击其他项目名称，也可以快速创建一个相应的 Flash 文档。

2. 设置文档属性

选择“修改”→“文档”菜单命令，打开“文档属性”对话框，如图 1-30 所示。单击工具箱中的“选择工具”按钮，再单击舞台，可以打开文档的“属性”面板，单击该面

板内的“大小”按钮 大小: 550 x 400 像素 ，也可以打开“文档属性”对话框。

“文档属性”对话框中各选项的作用和设置如下。

（1）“标题”文本框：用于输入 Flash 文档的标题文字。

（2）“描述”文本框：用于输入 Flash 文档的描述文字。

（3）“尺寸”栏：两个文本框可设置舞台工作区大小。在“宽”文本框内输入舞台工作区的宽度，在“高”文本框内输入它的高度，默认单位为 px（像素），最大可设置为 2880 px×2880 px，最小可设置为 1px×1px。

（4）“匹配”栏：选择“打印机”单选钮，可以使舞台工作区与打印机相匹配。选择“内容”单选钮，可以使舞台工作区与影片内容相匹配，并使舞台工作区四周具有相同的距离。要使影片尺寸最小，可以把场景内容尽量向左上角移动，然后单击该按钮。选择“默认”单选钮，可以按照默认值设置文档属性。

（5）“背景颜色”按钮：单击它，会弹出颜色面板，如图 1-31 所示。单击颜色面板中的一种色块，即可设置舞台工作区的背景颜色。

图 1-30　“文档属性”对话框

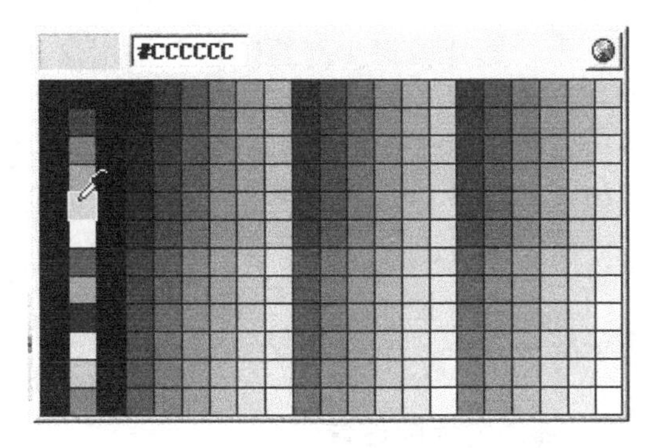

图 1-31　颜色面板

（6）“帧频”文本框：用于输入影片的播放速度，影片的播放速度默认为 12fps，即每秒钟播放 12 帧画面。

（7）“标尺单位”下拉列表框：它用来选择舞台上边与左边标尺的单位，可选择英寸、点、像素、厘米和毫米等。

（8）“设为默认值”按钮：单击它后，可使文档属性的设置状态成为默认状态。

完成 Flash 文档属性的设置后，单击“确定”按钮，即可完成设置，退出该对话框。

3. 保存和关闭 Flash 文档

（1）保存 Flash 文档：如果是第一次存储 Flash 影片，可选择“文件”→“保存”或“文件”→“另存为”菜单命令，打开“保存为”对话框。利用该对话框，将影片存储为扩展名是“.fla”的 Flash CS3 文档（在“保存类型”下拉列表框中选择“Flash CS3 文档”选项）或扩展名是“.fla”的 Flash 8 文档（在“保存类型”下拉列表框中选择“Flash 8 文档”选项）。如果要再次保存修改后的 Flash 文档，可选择“文件”→“保存”菜单命令。

（2）关闭 Flash 文档：选择“文件”→“关闭”菜单命令或单击 Flash 舞台窗口右上角

的“关闭”按钮 ✖（或 ☒）。如果在此之前没有保存影片文件，会弹出一个提示框，提示是否保存文档。单击“是”按钮，即可保存文档，然后关闭Flash CS3文档窗口。

（3）退出 Flash CS3：选择“文件”→“退出”菜单命令或单击窗口右上角的 ☒ 按钮。如果在此之前还有没关闭的修改过的 Flash 文档，则会弹出提示框，提示是否保存文档。单击“是”按钮，即可保存文档，并关闭Flash文档窗口。然后，退出Flash CS3。

4. 播放Flash动画的几种方法

播放与测试Flash影片，可以执行“控制”菜单的各菜单命令或使用“控制器”面板。

（1）使用“控制器”面板播放：选择“窗口”→“工具栏”→“控制器”菜单命令，可打开“控制器”面板，如图 1-32 所示。单击该面板中的“播放”按钮 ▶，即可在舞台工作区内播放影片；单击“停止”按钮 ■，可以使正在播放的影片停止播放；单击“后退”按钮 ⏮，可使播放头回到第 1 帧；单击“转到结尾”按钮 ⏭，可使播放头回到最后一帧；单击“后退一帧”按钮 ◀◀，可使播放头后退一帧；单击“前进一帧”按钮 ▶▶，可使播放头前进一帧。

图 1-32 “控制器”面板

（2）选择“控制”→“播放”菜单命令或按【Enter】键，即可在舞台窗口内播放该影片。对于有影片剪辑实例的影片，采用这种播放方式不能够播放影片剪辑实例。选择“控制”→“停止”菜单命令或按【Enter】键，即可使舞台窗口内播放的影片暂停播放。再选择“控制”→“播放”菜单命令或按【Enter】键，又可以从暂停处继续播放。

（3）选择“控制”→“测试影片”菜单命令或按【Ctrl+Enter】组合键，可在播放窗口内依次循环播放影片的各场景。单击播放窗口右上角的 ☒ 按钮，可关闭播放窗口。

（4）选择“控制”→“测试场景”菜单命令或按【Ctrl+Alt+Enter】组合键，可以循环播放当前场景的影片。

5. 播放方式的设置

（1）在舞台工作区循环播放：选择“控制”→“循环播放”菜单命令，使该菜单选项左边出现对钩。之后，可以使选择“控制”→“播放”菜单命令（或按【Enter】键）的动画播放或使用“控制器”面板的动画播放键的动画播放（均为在舞台工作区内的动画播放）是循环播放。

（2）在舞台工作区播放所有场景的动画：选择“控制”→“播放所有场景”菜单选项，之后可以选择“控制”→“播放”菜单命令（或按【Enter】键）或使用“控制器”面板进行影片所有场景的播放（均为在舞台工作区内的动画播放）。

（3）动画反向播放：动画反向播放就是使起始帧变为终止帧，终止帧变为起始帧。单击选中一段动画，可以包括多个图层，然后将鼠标指针移到动画的某一帧之上，单击鼠标右键，打开它的帧快捷菜单，选择该快捷菜单中的“翻转帧”菜单命令。

6. 预览模式设置

为了加速显示过程或改善显示效果，可以在查看菜单中选择有关图形质量的选项。图形质量越好，显示的速度会越慢一些；如果要显示速度快，则可以降低显示质量。

（1）外边框显示：选择“视图”→“预览模式”→“轮廓”菜单选项。在播放时，只

显示场景中所有对象的轮廓，而不显示其填充时的内容，因此可加快显示的速度。

（2）高速显示：选择“视图”→“预览模式”→“高速显示”菜单选项。在播放时，关闭消除锯齿功能，显示所有对象的轮廓和填充内容，显示速度较快。这是默认状态。

（3）消除锯齿显示：选择“视图”→“预览模式”→“消除锯齿”菜单选项。可使显示的线条、图形和位图看起来平滑一些，它比高速显示要慢得多，但显示质量要好一些。消除锯齿功能在提供成千（16 位）或上百万（24 位）种颜色的显卡上处理效果最好。在 16 色或 256 色模式下，黑色线条比较平滑，但是颜色的显示在快速模式下可能会更好。

（4）消除文字锯齿显示：选择“视图”→“预览模式”→“消除文字锯齿”菜单选项。可使显示的文字的边缘平滑一些，使显示质量更好一些。此命令处理较大的字体大小时效果最好，如果文本数量太多，则速度会减慢。这是最常用的工作模式。

（5）整个：选择“视图”→“预览模式”→“整个”菜单选项，可完全呈现舞台上的所有内容。此设置可能会降低显示速度。

操作步骤

1．新建 Flash 文档和设置文档属性

（1）启动中文 Flash CS3，弹出 Flash CS3 的“欢迎”屏幕。选择“新建”区域内的“Flash 文件（ActionScript 2.0）”选项，新建一个 Flash 文档。

（2）单击“属性”面板内的“大小”按钮 550 x 400 像素 ，打开“文档属性”对话框，如图 1-33 所示。在“标题”文本框内输入“图像水平移动切换”文档的标题文字，在“描述”文本框内输入“这是第 1 个 Flash 动画”文档的描述文字；在“尺寸”栏内“宽”文本框中输入舞台工作区的宽度“460”，在“高”文本框内输入舞台工作区的高度“360”，单位为 px（像素）；如图 1-33 所示。单击“背景颜色”按钮，打开颜色面板。单击颜色面板中的黄色色块，设置舞台工作区的背景颜色为黄色。单击“确定”按钮，完成设置。

图 1-33　“文档属性”对话框

2．绘制金黄色矩形框架

（1）选择“视图”→“标尺”菜单选项，使该菜单选项左边出现对钩，在舞台工作区添加标尺。单击工具箱中的“选择工具”按钮，两次从左边的标尺栏向舞台工作区拖曳，产生两条垂直的辅助线，再两次从上边的标尺栏向舞台工作区拖曳，产生两条水平的辅助线，围成宽为 420 像素，高为 320 像素的矩形，如图 1-34 所示。用于给矩形图形定位。

（2）单击工具箱内的“矩形工具”按钮，单击工具箱内“颜色”栏中的“笔触颜色”按钮，再单击“没有颜色”按钮，使绘制的矩形图形没有轮廓线。单击工具箱内“颜色”栏内“填充色”按钮，打开如图 1-35 所示的颜色面板。单击颜色面板内金黄

色图标，设置矩形的填充颜色为金黄色。

图 1-34　4 条辅助线

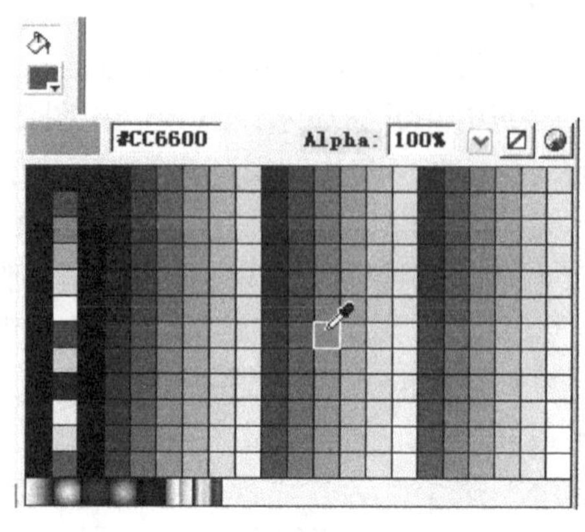

图 1-35　填充色颜色面板

（3）如果工具箱内“选项”栏中的“对象绘制”按钮处于按下状态，则单击该按钮，使“对象绘制”按钮处于弹起状态。然后，沿舞台工作区边缘拖曳，绘制一幅金黄色矩形图形，如图 1-36 所示。

图 1-36　金黄色矩形图形

（4）单击工具箱内的“矩形工具”按钮，单击工具箱内“颜色”栏中的“笔触颜色”按钮，弹出笔触颜色面板，笔触颜色面板与填充色颜色面板相似。单击笔触颜色面板内的金黄色图标，设置轮廓线颜色为金黄色。在其“属性”面板的“笔触高度”文本框中输入 2，设置轮廓线粗为 2pts。

（5）单击工具箱内“颜色”栏内“填充色”按钮，再单击“颜色”栏内“没有颜色”按钮，使绘制的矩形图形没有填充。

（6）沿着金黄色矩形内部的 4 条辅助线拖曳，绘制一个金黄色矩形框架图形。再单击工具箱内的“选择工具”按钮，单击选中金黄色矩形框架内的金黄色矩形图形，这部分图形上边蒙上了一层小白点，如图 1-37 所示。

（7）按【Delete】键，将选中的矩形图形删除，形成金黄色矩形框架，如图 1-38 所示。

图 1-37　金黄色矩形和选中的矩形图形

图 1-38　金黄色矩形框架的图形

3. 制作立体框架

（1）单击工具箱中的“选择工具”按钮，单击舞台工作区，使“属性”面板切换到 Flash 文档的“属性”面板。观察其内“设置”按钮右边的文字，应该是“播放器：9”或“播放器：8”。否则，单击“属性”面板的“发布”栏内的“设置”按钮，打开“发布设置”（Flash）对话框。在该对话框的“版本”下拉列表框中选择“Flash Player 9”或者“Flash Player 8”选项。

小提示

这项操作的目的是为了可以使用 Flash CS3 的滤镜功能。

（2）选中整个金黄色矩形框架图形，选择“修改”→“转换为元件”菜单命令，打开“转换为元件”对话框，如图 1-39 所示。单击“确定”按钮，关闭该对话框，将选中的矩形图形转换为影片剪辑元件的实例（简称“影片剪辑实例”）。

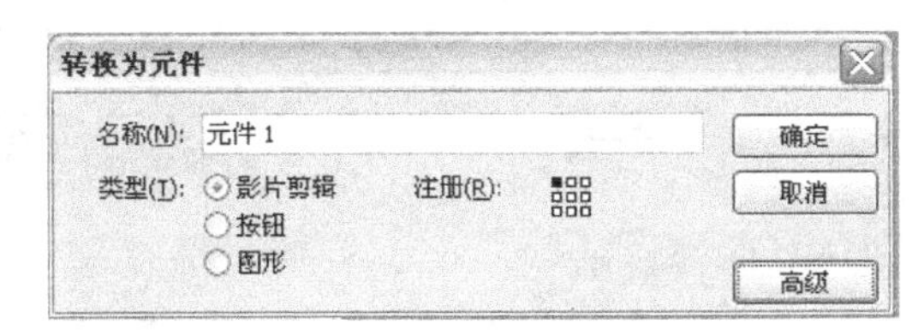

图 1-39　“转换为元件”对话框

小提示

这项操作的目的是，只有影片剪辑元件的实例才可以用滤镜对其进行立体化加工。

（3）选中刚刚创建的影片剪辑实例，单击“属性”面板旁的“滤镜”标签，切换到“滤镜”面板，这时“添加滤镜”按钮变为有效。

（4）单击“添加滤镜”按钮，即可打开滤镜菜单，如图 1-40 所示。选择该滤镜菜单中的“斜角”菜单命令，此时“滤镜”面板如图 1-41 所示。同时，选中的影片剪辑实例（金黄色矩形框架）也变成立体状。

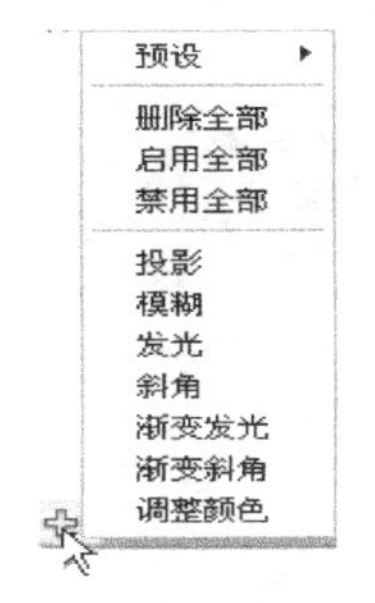

图 1-40　滤镜菜单

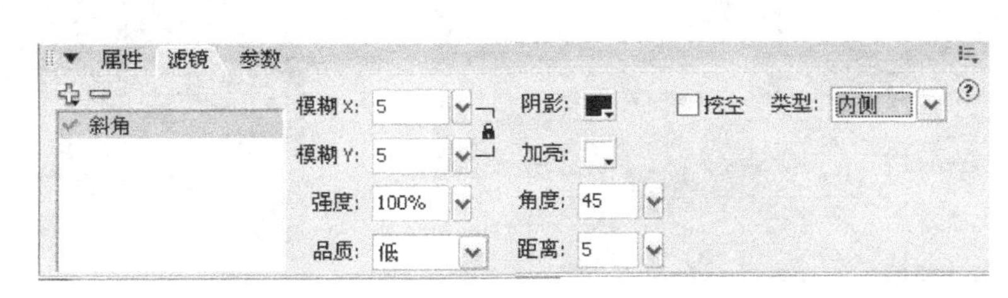

图 1-41　“属性”面板的“滤镜”选项卡（斜角）设置

4. 导入图像

（1）单击工具箱内的“选择工具”按钮，选中“图层 1”图层，单击时间轴内的

"插入图层"按钮，在"图层 1"图层的上边创建一个名称为"图层 2"的图层。

（2）单击选中时间轴中的"图层 2"图层第 1 帧。选择"文件"→"导入"→"导入到舞台"菜单命令，打开"导入"对话框，如图 1-42 所示。利用该对话框，选择"布达拉宫1.jpg"图像文件，单击"打开"按钮，弹出一个"Adobe Flash CS3"提示框，如图 1-43 所示，提示是否导入文件名为序列的多幅图像。单击"否"按钮，只将"布达拉宫 1.jpg"图像导入到舞台工作区中。

图 1-42 "导入"对话框

图 1-43 "Adobe Flash CS3"提示框

（3）单击工具箱中的"任意变形工具"按钮，单击工具箱的"选项"栏内的"缩放"按钮。拖曳图像四周的控制柄，将图像调整为与框架内部大小一样。拖曳图像，使图像刚好将框架内部完全覆盖，如图 1-44 所示。

另外，选中导入的图像，在"属性"面板的"宽"和"高"文本框中分别输入 420 和 320，在"X"和"Y"文本框内分别输入 20，可以精确调整图像的大小和位置。

（4）在"图层 2"图层的上边创建一个名称为"图层 3"的图层。选中"图层 3"图层第 1 帧，再导入"布达拉宫 2.jpg"图像，将该图像调整为与第 1 幅图像的大小和位置一样，如图 1-45 所示。

图 1-44 第 1 帧画面

图 1-45 第 50 帧画面

5. 制作图像水平移动动画

（1）右击"图层 3"图层第 1 帧，打开帧快捷菜单，再选择该菜单中的"创建补间动

画”菜单命令。此时，该帧具有了补间动画的属性。

（2）单击选中“图层 3”图层的第 50 帧，按【F6】键，创建一个关键帧。此时，第 60 帧单元格内出现一个实心的圆圈，表示该单元格为关键帧，第 1 帧到第 50 帧的单元格内会出现一条水平指向右边的箭头，创建第 1 帧到第 50 帧的补间动画。

（3）按住【Ctrl】键，单击选中“图层 1”和“图层 2”图层第 50 帧，按【F5】键，创建普通帧，使“图层 1”图层所有帧的内容一样，使“图层 2”图层所有帧的内容一样。

（4）单击工具箱内的“选择工具”按钮，单击选中“图层 3”图层第 1 帧，按住【Shift】键，水平向右拖曳第 2 幅图像到第 1 幅图像的右边，如图 1-46 所示。

小提示

制作动画的关键是确定动画起始帧和终止帧关键帧内图像的位置等属性。

至此，第 2 幅图像从右向左水平移动的动画制作完毕。按【Enter】键，可以看到第 2 幅图像从右向左水平移动，最后将第 1 幅图像完全覆盖。但可以看到第 2 幅图像移动时，会将框架右边缘覆盖，效果不好。为了解决该问题，可以使用遮罩技术。

（5）在“图层 3”图层的上边创建一个名称为“图层 4”的图层。选中该图层第 1 帧，绘制一幅与第 1 幅图像大小和位置完全一样的黑色矩形，如图 1-47 所示。

图 1-46　水平向拖曳第 2 幅图像到第 1 幅图像的右边

图 1-47　黑色矩形

（6）右击“图层 4”图层，打开图层快捷菜单，再选择该快捷菜单的“遮罩层”菜单命令，将“图层 4”图层设置为遮罩图层，“图层 3”图层为被遮罩图层。这样，只有遮罩图层“图层 4”图层内的黑色矩形图形区域范围内的图像（被遮罩图层“图层 3”图层内的图像）才可以显示出来。

（7）选择“文件”→“另存为”菜单命令，打开“保存为”对话框。在“保存类型”下拉列表框中选择“Flash CS3 文档”选项，选择“Flash 案例”文件夹，输入文件名称“【任务 1】图像水平移动切换.fla”，单击“保存”按钮，将该动画保存为 Flash 文档。

至此，整个动画制作完毕。该动画的时间轴如图 1-48 所示。

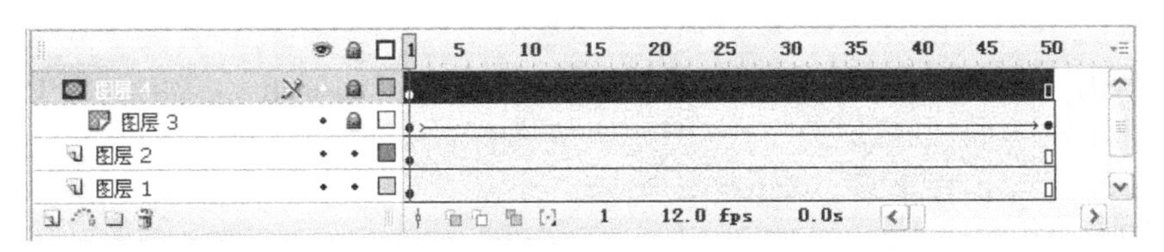

图 1-48　“图像水平移动切换”动画的时间轴

课后习题 1-2

1．采用不同方法，播放“图像水平移动切换”动画。采用不同的播放方式设置和预览模式设置，再播放“图像水平移动切换”动画。

2．新建一个标题名称为“图像切换”，舞台工作区宽为 540px，高为 440px，帧速为 10fps，背景色为浅蓝色的 Flash 文档。在舞台工作区内显示标尺，创建 4 条等间距的水平辅助线、4 条等间距的垂直辅助线，显示网格，网格线的颜色为绿色。

3．在舞台工作区内绘制两幅圆形图形，利用滤镜使它们呈立体状。

4．制作一个“图像垂直移动切换”动画，使动画播放后，第 2 幅图像从中间向上垂直移动，直到将第 1 幅图像完全显示出来为止。

1.3　图层基本操作——【任务 2】图像逐渐显示切换

任务描述

“图像逐渐显示切换”动画播放后，首先显示第 1 幅图像，然后第 2 幅图像在图像框架内从右向左水平移动，逐渐将第 1 幅图像完全覆盖。这个过程完全与【任务 1】动画播放后的效果一样。接着，第 2 幅图像逐渐消失，同时第 3 幅图像逐渐显示出来，其中的两幅画面如图 1-49 所示。

图 1-49　“图像逐渐显示切换”动画播放后的两幅画面

知识链接

1．图层

图层就相当于舞台中演员所处的前后位置。在制作一个 Flash 电影的过程中，可以根据图形和动画的需要在时间轴中建立多个图层。图层的多少，不会影响输出电影文件的大小。图层靠上，相当于该图层的对象在舞台的前面。在同一个纵深位置处，前面的对象会挡住后面的对象。而在不同纵深位置处，可以透过前层看到后层的对象。各个图层之间是完全独立的，一般不会出现相互的影响。图层中有两种特殊的图层：一是引导层，二是遮罩层。当普通图层与引导层关联后，就成为被引导层；而与遮罩层关联后，则成为被遮罩层。在时间轴

中，各种图层通过图层名称左边不同的图标来表示，如图 1-50 所示。

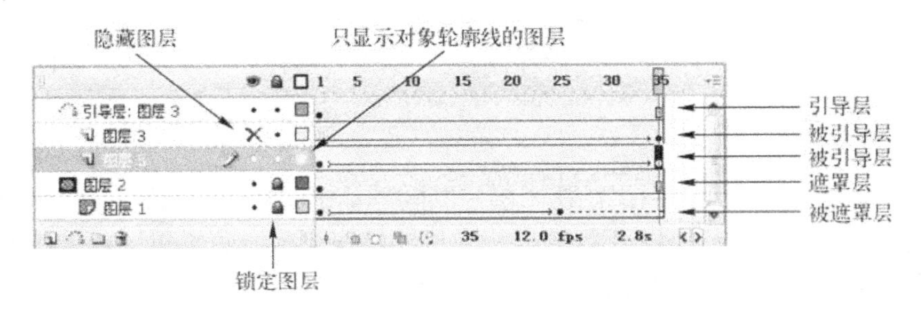

图 1-50　各种时间轴图层

2. 选择图层

选中一个图层也就是选中了该图层中的所有帧。

（1）选中一个图层：单击图层控制区的相应图层行。选中的图层，其图层控制区的图层行呈灰底色，图层名字的右边出现一个笔状图标。另外，在舞台工作区中，单击选中一个对象，该对象所在的图层就会同时被选中。

（2）选中连续多个图层：按住【Shift】键，同时单击控制区内起始图层和终止图层，可选中起始到终止图层的多个图层。

（3）选中多个不连续图层的所有帧：按住【Ctrl】键，单击控制区域内的各个图层。

（4）选择所有图层和所有帧：选择帧快捷菜单中的“选择所有帧”菜单命令。

3. 改变图层的顺序和删除图层

（1）改变图层的顺序：图层的顺序决定了工作区各图层的前后关系。用鼠标拖曳图层控制区内的图层，即可将图层上下移动，改变图层的顺序。

（2）删除图层：首先选中一个或多个图层，然后单击“删除图层”图标，或者拖曳选中的图层到“删除图层”图标之上。

4. 复制图层和帧

（1）复制帧：右击要复制的帧，打开帧快捷菜单，选择帧快捷菜单中的“复制帧”菜单命令，将选中的图层中的所有帧复制到剪贴板中；右击要粘贴的帧，打开帧快捷菜单，选择该菜单中的“粘贴帧”菜单命令，将剪贴板中的内容粘贴到选中的帧。

（2）复制图层：复制该图层中的所有帧。利用帧快捷菜单中的菜单命令，通过剪贴板可以将选中图层中的所有帧复制到时间轴的其他图层中。复制图层的具体操作方法如下。

◎ 选中要复制的图层。右击选中的帧，打开帧快捷菜单，选择帧快捷菜单中的“复制帧”菜单命令，将选中的图层中的所有帧复制到剪贴板中。

◎ 新建一个图层，选中该图层。右击要粘贴的帧，打开帧快捷菜单，选择该菜单中的“粘贴帧”菜单命令，将剪贴板中的内容粘贴到选中图层的各帧中。

5. 显示/隐藏图层

（1）显示/隐藏所有图层：单击图层控制区第一行的图标，图层控制区内所有图层中的图标•会变为图标✕，表示图层隐藏，隐藏所有图层内的对象。再单击图标，图层控制区内所有图层中的图标✕会变为图标•，表示图层显示，显示所有图层内的对象。隐藏图层中的对象不会显示出来，但可以正常输出。

（2）显示/隐藏一个图层：单击图层控制区“显示/隐藏图层”列内某一图层的图标•，可以使该图标变为图标✕，使该图层隐藏；再单击图标✕，该图标变为图标•，可使该图层内对象显示。

（3）显示/隐藏连续的几个图层：在图层控制区，单击起始图层的图标✕（图标•），使该图标变为图标•（图标✕），在不松开鼠标左键的情况下，垂直拖曳鼠标，使鼠标指针移到终止图层，即可使这些连续图层内图标✕（图标•）变为图标•（图标✕），使这些连续图层显示（隐藏）。

（4）显示/隐藏未选中的所有图层：按住【Alt】键，单击图层控制区内某一个图层的显示列，即可显示/隐藏其他所有图层。

6．锁定/解锁图层和显示对象轮廓

所有图形与动画制作都是在选中的当前图层中进行的，任何时刻只能有一个当前图层。在任何可见的并且没有被锁定的图层中，可以进行对象的编辑。

（1）锁定/解锁所有图层：它的操作方法与显示/隐藏所有图层的方法相似，只是操作的不是“显示/隐藏图层”列，而是“锁定/解除锁定”列，不是图标👁，而是图标🔒。

（2）锁定/解锁一个图层：单击该列图层行内的图标•，该图标变为图标🔒，使该图层的内容锁定；单击该列图层行内的图标🔒，使该图标变为图标•，使该图层的内容解锁。

（3）显示所有图层内对象轮廓：单击图层控制区第一行的图标□，可以使所有图层内对象只显示轮廓线；再单击该图标，可以使所有图层内对象正常显示。

（4）显示一个图层内对象轮廓：单击“轮廓”列图层行内的图标•，使该图标变为图标□，可使该图层中的对象只显示其轮廓；单击该列图层行内的图标□，使该图标变为图标•，可使该图层的对象正常显示。

操作步骤

1．打开 Flash 文档和修改动画

（1）选择“文件”→“打开”菜单命令，打开“打开”对话框。利用该对话框打开“【任务 1】图像水平移动切换.fla”Flash 文档，再选择“文件”→“另存为”菜单命令，打开“保存为”对话框，再以名称“【任务 2】图像逐渐显示切换.fla”保存。

（2）单击工具箱内的“选择工具”↖，拖曳选中“图层 2”图层第 41 帧到第 50 帧，如图 1-51 所示。单击鼠标右键，打开帧快捷菜单，选择该菜单的“删除帧”菜单命令，删除选中的“图层 2”图层第 41 帧到第 50 帧。按照相同的方法，删除“图层 4”图层第 41 帧到第 50 帧。

（3）水平向左拖曳“图层 3”图层第 50 帧关键帧，使该关键帧移到“图层 3”图层第 40 帧处，如图 1-52 所示。

（4）拖曳选中“图层 3”图层第 41 帧到第 50 帧，单击鼠标右键，打开帧快捷菜单，选择该菜单的“删除帧”菜单命令，删除选中的“图层 3”图层第 46 帧到第 50 帧，如图 1-53 所示。

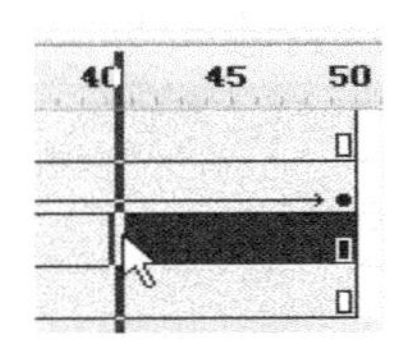

图 1-51　选中第 41 帧到第 50 帧

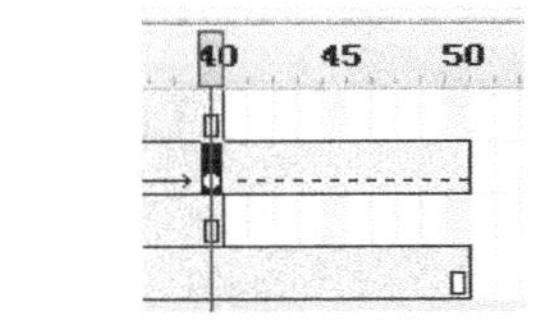

图 1-52　移动关键帧

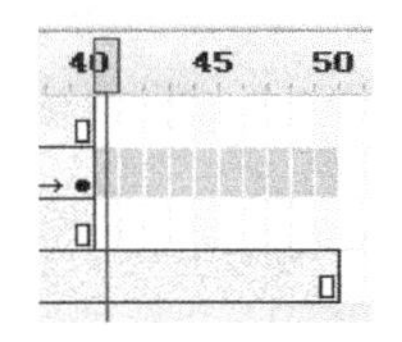

图 1-53　删除选中的帧

（5）按住【Ctrl】键，单击选中“图层 1”和“图层 3”图层第 80 帧，按【F5】键，创建两个普通帧，使“图层 1”图层第 1 帧到第 80 帧的内容均与第 1 帧内的立体框架图形一样，使“图层 3”图层第 1 帧到第 80 帧的内容均与第 1 帧内的第 2 幅图像一样。

（6）这时，可以看到时间轴“图层 3”图层第 41 帧到第 80 帧的所有帧内是虚线，这是因为“图层 3”图层第 40 帧是动画关键帧造成的，对动画效果没有影响。为了去掉虚线，可以右击“图层 3”图层第 40 帧，打开帧快捷菜单，选择该菜单的“删除补间”菜单命令，即可删除“图层 3”图层第 41 帧到第 80 帧的虚线，使这些帧成为普通帧。

2. 制作动画和更改图层名称

（1）单击选中“图层 3”图层，在“图层 3”图层之上添加一个名称为“图层 5”的图层。单击选中“图层 5”图层第 41 帧，按【F7】键，创建一个空关键帧。

小提示

只有空关键帧或关键帧才可以绘制对象和导入图像。

（2）选中“图层 5”图层第 41 帧，导入第 3 幅图像“布达拉宫 3.jpg”，选中该图像，在它的“属性”面板左下角的“宽”文本框中输入 420，“高”文本框中输入 320，在“X”和“Y”文本框中输入 20，如图 1-54 所示。此时的画面如图 1-55 所示。

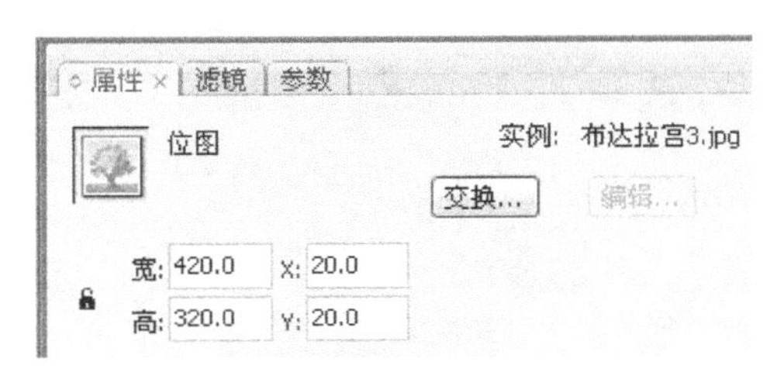

图 1-54　第 3 幅图像的“属性”面板设置

图 1-55　导入的第 3 幅图像

（3）单击“图层 1”图层内图层控制区第 5 列的 • 图标，该列 • 图标会改变为锁形图标，将“图层 1”图层锁定，使该图层的框架图像不能被移动。

（4）右击“图层 5”图层的第 41 帧，打开帧快捷菜单，再选择该菜单的“创建补间动画”菜单命令。此时，该帧具有了补间动画的属性。单击“图层 5”图层第 80 帧，按【F6】键，创建“图层 5”图层第 41 帧到第 80 帧的补间动画。

（5）选中“图层 5”图层第 41 帧，单击舞台工作区内第 3 幅图像。在其“属性”面板

的“颜色”下拉列表框内选择“Alpha”选项，在其右边的文本框内输入数据 0%，调整 Alpha 值为 0%，如图 1-56 所示，使图像完全透明。

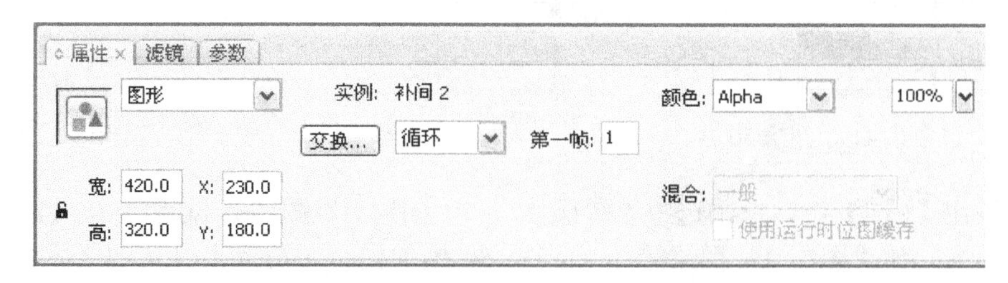

图 1-56　关键帧内图像的“属性”面板设置

（6）双击时间轴内图层控制区中“图层 1”的图层名称，进入该图层名称的更改状态，如图 1-57 所示，再输入“框架”，将该图层的名称改为“框架”，如图 1-58 所示。

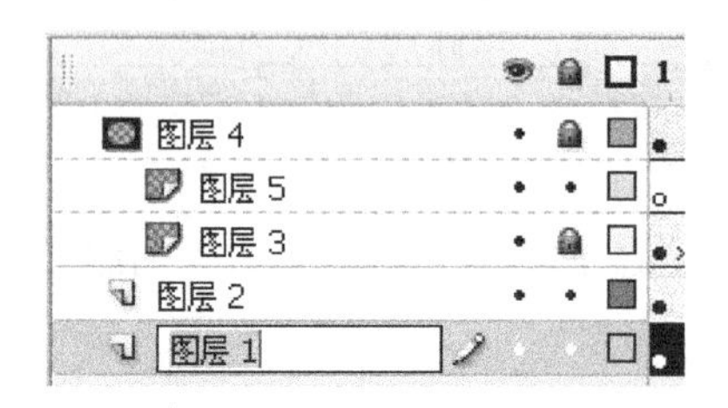

图 1-57　图层更名状态

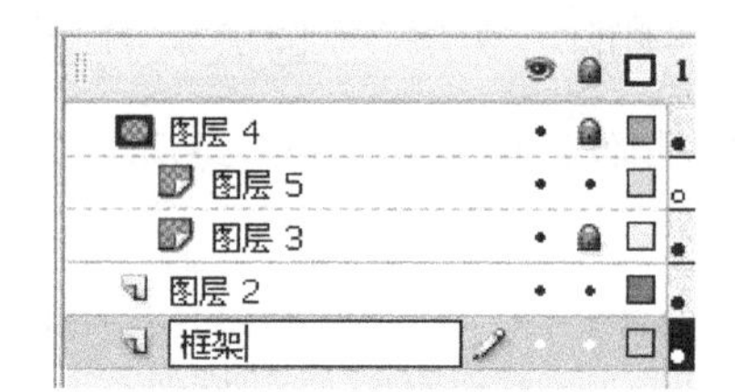

图 1-58　图层更名

按照上述方法，分别将“图层 2”图层名称改为“图像 1”，“图层 3”图层的名称改为“图像 3”，“图层 5”图层名称改为“图像 3”，“图层 4”图层的名称改为“遮罩图层”。

至此，该动画制作完毕，该动画的时间轴如图 1-59 所示。

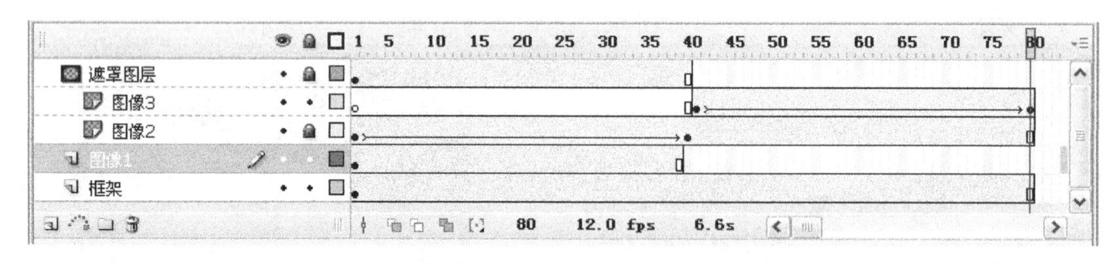

图 1-59　“图像逐渐显示切换”动画的时间轴

课后习题 1-3

1．制作一个“图像逐渐切换”动画，使该动画播放后，首先显示第 2 幅图像，然后第 2 幅图像逐渐消失，同时第 1 幅图像逐渐显示出来。

2．修改上边制作的“图像逐渐切换”动画，使该动画播放后，第 1 幅图像逐渐消失，同时第 2 幅图像逐渐显示；接着第 2 幅图像逐渐消失，同时第 3 幅图像又逐渐显示。

3．制作“昼夜变换”动画，使该动画播放后，首先显示一幅较暗的风景图像，然后该图像逐渐由暗变亮，再逐渐由亮变暗，就像昼夜变换一样。

提示

选中图像动画终止帧（如第 60 帧）内的图像，在其“属性”面板的“颜色”下拉列表框内选择“亮度”选项，在其右边的文本框内输入数据–80%，调整它的亮度值为–80%。

1.4　帧基本操作——【任务 3】彩球跳跃移动

任务描述

“彩球跳跃移动”动画播放后，4 个不同颜色的彩球上下跳跃着从左向右移动直到消失，而且 4 个彩球是错开的。第 1 个彩球是绿色、第 2 个彩球是透明的金黄色、第 3 个彩球是透明的蓝色、第 4 个彩球不断变色。该动画播放后的两幅画面如图 1-60 所示。

图 1-60　“彩球跳跃移动”动画播放后的两幅画面

知识链接

1．对象的基本操作

（1）选择对象：使用工具箱内的“选择工具” 可以选择对象，方法如下。

◎ 选取一个对象：单击一个对象，即可选中该对象。

◎ 选取多个对象方法：按住【Shift】键，同时依次单击各对象，可选中多个对象。

另外，用鼠标拖曳出一个矩形，可将矩形中的所有对象都选中。

（2）移动和复制对象：用鼠标拖曳选中的对象，可以移动对象。如果在鼠标拖曳对象时按住【Ctrl】键或【Alt】键，则可以复制被拖曳的对象。

按住【Shift】键的同时拖曳对象，可以沿 45° 整数倍角度方向移动对象。如果在拖曳对象时按住【Ctrl+Alt+Shift】组合键，则可以沿 45° 整数倍角度方向复制对象。

（3）删除对象：选中要删除的对象，然后按【Delete】键，即可删除选中的对象。另外，选择“编辑”→“清除”或选择“编辑”→“剪切”菜单命令，也可以删除选中的对象。

2．帧的基本操作

（1）选择帧：使用工具箱内的“选择工具” 可以选择对象，方法如下。

◎ 选取一个对象：单击一个对象，即可选中该对象。

◎ 选中连续的多个帧：按住【Shift】键，单击选中一个或多个动画所在图层内左上角的帧，再单击右下角帧，即可选中连续的所有帧。另外，单击选中某一个非关键帧，再拖曳鼠标，也可以选中连续的多个帧。

◎ 选中不连续的多个帧：按住【Ctrl】键，单击选中各个要选中的帧。

（2）调整帧的位置：选中一个或若干个帧（关键帧或普通帧等），用鼠标拖曳选中的帧，即可移动这些选中的帧，将它们移到目的位置。

拖曳动画的起始关键帧或终止关键帧，调整关键帧的位置就可以调整动画帧的长度。

（3）复制帧和移动帧：选中要移动的关键帧，右击打开它的帧快捷菜单，选择该菜单内的“复制帧”（或“剪切帧”）菜单命令，将选中的帧复制（剪切）到剪贴板内。再选中一个或多个帧单元格，右击选中的帧，打开它的帧快捷菜单，选择该菜单中的“粘贴帧”菜单命令，即可将剪贴板中的一个或多个帧粘贴到选定的帧内，完成复制（移动）关键帧的任务。

小提示

在粘贴时，最好先选中相同的帧再粘贴，这样不会产生多余的帧。

（4）删除帧：选中要删除的一个或多个帧，单击鼠标右键，打开它的帧快捷菜单，选择该帧快捷菜单中的“删除帧”菜单命令。按【Shift+F5】组合键，也可以删除选中的帧。

（5）清除帧：单击选中要清除的帧，单击鼠标右键，打开它的帧快捷菜单，然后选择该帧快捷菜单中的“清除帧”菜单命令，即可将选中帧的内容清除，使该帧成为空白关键帧或空白帧，同时使该帧右边的帧成为关键帧。

（6）清除关键帧：选中要清除的关键帧，单击鼠标右键，打开它的帧快捷菜单，然后选择帧快捷菜单中的“清除关键帧”菜单命令，可以清除选中的关键帧，使该关键帧成为普通帧。此时，原关键帧中的内容会被它左边关键帧中的内容取代。

（7）转换为关键帧：选中要转换的帧（该帧左边必须有关键帧），单击鼠标右键，打开它的帧快捷菜单，选择该菜单中的“转换为关键帧”菜单命令，即可将选中的帧转换为关键帧。如果选中的帧左边没有关键帧，则可将选中的帧转换为空白关键帧。

（8）转换为空白关键帧：选中要转换的帧，单击鼠标右键，打开它的帧快捷菜单，然后选择该菜单中的“转换为空白关键帧”菜单命令，即可将选中的帧转换为空白关键帧。

3. 插入各种帧

（1）插入普通帧：选中要插入普通帧的帧单元格，然后按【F5】键。就会在选中的帧单元格中新增加一个普通帧，该帧单元格中原来的帧及它右面的帧都会向右移动一帧。

如果选中空帧的帧单元格，然后按【F5】键。就会使该帧和该帧左边到左边关键帧之间的所有空帧成为普通帧，使这些普通帧内的内容与左边关键帧的内容一样。

选中要插入普通帧的帧，右击打开它的帧快捷菜单，选择该菜单中的“插入帧”菜单命令，与按【F5】键的效果一样，就会在选中的帧单元格中新增加一个关键帧。

（2）插入关键帧，选中要插入关键帧的帧单元格，再按【F6】键，即可插入关键帧。

如果选中空帧，按【F6】键。在插入关键帧的同时，还会使该关键帧和它左边到左边

关键帧之间的所有空帧成为普通帧，使这些普通帧的内容与左边关键帧的内容一样。

选中要插入关键帧的帧单元格，单击鼠标右键，打开它的帧快捷菜单，选择该菜单中的“插入关键帧”菜单命令，与按【F6】键的效果一样。

（3）插入空白关键帧：单击选中要插入空白关键帧的帧单元格，然后按【F7】键或选择帧快捷菜单中的“插入空白关键帧”菜单命令，都可以插入空关键帧。

操作步骤

1．制作框架和背景图像

（1）单击主工具栏内的“新建”按钮，直接创建一个空的 Flash 文档。单击“属性”面板的“大小”按钮 550 x 400 像素，打开“文档属性”对话框。设置舞台工作区的宽为 460 像素，高为 360 像素，背景色为黄色。选择“视图”→“标尺”菜单选项，使该菜单选项左边出现对钩，在舞台工作区上边和左边添加标尺。

（2）选择“文件”→“另存为”菜单命令，打开“保存为”对话框。利用该对话框将新建的 Flash 文档以名称“【任务 3】彩球跳跃移动.fla”保存在“Flash 案例”文件夹中。

（3）打开“【任务 2】图像逐渐显示切换.fla”Flash 文档，单击两个 Flash 文档中任意一个窗口右上角的“最大化”按钮，使两个 Flash 文档的窗口都最大化。此时两个 Flash 文档窗口内的时间轴如图 1-61 所示。单击 Flash 文档的标签，可以方便地在两个 Flash 文档窗口之间切换。

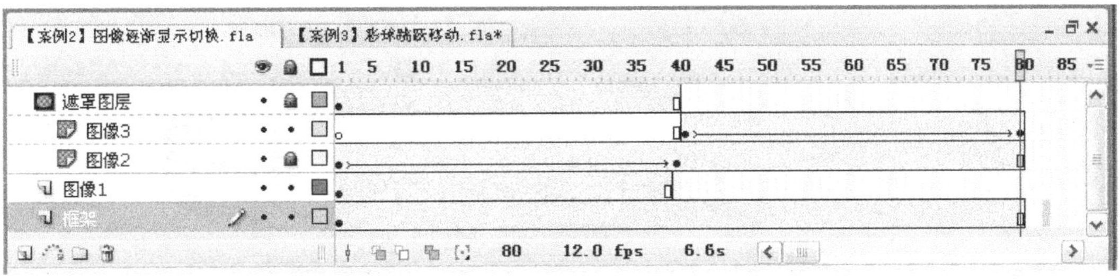

图 1-61　两个 Flash 文档窗口内的时间轴

（4）单击“【任务 2】图像逐渐显示切换”标签，切换到“【任务 2】图像逐渐显示切换.fla”Flash 文档。按住【Shift】键，同时单击“框架”图层第 80 帧和第 1 帧，选中“框架”图层第 1 帧到第 80 帧的所有帧。右击选中的帧，打开帧快捷菜单，选择该菜单的“复制帧”菜单命令，将选中的帧复制到剪贴板内。

（5）单击“【任务 3】彩球跳跃移动”标签，切换到“【任务 3】彩球跳跃移动.fla”Flash 文档。右击“图层 1”图层第 1 帧，打开帧快捷菜单，选择该菜单内的“粘贴帧”菜单命令，将剪贴板内的帧粘贴到“图层 1”图层第 1 帧到第 80 帧。同时，“图层 1”图层的名称会自动改为“框架”。然后，在“框架”图层之上添加一个“图层 1”图层。

（6）按照上述方法，将“【任务 2】图像逐渐显示切换.fla”Flash 文档内的“图像 3”图层第 80 帧复制粘贴到“【任务 3】彩球跳跃移动.fla”Flash 文档“图层 1”图层的第 1 帧。将原“图层 1”图层的名称改为“图像”，该图层第 1 帧到第 80 帧内容一样。

（7）右击“图像”图层第 1 帧，打开帧快捷菜单，选择该菜单的“删除补间”菜单命令令，即可删除“图像”图层第 1 帧到第 80 帧的虚线，使这些帧成为普通帧。

（8）单击“【任务 2】图像逐渐显示切换”标签，切换到“【任务 2】图像逐渐显示切换.fla” Flash 文档。单击该窗口内右上角的“关闭”按钮，关闭“【任务 2】图像逐渐显示切换.fla” Flash 文档。

2．制作“彩球”影片剪辑元件

（1）选择“插入”→“新建元件”菜单命令，打开“创建新元件”对话框，如图 1-62 所示。在“名称”文本框内输入元件的名称“彩球”，在“类型”栏内选择 “影片剪辑”元件类型，单击“确定”按钮，即可进入相应的“彩球”影片剪辑元件编辑状态。

（2）单击工具箱内的“椭圆工具”按钮，单击工具箱内的“笔触颜色”按钮，再单击“颜色”栏内的“没有颜色”按钮，使绘制的圆形图形没有轮廓线。单击工具箱中的“填充色”按钮，弹出填充色颜色板。单击该颜色板左下边第 4 个图标。

（3）按住【Shift】键，在框架内左边框辅助线处拖曳，绘制一个绿色的立体彩球。单击工具箱内的“颜料桶工具”按钮，再单击绿色立体彩球内左上角，使绿色彩球内的亮点偏移，这样绿色彩球的立体感会更强一些。

（4）单击元件编辑窗口中的场景名称图标 场景 1 或按钮，回到主场景。至此，“彩球”影片剪辑元件制作完毕。选择“窗口”→“库”菜单命令，打开“库”面板，如图 1-63 所示。可以看到“库”面板内有了“彩球”影片剪辑元件。

图 1-62 “创建新元件”对话框

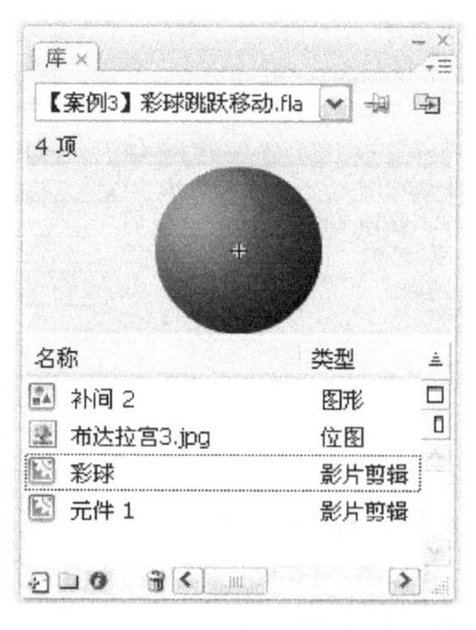

图 1-63 “库”面板

3．制作第 1 个彩球移动动画

（1）使用工具箱内的“选择工具”，在舞台工作区内创建 7 条垂直的辅助线。

（2）选中“图像”图层，单击时间轴左下角的“插入图层”按钮，在“图像”图层之上增加一个图层。将该图层的名称改为“彩球 1”。

（3）选中“彩球 1”图层第 1 帧，将“库”面板内的“彩球”影片剪辑元件拖曳到舞台工作区内，形成一个“彩球”影片剪辑实例。然后，在其“属性”面板的“宽”和“高”文本框内均输入 40，在“X”和“Y”文本框内分别输入 40 和 320，如图 1-64 所示。此时的

“彩球”影片剪辑实例位于框架内左下角处，如图 1-65 所示。

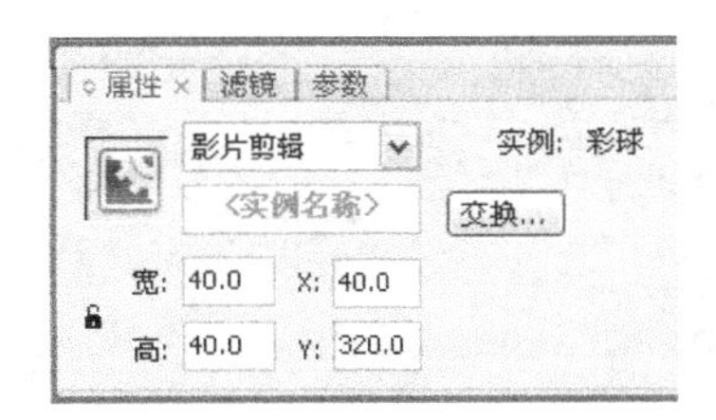

图 1-64　“属性”面板设置

图 1-65　第 1 帧彩球位置

（4）右击“彩球 1”图层第 1 帧，打开帧快捷菜单，再选择该菜单的“创建补间动画”菜单命令，使该帧具有动作补间动画的属性。

（5）单击选中“彩球 1”图层第 80 帧，按【F6】键，创建“彩球 1”图层第 1 帧到第 80 帧的补间动画。第 80 帧的内容与第 1 帧的内容一样。

（6）按住【Ctrl】键，单击选中“彩球 1”图层第 10、20、30、40、50、60、70 帧，按【F6】键，在动画的第 10、20、30、40、50、60、70 帧创建 7 个关键帧。单击选中“彩球 1”图层第 10 帧，将该帧内的彩球移到框架内上边框处，如图 1-66 所示。单击选中“彩球 1”图层第 20 帧，将该帧内的彩球移到框架下边框处，如图 1-67 所示。

图 1-66　第 10 帧彩球位置

图 1-67　第 20 帧彩球位置

（7）按照上述规律，调整第 30、40、50、60、70、80 帧彩球的位置。第 70、80 帧彩球的位置分别如图 1-68 和图 1-69 所示。从而制作出彩球上下跳跃，同时从框架内左下角向右下角移动的动画。

4．制作第 2、3 个彩球移动动画

（1）使用工具箱内的“选择工具”，选中“彩球 1”图层，单击“插入图层”按钮，在“彩球 1”图层之上增加一个图层。将该图层的名称改为“彩球 2”。

按照上述方法，在“彩球 2”图层之上增加名字为“彩球 3”和“彩球 4”的图层。

图 1-68　第 70 帧彩球位置　　　　图 1-69　第 80 帧彩球位置

（2）右击“彩球 2”图层第 1 帧，打开帧快捷菜单，选择该菜单内的“复制帧”菜单命令，将该帧复制到剪贴板内。右击“彩球 2”图层第 20 帧，打开帧快捷菜单，选择该菜单内的“粘贴帧”菜单命令，将剪贴板内的关键帧粘贴到“彩球 2”图层第 20 帧，即在“彩球 2”图层第 20 帧框架内左下角粘贴一个彩球。

（3）右击“彩球 3”图层第 40 帧，打开帧快捷菜单，选择该菜单内的“粘贴帧”菜单命令，将剪贴板内的关键帧粘贴到“彩球 3”图层第 40 帧，即在“彩球 3”图层第 40 帧框架内左下角粘贴一个彩球。

（4）单击选中“彩球 2”图层第 20 帧，单击选中该帧内的彩球，在其“属性”面板的“颜色”下拉列表框中选择“高级”选项，单击“设置”按钮，弹出“高级效果”对话框，按照图 1-70（a）所示进行调整，将彩球的颜色改为透明金黄色。

（5）单击选中“彩球 3”图层第 40 帧，单击选中该帧内的彩球，在其“属性”面板的“颜色”下拉列表框中选择“高级”选项，单击“设置”按钮，打开“高级效果”对话框，按照图 1-70（b）所示进行调整，将彩球的颜色改为透明蓝色。

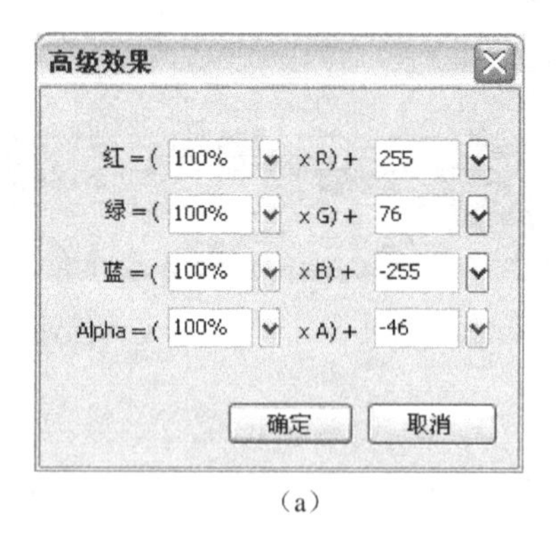

（a）

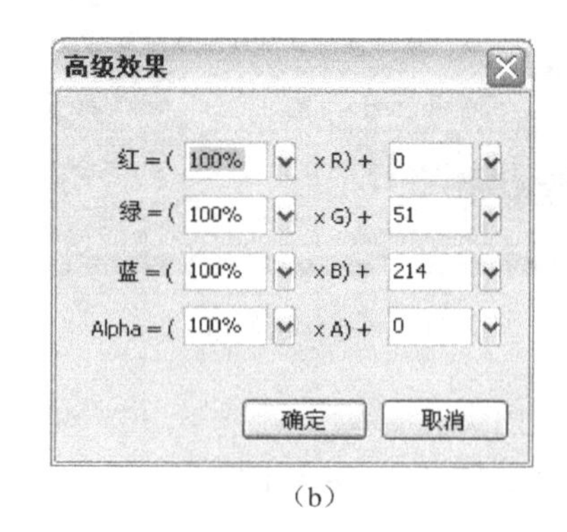

（b）

图 1-70　“高级效果”对话框

（6）按住【Ctrl】键，单击选中“彩球 2”图层的第 20 帧和“彩球 3”图层的第 40 帧，右击打开帧快捷菜单，再选择该菜单中的“创建补间动画”菜单命令。按住【Ctrl】键，单击选中“彩球 2”图层的第 100 帧和“彩球 3”图层的第 120 帧，按【F6】键。

（7）按照“彩球 1”图层内第 1 个彩球动画的制作方法，继续制作“彩球 2”图层内第

20 帧到第 100 帧和"彩球 3"图层内第 40 帧到第 120 帧的彩球跳跃移动的动画。

（8）按住【Ctrl】键，单击选中"框架"和"图像"图层第 140 帧，按【F5】键，使"框架"图层第 1～140 帧内容均为框架图形；使"图像"图层第 1 帧到第 140 帧内容均为背景图像。

5．制作第 4 个彩球移动动画

（1）按住【Shift】键，同时单击"彩球 1"图层第 80 帧和第 1 帧，选中"彩球 1"图层第 1 帧到第 80 帧的所有帧。右击选中的帧，打开帧快捷菜单，选择该菜单内的"复制帧"菜单命令，将选中的帧复制到剪贴板内。

（2）右击"彩球 4"图层第 60 帧，打开帧快捷菜单，选择该菜单的"粘贴帧"菜单命令，将剪贴板内的帧粘贴到"彩球 4"图层第 60 帧到第 139 帧。拖曳调整各关键帧，使各关键帧分别位于第 70、80、90、100、110、120、130、140 帧。

（3）选中"彩球 4"图层第 60 帧，单击选中该帧的彩球，在其"属性"面板的"颜色"下拉列表框中选择"高级"选项，单击"设置"按钮，弹出"高级效果"对话框，进行调整，将彩球的颜色改为金黄色彩。

（4）按照上述方法，分别将"彩球 4"图层第 70、80、90、100、110、120、130、140 帧的彩球的颜色进行调整，从而制作出"彩球 4"图层彩球跳跃移动并不断变色的动画。

至此，整个动画制作完毕。该动画的时间轴如图 1-71 所示。

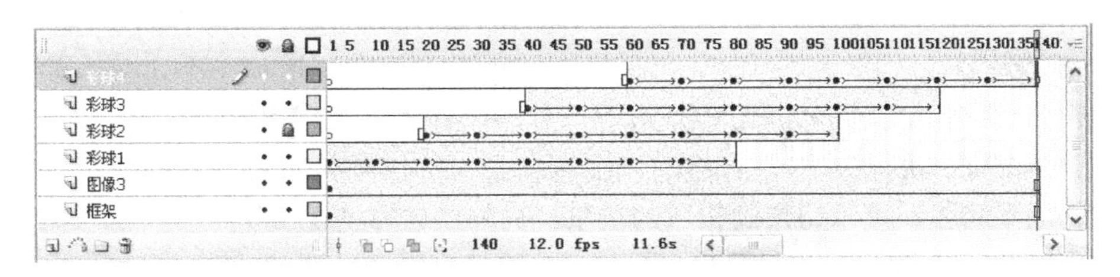

图 1-71　"彩球跳跃移动"动画的时间轴

课后习题 1-4

1．制作一个"四彩球撞击框架"动画，该动画播放后，4 个不同颜色的彩球不断依次沿直线移动撞击框架内边框的中点，而且 4 个彩球是错开的。每当彩球撞击框架内边框的中点后，立体矩形框架内的图像会自动切换。该动画播放后的两幅画面如图 1-72 所示。

图 1-72　"四彩球撞击框架"动画播放后的两幅画面

2．修改“四彩球撞击框架”动画，使该动画播放后，4 个不同颜色的彩球的移动方向是逆时针方向。即从左到下，再从下到右，再从右到上，再从上到左移动。

3．修改“四彩球撞击框架”动画，使该动画播放后，4 个不同颜色的彩球沿着框架内框转圈移动，4 个彩球的起点分别为框架内框的 4 个顶点。

1.5　场景和发布——【任务 4】3 场景动画

任务描述

“3 场景动画”动画播放后，首先显示第 1 幅图像，接着第 2 幅图像在图像框架内从右向左水平移动，逐渐将第 1 幅图像完全覆盖；再接着，第 2 幅图像逐渐消失，同时第 3 幅图像逐渐显示出来。然后，播放【任务 3】“彩球跳跃移动”动画。“多场景图像切换”动画采用了 3 个场景，一个场景有一个动画，前两个场景各完成 2 幅图像的切换，第 3 场景是“彩球跳跃移动”动画。

知识链接

1．场景操作

（1）增加场景：选择“插入”→“场景”菜单命令，即可增加一个场景，并进入到该场景的编辑窗口。在编辑栏的左边会显示出当前场景的名称 场景 2。

（2）切换场景：单击编辑栏右边的“编辑场景”按钮，可打开它的快捷菜单，单击该菜单中的场景名称，可以切换到相应的场景。另外，选择“视图”→“转到”菜单命令，可弹出其下一级子菜单。利用该菜单，可以完成场景的切换。

2．“场景”面板的使用

选择“窗口”→“其他面板”→“场景”菜单命令，打开“场景”面板，如图 1-73 所示。利用该面板可以显示、新建、复制、删除场景，以及给场景更名和改变场景顺序等。

在播放 Flash 动画的过程中，按照“场景”面板内场景名称的前后次序依次进行播放。可以改变场景先后的播放次序。

（1）单击“场景”面板右下角的“添加场景”按钮 +，可以新建场景。

（2）用鼠标上下拖曳“场景”面板的场景图标，可以改变场景的前后次序，也就改变了场景的播放顺序，如图 1-74 所示。

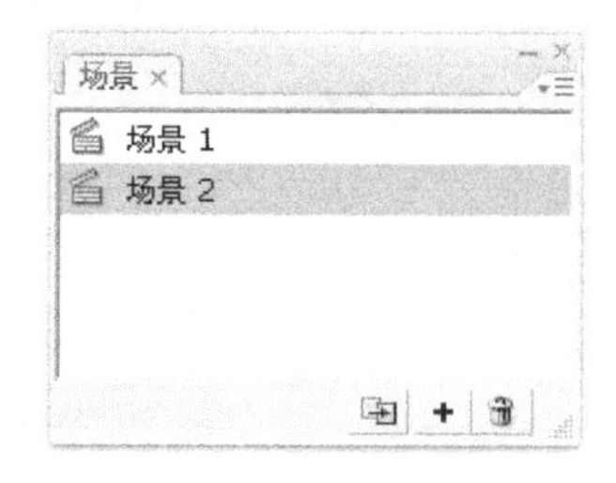

图 1-73　“场景”面板

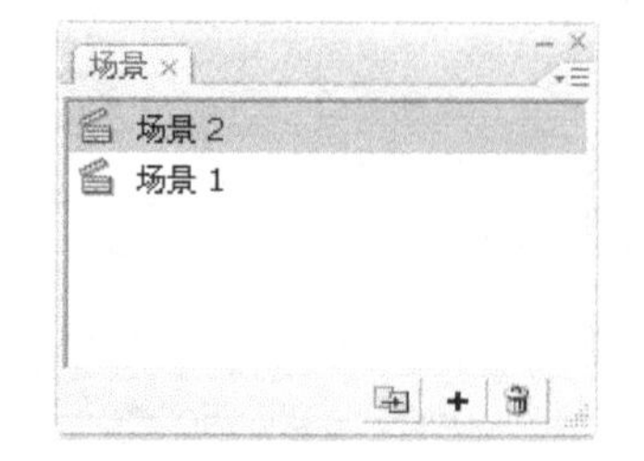

图 1-74　调整场景播放顺序

（3）单击选中“场景”面板右下角的“直接重制场景”按钮，可复制场景。例如，单击选中“场景 1”后，单击“场景”面板右下角的“直接重制场景”按钮，可复制“场景 1”场景，产生名字为“场景 1 副本”的场景，如图 1-75 所示。

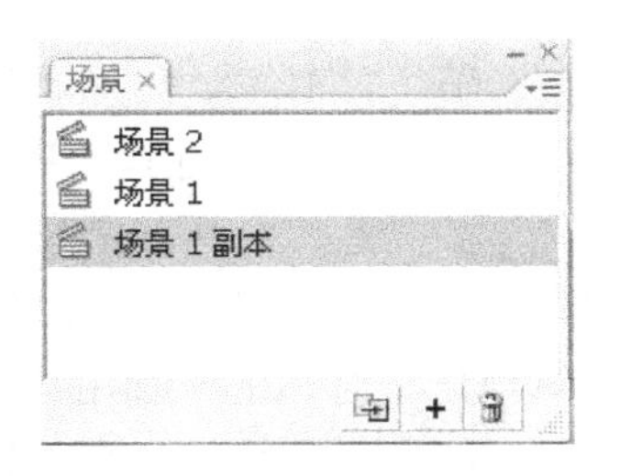

图 1-75　复制场景

（4）单击“场景”面板中的一个场景名称，再单击“场景”面板右下角的“删除场景”按钮，即可将选中的场景删除。

（5）双击“场景”面板内的一个场景名称，即可进入场景名称的编辑状态。

3. 导出

（1）选择“文件”→“导出”→“导出影片”菜单命令，打开“导出影片”对话框，如图 1-76 所示。利用该对话框选择文件类型和输入文件名，单击“保存”按钮，即可将影片保存为选定的名字的视频文件或图像序列文件。还可以导出影片中的声音。

声音的导出要兼顾考虑声音的质量与输出文件的大小。声音的采样频率和位数越高，声音质量也越好，但输出文件也越大。压缩比越大，输出文件越小，但声音音质越差。

（2）选择“文件”→“导出”→“导出图像”菜单命令，打开“导出图像”对话框，它“导出影片”对话框相似，只是“文件类型”下拉列表框内的文件类型只有图像文件类型。利用该对话框，可将影片当前帧保存为扩展名为“.swf”、“.jpg”、“.bmp”等格式的图像文件。选择文件的类型不一样，则单击“保存”按钮后的效果也会不一样。

4. 发布设置和发布预览

制作一个名称为“彩球水平移动.fla”的 Flash 文档，然后，选择“文件”→“发布设置”菜单命令，打开“发布设置”（格式）对话框，如图 1-77 所示。

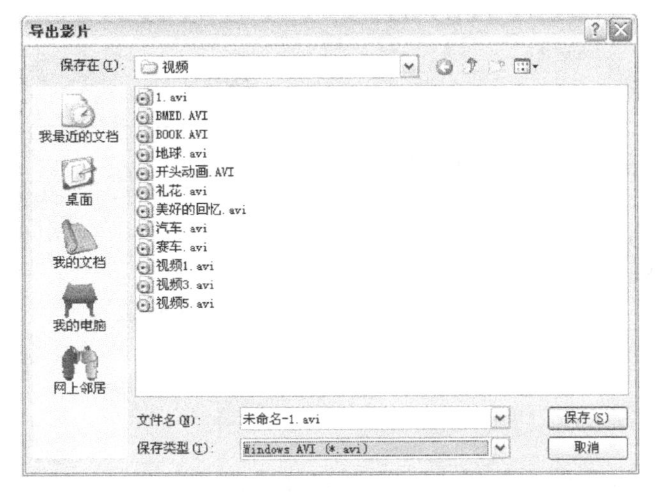

图 1-76　“导出影片”对话框

图 1-77　“发布设置”（格式）对话框

（1）利用“发布设置”（格式）对话框，可以设置发布文件的格式等。在选择了文件格式的复选框后，会随之增加相应的标签和相应的设置选项。

（2）单击选中该对话框内的“Flash”标签，切换到“发布设置”（Flash）对话框，如

图 1-78 所示。利用该对话框，可以设置输出的 Flash 文件的参数和使用的播放器等。

在“版本”下拉列表框内可以选择播放器的版本，本书各案例一般选择“Flash Player 9”版本，也可以选择“Flash Player 6”以上的其他版本；在“ActionScript 版本”下拉列表框内可以选择 ActionScript 语言的版本，本书各案例一般选择“ActionScript 2.0”版本。

（3）单击选中“发布设置”对话框中的“HTML”标签项，切换到“发布设置”（HTML）对话框。利用该对话框，可设置输出的 HTML 文件的一些参数。

完成设置后，单击“发布”按钮，即可发布选定格式的文件。单击“确定”按钮，即可退出该对话框，完成发布设置，但不进行发布。

（4）发布预览：进行发布设置后，选择“文件”→“发布预览”菜单命令，可打开它的下一级子菜单，如图 1-79 所示。可以看出，子菜单选项正是刚刚选择的文件格式选项。

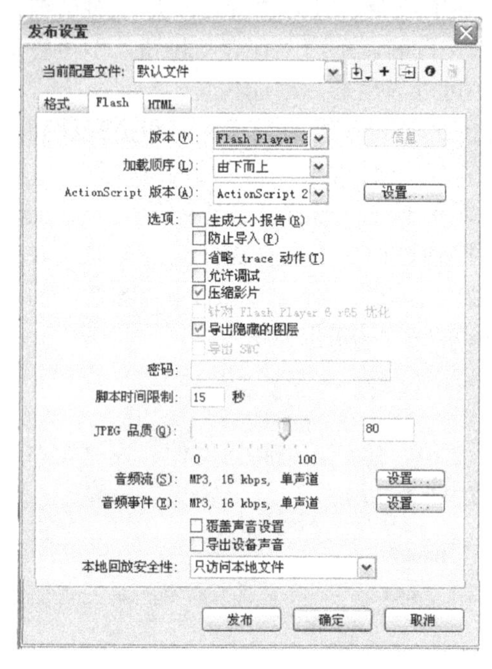

图 1-78 “发布设置”（Flash）对话框

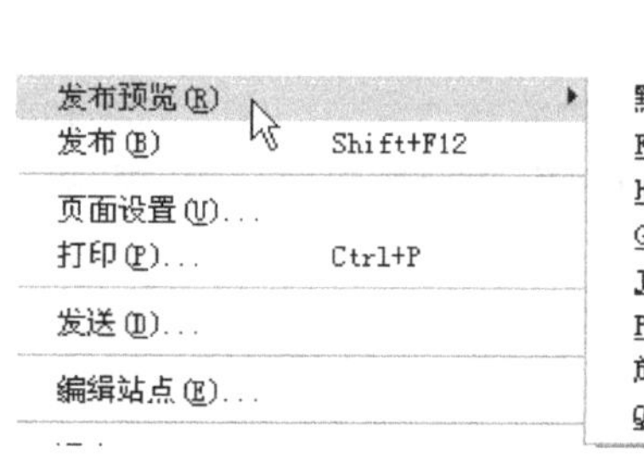

图 1-79 “发布预览”子菜单

（5）选择“文件”→“发布”菜单命令，可按照选定的格式发布文件，并存放在相同的文件夹内。它与单击“发布设置”对话框中的“发布”按钮的作用一样。

操作步骤

1．制作场景 1 的动画

（1）新建一个名称为“【任务 4】3 场景动画.fla”的 Flash 文档。设置舞台工作区的宽为 460 像素，高为 360 像素，背景色为黄色。

（2）选择“文件”→“打开”菜单命令，打开“打开”对话框。按住【Ctrl】键，单击选中“【任务 2】图像逐渐显示切换.fla”和“【任务 3】彩球跳跃移动.fla”Flash 文档，再单击该对话框内的“打开”按钮，打开选中的两个 Flash 文档。

（3）切换到“【任务 2】图像逐渐显示切换.fla”Flash 文档，按住【Shift】键，单击“框

架”图层第 40 帧，再单击“遮罩图层”图层第 1 帧，选中“遮罩图层”图层到“框架”图层之间所有图层的第 1 帧到第 40 帧，如图 1-80 所示。

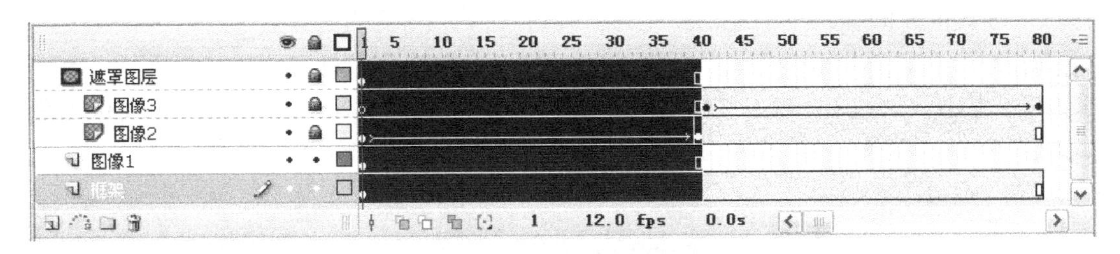

图 1-80　选中多个图层的多个帧

（4）右击选中的帧，打开帧快捷菜单，选择该菜单内的“复制帧”菜单命令，将选中的各图层多个帧复制到剪贴板内。

（5）切换到“【任务 4】3 场景动画.fla”Flash 文档，右击“图层 1”图层第 1 帧，打开帧快捷菜单，选择该菜单内的“粘贴帧”菜单命令，将剪贴板内的动画粘贴到“【任务 4】3 场景动画.fla”Flash 文档“场景 1”的时间轴内。然后，单击选中“图像 3”图层，单击“删除图层”图标，将“图像 3”图层删除。此时，“场景 1”场景的时间轴如图 1-81 所示。

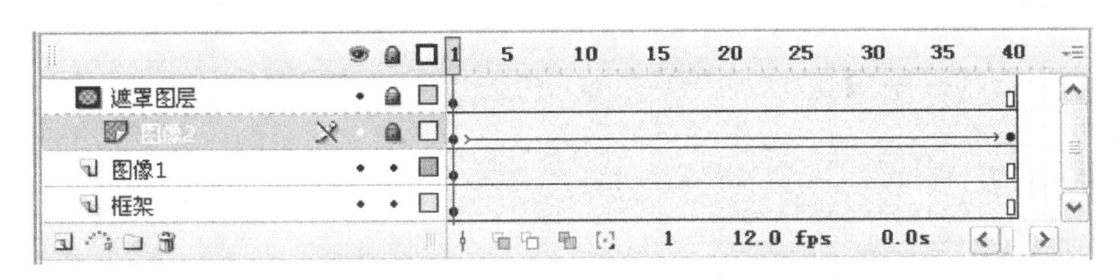

图 1-81　“场景 1”场景的时间轴

2. 制作场景 2 的动画

（1）切换到“【任务 2】图像逐渐显示切换.fla”Flash 文档，按住【Shift】键，单击“框架”图层第 80 帧，再单击“图像 3”图层第 41 帧，选中“图像 3”图层到“框架”图层之间所有图层的第 41 帧到第 80 帧，如图 1-82 所示。

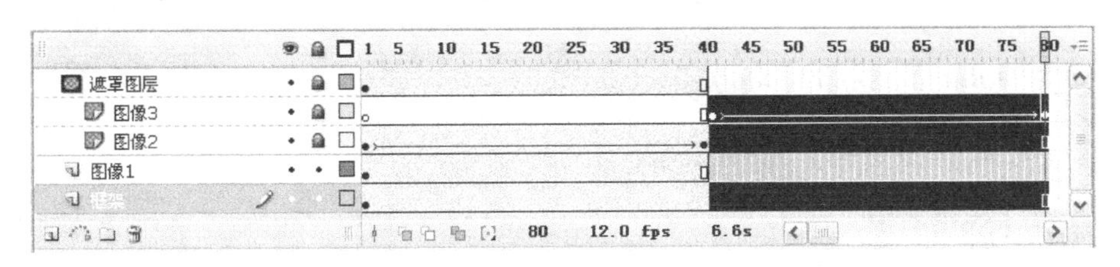

图 1-82　选中多个图层的多个帧

（2）右击选中的帧，打开帧快捷菜单，选择该菜单内的“复制帧”菜单命令，将选中的各图层多个帧复制到剪贴板内。

（3）切换到“【任务 4】3 场景动画.fla”Flash 文档，选择“插入”→“场景”菜单命令，进入“场景 2”场景的编辑窗口。右击“图层 1”图层第 1 帧，打开帧快捷菜单，选择该菜单中的“粘贴帧”菜单命令，将剪贴板中的所有帧粘贴到时间轴中。

（4）选中“图像 1”图层，单击“删除图层”图标，将“图像 1”图层删除。此时，“场景 2”场景的时间轴如图 1-83 所示。

（5）选择“窗口”→“其他面板”→“场景”菜单命令，打开“场景”面板，双击该面板内的“场景 1”名称，进入“场景 1”名称的编辑状态，将场景名称改为“第 1、2 幅图像切换”，再将“场景 2”的名称改为“第 2、3 幅图像切换”，如图 1-84 所示。

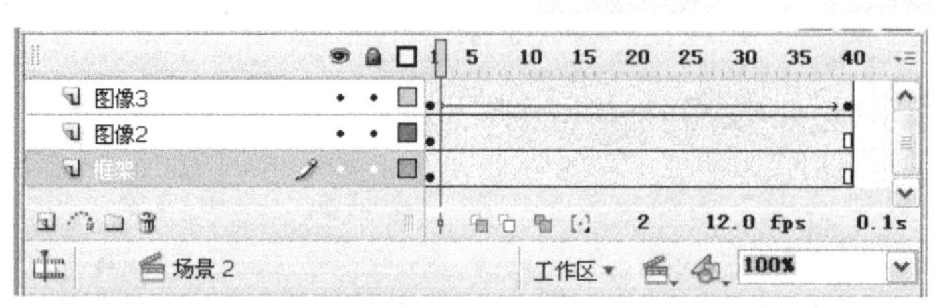

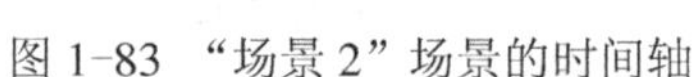
图 1-83 “场景 2”场景的时间轴

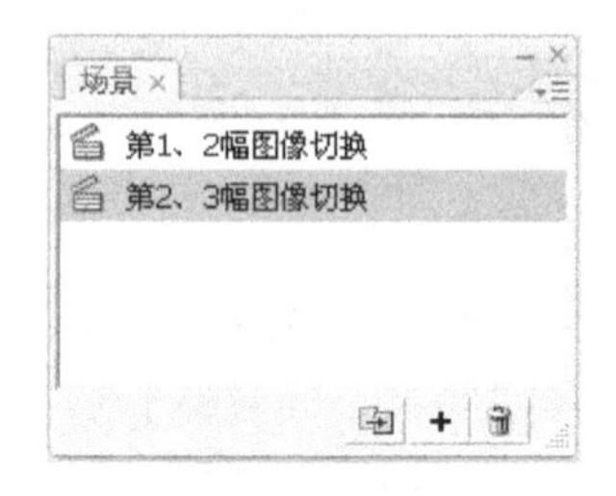

图 1-84 “场景”面板

至此，两个场景的图像切换动画制作完毕。按【Ctrl+Enter】组合键，播放该动画，先播放“第 1、2 幅图像切换”场景的动画，接着再播放“第 2、3 幅图像切换”场景的动画。

3. 制作场景 3 的动画

（1）切换到“【任务 3】彩球跳跃移动.fla”Flash 文档，右击时间轴中的任意一帧，打开帧快捷菜单，选择该菜单的“选择所有帧”菜单命令，选中动画的所有帧。再右击选中的帧，弹出帧快捷菜单，选择该菜单的“复制帧”菜单命令，将选中的各图层多个帧复制到剪贴板内。

（2）切换到“【任务 4】3 场景动画.fla”Flash 文档，选择“插入”→“场景”菜单命令，进入“场景 3”场景的编辑窗口。右击“图层 1”图层第 1 帧，打开帧快捷菜单，选择该菜单的“粘贴帧”菜单命令，将剪贴板中的所有帧粘贴到时间轴中，如图 1-85 所示。

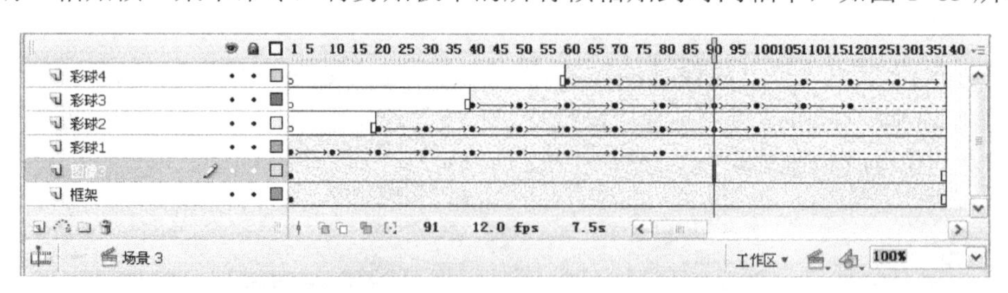

图 1-85 “场景 3”场景的时间轴粘贴的动画帧

（3）按住【Shift】键，单击“彩球 3”图层第 121 帧和第 140 帧，选中“彩球 3”图层第 121 帧到第 140 帧的所有帧。右击选中的帧，打开帧快捷菜单，选择该菜单的“删除帧”菜单命令，删除选中的帧。

（4）按照上述方法，删除“彩球 2”图层第 101 帧到第 140 帧，删除“彩球 1”图层第 81 帧到第 140 帧。

（5）打开“场景”面板，双击该面板内的“场景 3”名称，进入“场景 3”名称的编辑状态，将场景名称改为“彩球跳跃移动动画”。

课后习题 1-5

1．尝试用不同的方法来播放【任务 4】“3 场景动画”动画。将该动画生成 HTML、EXE、AVI、GIF 格式的文件。将该动画中的第 1 帧画面输出为“图像.jpg”图像文件。

2．制作一个“滚动图像”动画。该动画播放后，先在框架内显示第 1 幅图像，接着第 2 幅图像从右向左移动，全部移到框架内停止移动，将第 1 幅图像完全遮挡住。接着，下一幅图像又从右向左移动，全部移到框架内停止移动，将上一幅图像完全遮挡住。如此不断，一共有 6 幅图像移动切换。要求：每个动画分别在不同场景内完成。

3．制作一个“3 幅图像切换”动画，使动画播放后，先显示第 1 幅图像，接着第 1 幅图像逐渐变小并消失，同时逐渐将第 2 幅图像显示出来。再接着第 3 幅图像逐渐由小变大，将第 2 幅图像逐渐遮挡住。

4．制作一个“4 场景动画”动画，该动环播放后，5 幅图像依次展示，先显示的图像采用一种方法移开后显示下一幅图像。要求每个图像切换动画在一个场景内完成。另外，在“场景 4”场景中，不但有图像切换，而且 4 个不同颜色的彩球不断依次沿直线移动撞击框架内边框的中点。

小提示

各场景内动画的衔接应正确。

第2章

绘制图形和编辑图形

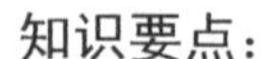

知识要点：

1. 掌握“样本”面板和“颜色”面板的特点，以及设置填充的方法和技巧；掌握渐变变形工具和颜料桶工具的使用方法和技巧。

2. 掌握设置笔触的方法，掌握绘制线的方法，掌握使用墨水瓶和滴管工具的方法；掌握修改线和填充、将线转换成填充的方法。

3. 掌握绘制几何图形的方法和技巧。掌握使用刷子工具绘制图形的方法。

4. 了解路径，掌握用钢笔工具绘制曲线和矢量图形的方法，了解锚点工具的使用方法。

5. 了解绘图模式，掌握绘制图元图形的方法，以及合并对象的方法。

6. 了解两类 Flash 对象的特点。

2.1 设置填充——【任务 5】海底世界网页 Banner

任务描述

制作一个“海底世界网页 Banner”动画，该动画是“海底世界”网页中的 Banner，即网页顶部的标志栏。该动画播放后的两幅画面如图 2-1 所示。可以看到，在海底背景图像之上，有一些倾斜的多条浅蓝色透明光带来回水平移动，Banner 内左下角有 4 个不同颜色的透明彩球，通过透明彩球可以看到不断有蓝色变为红色再变为蓝色的文字“海底世界”。

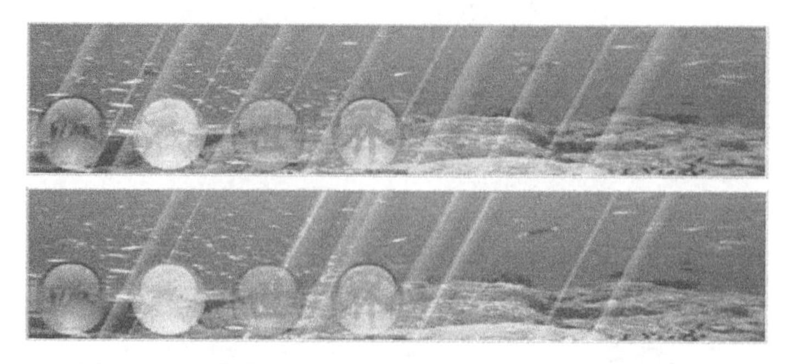

图 2-1 “海底世界网页 Banner”动画播放后的两幅画面

知识链接

1．“样本”面板

“样本”面板如图 2-2 所示。它与填充色和笔触颜色面板基本一样。利用“样本”面板可以设置笔触和填充的颜色。单击“样本”面板右上角的箭头按钮，会打开一个“样本”面板菜单，如图 2-3 所示。其中，部分菜单命令的作用如下。

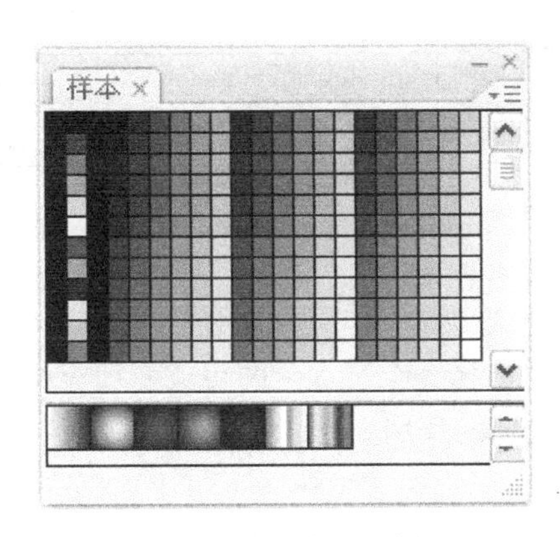

图 2-2 “样本”面板

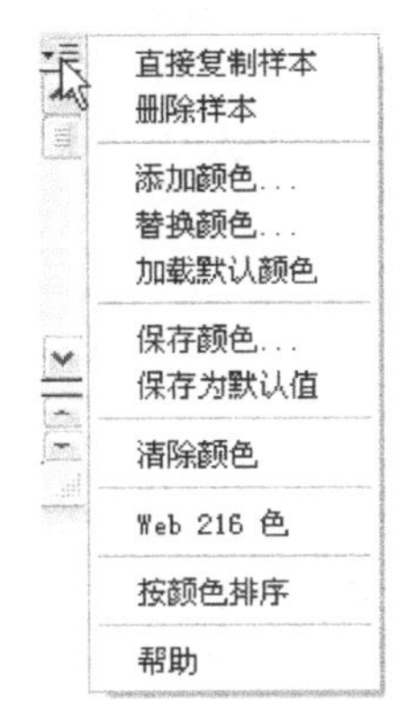

图 2-3 “样本”面板菜单

（1）“直接复制样本”：选中色块或颜色渐变效果图标（叫样本），再选择该菜单命令，即可在“样本”面板的相应栏中复制样本。

（2）“删除样本”：选中样本，再选择该菜单命令，即可删除选定的样本。

（3）“添加颜色”：选择该菜单命令，即可打开“导入颜色样本”对话框。利用它可以导入 Flash 的颜色样本文件（扩展名为：.clr）、颜色表（扩展名为：.act）、GIF 格式图像的颜色样本等。将导入的颜色样本追加到当前颜色样本的后边。

（4）“替换颜色”：选择该菜单命令，即可打开“导入颜色样本”对话框。利用它也可以导入颜色样本，替代当前的颜色样本。

（5）“加载默认颜色”：选择该菜单命令，即可加载默认的颜色样本。

（6）“保存颜色”：选择该菜单命令，即可打开“导出颜色样本”对话框。利用它可以将当前颜色板以扩展名为“.clr”或“act”存储为 Flash 的颜色样本文件。

（7）“保存为默认值”：选择该菜单命令，可以打开一个提示框，提示是否要将当前颜色样本保存为默认的颜色样本，单击“是”按钮即可将当前颜色样本保存为默认的颜色样本。

（8）“清除颜色”：选择该菜单命令，可清除颜色板中的所有颜色样本。

（9）“Web 216 色”：选择该菜单命令，可导入 Web 安全 216 颜色样本。

（10）“按颜色排序”：选择该菜单命令，可将颜色样本中的色块按照色相顺序排列。

2．“颜色”面板

利用“颜色”面板可以设置填充色，包括单色、线性渐变色、放射状渐变色和位图。“颜色”面板也可以设置笔触颜色，方法一样。“颜色”面板如图 2-4 和图 2-5 所示。该面板

内各选项的作用如下。

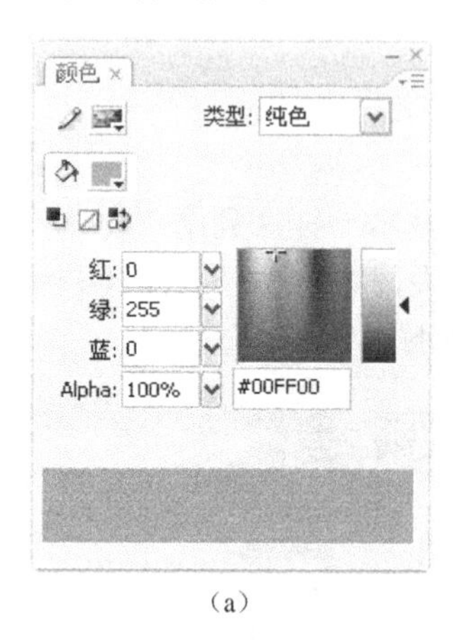

(a)

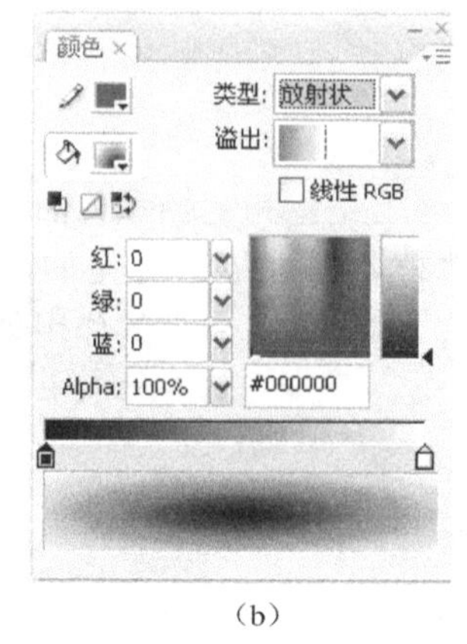

(b)

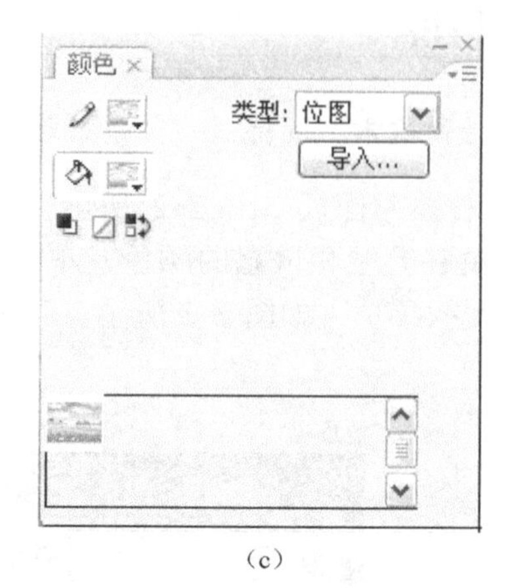

(c)

图 2-4 “颜色”面板

(1)“类型”下拉列表框：在该下拉列表框中选择一个选项，即可改变填充样式。选择不同选项后，“颜色”面板会发生相应的变化，各选项的作用如下。

◎“无”填充样式：删除填充。

◎“纯色”填充样式：提供一种纯正的填充单色，该面板如图 2-4（a）所示。

◎“线性”填充样式：产生沿线性轨迹变化的渐变色，该面板如图 2-5 所示。

◎“放射状”填充样式：用从焦点沿环形轨迹的渐变色填充，该面板如图 2-4（b）所示。

◎“位图”填充样式：用位图平铺填充区域，该面板如图 2-4（c）所示。

(2) 颜色栏按钮：“颜色”(线性) 面板如图 2-5 所示。其中，颜色栏按钮的作用如下。

◎“填充颜色”按钮：它和工具箱“颜色”栏和“属性”面板中的“填充颜色”按钮作用一样，单击它可以弹出颜色面板，如图 2-6 所示。单击颜色面板内的某一个色块，或者在其左上角的文本框中输入颜色的十六进制代码，都可以给填充设置颜色。还可以在 Alpha 文本框中输入 Alpha 值，以调整填充的不透明度。

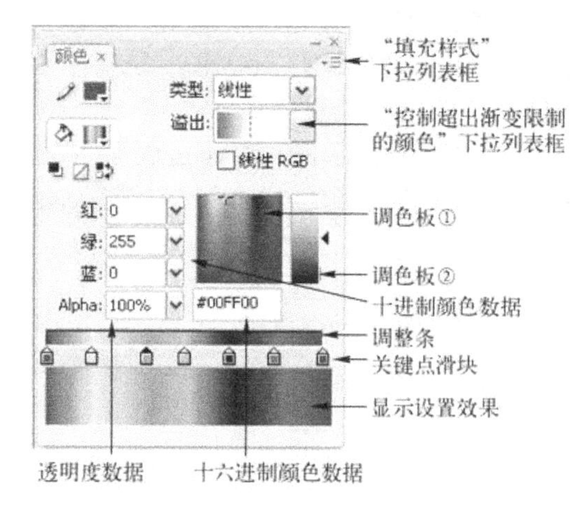

图 2-5 “颜色”(线性) 面板

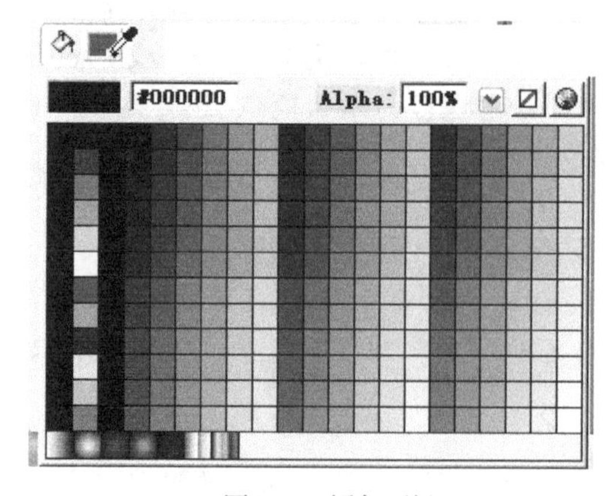

图 2-6 颜色面板

单击颜色面板中按钮，可以打开一个 Windows 的“颜色”对话框，如图 2-7 所示。利用该对话框可以设置更多的颜色。

◎“笔触颜色”按钮：它和工具箱“颜色”栏和“属性”面板中的“笔触颜色”按钮作用一样，单击它可以打开笔触的颜色面板，利用它可以给笔触设置颜色。

◎ 按钮组：它们的作用和工具箱“颜色”栏内相应的按钮组作用一样，从左到右，分别为设置笔触颜色为黑色，填充颜色为白色；取消颜色；笔触颜色与填充颜色互换。

（3）“溢出”下拉列表框：它用来选择溢出模式，如图 2-8 所示。它用来控制超出线性或放射状渐变限制的颜色。溢出模式有以下几种。

◎ 扩展模式：将所指定的颜色应用于渐变末端之外，它是默认模式。

◎ 镜像模式：渐变颜色以反射镜像效果来填充形状。指定的渐变色从渐变的开始到结束，再以相反的顺序从渐变的结束到开始，再从渐变的开始到结束，直到填充完毕。

◎ 重复模式：渐变的开始到结束重复变化，直到选定的形状填充完毕为止。

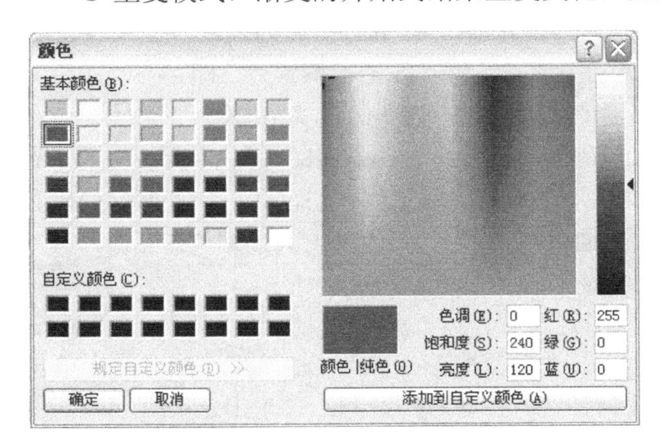

图 2-7 “颜色”对话框

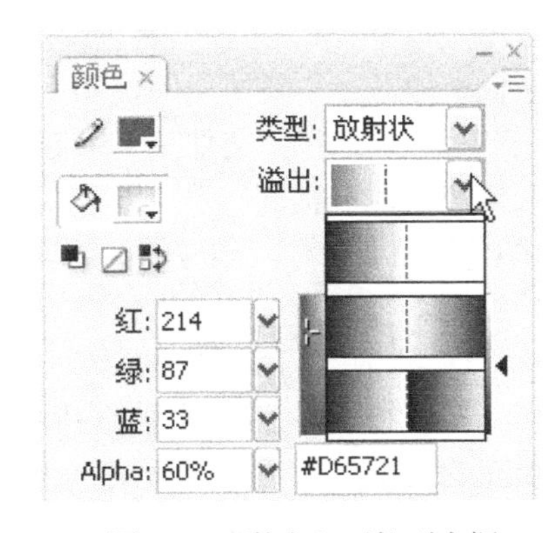

图 2-8 “溢出”下拉列表框

（4）文本框、调色板和复选框。

◎“红”、“绿”和“蓝”文本框：用来设置填充色中红色、蓝色和绿色的浓度。可以通过输入或使用文本框的滑条来改变文本框内的十进制数，调整颜色。另外，还可以在面板右下方的文本框内输入十六进制的颜色代码数据，来调整颜色。颜色代码的格式是#RRGGBB。其中 RR、GG、BB 分别表示红、绿、蓝颜色成分的大小，取值为 00～FF 的十六进制数。

◎ Alpha 文本框：可以在 Alpha 文本框内输入百分数，以调整颜色（纯色和渐变色）的透明度。Alpha 值为 0%时创建的填充完全透明，Alpha 值为 100%时创建的填充完全不透明。

◎ 两个调色板（颜色选择区域）：它们也叫“颜色选择器”，如图 2-5 所示。利用它们可以给线和填充设置颜色。通常，先在调色板①中单击，粗略选择一种颜色，再在调色板②中单击，拖曳十字准线指针，选择不同饱和度的颜色。

◎“线性 RGB”复选框：选中它后，可创建与 SVG（可伸缩矢量图形）兼容的渐变。

3. 设置填充渐变色

对于“线性”和“放射状”填充样式，用户可以使用“颜色”面板设计颜色渐变的效果。下面以图 2-5 所示的“颜色”（线性）面板为例，介绍其设计的方法如下。

（1）移动关键点：所谓关键点就是在确定渐变时起始和终止颜色的点，以及颜色的转折点。用鼠标拖曳调整条下边的滑块，可以改变关键点的位置，改变颜色渐变的状况。

（2）改变关键点的颜色：选中调整条下边关键点的滑块，再单击按钮，打开颜色面板，选中某种颜色，即可改变关键点的颜色。还可以在左边的文本框中设置颜色和不透明度。

（3）增加关键点：单击调整条下边要加入关键点处，可以增加一个新的滑块，即增加一个关键点。可以增加多个关键点，但不可以超过 15 个。拖曳关键点滑块，可以调整它的位置。

（4）删除关键点：用鼠标向下拖曳关键点滑块，即可删除被拖曳的关键点滑块。

4. 设置填充图像

如果没有给“库”面板中导入位图，则第一次选择“类型”下拉列表框中的“位图”选项后，会弹出一个“导入到库”对话框。利用该对话框导入一幅图像后，即可在“颜色”面板中加入一个要填充的位图。单击一个小图像，即可选中该图像为填充图像。

另外，选择“文件”→“导入”→“导入到库”菜单命令，或单击“颜色”面板中的“导入”按钮，可打开“导入”对话框，选择文件后，单击“确定”按钮，即可在“库”面板和“颜色”面板内导入相应的位图。可以给“库”面板和“颜色”面板中导入多幅位图图像。

5. 渐变变形工具

在有填充的图形没被选中的情况下，单击“渐变变形工具”按钮，再用鼠标单击填充的内部，即可在填充之上出现一些控制柄，以及线条或矩形框，如图 2-9 所示。拖曳控制柄，可调整填充状态。调整焦点，可改变放射状焦点位置；调整中心点，可改变渐变中点。

单击“渐变变形工具”按钮，单击放射状填充。填充中会出现 4 个控制柄和 1 个中心点标记，如图 2-9 所示。单击“渐变变形工具”按钮，再单击线性填充。填充中会出现两个控制柄和 1 个中心点标记，如图 2-10 所示。单击“渐变变形工具”按钮，再单击位图填充。位图填充中会出现 7 个控制柄和 1 个中心点标记，如图 2-11 所示。

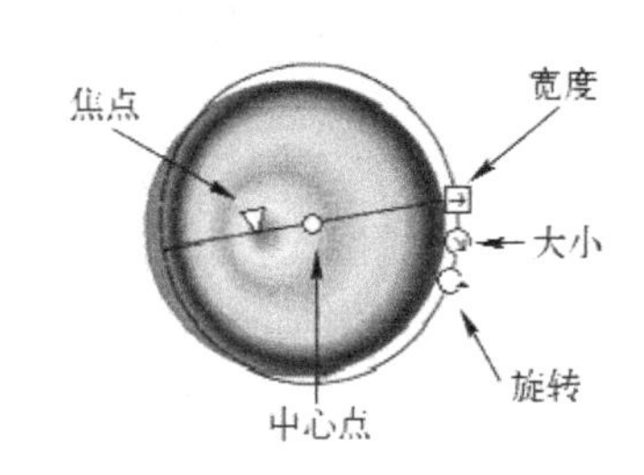

图 2-9　放射状填充调整

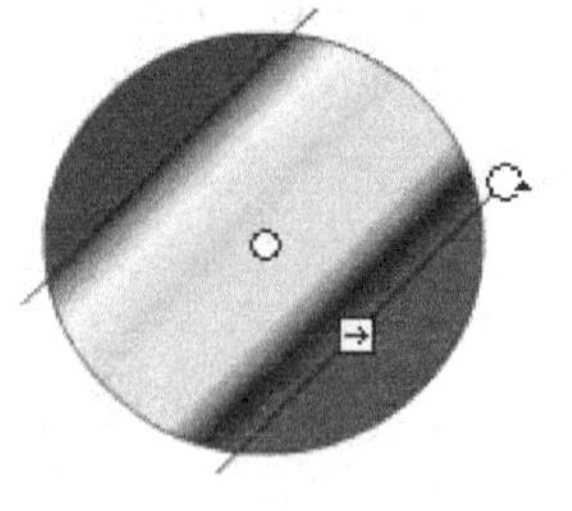

图 2-10　调整线性填充

图 2-11　调整位图填充

6．颜料桶工具

颜料桶工具的作用是对填充属性进行修改。填充的属性有纯色（单色）填充、线性渐变填充、放射状渐变填充和位图填充等。使用颜料桶工具的方法如下。

（1）设置填充的新属性，再单击工具箱内的“颜料桶工具”按钮，此时鼠标指针呈状。再单击舞台工作区中的某填充，即可用新设置的填充属性修改被单击的填充。另外，对于线性渐变填充、放射状渐变填充，可以用鼠标在填充内拖曳出一条直线来修改填充。

（2）单击“颜料桶工具”按钮后，“选项”栏内会出现两个按钮。这两个按钮的作用如下。

◎“空隙大小”按钮：单击它可打开一个菜单，如图 2-12 所示。它用来选择对没有和有不同大小空隙（有缺口）的图形进行填充。对有空隙图形的填充效果如图 2-13 所示。

◎“锁定填充”按钮：该按钮弹起时，为非锁定填充模式；单击该按钮，即为锁定填充模式。在非锁定填充模式下，给图 2-14 中上边两行的矩形填充灰度线性渐变色，再使用“渐变变形工具”，单击矩形填充，效果如图 2-14 中上边两行矩形所示，可以看到，各矩形的填充是相互独立的，无论矩形长短如何，填充都是左边浅右边深。

在锁定填充模式下，给图 2-14 中下边两行的矩形填充灰度线性渐变色，再使用“渐变变形工具”，单击矩形填充，效果如图 2-14 中下边两行矩形所示，可以看到，各矩形的填充是一个整体，好像背景已经涂上了渐变色，但是被盖上了一层东西，因而看不到背景色，这时填充就好像剥去这层覆盖物，显示出了背景的颜色。

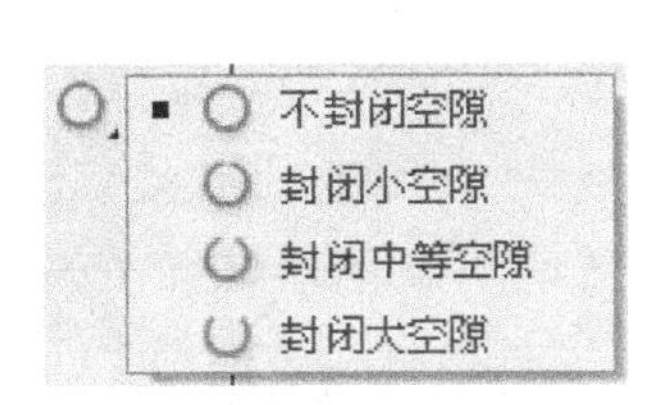

图 2-12　图标菜单

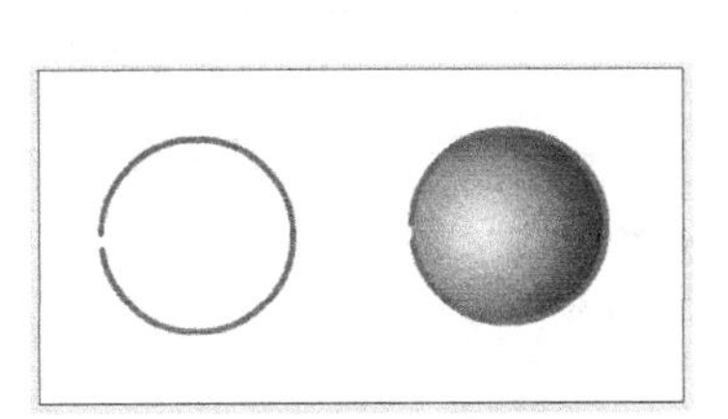

图 2-13　填充有缺口的区域

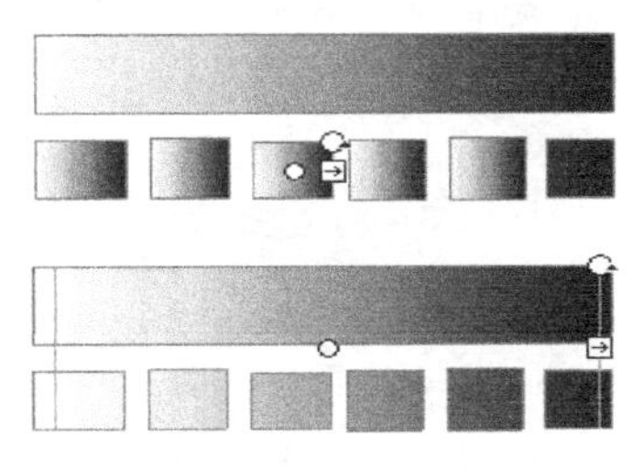

图 2-14　非锁定与锁定填充模式

操作步骤

1．制作“光带”影片剪辑元件

（1）新建一个名称为“【任务 5】海底世界网页 Banner.fla”的 Flash 文档。设置舞台工作区的宽为 1000 像素、高为 200 像素，背景色为浅蓝色。

（2）选择“插入”→“新建元件”菜单命令，打开“创建新元件”对话框，在“名称”文本框内输入元件的名称“光带”，在“类型”栏内选择“影片剪辑”单选按钮，如图 2-15 所示。单击“确定”按钮，即可进入相应的“光带”影片剪辑元件编辑状态。

（3）单击工具箱的“矩形工具”按钮，单击“填充颜色”按钮，弹出填充的颜色面板，单击该面板左下角的按钮，设置线形渐变填充。再单击工具箱内的“笔触颜色”按钮，再单击“颜色”栏内的“没有颜色”按钮，使绘制的矩形图形没有轮廓线。

图 2-15 “创建新元件”对话框

（4）弹出“颜色”面板，在“类型”下拉列表框中选择“线性”选项，向右稍稍拖曳移动左边的滑块，再在“红”、“绿”和“蓝”文本框内均输入 255，设置该关键点的颜色为白色，在 Alpha 文本框内输入 70%，设置不透明度为 70%，如图 2-16 左图所示；单击选中右边的滑块，再在“红”、“绿”和“蓝”文本框内均输入 0、0 和 255，设置该关键点的颜色为蓝色，在 Alpha 文本框内输入 30%，设置不透明度为 30%，如图 2-16 右图所示。

然后，拖曳鼠标，绘制一幅白色到浅蓝色线性渐变色的矩形，如图 2-17 所示。

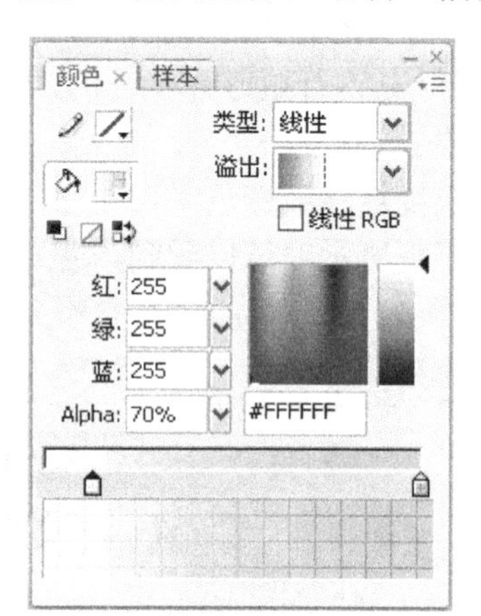

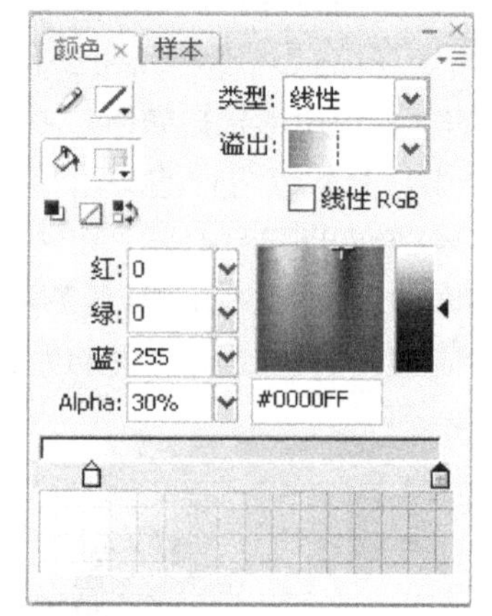

图 2-16 “颜色”面板设置

图 2-17 线性渐变色的矩形

（5）单击工具箱内的“选择工具”按钮，按住【Alt】键，同时水平拖曳鼠标，复制 11 个线性渐变色的矩形。单击工具箱内的“任意变形工具”按钮，调整各个矩形的水平宽度，效果如图 2-18 所示。

（6）拖曳选中所有矩形，单击工具箱的“选项”栏中的“旋转与倾斜”按钮，水平向右拖曳中间上边的控制柄，调整多个矩形的水平倾斜度，如图 2-19 所示。

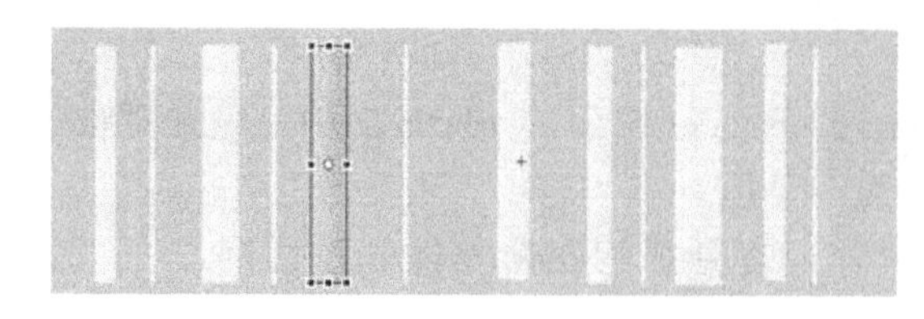

图 2-18 调整多个矩形宽度

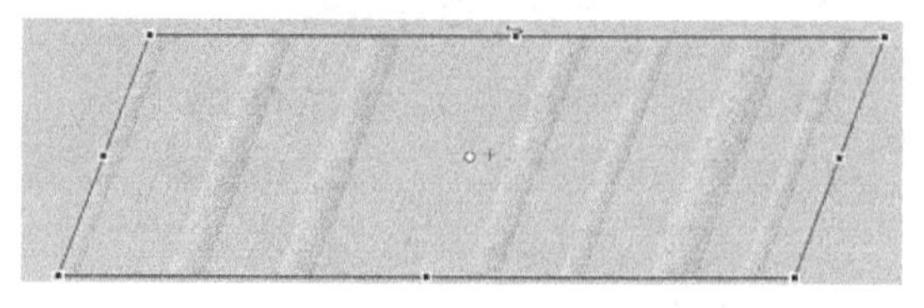

图 2-19 调整多个矩形的水平倾斜度

（7）选择“窗口”→“对齐”菜单命令，打开“对齐”面板。单击“对齐”面板的“上对齐”按钮，使选中的 12 个矩形图形对象顶部对齐；单击“对齐”面板的“水平平

均间隔”按钮，使所有选中的对象的水平间隔相等，如图 2-20 所示。

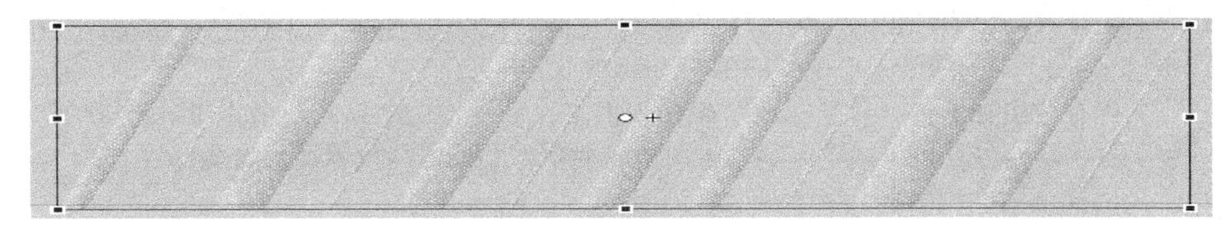

图 2-20　多个矩形顶部对齐且水平间隔相等

（8）选中“图层 1”图层第 1 帧，选择“修改”→“时间轴”→“分散到图层”菜单命令，即可将“图层 1”图层第 1 帧内的对象分配到不同图层的第 1 帧中，原来“图层 1”图层第 1 帧内的对象消失。将“图层 1”图层删除。

（9）按住【Shift】键，单击“图层 2”图层第 1 帧和“图层 13”图层第 1 帧，选中这两个图层之间的 12 个图层的第 1 帧，右击选中的帧，打开帧快捷菜单，选择该菜单中的“创建补间动画”菜单命令，使这 12 个关键帧具有补间动画的属性。

（10）按住【Shift】键，单击“图层 2”图层第 80 帧和“图层 13”图层第 80 帧，选中所有图层的第 80 帧，按【F6】键，创建 12 个图层第 1 帧到第 80 帧的补间动画。然后，分别水平拖曳 12 幅矩形图形，到舞台工作内的不同位置，完成 12 幅透明矩形水平移动动画的制作。

此时的时间轴如图 2-21 所示。单击元件编辑窗口中的按钮，回到主场景。

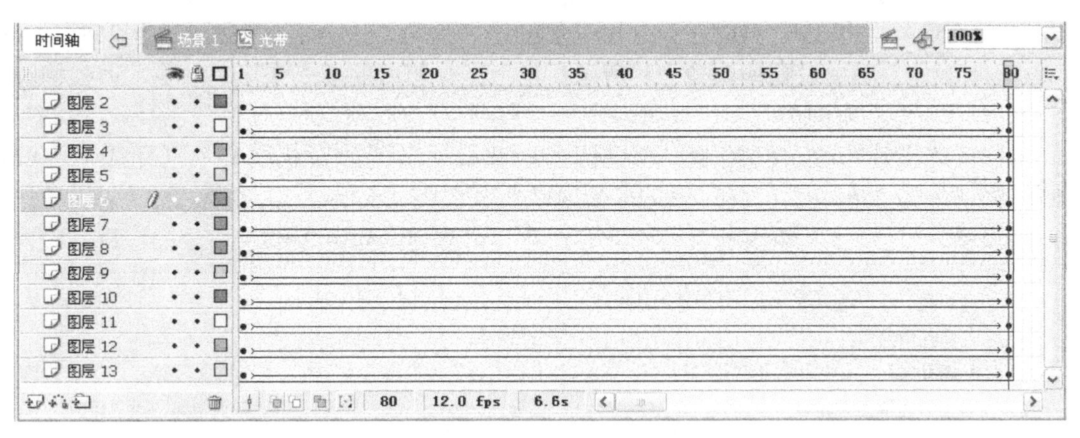

图 2-21　“光带”动画的时间轴

2. 制作“水晶球”影片剪辑元件

（1）选择“视图”→“标尺”菜单命令，在舞台工作区显示标尺。单击工具箱中的“选择工具”按钮，用鼠标从标尺栏向舞台工作区拖曳，创建 3 条水平辅助线和 3 条垂直辅助线。

（2）选择“插入”→“新建元件”菜单命令，打开“创建新建元件”对话框，在该对话框内的“名称”文本框内输入“水晶按钮”，选中“影片剪辑”单选项。再单击“确定”按钮，进入“水晶球”影片剪辑元件编辑状态。

（3）单击工具箱中的“椭圆工具”按钮，再在其“属性”面板内设置无轮廓线。打开“颜色”面板，在其“类型”下拉列表框中选择“线性”选项，按照图 2-22 所示进行设置，左边滑块颜色为红色（红为 255，绿为 50，蓝为 50，Alpha 为 100%），右边滑块颜色为灰色（红为 60，绿为 10，蓝为 10，Alpha 为 100%）。

（4）按住【Shift】键，拖曳绘制一幅圆形图形，如图 2-23 所示。单击工具箱内的“渐变变形工具”按钮，单击圆形图形，再用鼠标调整控制柄，使填充色旋转 90°，如图 2-24 所示。然后将圆形图形组成组合。

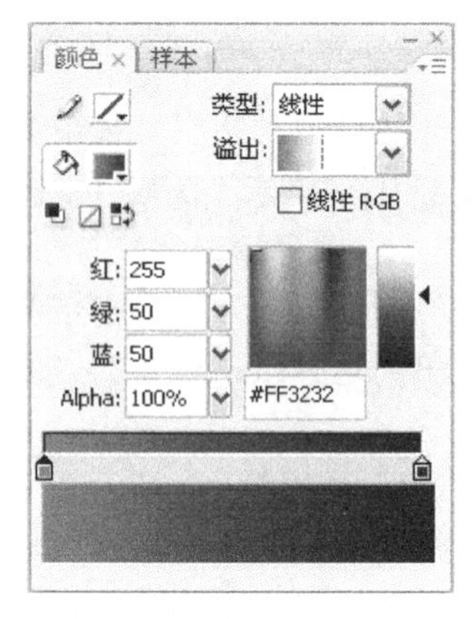

图 2-22 “颜色”面板设置

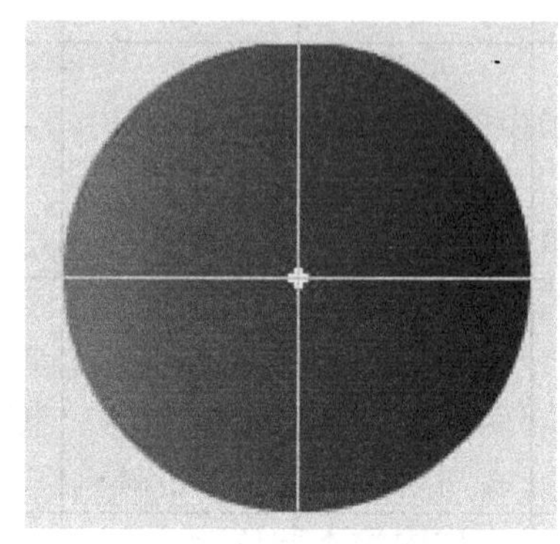
图 2-23 绘制圆形图形

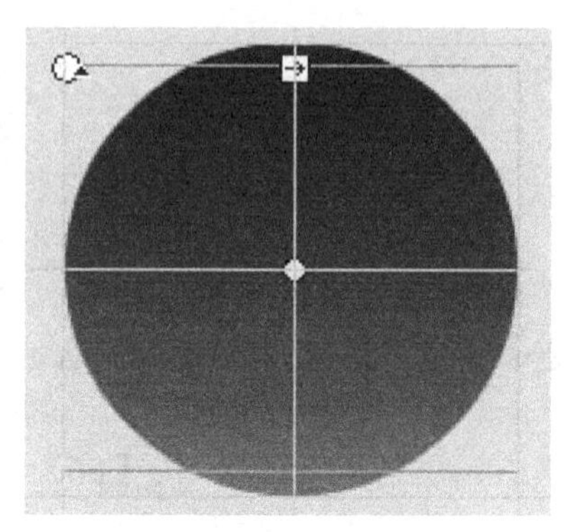
图 2-24 调整圆形图形

（5）按照上述方法，绘制一个椭圆，椭圆采用颜色线性渐变填充样式，由白色（红为 255，绿为 255，蓝为 255，Alpha 为 80%）到白色（红为 255，绿为 255，蓝为 255，Alpha 为 0%）。“颜色”面板设置如图 2-25 所示。使用工具箱内的填充变形工具，调整椭圆如图 2-26 所示。然后将圆形图形组成组合。

（6）按照上述方法，再绘制一个椭圆，椭圆采用颜色放射状渐变填充样式，由白色（红为 255，绿为 255，蓝为 255，Alpha 为 90%）到白色（红为 255，绿为 255，蓝为 255，Alpha 为 0%）。使用工具箱内的填充变形工具，调整椭圆如图 2-27 所示。

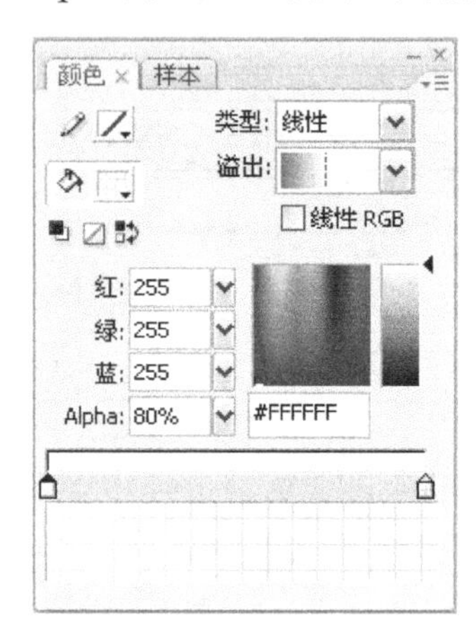

图 2-25 “颜色”面板设置

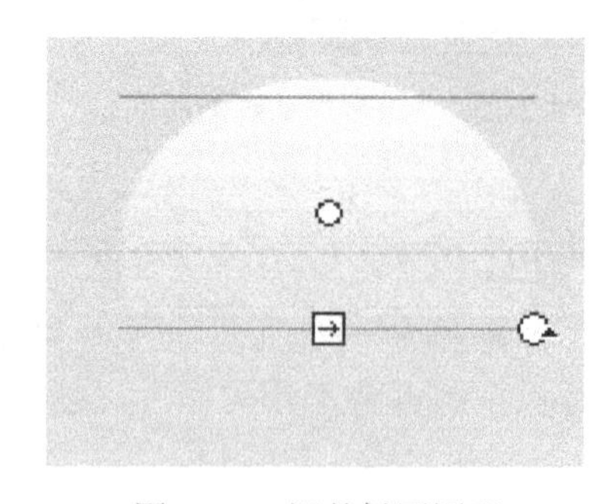
图 2-26 调整椭圆图形

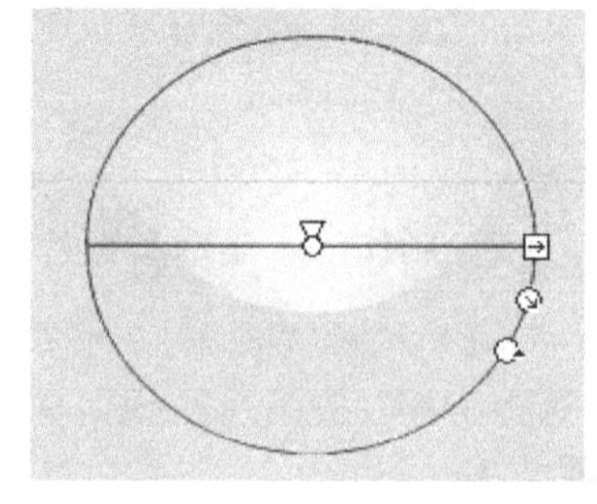
图 2-27 调整椭圆图形

（7）将第 2 个椭圆图形组成组合，将它移到红色圆形之上，形成一个水晶球图形，再将 3 个图形组成组合，如图 2-28 所示。然后，单击元件编辑窗口中的按钮，回到主场景。

3. 制作主场景动画

（1）选中主场景内的“图层 1”图层第 1 帧，将该图层的名称改为“海底图”。导入一幅“海底 1.jpg”图像，调整该图像的大小和位置，使该图像刚好将舞台工作区完全覆盖。

（2）在“海底图”图层之上添加一个“光带”图层，选中“光带”图层第 1 帧，将“库”面板中的“光带”影片剪辑元件拖曳到舞台工作区内的上边，形成一个实例，调整该影片剪辑实例的高为 200 像素，宽度为 1000 像素。

（3）在“光带”图层之上添加一个“标题文字”图层，选中“标题文字”图层第 1 帧，单击工具箱内的“文本工具”按钮 T，在其“属性”面板的“字体”下拉列表框中选择“华文行楷”选项，设置华文行楷字体；在“字体大小”下拉列表框中输入 90，设置字体大小为 90 磅；单击“文本（填充）颜色”按钮，弹出颜色面板，设置文字颜色为蓝色。单击舞台工作区内左下角，再输入“海底世界”文字，如图 2-29 所示。

图 2-28 水晶球图形

图 2-29 “海底世界”文字

（4）选中输入的文字，选择“修改”→“分离”菜单命令，可将它们分解为相互独立的文字。按住【Shift】键，水平向右拖曳“界”文字一段距离。

（5）选中所有输入的文字，单击“对齐”面板的“上对齐”按钮，使选中的 12 个矩形图形对象顶部对齐；单击“对齐”面板的“水平平均间隔”按钮，使所有选中的对象的水平间隔相等，如图 2-30 所示。

图 2-30 “海”、“底”、“世”、“界”文字等间距分布

（6）在“标题文字”图层之上添加一个“水晶球”图层，选中“水晶球”图层第 1 帧，4 次将“库”面板内的“水晶球”影片剪辑元件拖曳到舞台工作区内，形成 4 个实例。然后，将 4 个实例一字形水平排列好，并分别移到“海”、“底”、“世”、“界”文字之上。

（7）选中左边的“水晶球”影片剪辑实例，在其“属性”面板的“颜色”下拉列表框中选择“Alpha”选项，在右边文本框中输入 50%。选中第 2 个“水晶球”影片剪辑实例，在其“属性”面板的“颜色”下拉列表框中选择“高级”选项，单击“设置”按钮，打开“高级效果”对话框，按照图 2-31（a）所示进行设置，单击“确定”按钮，即可将该影片剪辑实例的颜色改为透明绿色。按照上述方法，再将其他两个“水晶球”影片剪辑实例的颜色分别改为透明蓝色和透明紫色，其“高级效果”对话框设置分别如图 2-31（b）、（c）所示。

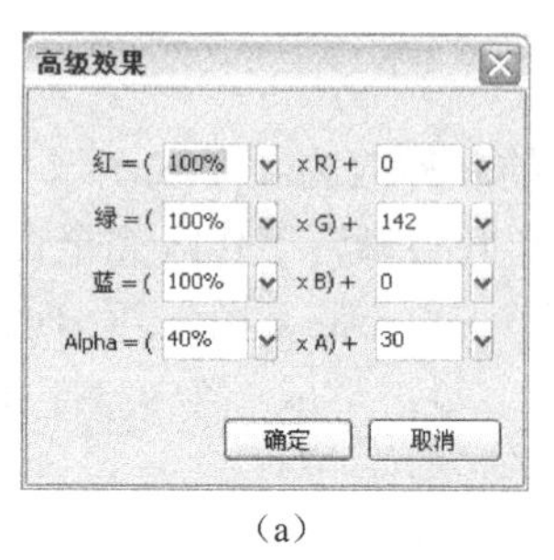

(a)

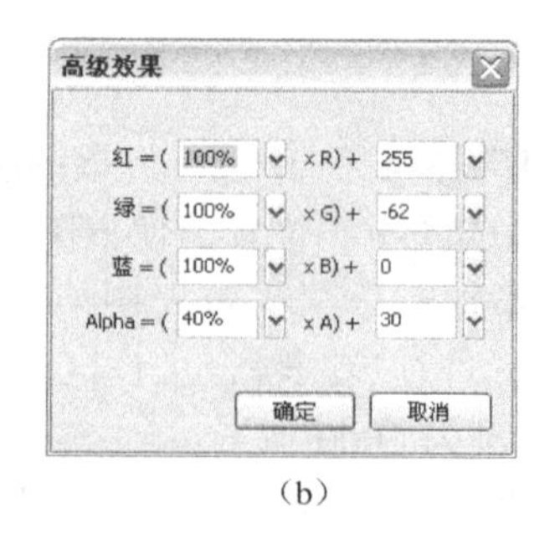

(b)

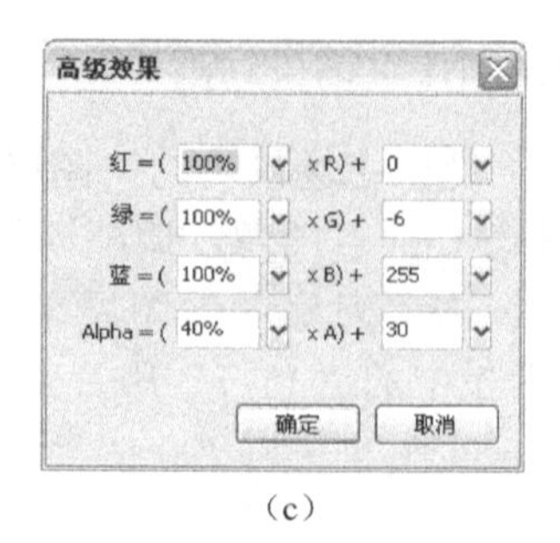

(c)

图 2-31 “高级效果”对话框设置

（8）创建“标题文字”图层第 1 帧到第 80 帧的补间动画，单击选中第 40 帧，按【F6】键，创建一个关键帧，这 3 个关键帧的内容均一样。单击选中第 40 帧，单击选中该帧内的文字，在其“属性”面板内的“颜色”下拉列表框中选择“色调”选项，按照图 2-32 所示进行设置，调整文字的颜色为红色。

图 2-32 “属性”面板设置

（9）按住【Ctrl】键，单击选中“海底图”、“光带”和“水晶球”图层第 80 帧，按【F5】键，使这几个图层第 1 帧到第 80 帧的各帧内容一样。

至此，整个动画制作完毕，该动画的时间轴如图 2-33 所示。

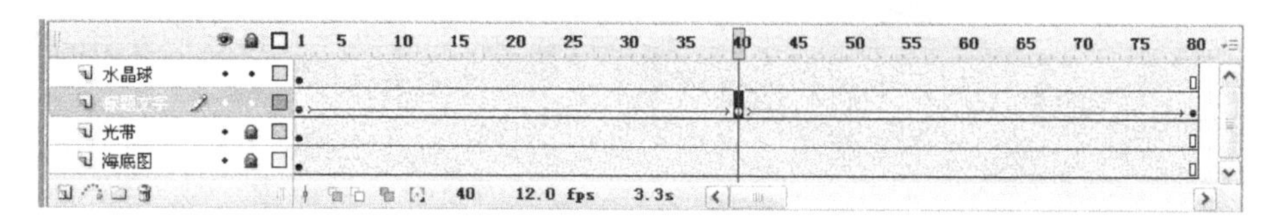

图 2-33 “海底世界网页 Banner”动画的时间轴

课后习题 2-1

1．绘制一幅“梦幻世界”图形，如图 2-34 所示。可以看到，人在幻想的美丽环境中，好像处于梦幻的世界，想象中还有许多大小不一的幻影彩球。

2．制作一个“水晶球”动画，该动画播放后的两幅画面如图 2-35 所示。它给出了红和蓝两种不同颜色的水晶球。每个水晶球内部都有不断水平移动变化的图像。

图 2-34 “梦幻世界”图形

图 2-35 “水晶球”动画播放后的两幅画面

3．制作一幅“圆形按钮”图形，如图 2-36 所示。

4．制作一幅“台球和球杆”图形，如图 2-37 所示。可以看到，有 10 个台球和两根球杆，台球的颜色有红、绿、蓝和紫色 4 种，台球的类型有两种，台球的号码均不一样。

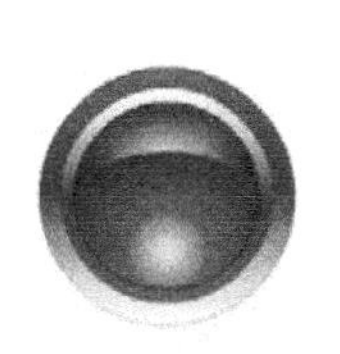

图 2-36 “圆形按钮”图形

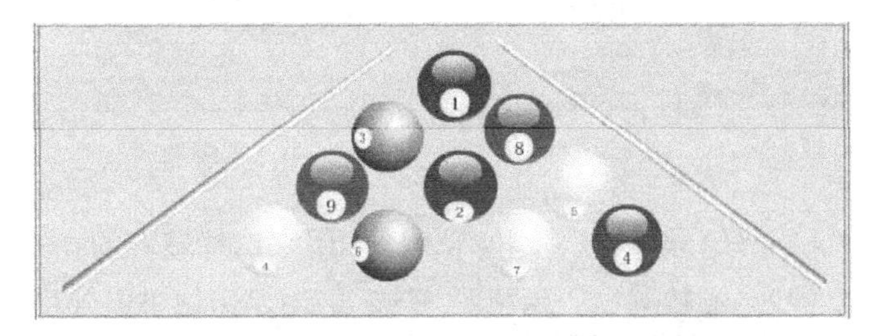

图 2-37 “台球和球杆”图形

2.2　设置笔触和绘制线——【任务 6】彩球跳跃

任务描述

“彩球跳跃”动画播放后的两幅画面如图 2-38 所示。可以看到，在一幅山水风景图像之上，两个彩球在水面之上上下跳跃，同时它们的倒影也在水中上下移动。

图 2-38 “彩球跳跃”图像

知识链接

1．笔触的设置

笔触设置就是线属性的设置，它包括笔触样式、笔触高度（粗细）和笔触颜色等设置。笔触设置可以利用线的“属性”面板来进行。单击工具箱内的“铅笔工具”按钮后的“属性”面板如图 2-39 所示，选中“线条工具”和“钢笔工具”等工具后的“属性”面板与图 2-39 所示基本一样。该“属性”面板中各选项的作用如下。

（1）“笔触高度”1 文本框：输入线粗细的数值（数值在 0.1～200 之间，单位为 pts），再按【Enter】键。还可以单击它右边的箭头按钮，弹出一个滑条，拖曳滑块来改变线的粗细。

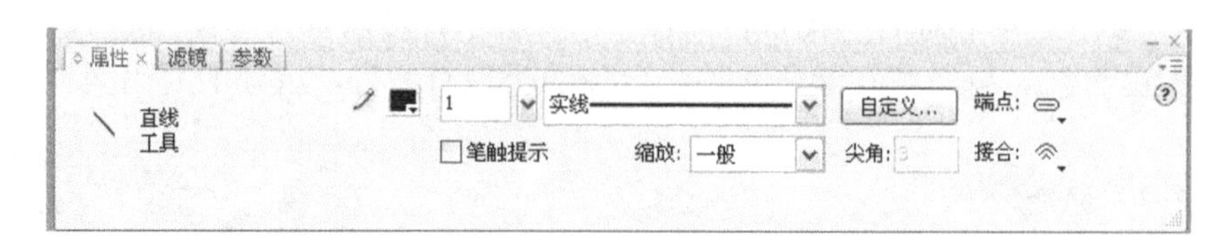

图2-39　笔触的“属性”面板

（2）“笔触样式”下拉列表框：用来选择笔触的样式。

（3）“笔触颜色”按钮：单击该按钮可以弹出颜色面板，用来设置颜色。

利用“颜色”面板可以设置笔触，即设置笔触颜色、线透明度、线性渐变色、放射状渐变色和位图图像，如图2-40所示。设置的方法与设置填充的方法完全一样。

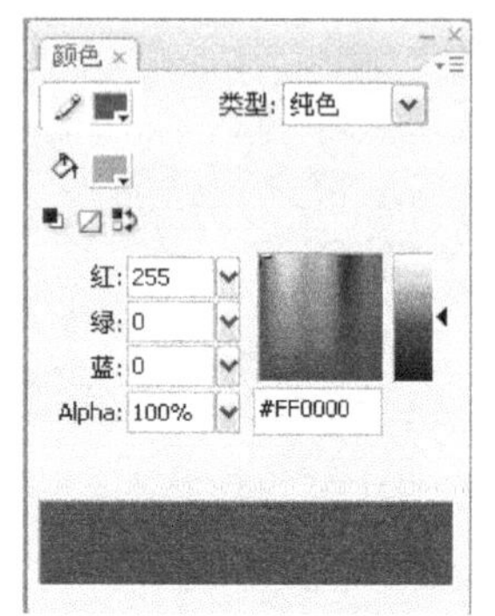

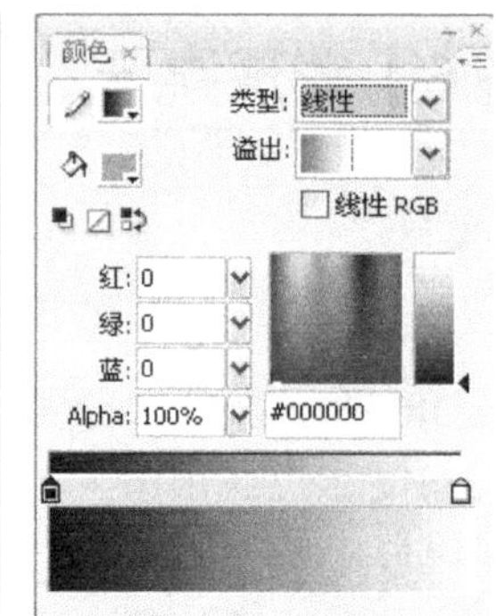

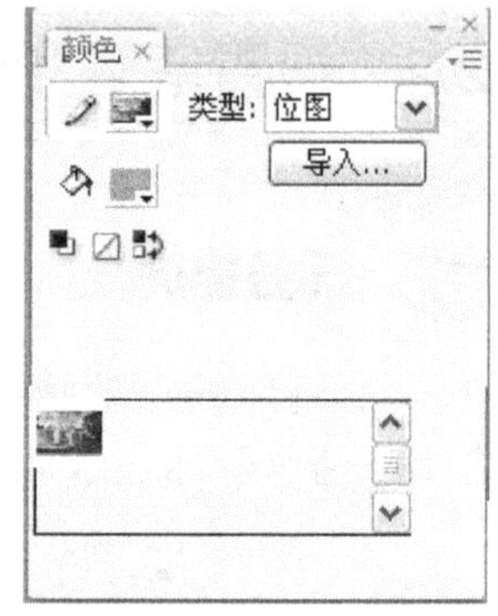

图2-40　“颜色”面板

（4）“缩放”下拉列表框：用来设置限制播放器Flash Player中笔触的缩放特点。

（5）“笔触提示”复选框：选中该复选框后，启用笔触提示。笔触提示可在全像素下调整直线锚记点和曲线锚记点，防止出现模糊的垂直或水平线。

（6）“端点”按钮：单击它可以打开一个菜单，用来设置线段（路径）终点的样式。选中“无”选项时，对齐线段终点；选择“圆角”选项时，线段终点为圆形，添加一个超出线段端点半个笔触宽度的圆头端点；选择“方形”选项时，线段终点超出线段半个笔触宽度，添加一个超出线段半个笔触宽度的方头端点。

（7）“接合”按钮：单击它可以打开一个菜单，用于设置两条线段的相接方式，选择“尖角”、“圆角”和“斜角”选项时的效果如图2-41所示。要更改开放或闭合线段中的转角，可以先选择与转角相连的两条线段，然后再选择另一个接合选项。在选择“尖角”选项后，“属性”面板内的“尖角”文本框变为有效，用于输入一个尖角限制值，超过这个值的线条部分将被切除，使两条线段的接合处不是尖角，这样可以避免尖角接合倾斜。

图2-41　“尖角”、“圆角”和“斜角”接合

2．“笔触样式”对话框

单击“属性”面板中的“自定义”按钮，打开“笔触样式”对话框，如图 2-42 所示。利用该对话框即可自定义笔触样式（线样式）。“笔触样式”对话框中各选项的作用如下。

（1）“类型”下拉列表框：用于选择线的类型，它有 6 种类型。选择不同类型时，其下边会显示出不同的文本框与下拉列表框，利用它们可以修改线条的形状。例如，选择“斑马线”选项时的“笔触样式”对话框，如图 2-43 所示。

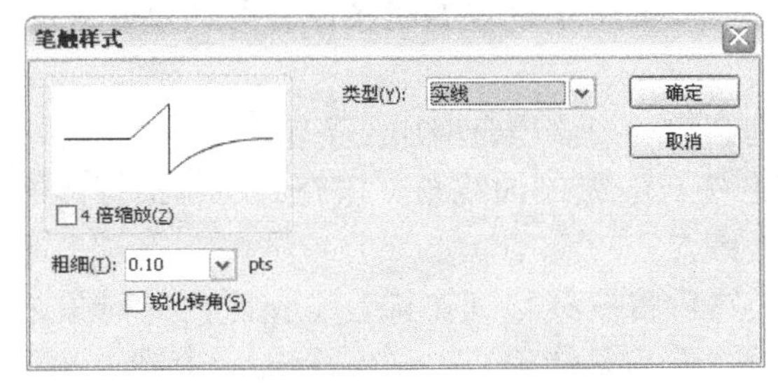

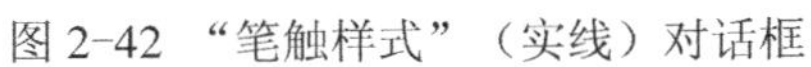

图 2-42　“笔触样式”（实线）对话框

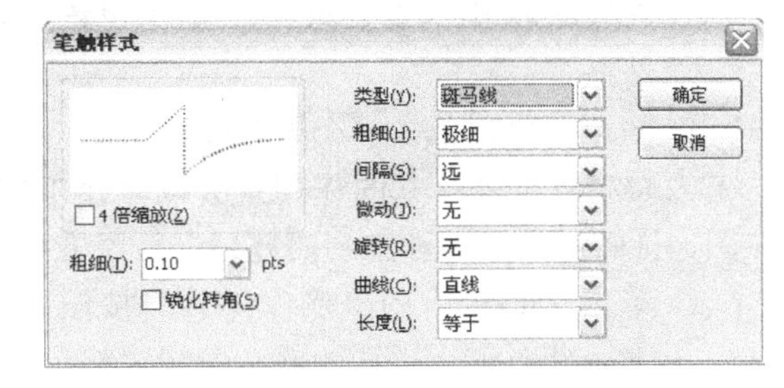

图 2-43　“笔触样式”（斑马线）对话框

由图 2-43 可以看出，它有许多可以设置的下拉列表框，没有必要去对这些下拉列表框和它们选项的作用一一进行介绍。因为在改变线型后，其左边的显示窗口内会显示出所设置线型的形状和粗细，可以形象地看到各个选项的作用。

（2）“4 倍缩放”复选框：选中它后，会将它上边的显示窗口内的线条的观察缩放放大到原来的 4 倍。但实际的线条并没有放大。

（3）“粗细”下拉列表框：用于输入或选择线条的宽度，数的范围是 0.1～200pts。

（4）“锐化转角”复选框：选中它后，会使线条的转折明显。此选项对绘制直线无效。

3．绘制线条

（1）使用线条工具绘制直线：单击“线条工具”按钮，利用它的“属性”面板设置线型和线颜色，再在舞台工作区内拖曳鼠标，即可绘制各种长度和角度的直线。按住【Shift】键，同时在舞台工作区内拖曳鼠标，可以绘制出水平、垂直（也适用于铅笔工具）和 45° 角线条。

（2）使用铅笔工具绘制线条图形：使用“铅笔工具”绘制图形，就像人们真的在用一支铅笔画图一样，可以绘制任意形状的曲线矢量图形。绘制完一条线后，Flash 可以自动对其进行加工，例如变直、平滑等。

单击工具箱中的“铅笔工具”按钮后，工具箱“选项”栏内会显示一个“铅笔模式”按钮。单击该按钮，可弹出 3 个按钮供选择，如图 2-44 所示。3 个按钮是用来设置铅笔模式的，它们的作用如下。

直线化
平滑
墨水

图 2-44　“铅笔模式”按钮

◎“直线化”按钮：它是规则模式，适用于绘制规则线条，并且绘制的线条会分段转换成与直线、圆、椭圆、矩形等规则线条中最接近的线条。

◎ “平滑”按钮 ：它是平滑模式，适于绘制平滑曲线。

◎ “墨水” 按钮：它是徒手模式，适于绘制接近徒手画出的线条。

4．墨水瓶工具和滴管工具

（1）墨水瓶工具：它的作用是改变已经绘制线的颜色和线型等属性。使用方法如下。

◎ 设置笔触的属性，即设置线的新属性。修改线的颜色和线型等。

◎ 单击工具箱内的“墨水瓶工具”按钮，此时鼠标指针呈状。再将鼠标移到舞台工作区中的某条线上，单击鼠标左键，即可用新设置的线条属性修改被单击的线条。

◎ 如果用鼠标单击一个无轮廓线的填充，则会自动为该填充增加一条轮廓线。

（2）滴管工具：它的作用是吸取舞台工作区中已经绘制的线条、填充（还包括打碎的位图、打碎的文字）和文字的属性。使用方法如下。

◎ 单击工具箱中的“滴管工具”按钮，然后将鼠标移到在舞台工作区内的对象之上。此时鼠标指针变成一个滴管加一支笔（对象是线条）、一个滴管加一个刷子（对象是填充）或一个滴管加一个字符 A（对象是文字）的形状。

◎ 单击鼠标左键，即可将单击对象的属性赋给相应的面板，相应的工具也会被选中。

操作步骤

1．创建“彩球”影片剪辑元件

（1）新建一个名称为“【任务 6】彩球跳跃.fla”的 Flash 文档。设置舞台工作区的宽为 500 像素、高为 400 像素，背景色为白色。选择“视图”→“网格”→“编辑网格”菜单命令，打开“网格”对话框，按照图 2-45 所示进行设置，再单击“确定”按钮，在舞台工作区内显示间距为 15 像素的网格。

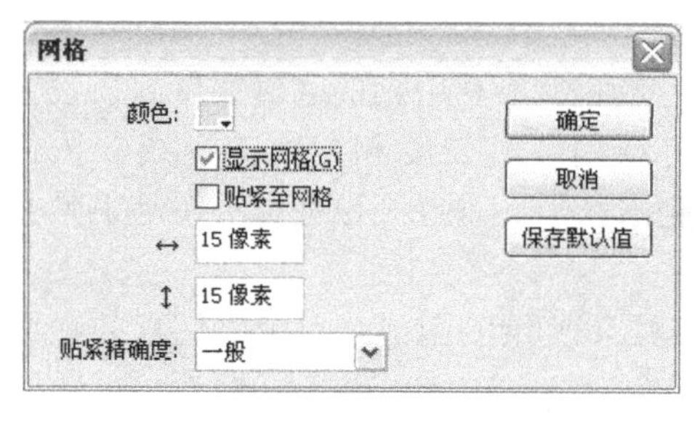

图 2-45 “网格”对话框

（2）选择“插入”→“新建元件”菜单命令，打开“创建新元件”对话框。选中该对话框内的“影片剪辑”单选钮，在“名称”文本框内输入“彩球”。然后，单击“确定”按钮，进入“彩球”影片剪辑元件的编辑状态。

（3）单击工具箱内的“椭圆工具”按钮，在其“属性”栏的“笔触样式”下拉列表框内选择“实线”选项，在“笔触高度”文本框内输入 2pts；单击“笔触颜色”按钮，弹出笔触颜色面板，单击该颜色板内的蓝色色块，设置笔触颜色为蓝色；再设置无填充。按住【Shift】键，拖曳绘制一个无填充的圆形（直径 12 个网格）。

（4）选中刚绘制的圆形，按住【Alt】键，同时拖曳圆形，复制一份，将复制的圆形移到原来圆形图形的右边。选中复制的圆形，选择“窗口”→“变形”菜单命令，打开“变形”面板，不选中该面板中的“约束”复选框，在其“宽度”文本框内输入 33.33，如图 2-46 所示。按【Enter】键，可将圆形转换为水平方向缩小为原图的 33.33%的椭圆图形，如图 2-47 所示。

（5）再单击“变形”面板右下角的按钮，可以复制一份同样的椭圆图形。然后，将复制的椭圆图形移到原椭圆图形的左边，如图 2-48 所示。

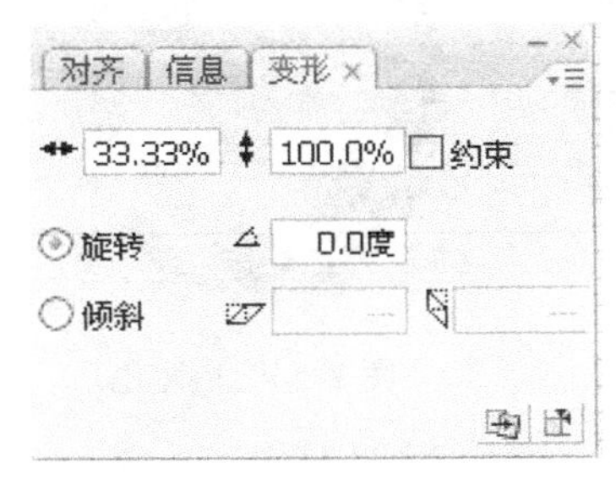

图 2-46　“变形”面板设置

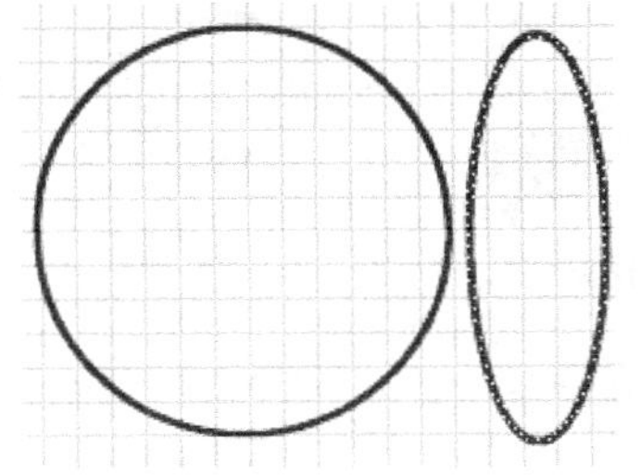

图 2-47　复制椭圆

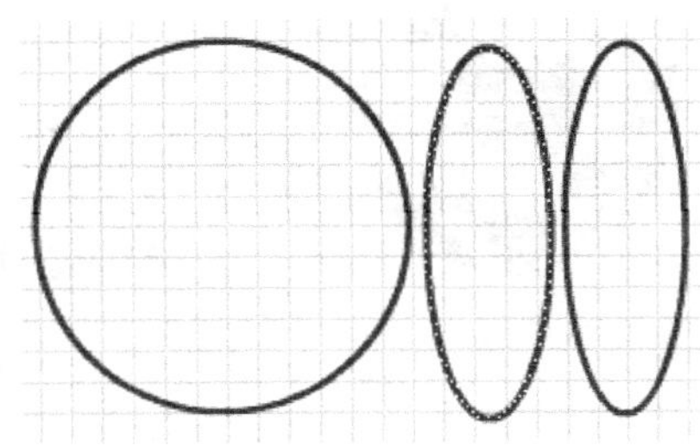

图 2-48　复制椭圆

（6）选中圆形图形，按住【Alt】键，同时拖曳圆形，将圆形复制一份，再将复制的圆形图形移到原来图形的左边。在“变形”面板的“宽度”文本框内输入 66.66。按照上述方法，创建两个水平方向缩小为原图形的 66.66%的椭圆形，并移到原图形的左边，如图 2-49 所示。

（7）选中圆形图形左边的一个椭圆，选择“修改”→“变形”→“顺时针旋转 90 度”菜单命令，将椭圆旋转 90°。再将圆形图形右边的另一个椭圆图形旋转 90°。然后将它们移到圆内，再将两个剩余的图形移到圆形图形中，如图 2-50 所示。

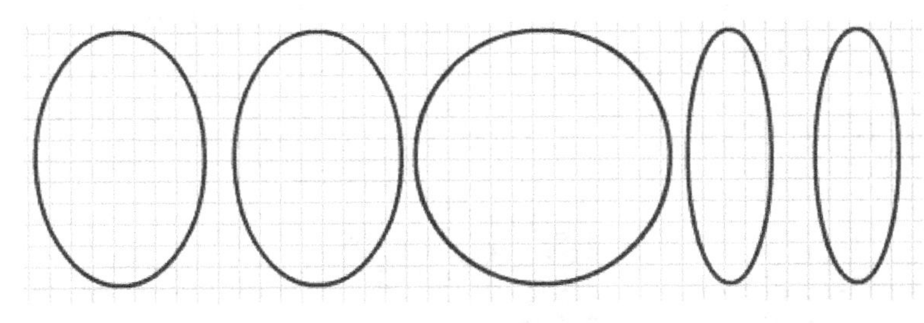

图 2-49　几个椭圆图形

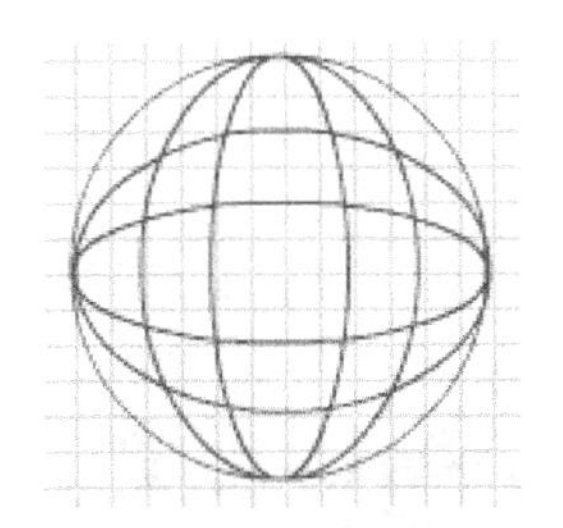

图 2-50　彩球轮廓线

（8）设置填充颜色为深红色，再给图 2-50 所示的彩球轮廓线的一些区域填充红色，如图 2-51 所示。打开“颜色”面板，在“类型”下拉列表框内选择“放射状”选项。设置填充颜色为白、绿、黑色放射状渐变色（白色到绿色）。绘制一个同样大小的无轮廓线绿色彩球图形，如图 2-52 所示。

（9）使用工具箱内的“选择工具”，再单击选中图 2-51 所示的彩球线条，按【Delete】键，删除所有线条。此时的彩球如图 2-53 所示。然后，给该彩球左上角的两个色块填充由白色到红色的放射状渐变色，如图 2-54 所示。

（10）将图 2-54 所示的全部图形选中，选择“修改”→“组合”菜单命令，将选中的全部图形组合。再将图 2-52 所示的绿色彩球组合。然后，将绿色彩球移到图 2-54 所示的彩球之上。如果绿色彩球将图 2-54 所示图形覆盖，可选择“修改”→“排列”→“移至底层”菜单命令。

然后，拖曳选中彩球图形，将它组合。再单击元件编辑窗口中的按钮，回到主场景。

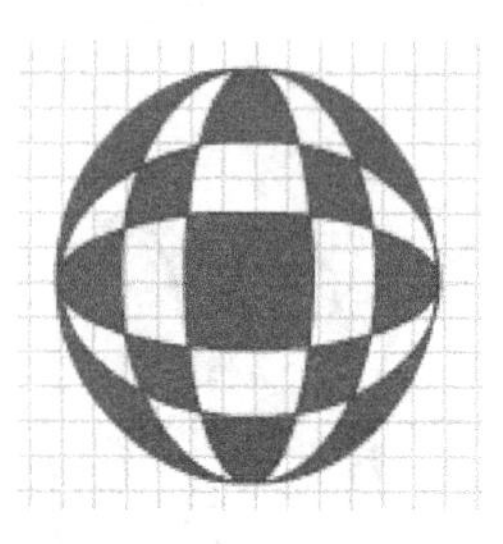

图 2-51　填充红色

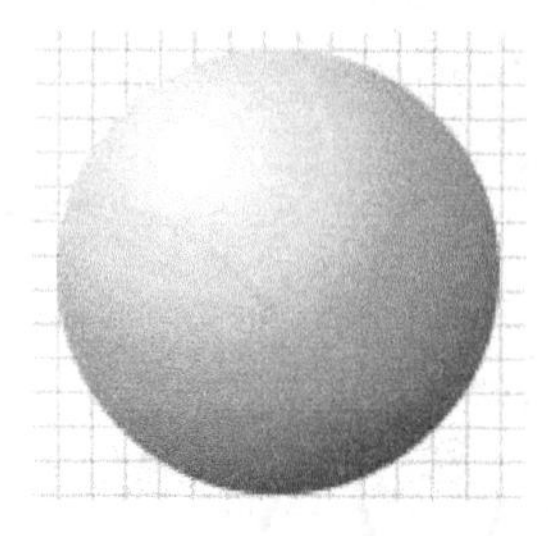
图 2-52　绿色彩球

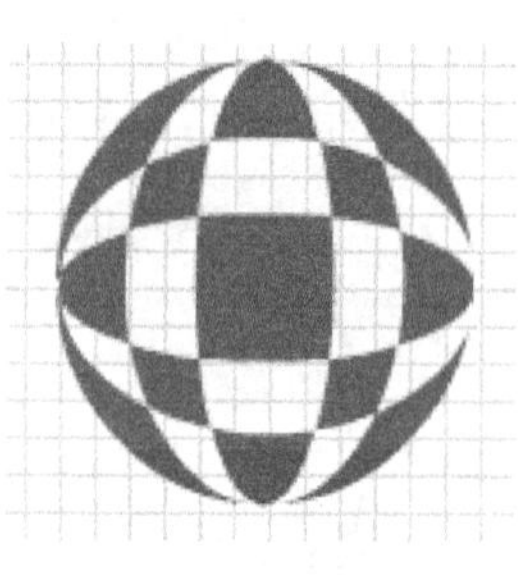
图 2-53　删除线条

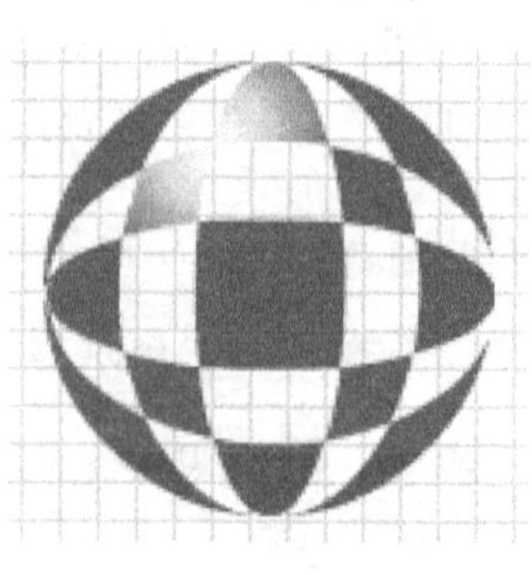
图 2-54　填充色

2．制作彩球跳跃动画

（1）选中“图层 1”图层第 1 帧，导入一幅“风景 1.JPG”图像，调整该图像大小和位置，使它刚好将整个舞台工作区覆盖。然后，显示标尺，创建 5 条辅助线。

（2）在“图层 1”图层之上创建一个名称为“图层 2”的图层，将“库”面板中的“彩球”影片剪辑元件拖曳到舞台工作区中。调整“彩球”影片剪辑实例的宽和高均调整为 60 像素。调整“彩球”影片剪辑实例的位置，如图 2-55 所示。

（3）右击“图层 2”图层第 1 帧，打开一个帧快捷菜单，再选择该菜单中的“创建补间动画”菜单命令。此时，该帧具有了补间动画的属性。选中“图层 2”图层的第 80 帧，按【F6】键，创建第 1 帧到第 80 帧的补间动画。单击选中该图层的第 40 帧，按【F6】键，创建一个关键帧。然后将第 40 帧的彩球垂直下移到水平第 2 条辅助线处，如图 2-56 所示。

图 2-55 “彩球”影片剪辑实例的位置

图 2-56 “彩球”影片剪辑实例的位置

（4）在“图层 2”图层之上新增“图层 3”、“图层 4”和“图层 5”图层。按住【Shift】键，单击“图层 2”图层第 80 帧和第 1 帧，选中“图层 2”图层第 1 帧到第 80 帧。右击选中的帧，打开帧菜单，选择该菜单中的“复制帧”菜单命令，将“图层 2”图层的动画复制到剪贴板内。

（5）按住【Shift】键，单击“图层 3”图层第 80 帧和第 1 帧，选中“图层 3”图层第 1 帧到第 80 帧。右击选中的帧，打开帧菜单，选择该菜单中的“粘贴帧”菜单命令，将剪贴板内的动画粘贴到“图层 3”图层第 1 帧和第 80 帧。同样再将剪贴板内的动画粘贴到“图层 4”图层第 1 帧和第 80 帧。然后，将“图层 4”图层隐藏。

（6）选中“图层 3”图层第 1 帧，单击选中该帧内的彩球，在其“属性”面板的“颜

色”下拉列表框中选择“Alpha”选项，在右边的文本框内输入 30%，调整彩球的不透明度为 30%。再调整彩球的位置，如图 2-57 所示。

（7）将“图层 3”图层第 1 帧复制粘贴到“图层 3”图层第 80 帧。按照上述方法，调整“图层 3”图层第 40 帧内彩球的 Alpha 值为 30%，调整彩球的位置如图 2-58 所示。

图 2-57 “彩球”影片剪辑实例的位置（1）

图 2-58 “彩球”影片剪辑实例的位置（2）

（8）按住【Shift】键，单击“图层 2”图层第 80 帧和“图层 3”图层第 1 帧，选中“图层 2”和“图层 3”图层的第 1 帧到第 80 帧。右击选中的帧，打开帧菜单，选择该菜单中的“复制帧”菜单命令，将“图层 2”和“图层 3”图层的动画复制到剪贴板内。

（9）按住【Shift】键，单击“图层 4”图层第 80 帧和“图层 5”图层第 1 帧，选中“图层 4”和“图层 5”图层的第 1 帧到第 80 帧。右击选中的帧，打开帧菜单，选择该菜单内的“粘贴帧”菜单命令，将贴板内的动画粘贴到“图层 4”和“图层 5”图层第 1 帧和第 80 帧。

（10）调整“图层 4”和“图层 5”图层第 1 帧和第 40 帧中彩球的位置，再将第 1 帧复制粘贴到第 80 帧。第 1、40 帧的画面如图 2-59 所示，第 80 帧的画面如图 2-60 所示。

图 2-59　第 1、80 帧的画面

图 2-60　第 40 帧的画面

至此，“彩球跳跃”动画制作完毕，该动画的时间轴如图 2-61 所示。

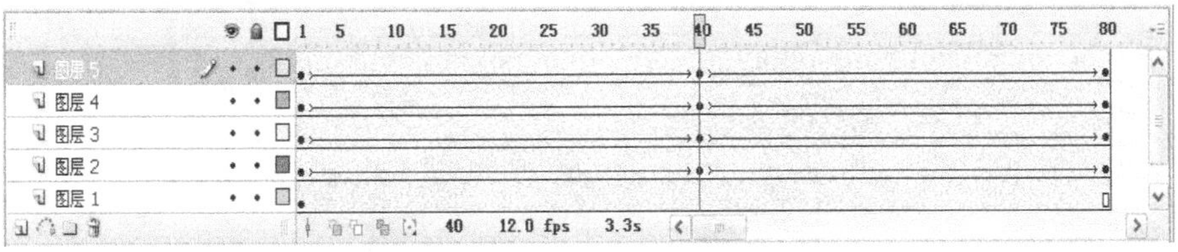

图 2-61 “彩球跳跃”动画的时间轴

课后习题 2-2

1．制作一个“画厅中彩球跳跃”动画，该动画播放后的画面如图 2-62 所示。画厅的地面是黑白相间的大理石，房顶是明灯倒挂，三面有油画，给人富丽堂皇的感觉。两个彩球在画厅内上下跳跃。

图 2-62 “画厅中彩球跳跃”图像

2．制作一幅“春节快乐”图形，如图 2-63 所示。

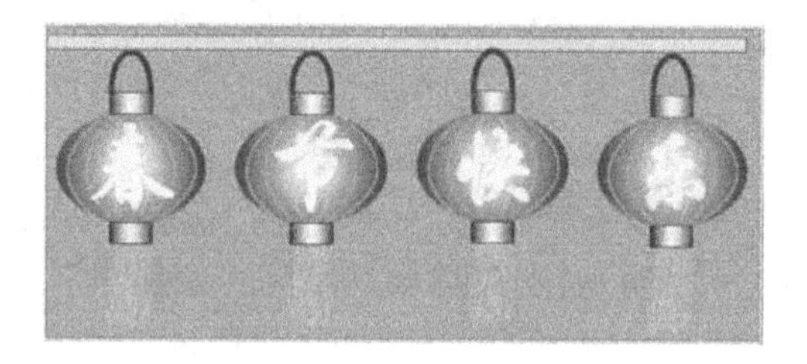

图 2-63 “春节快乐”图形

2.3 修改线和填充——【任务 7】模拟指针表

任务描述

“模拟指针表”动画播放后的两幅画面如图 2-64 所示，可以看到有一个模拟数字钟，其中有 1 个顺时针自转的光环，3 个顺时针自转的彩珠环，3 个逆时针自转的彩珠环。两个指针就像表的时针和分针一样不断地旋转。

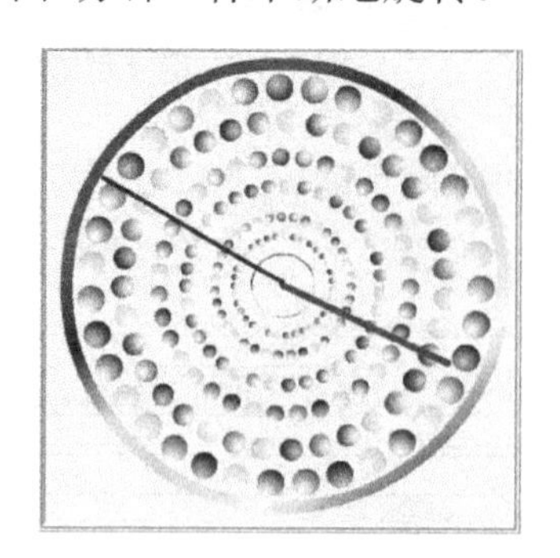
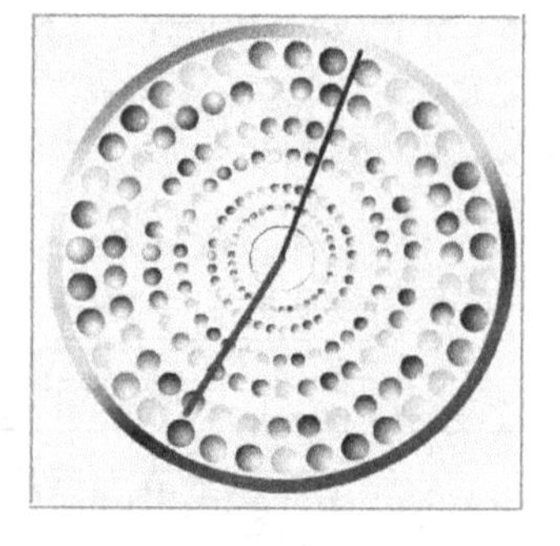

图 2-64 “模拟指针表”动画播放后的两幅画面

知识链接

1. 将线转换为填充

选中一个线条或轮廓线图形。然后选择"修改"→"形状"→"将线条转换为填充"菜单命令。这时选中的线条或轮廓线图形就被转换为填充了。以后，可以使用颜料桶工具，改变填充的样式，可以实现一些特殊效果。

2. 平滑和伸直

可以通过平滑和伸直线条或形状轮廓，来改变线条或形状轮廓的形状。

（1）平滑：平滑操作使曲线变柔和并减少曲线整体方向上的突起或其他变化。同时还会减少曲线中的线段数。平滑只是相对的，它并不影响直线段。如果在改变大量非常短的曲线段的形状时遇到困难，则该操作尤其有用。选择所有线段并将它们进行平滑操作，可以减少线段数量，从而得到一条更易于改变形状的柔和曲线。

使用工具箱中的"选择工具"，选中要进行平滑操作的线条或形状轮廓，然后，进行下述操作中的一种操作，即可将选中的对象平滑。

◎ 单击工具箱内"选项"栏或主工具栏中的"平滑"按钮。

◎ 选择"修改"→"形状"→"平滑"菜单命令。

（2）伸直：伸直操作可以稍稍弄直已经绘制的线条和曲线。它不影响已经伸直的线段。

使用工具箱中的"选择工具"，选中要进行伸直操作的线条或形状轮廓，然后，进行下述操作中的一种操作，即可将选中的对象平滑。

◎ 单击工具箱内"选项"栏或主工具栏中的"伸直"按钮。

◎ 选择"修改"→"形状"→"伸直"菜单命令。

根据每条线段的原始曲直程度，重复应用平滑和伸直操作可以会使每条线段更平滑更直。

3. 扩展填充大小和柔化填充边缘

（1）扩展填充大小：选择一个填充，例如图 2-65 所示的七彩渐变色圆形轮廓线。然后选择"修改"→"形状"→"扩展填充"菜单命令，打开"扩展填充"对话框，如图 2-66 所示。该对话框内各选项的含义如下。

图 2-65　七彩圆形轮廓线图形

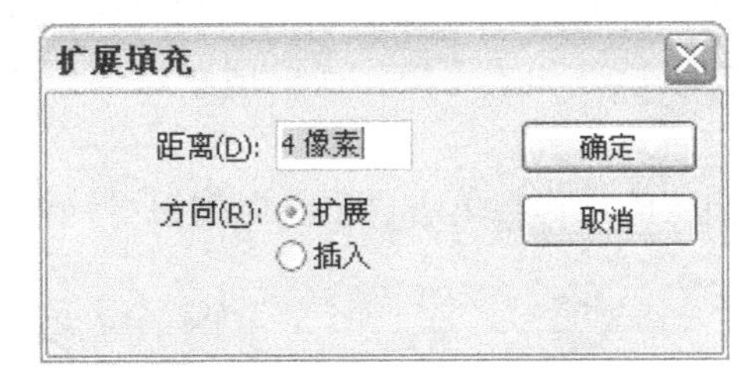

图 2-66　"扩展填充"对话框

◎"距离"文本框：输入扩充量，单位为像素。

◎"方向"栏："扩展"表示向外扩充，"插入"表示向内扩充。

设置完后，单击“确定”按钮，即可使图 2-65 中的图形变为图 2-67 所示图形。如果填充有轮廓线，则向外扩展填充时，轮廓线不会变大，会被扩展的部分覆盖掉。

注意

最好在扩展填充以前对图形进行一次优化曲线处理，优化曲线的方法参见下面的介绍。

（2）柔化填充边缘：选择一个填充，选择“修改”→“形状”→“柔化填充边缘”菜单命令，打开“柔化填充边缘”对话框，按照如图 2-68 所示进行设置，单击“确定”按钮，即可将图 2-67 所示图形加工为图 2-69 所示图形。该对话框内各选项的含义如下。

◎“距离”文本框：输入柔化边缘的宽度，单位为像素。

图 2-67　扩展填充效果

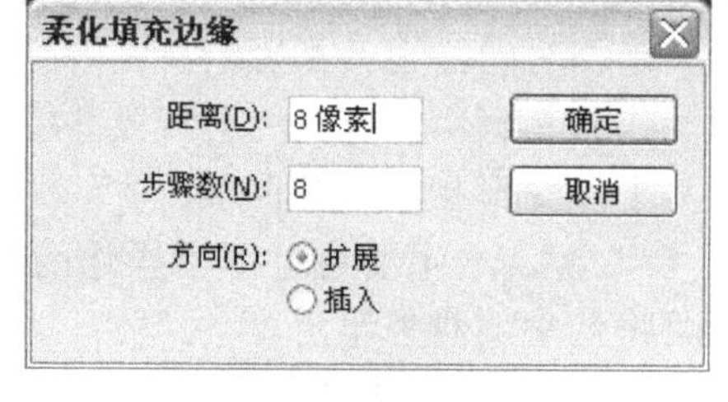

图 2-68　“柔化填充边缘”对话框

图 2-69　柔化填充效果

◎“步骤数”文本框：输入柔化边缘的阶梯数，取值在 0～50 之间。

◎“方向”栏：用于确定柔化边缘的方向是向内还是向外。

注意

上边两个对话框中的“距离”和“步骤数”文本框中的数据不可太大，否则会产生图形被擦除的效果。另外，在使用柔化时，“距离”和“步骤数”文本框内输入的数值如果太大，会使计算机处理的时间太长，甚至会出现死机现象。

4．优化曲线

在 Flash 中，一个线条是由很多“段”组成的，前面介绍的用鼠标拖曳来调整线条，实际上一次拖曳操作只是调整一“段”线条，而不是整条线。优化曲线就是通过减少曲线“段”数，即通过一条相对平滑的曲线段代替若干相互连接的小段曲线，从而达到使曲线平滑的目的。通常，在进行扩展填充和柔化操作之前可以进行一下优化操作，这样可以避免出现因扩展填充和柔化操作而出现删除部分图形的现象。优化曲线还可以缩小 Flash 文件字节数。

优化曲线的操作与单击“平滑”按钮 一样，可以针对一个对象进行多次优化。

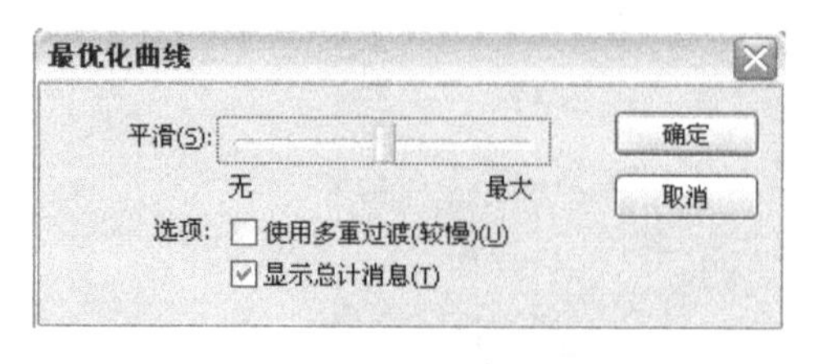

图 2-70　“最优化曲线”对话框

首先选取要优化的曲线，然后选择“修改”→“形状”→“优化”菜单命令，打开“最优化曲线”对话框，如图 2-70 所示。利用该对话框，进行设置后，单击“确定”按钮即可将选中的曲线优化。“最优化曲线”对话框中各选项的作用如下。

（1）“平滑”滑动条：移动滑动条的滑块，用来设定平滑操作的力度。

（2）“使用多重过渡”复选框：选中它后，可进行多次平滑操作。

（3）“显示总计信息”复选框：选中它后，在操作完成后会弹出一个“Flash CS3”提示框。该提示框给出了平滑操作的数据，其含义是原来共由多少条曲线段组成，优化后由多少条曲线段组成，缩减的百分数。

操作步骤

1．制作“彩珠环”影片剪辑元件

（1）新建一个 Flash 文档。设置舞台工作区的宽为 320 像素、高为 320 像素，背景为白色。然后以名称“【任务 7】模拟指针表.fla”保存。

（2）创建并进入“彩珠环”影片剪辑元件的编辑状态。单击工具 箱内的“椭圆工具”按钮，在其“属性”面板的“笔触高度”文本框中输入 14（pts）；单击“笔触颜色”按钮，弹出笔触的颜色板，设置线颜色为红色，再设置没有填充，在“笔触样式”下拉列表框中选择圆点状线条样式。此时的“属性”面板如图 2-71 所示。

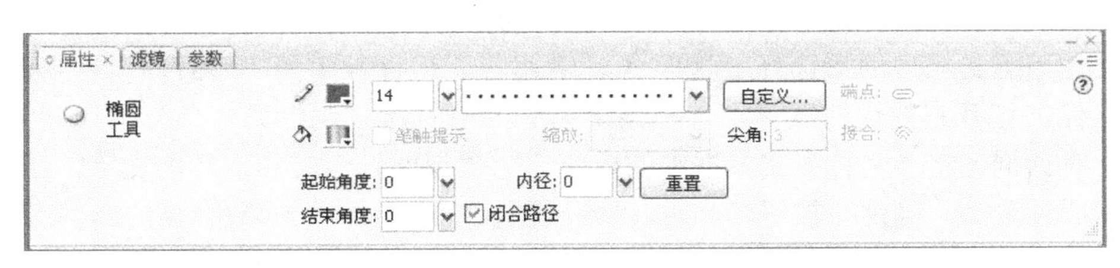

图 2-71　“椭圆工具”的“属性”面板

（3）单击“属性”面板内的“自定义”按钮，打开“笔触样式”对话框，在该对话框的“点距”文本框内输入 4（pts），如图 2-72 所示。单击“确定”按钮，关闭“笔触样式”对话框，完成笔触样式的设置。然后，绘制一个圆环图形。

（4）使用工具箱内的“选择工具”，选中圆环图形，在其“属性”面板内的“宽”和“高”文本框内均输入 200，在“X”和“Y”文本框中均输入–100，将选中的红色圆环图形调整到舞台工作区的中心处，如图 2-73 所示。

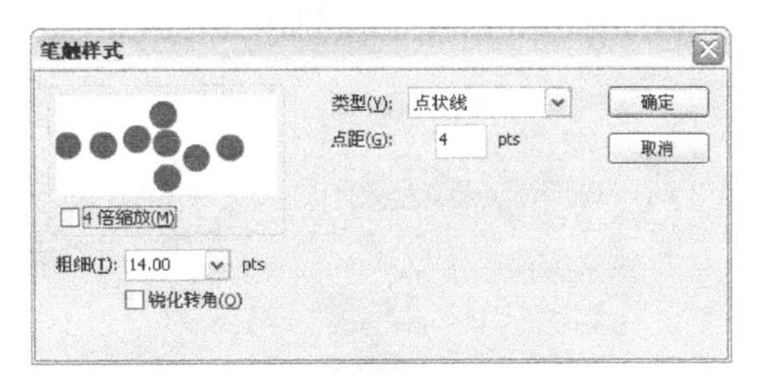

图 2-72　“笔触样式”对话框

（5）选择“修改”→“形状”→“将线条转换为填充”菜单命令，将选中的七彩圆环轮廓线转换为七彩圆环填充。

（6）单击工具箱内的“选择工具”按钮，单击舞台工作区的空白处，不选中任何对象。再单击工具箱内的“颜料桶工具”，单击“填充颜色”按钮，打开填充的颜色板，单击该颜色板内的绿色放射状渐变色块，单击几个小红色圆形的边缘，将这几个红色圆形的填充改为绿色放射状渐变色，这样更具有立体感。

（7）利用“颜色”面板改变放射状渐变填充的颜色，按照上述方法，给其他小红色圆形图形填充不同的放射状渐变色，最后形成的彩珠圆环图形如图 2-74 所示。然后回到主场景。

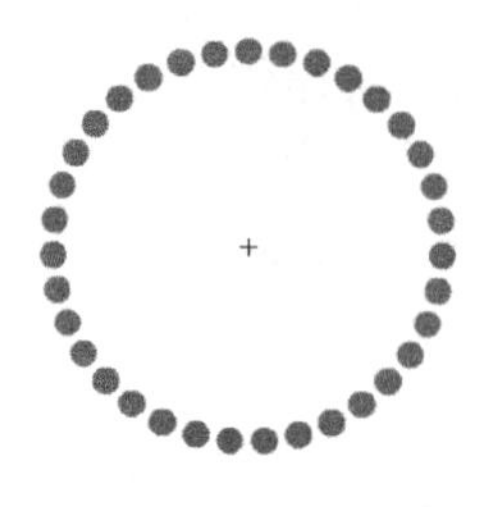

图 2-73　红色圆环

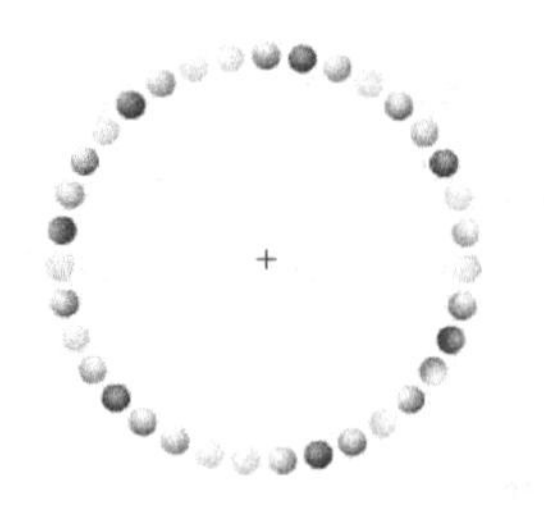

图 2-74　彩珠圆环图形

2. 制作“自转彩珠环”影片剪辑元件

（1）创建并进入“顺时针自转彩珠环”影片剪辑元件的编辑状态。选中“图层 1”图层第 1 帧，将“库”面板中的“彩珠环”影片剪辑元件拖曳到舞台工作区中，形成一个“彩珠环”影片剪辑元件的实例。

（2）制作“图层 1”图层第 1 帧到第 120 帧的动作动画。选中第 1 帧，再在其“属性”面板的“旋转”下拉列表框中选择“顺时针”选项，在其右边的文本框中输入 1，如图 2-75 所示，可以使光环顺时针旋转 1 周。然后回到主场景。

（3）使用工具箱内的“选择工具”，右击“库”面板中的“顺时针自转彩珠环”影片剪辑元件，打开它的快捷菜单，选择该菜单中的“直接复制”菜单命令，打开“直接复制元件”对话框，将“名称”文本框中的内容改为“逆时针自转彩珠环”文字，如图 2-76 所示。然后，单击“确定”按钮。此时，“库”面板中会增加一个“逆时针自转彩珠环”影片剪辑元件。

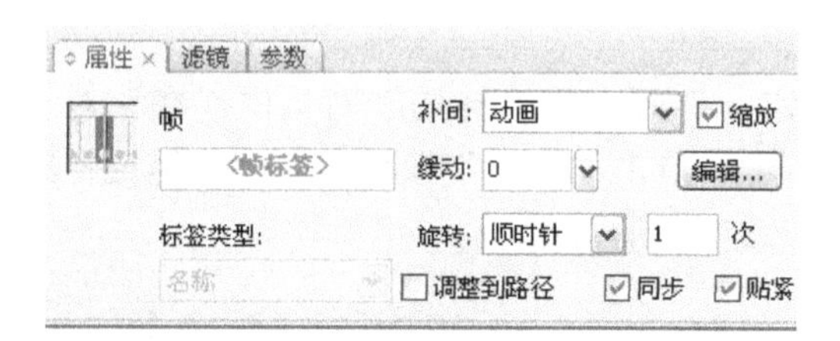

图 2-75　动作动画帧的“属性”面板设置

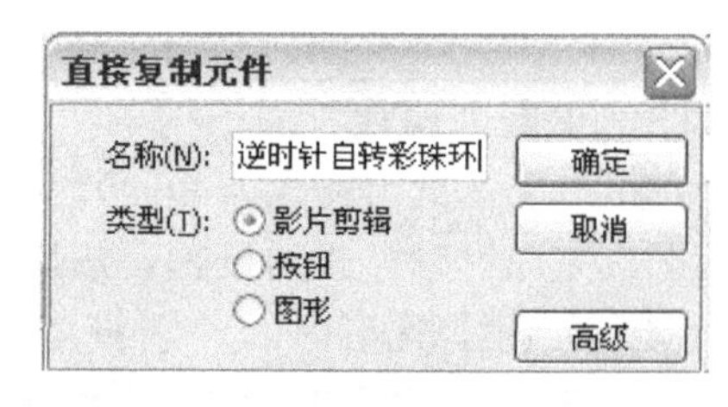

图 2-76　“直接复制元件”对话框

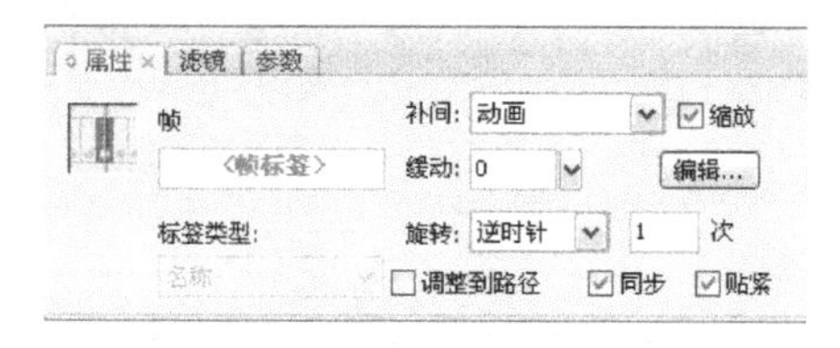

图 2-77　动画帧的“属性”面板设置

（4）双击“库”面板中的“逆时针自转彩珠环”的影片剪辑元件，进入它的编辑状态，选中“图层 1”图层第 1 帧，将其“属性”面板的“旋转”下拉列表框中的“顺时针”改为“逆时针”，如图 2-77 所示。然后回到主场景。

3. 制作“自转七彩环”影片剪辑元件

（1）创建并进入“七彩环”影片剪辑元件的编辑状态。单击工具箱内的“椭圆工具”按钮，在其“属性”面板的“笔触高度”文本框中输入 3（pts）；单击“笔触颜色”按钮，弹出笔触的颜色板，单击线形七彩渐变色块，设置线条的颜色为七彩色，再设置没有填充，在“笔触样式”下拉列表框中选择“实线”线条样式。此时的“属性”面板如图 2-78 所示。

（2）按住【Shift+Alt】组合键，从舞台工作区中心点向外拖曳，绘制一幅七彩圆环图形，如图 2-79 所示。利用其“属性”面板调整该图形的大小和位置。然后回到主场景。

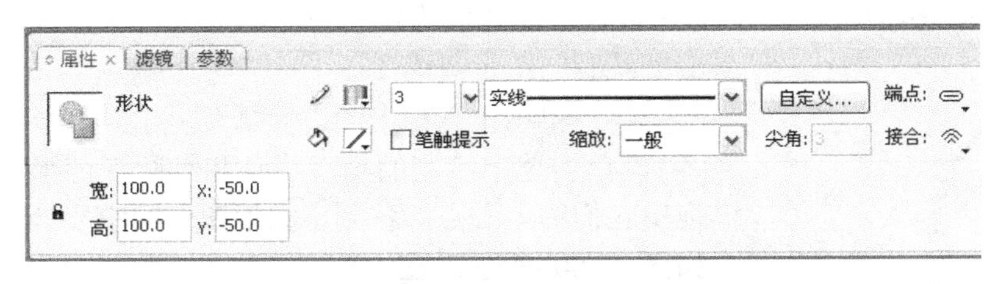

图 2-78　“椭圆工具”的“属性”面板

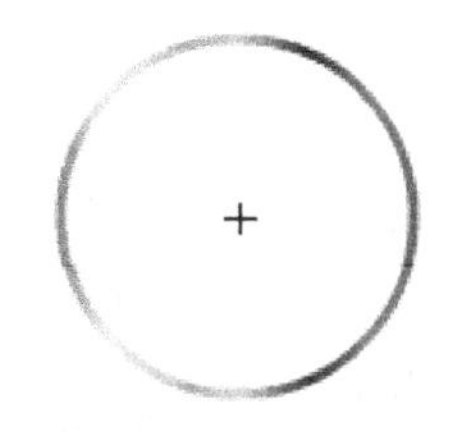

图 2-79　七彩圆环

（3）创建并进入“顺时针自转七彩环”影片剪辑元件的编辑状态。选中“图层 1”图层第 1 帧，将“库”面板中的“七彩环”影片剪辑元件拖曳到舞台工作区中，形成一个“七彩环”影片剪辑元件的实例。

（4）制作“图层 1”图层第 1 帧到第 120 帧的动作动画。选中第 1 帧，再在其“属性”面板的“旋转”下拉列表框中选择“顺时针”选项，在其右边的文本框中输入 1。

（5）使用工具箱内的“选择工具”，右击“库”面板中的“顺时针自转彩珠环”影片剪辑元件，打开它的快捷菜单，选择该菜单中的“直接复制”菜单命令，打开“直接复制元件”对话框，将“名称”文本框中的内容改为“逆时针自转七彩环”文字。然后，单击“确定”按钮。此时，“库”面板中会增加一个“逆时针自转七彩环”影片剪辑元件。

（6）双击“库”面板中的“逆时针自转七彩环”的影片剪辑元件，进入它的编辑状态，选中“图层 1”图层第 1 帧，将其“属性”面板的“旋转”下拉列表框中的“顺时针”改为“逆时针”。然后回到主场景。

4．制作“模拟指针表”影片剪辑元件

（1）创建并进入“模拟指针表”影片剪辑元件的编辑状态。选中“图层 1”图层第 1 帧，将“库”面板中的“逆时针自转七彩环”影片剪辑元件拖曳到舞台工作区中，形成一个“逆时针自转七彩环”影片剪辑元件的实例。利用“属性”面板调整它的宽和高均为 30 像素，在“X”和“Y”文本框中输入 0，使该实例位于舞台工作区的正中心处。

（2）将“库”面板中的“顺时针自转彩珠环”影片剪辑元件拖曳到舞台工作区中，形成一个“顺时针自转彩珠环”影片剪辑元件的实例。在“属性”面板内设置宽和高均为 50 像素，“X”和“Y”均为 0。再将“库”面板中的“逆时针自转彩珠环”影片剪辑元件拖曳到舞台工作区中，形成一个实例。在其“属性”面板内设置宽和高均为 70 像素，“X”和“Y”均为 0。

（3）再两次依次将“库”面板中的“逆时针自转彩珠环”影片剪辑元件和“顺时针自转彩珠环”影片剪辑元件拖曳到舞台工作区中，将“库”面板中的“顺时针自转七彩环”影片剪辑元件拖曳到舞台工作区中，形成一个 5 个影片剪辑实例，利用“属性”面板分别调整它们的大小，使它们依次变小，均在“X”和“Y”文本框中输入 0。这样，8 个实例的中心点对齐。

（4）在“图层 1”图层之上添加一个“图层 2”图层，选中“图层 2”图层第 1 帧。单击工具箱内的“线条工具”按钮，在其“属性”面板的“笔触高度”文本框中输入线宽

度为 3（pts）；设置笔触颜色为红色。按住【Shift】键，从中心处垂直向上拖曳，绘制一条垂直直线。选中直线，在它的“属性”面板的“宽”和“高”文本框中分别输入 3 和 60。

（5）单击工具箱内的“椭圆工具”按钮，设置填充色为红色，无轮廓线，在直线下端处绘制一个小圆形图形。

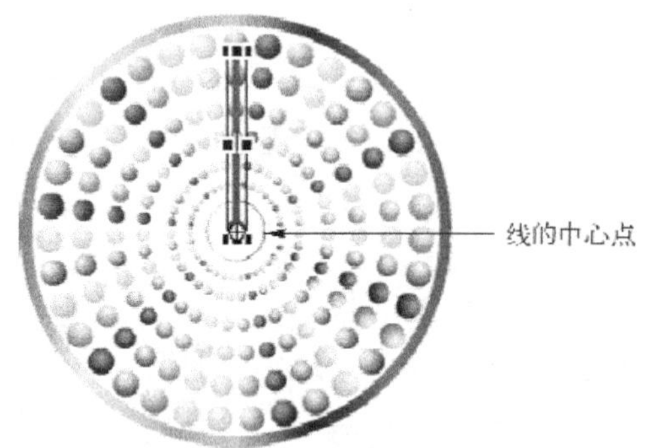

图 2-80　调整线的中心点

（6）单击工具箱内的“任意变形工具”按钮，单击选中绘制的垂直线条和小圆形图形，拖曳它们的中心点，移到小圆形图形的中心处，如图 2-80 所示。在“X”文本框中输入 0，在“Y”文本框内均输入-45。这条直线式表示时针，其底部与中心对齐。

（7）制作“图层 2”图层第 1 帧到第 120 帧的动作动画。选中第 1 帧，再在其“属性”面板的“旋转”下拉列表框中选择“顺时针”选项，在其右边的文本框中输入 1。

注意

在制作完动画后，“图层 2”图层第 1 帧和第 120 帧内垂直线条的中心点会移回原处，需要重新调整，将线条的中心点移到小圆形的中心处。

（8）在“图层 2”图层之上添加一个“图层 3”图层，选中该图层第 1 帧。按照上述方法绘制一条线宽为 2pts 的蓝色垂直线条，在它的“属性”面板的“宽”文本框中输入 2，在“高”文本框中输入 100，在“X”文本框中输入 0，在“Y”文本框内均输入-48。这条直线式表示时针。再在直线下端处绘制一个小圆形图形。然后，单击工具箱内的“任意变形”按钮，单击选中绘制的垂直线条和小圆形，拖曳线的中心点到小圆形的中心处，如图 2-81 所示。

（9）制作“图层 3”图层第 1 帧到第 120 帧的动作动画。选中第 1 帧，再在其“属性”面板的“旋转”下拉列表框中选择“顺时针”选项，在其右边的文本框中输入 12。

（10）单击选中“图层 1”图层第 120 帧，按【F5】键，创建一个第 2 帧到第 120 帧的普通帧。

至此，“模拟指针表”影片剪辑元件制作完毕，时间轴如图 2-82 所示。再回到主场景状态。

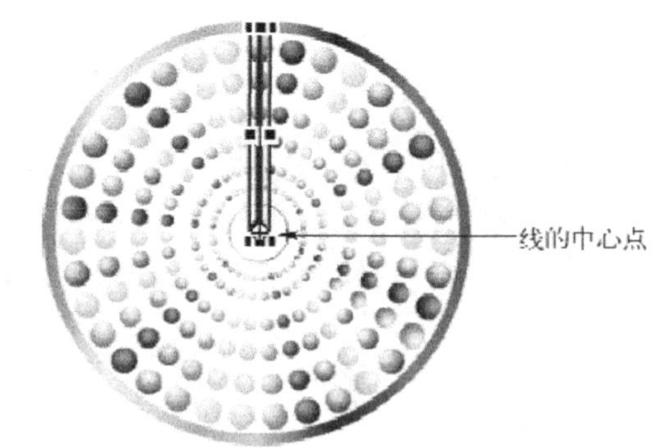

图 2-81　调整线的中心点

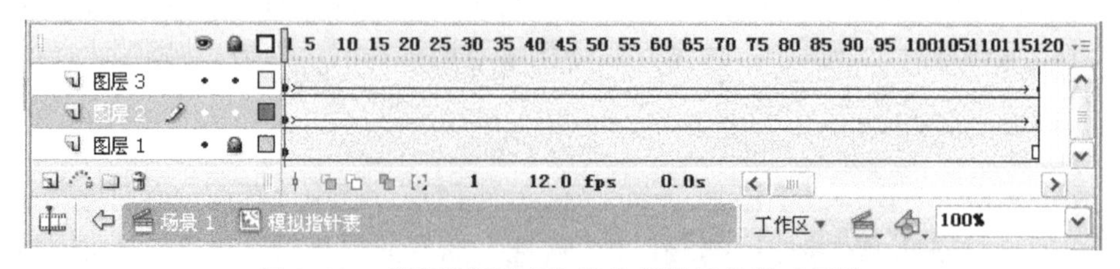

图 2-82　“模拟指针表”影片剪辑元件的时间轴

最后，使用工具箱内的“选择工具”，选中主场景内“图层 1”图层第 1 帧，将“库”面板中的“模拟指针表”影片剪辑元件拖曳到舞台工作区内。

课后习题 2-3

1. 修改【任务 7】“模拟指针表”动画，使其内的“顺时针自转彩珠环”动画与“逆时针自转七彩环”动画互换，使“逆时针自转彩珠环”动画与“顺时针自转七彩环”动画互换。

2. 制作一个“彩灯”动画，该动画播放后，一圈彩灯，交替地在红、绿两种颜色之间变化。

3. 制作一幅“珠宝和翡翠项链”图形，如图 2-83 所示。

4. 制作一个“摆动的七彩环”动画，该动画播放后，两个交叉的顺时针自转的七彩环上下不断摆动，同时还从左向右移动，该动画播放后的一幅画面如图 2-84 所示。

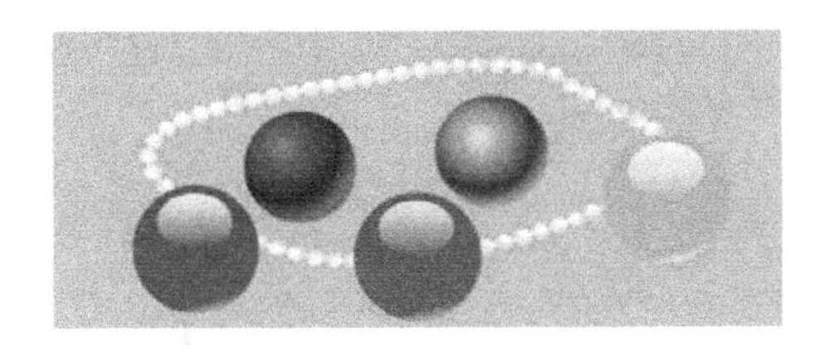

图 2-83　“珠宝和翡翠项链”图形

图 2-84　“摆动的七彩环”动画画面

2.4　绘制矢量图形——【任务 8】青竹明月熊猫家园

任务描述

“青竹明月熊猫家园”动画播放后的两幅画面如图 2-85 所示。可以看到，在移动的明月、星星和白云下，两只小熊猫在竹林旁漫步。

图 2-85　“青竹明月熊猫家园”动画播放后的两幅画面

知识链接

1. 关于路径和锚点

在 Flash 中绘制线条、图形或形状时，会创建一个名为路径的线条。路径由一条或多条直线路径段（简称直线段）或曲线路径段（简称曲线段）组成。路径的起始点和结束点都有锚点标记，锚点也叫节点。路径可以是闭合的（如椭圆图形），也可以是开放的，有明显的终点。

使用工具箱内的“部分选取工具”，拖曳选中路径对象，然后可以通过拖曳路径的锚点、锚点切线的端点，来改变路径的形状。路径端点就是路径突然改变方向的点或路径端点，路径的锚点可分为两种，即角点和平滑点。在角点处，可以连接任何两条直线路径或一条直线路径和一条曲线路径；在平滑点处，路径段连接为连续曲线。可以使用角点和平滑点的任意组合绘制路径，可以连接两条曲线段。锚点切线始终与锚点处的曲线路径相切（与曲率半径垂直）。每条锚点切线的角度决定曲线路经的斜率，而每条锚点切线的长度决定曲线路径的高度或深度。关于路径的有关基本名词可参见图 2-86。

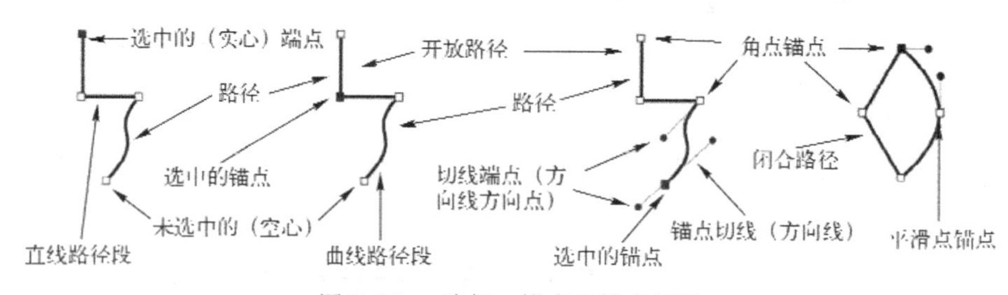

图 2-86　路径、锚点和锚点切线

2. 部分选择工具和路径调整

“部分选择工具”可以改变路径和矢量图形的形状。单击工具箱中的“部分选择工具”按钮，再单击线条或有轮廓线的图形，或者拖曳出一个矩形框将线条或轮廓线围起来，松开鼠标左键后，会显示出矢量曲线的锚点（切点）和锚点切线，如图 2-87 所示。可以看到，图形轮廓线之上显示出路径线，路经线上边会有一些绿色亮点，这些绿色亮点是路径的锚点。拖曳锚点，会改变线和轮廓线（以及相应的图形）的形状，如图 2-88 所示。拖曳移动切线端点也可以调整锚点切线，同时改变与该锚点连接的路径和图形形状，如图 2-89 所示。锚点切线的角度和长度决定了曲线路经的形状和大小。

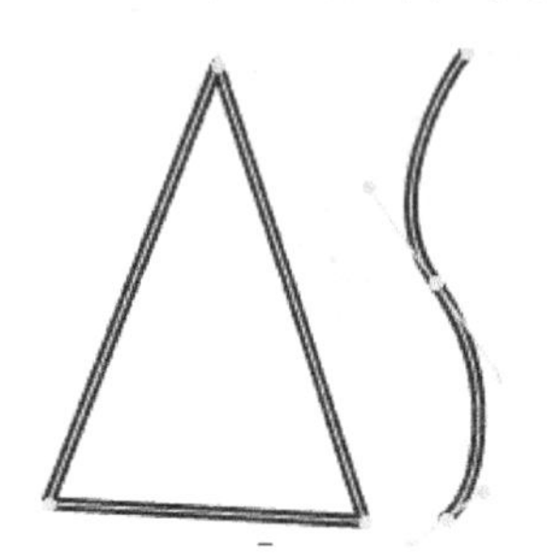

图 2-87　矢量线的锚点

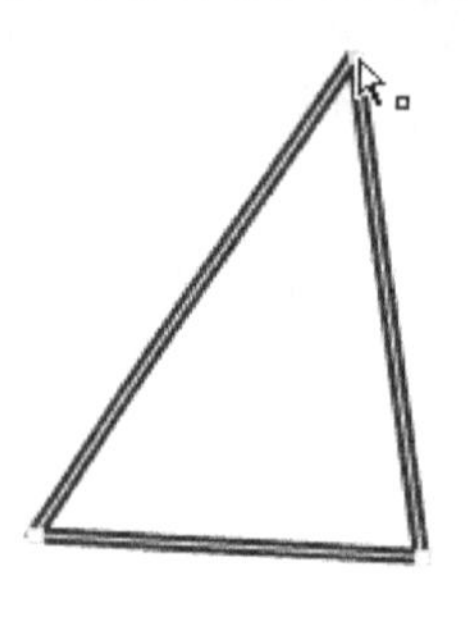

图 2-88　改变图形形状

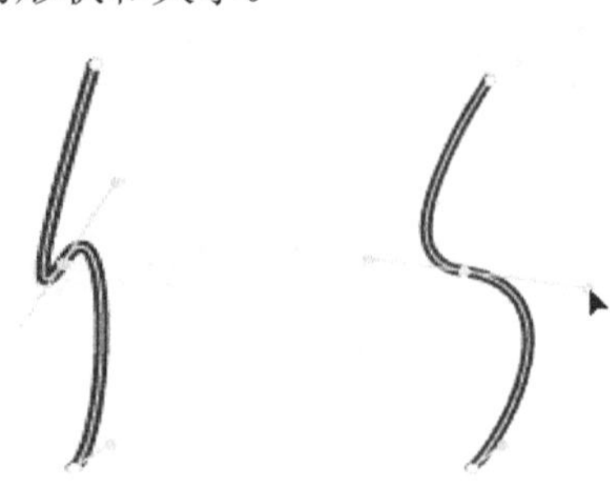

图 2-89　路径的锚点和切线调整

平滑点锚点处始终有两条锚点切线；角点锚点处可以有两条、一条或者没有锚点切线，这取决于它分别连接两条、一条还是没有连接曲线段。因此，连接直线路经的端点锚点处没有锚点切线，连接曲线路经的端点锚点处有一条锚点切线。

调整角点锚点的锚点切线时，只调整与锚点切线同侧的曲路径。调整平滑点锚点的锚点切线时，两条锚点切线呈一条直线，同时旋转移动，与锚点连接的两侧曲线路径同步调整，保持该锚点处的连续曲线。如果使用工具箱中的“转换锚点工具”按钮拖曳调整锚点切线的端点，则只可以调整与该端点连接的锚点切线。另外，按住【Alt】键，同时拖曳调整锚点切线的端点，也可以只调整与该端点连接的锚点切线。

3. 用钢笔工具绘制直线路径

（1）单击工具箱内的“钢笔工具”按钮，将鼠标指针移到舞台工作区内，此时的鼠标指针呈状，单击即可创建路径的起始端点锚点。

（2）将鼠标指针移到路径终点处，双击即可创建一条直线路径；或者单击路径终点处，再单击工具箱内的其他工具按钮；或者按住【Ctrl】键，同时单击路径外的任何位置。

（3）在创建路径的起始端点锚点后，单击下一个转折角点端点锚点，创建一条直线路径，接着单击下一个转折角点端点锚点，如此继续，在路径终点锚点处双击，即可创建直线折线路径。另外，按住【Shift】键的同时，单击可以使新创建的直线路径的角度限制为 45° 的倍数。

（4）如果要创建闭合路径，可将钢笔工具指针移到路径起始锚点之上，当钢笔工具指针呈状时，单击路径起始锚点，即可创建闭合路径。

4. 用钢笔工具绘制曲线

利用“钢笔工具”可以绘制矢量直线与曲线。绘制直线，只要单击直线的起点与终点即可。绘制曲线采用贝塞尔绘图方式，它通常有两种方法，简单介绍如下。

（1）先绘曲线再定切线方法：单击工具箱中的“钢笔工具”按钮，在舞台工作区中，单击要绘制的曲线的起点处，松开鼠标左键；再单击下一个锚点处，则在两个锚点之间会产生一条线段；在不松开鼠标左键的情况下拖曳鼠标，会出现两个控制点和它们之间的蓝色直线，如图 2-90 所示，蓝色直线是曲线的切线；再拖曳鼠标，可改变切线的位置，以确定曲线的形状。

如果曲线有多个锚点，则应依次单击下一个锚点，并在不松开鼠标左键的情况下拖曳鼠标以产生两个锚点之间的曲线，如图 2-91 所示。直线或曲线绘制完后，双击鼠标，即可结束该线的绘制。绘制完的曲线如图 2-92 所示。

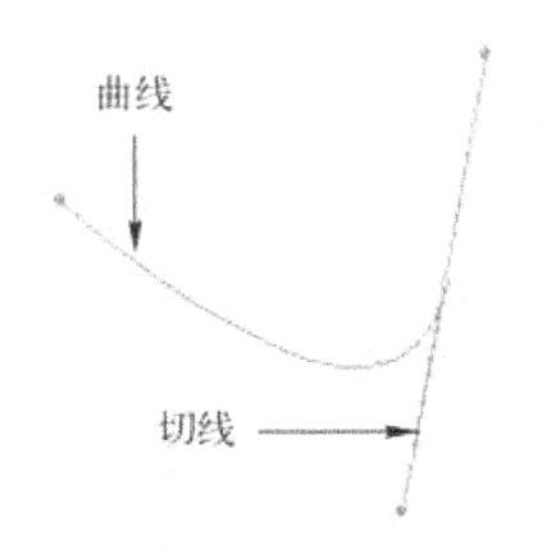

图 2-90　贝塞尔绘图方式之一

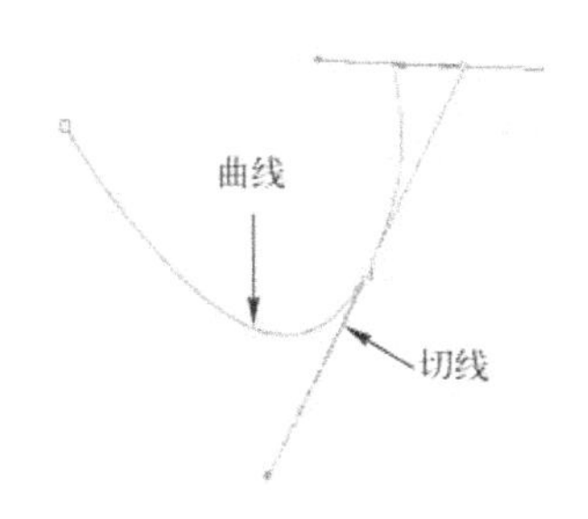

图 2-91　绘图步骤二

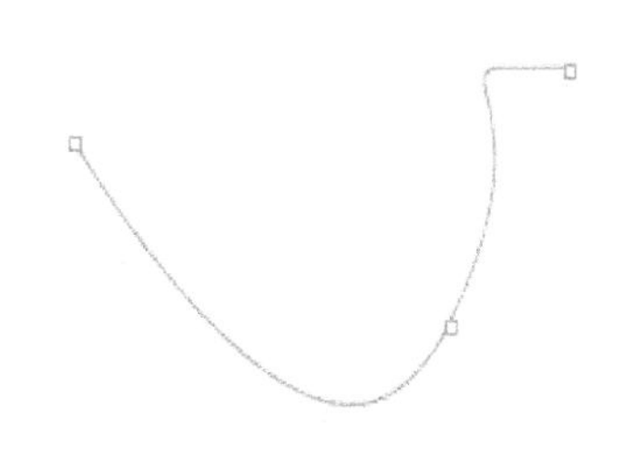

图 2-92　绘制完的曲线

（2）先定切线再绘曲线方法：单击工具箱中的“钢笔工具”按钮，在舞台工作区中，单击要绘制曲线的起点处，不松开鼠标左键，拖曳鼠标以形成方向合适的蓝色直线切线，然后松开鼠标左键，此时会产生一条直线切线。再用鼠标单击下一个锚点处，则该锚点与起点锚点之间会产生一条曲线，如图 2-93 所示。按住鼠标左键不放，拖曳鼠标，即可产生第二个锚点的切线，如图 2-94 所示。松开鼠标左键，即可绘制一条曲线，如图 2-95 所示。

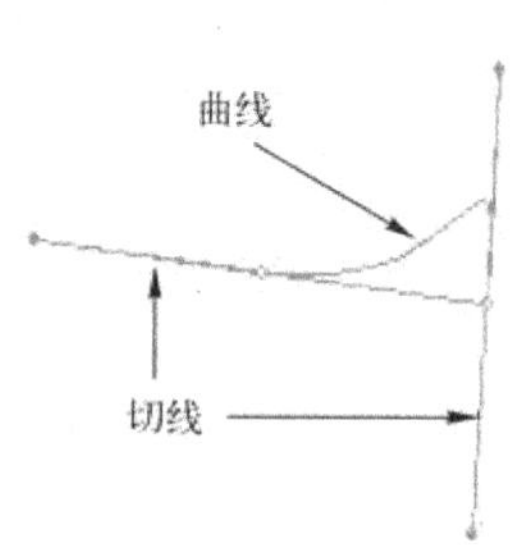

图 2-93　贝塞尔绘图方式之二

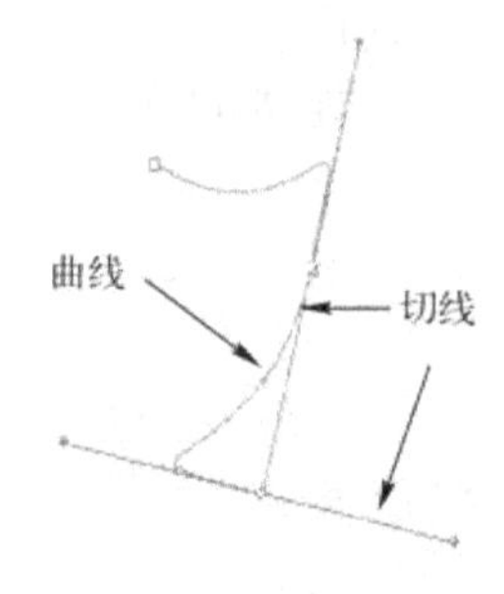

图 2-94　绘图步骤二

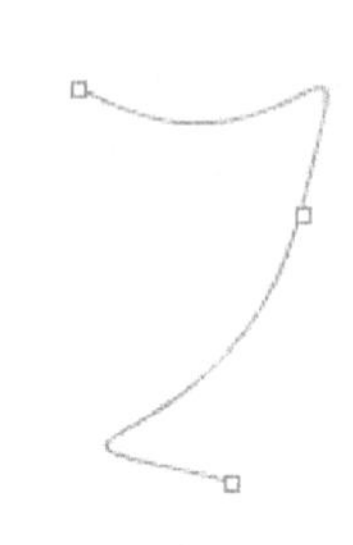

图 2-95　绘制完的曲线

如果曲线有多个锚点，则应依次单击下一个锚点，并在不松开鼠标左键的情况下拖曳鼠标以产生两个锚点之间的曲线。曲线绘制完后，双击鼠标左键，即可结束该曲线的绘制。

5．钢笔工具指针

使用“钢笔工具”可以绘制精确的路径（如直线或平滑流畅的曲线）。将钢笔工具的指针移到路经线或锚点之上时，会显示出不同形状的指针，反映了当前的绘制状态。

（1）初始锚点指针：单击“钢笔工具”按钮后，将指针移到舞台，可以看到该鼠标指针，它指示了单击舞台后将创建初始锚点，它是新路径的开始，终止现有的绘画路径。

（2）连续锚点指针：该指针指示下一次单击时将创建一个新锚点，并用一条直线路径与前一个锚点相连接。在创建所有锚点（路径的初始锚点除外）时，显示此指针。

（3）添加锚点指针：使用“部分选择工具”选择路径，将鼠标指针移到路径之上没有锚点处，会显示该鼠标指针。单击鼠标左键，即可在路径上添加一个锚点。

（4）删除锚点指针：使用“部分选择工具”选择路径，将鼠标指针移到路径上的锚点处，会显示该鼠标指针。单击鼠标左键，即可删除路径上的这个锚点。

（5）继续路径指针：使用“部分选择工具”选择路径，将鼠标指针移到路径上的端点锚点处，会显示该鼠标指针，可以继续在原路径基础之上继续创建路径。

（6）闭合路径指针：在绘制完路径后，将鼠标指针移到路径的起始端锚点处，单击鼠标左键，即可使路径闭合，形成闭合路径。生成的路径没有将任何指定的填充设置应用于封闭路径内。如果要给路径内部填充颜色或位图，应使用“颜料桶工具”。

（7）连接路径指针：在绘制完一条路径后，不选中该路径。再绘制另一条路径后，将鼠标指针移到另一条路径的起始端锚点处，单击鼠标左键，即可将两条路径连成一条路径。

（8）回缩贝塞尔手柄指针：使用部分“选择工具”选择路径，将鼠标指针移到路径上的平滑点锚点处，会显示该鼠标指针。单击可以将平滑点锚点转换为角点锚点，并使与该锚点连接的曲线路径改为直线路径。

6. 锚点工具

（1）“添加锚点工具”：单击“添加锚点工具”按钮，将鼠标指针移到路径之上没有锚点处，会显示该鼠标指针呈状。单击鼠标左键，即可在路径上添加一个锚点。

（2）“删除锚点工具”：使用“部分选择工具”，单击选中路径。单击“删除锚点工具”按钮，将鼠标指针移到路径之上锚点处，鼠标指针呈状。单击鼠标左键，即可删除单击的锚点。用鼠标拖曳锚点，也可以删除该锚点。

小提示

不要使用【Delete】、【Backspace】键，或者选择“编辑”→“剪切”或“编辑”→“清除”菜单命令来删除锚点，这样会删除锚点及与之相连的路径。

（3）“转换锚点工具”：使用“部分选择工具”，单击选中路径。单击“转换锚点工具”按钮，将鼠标指针移到角点锚点处，单击锚点，即可将平滑点锚点转换为角点锚点。如果拖曳角点锚点。在使用平滑点的情况下，按【Shift+C】组合键，可以将钢笔工具切换为“转换锚点工具”，鼠标指针也由转换为“转换锚点工具”鼠标指针。

操作步骤

1. 绘制夜空、星星、云和山脉

（1）新建一个 Flash 文档。设置舞台工作区的宽为 650 像素、高为 400 像素，背景为蓝色。然后以名称“【任务 8】青竹明月熊猫家园.fla”保存。

（2）将“图层 1”图层的名称改为“夜空山脉”，选中“夜空山脉”图层第 1 帧，使用工具箱中的“矩形工具”。拖曳绘制一幅与舞台工作区大小相同的、没有轮廓线的、填充色是深蓝色到蓝色再到浅灰色的线性渐变色的矩形图形，如图 2-96 所示。

（3）单击工具箱中的“渐变变形工具”按钮。再单击矩形对象的线性填充，弹出控制柄，拖曳图形控制柄，将填充旋转 90 度角，使上边为深蓝色，下边为浅灰色，如图 2-97 所示。

图 2-96　线性渐变填充效果

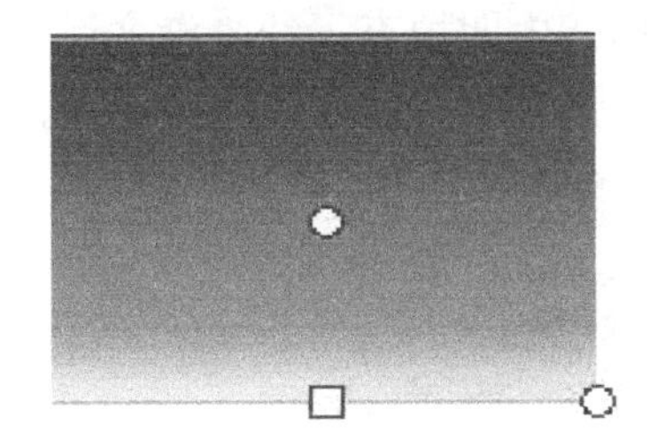

图 2-97　调整填充

（4）使用工具箱内的“铅笔工具”和“矩形工具”绘制山脉的轮廓线，再使用工具箱内的“选择工具”调整轮廓线的形状。使用工具箱内的“颜料桶工具”给轮廓线内填充深蓝色，再将轮廓线删除，效果如图 2-98 所示。

（5）拖曳鼠标将蓝天和山脉图形均选中，选择“修改”→“组合”菜单命令，将选中的图形组成组合。再选择“修改”→“排列”→“移至底层”菜单命令，将组合移到底层。

图 2-98　深蓝色山脉

（6）单击工具箱中的“多角星形工具”按钮。单击其“属性”面板中的“选项”按钮，打开“工具设置”对话框，按照图 2-99 所示进行各项参数的设置。设置填充色为黄色，没有轮廓线。然后，拖曳绘制一个没有轮廓线、黄色的“星星”图形。然后，复制几个“星星”图形，并分别调整它们的大小和位置。

图 2-99　“工具设置”对话框

（7）单击工具箱中的“钢笔工具”按钮，在舞台工作区内绘制两幅云的轮廓线，填充浅灰色，然后，选择“修改”→“形状”→“柔化填充边缘”菜单命令，打开“柔化填充边缘”对话框，利用该对话框将选中的云图图形进行边缘柔化处理。

2. 绘制翠竹

（1）创建并进入“竹叶”影片剪辑元件的编辑状态，单击工具箱中的“钢笔工具”按钮，在其“属性”面板的“笔触样式”下拉选项框中选择“极细”；单击“笔触颜色”按钮，打开颜色板，设置笔触颜色为深绿色；打开“颜色”面板，设置填充颜色为线性的绿色到深绿色、浅绿色再到绿色渐变。此时的“颜色”面板如图 2-100 所示。

（2）将舞台工作区的背景色改为白色。再在舞台工作区内单击鼠标左键，在不松开鼠标左键的情况下，拖曳鼠标，产生曲线，如图 2-101 所示。图 2-101 中的直线为曲线的切线。

（3）拖曳鼠标可以调整切线的方向，从而调整了曲线的形状。曲线调整好后，松开鼠标左键，再单击曲线的起点，此时会产生新的曲线和切线，如图 2-102 所示。松开鼠标左键后，形成的曲线内即填充了线性渐变颜色，即一片竹叶的初步图形。然后使用工具箱中的“渐变变形工具”，调整线性渐变填充，使其成为如图 2-103 所示的形状。

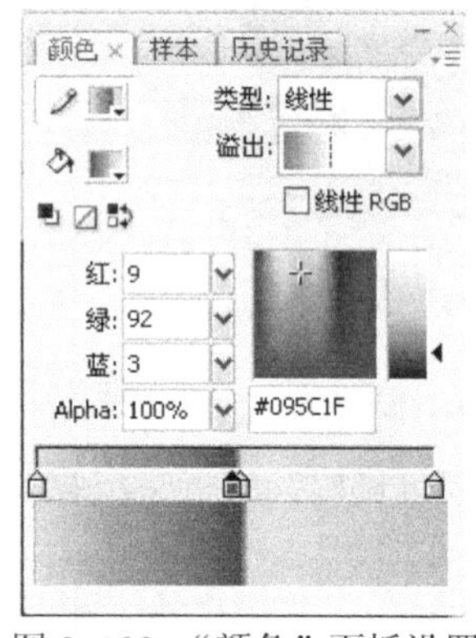

图 2-100　“颜色”面板设置

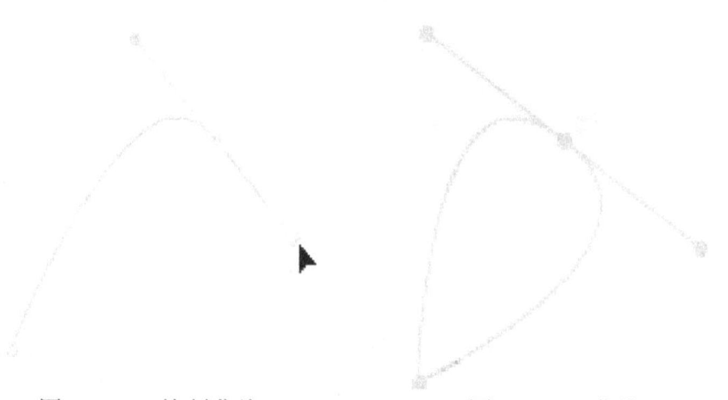

图 2-101　绘制曲线

图 2-102　曲线

（4）单击工具箱中的“部分选取工具”按钮，用鼠标拖曳出一个矩形，圈起树叶的初步图形，即可显示出曲线的全部节点，如图 2-104 所示。用鼠标拖曳节点或节点处切线两端的控制柄，调整曲线的形状，如图 2-105 所示。再将整个竹叶图形组成组合。

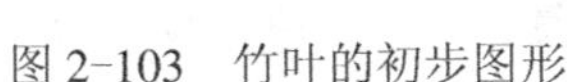

图 2-103　竹叶的初步图形　　图 2-104　调整竹叶图形　　图 2-105　调整竹叶图形

（5）然后，回到主场景，完成“竹叶”影片剪辑元件的制作。

（6）创建并进入“竹竿”影片剪辑元件的编辑状态，单击工具箱中的“矩形工具”按钮。在舞台工作区中拖曳绘制一个深绿色轮廓线、填充色为深绿色到绿色再到白色的长条矩形作为“竹节”。然后，使用工具箱中的“渐变变形工具”，调整长条矩形对象的填充，如图 2-106 所示。

（7）使用工具箱中的“选择工具”，选中舞台工作区中“竹节”图形左右的轮廓线，按【Delete】键，将它们删除。按住【Shift】键，单击选中“竹节”图形上下的轮廓线，弹出“属性”面板。将“属性”面板的设置改为如图 2-107 所示。此时，“竹节”图形如图 2-108 所示。

（8）使用工具箱中的“选择工具”，拖曳选中“竹节”图形。按住【Ctrl】键，向上拖曳“竹节”图形，再复制出 10 个“竹节”图形，把它们排列成“竹竿”图形，如图 2-109 所示。

图 2-106　矩形图形

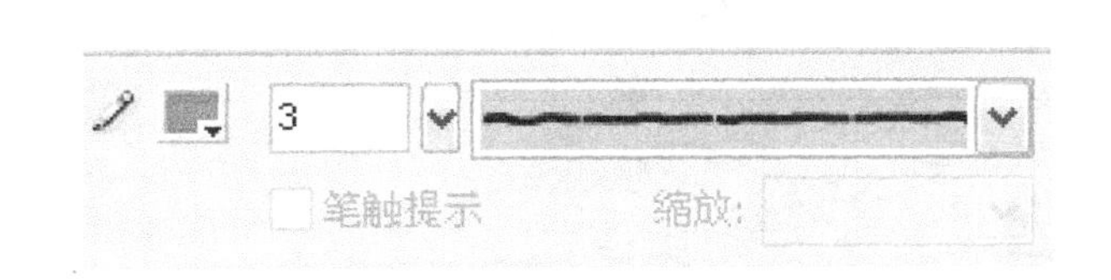

图 2-107　“属性”面板的设置

图 2-108　竹节

（9）将“库”面板内的“竹叶”影片剪辑元件拖曳到舞台工作区内。打开“变形”面板，在“变形”面板的“旋转”文本框中输入“–90 度”，如图 2-110 所示。单击该面板中的“复制并应用变形”按钮，即可复制一份旋转了–90 度的竹叶，如图 2-111 所示。

（10）向右拖曳复制的竹叶，将它与原竹叶分开。按照上述方法，再复制几片竹叶，并调整它们的大小。再复制几个竹叶图形对象，使用工具箱内的“任意变形工具”，分别调整它们的大小和位置，使竹叶与竹竿组合成完整的翠竹图形，如图 2-112 所示。然后，回到主场景。

（11）在“夜空山脉”图层上边新建一个“翠竹”图层。选中“翠竹”图层第 1 帧，多次将“库”面板内的“竹竿”影片剪辑元件拖曳到舞台工作区内，再复制一些“竹竿”影片剪辑实例。

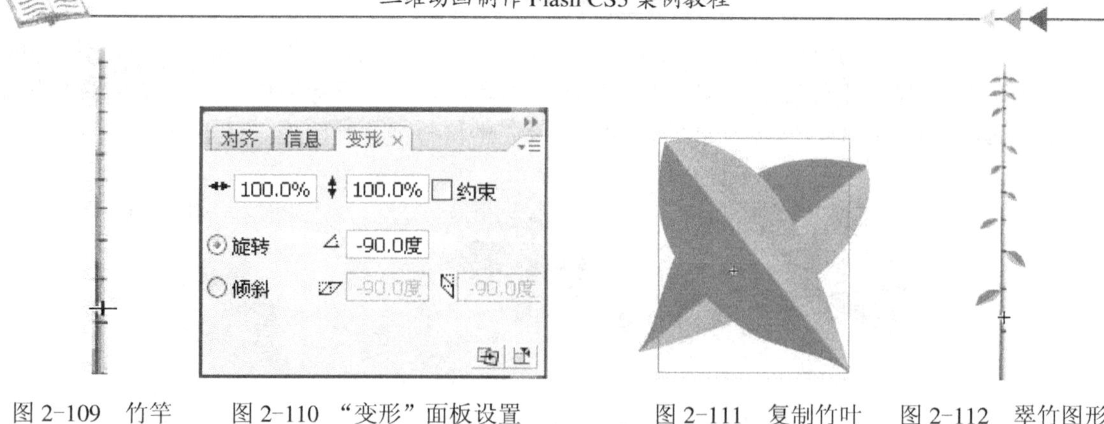

图 2-109　竹竿　　图 2-110　“变形”面板设置　　图 2-111　复制竹叶　　图 2-112　翠竹图形

3．绘制绿草和熊猫

（1）在“翠竹”图层之上新建一个“绿草”图层。选中“绿草”图层的第 1 帧，使用工具箱中的“线条工具”。打开它的“属性”面板，再在该面板中设置“笔触颜色”为绿色；“笔触样式”为“斑马线”；“笔触高度”为“10”。“属性”面板设置如图 2-113 所示。

图 2-113　“线条工具”的“属性”面板设置

（2）单击“属性”面板内的“自定义”按钮，打开“笔触样式”对话框，该对话框中的各项参数设置如图 2-114 所示。然后，在舞台工作区底部绘制小草图形，如图 2-115 所示。

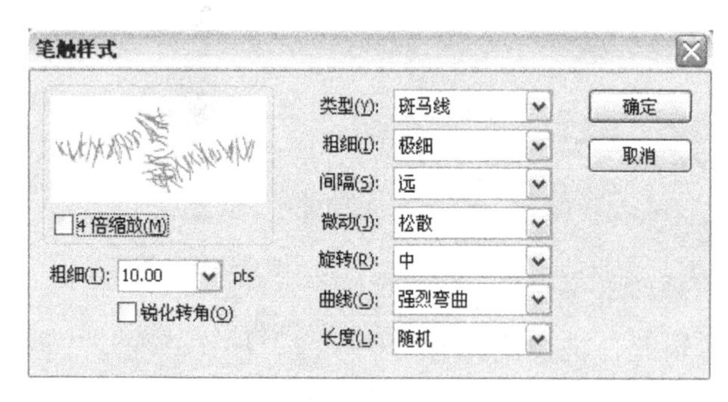

图 2-114　“笔触样式”对话框设置　　图 2-115　小草图形

（3）在“绿草”图层之上添加一个名称为“熊猫”的图层，在该图层绘制一幅熊猫图形，再将该图形转换为“熊猫”图形元件实例。然后，将“熊猫”图形元件实例复制一份。熊猫图形的制作留给读者自行来完成。

4．制作月亮移动动画

（1）将舞台工作区的背景色改为蓝色。在“夜空山脉”图层之上新增一个“月亮”图层，单击工具箱中的“椭圆工具”按钮。在它的“属性”面板中设置填充色为黄色，

没有轮廓线。然后，按住【Shift】键，同时在舞台工作区内拖曳鼠标，绘制一个黄色圆形图形。

（2）选中黄色圆形图形，选择“修改”→“形状”→“柔化填充边缘”菜单命令，打开“柔化填充边缘”对话框，按照如图 2-116 所示进行设置，单击“确定”按钮，即可将黄色圆形图形边缘柔化，效果如图 2-117 所示。

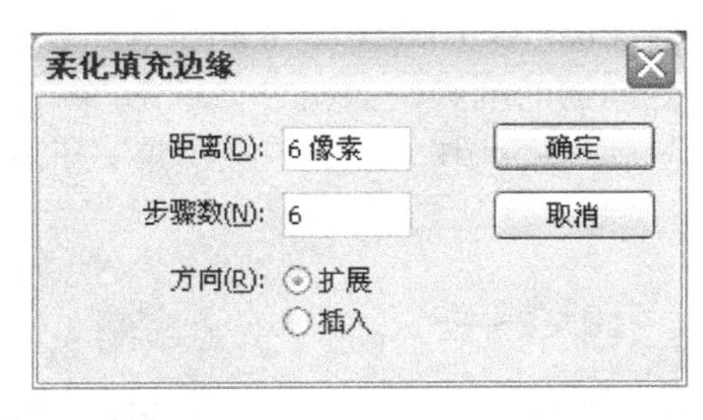

图 2-116 “柔化填充边缘”对话框

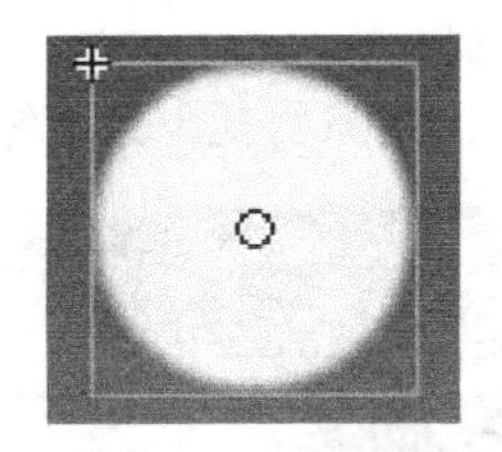

图 2-117 月亮图形

（3）将图 2-117 所示图形复制一份，选中复制的图形，选择“修改”→“转换为元件”菜单命令，打开“转换为元件”对话框，选中该对话框内的“影片剪辑”单选钮，命名为“月亮”，再单击“确定”按钮，将选中的图形转换为影片剪辑实例，其目的是为了可以使用滤镜。

（4）单击“滤镜”面板内的按钮，打开滤镜菜单，选择该菜单中的“模糊”菜单命令，按照图 2-118 所示进行设置，使复制的黄色圆形图形模糊，形成月亮的光芒，如图 2-119 所示。

（5）将图 2-117 所示的月亮图形移到图 2-119 所示的月亮光芒图形之上，再将它们组成组合。

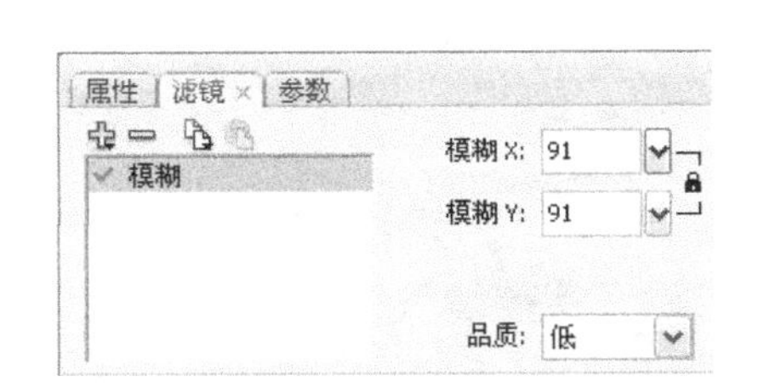

图 2-118 “滤镜”面板

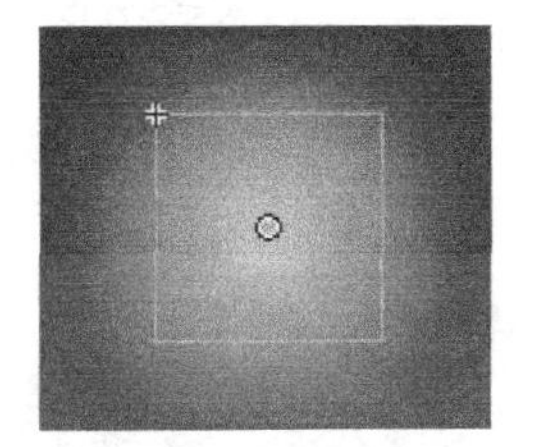

图 2-119 月亮光芒

（6）创建“月亮”图层第 1 帧到第 100 帧的月亮从右向左移动的动画。按住【Ctrl】键，单击其他图层的第 100 帧，按【F5】键。至此，整个动画制作完毕，该动画的时间轴如图 2-120 所示。

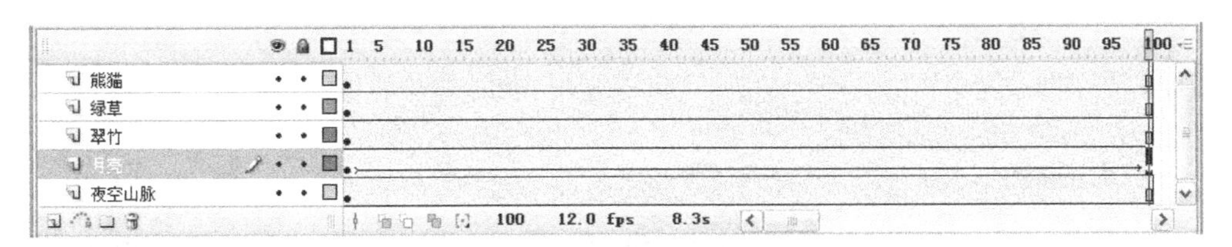

图 2-120 “青竹明月熊猫家园”动画的时间轴

课后习题 2-4

1．修改“青竹明月熊猫家园”动画，使星星可以闪烁、云彩可以漂移。

2．绘制一幅“汽车和原野”图形，如图 2-121 所示。

3．绘制一幅“飞跃”图形，它是一幅飞马图形，如图 2-122 所示。

4．绘制一幅“归燕”图形，它是一幅儿童读物的插画，如图 2-123 所示。由图可以看出，在淡彩的背景衬托下，有绿的灌木丛和随风飘舞的柳树，还有一只小燕子组成图形。

图 2-121 “汽车和原野”图形

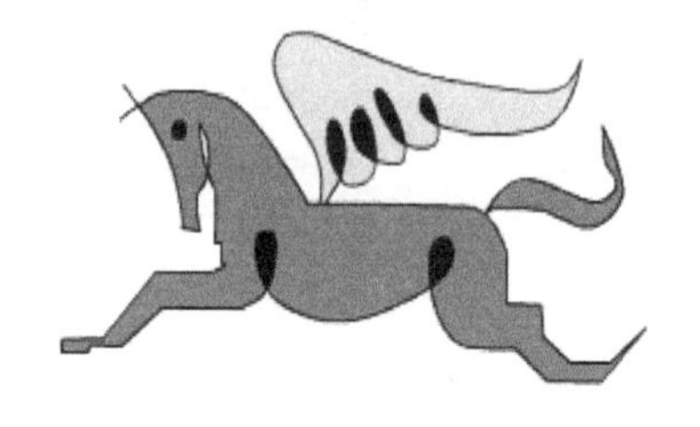

图 2-122 “飞跃”图形

图 2-123 “归燕”图形

2.5 绘制几何图形——【任务 9】彩色风车和向日葵

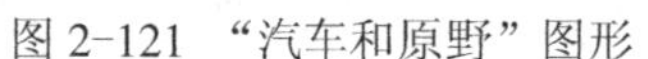

任务描述

“彩色风车和向日葵”动画播放后的两幅画面如图 2-124 所示，可以看到，在蓝天白云下面的大地上，有 5 个彩色风车随风转动，还有一些向日葵和绿草，一派欣欣向荣的景象。

图 2-124 “彩色风车和向日葵”动画播放后的两幅画面

知识链接

1．绘制矩形图形

单击工具箱内的“矩形工具”按钮，设置笔触和填充的属性，“属性”面板如图 2-125 所示。在舞台内拖曳，即可绘制一个矩形图形。如果拖曳时按住【Shift】键，可以绘制正方形图形。

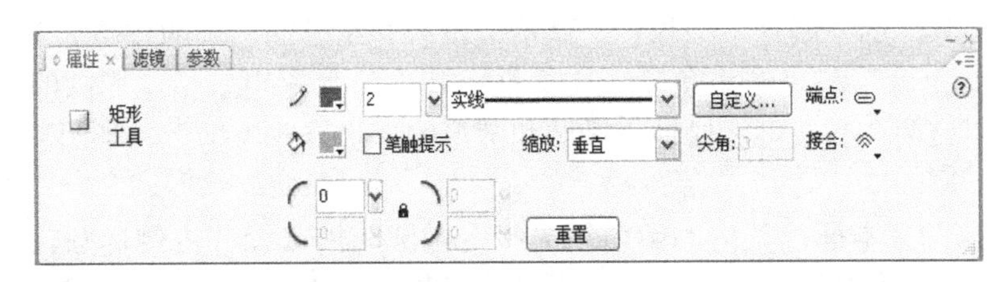

图 2-125 “矩形工具”的“属性”面板

如果希望只绘制矩形轮廓线而不要填充，只需设置无填充。如果希望只绘制填充不要轮廓线，只需设置无轮廓线。绘制其他图形也如此。

（1）设置矩形边角半径的方法：在“属性”面板的“矩形边角半径”文本框中输入矩形边角半径的数值，或单击箭头按钮后拖曳滑块来调整半径的大小。如果输入负值，则设置的是反半径。另外，单击锁定图标，使其他 3 个文本框有效，如图 2-126 所示，同时该按钮呈状。这时，调整 4 个文本框内的数值，可以分别调整每个角的角半径。再单击锁定图标，可以还原为原来状态，即锁定状态。在锁定状态下，矩形每个角的边角半径将取相同的半径值。

单击“重置”按钮，可以将 4 个“矩形边角半径”文本框内的数值重置为 0，而且只有第 1 个文本框有效，可以重置角半径。

（2）绘制矩形的其他方法：单击工具箱内的“矩形工具”按钮，在其“属性”面板内设置笔触高度和颜色、填充色等。按住【Alt】键，再单击舞台，打开“矩形设置”对话框，如图 2-127 所示。在该对话框内设置矩形的宽度和高度，设置矩形边角半径，确定是否选中“从中心绘制”复选框，然后单击“确定”按钮，即可绘制一幅符合设置的矩形图形。如果选中了“从中心绘制”复选框，则以鼠标单击点为中心绘制矩形图形；如果没选中“从中心绘制”复选框，则以鼠标单击点为矩形图形左上角绘制一幅符合设置的矩形图形。

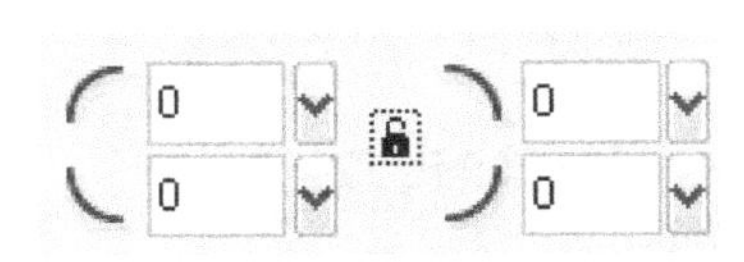

图 2-126　三个文本框

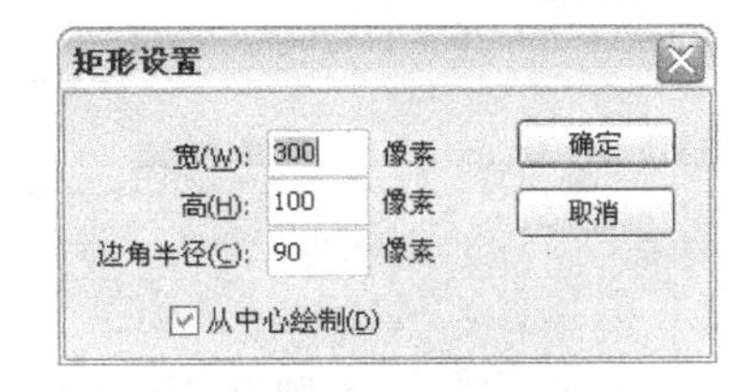

图 2-127 “矩形设置”对话框

2. 绘制椭圆图形

单击工具箱内的“椭圆工具”按钮，此时的“属性”面板如图 2-128 所示。在舞台内拖曳，即可绘制一个椭圆图形。如果在拖曳时按住【Shift】键，则可以绘制圆形图形。

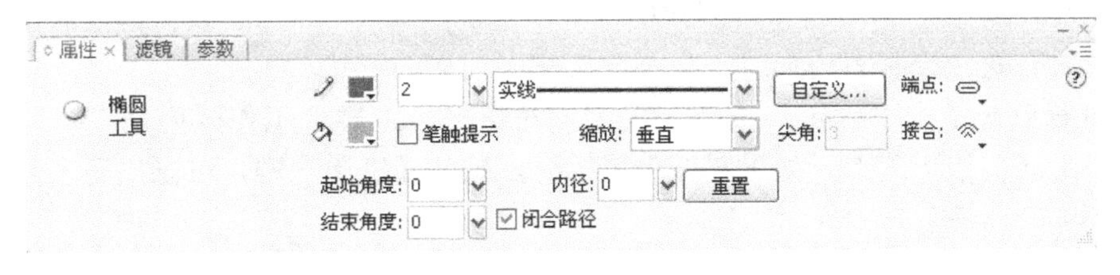

图 2-128 “椭圆工具”的“属性”面板

在“椭圆工具”的“属性”面板内一些前面没有介绍过的选项的作用如下。

（1）“起始角度”和“结束角度”文本框：其内的数值用来指定椭圆的开始点和结束点的角度。使用这两个参数可轻松地将椭圆和圆形的形状修改为扇形、半圆形及其他有创意的形状。

（2）“内径”文本框：其内的数值用来指定椭圆的内路径（内侧椭圆轮廓线）。在该文本框内输入内径的数值，它允许输入的内径数值范围为 0～99，表示删除的椭圆填充的百分比。

（3）“闭合路径”复选框：用于指定椭圆的路径（如果设置了内路径，则有多个路径）是否闭合。选中该复选框后（默认情况），则选择闭合路径，否则选择不闭合路径。

（4）“重置”按钮：单击该按钮后，将重置“属性”面板内“起始角度”和“结束角度”等上述 4 个参数，回到默认状态。

另外，单击工具箱内的“椭圆工具”按钮，在其“属性”面板内设置笔触高度和颜色、填充色等。按住【Alt】键，再单击舞台，打开“椭圆设置”对话框，如图 2-129 所示。在该对话框内设置椭圆形图形的宽度和高度，确定是否选中“从中心绘制”复选框，然后单击“确定”按钮，即可绘制一幅符合设置的矩形图形。如果选中了“从中心绘制”复选框，则以鼠标单击点为中心绘制椭圆形图形；如果没选中“从中心绘制”复选框，则以鼠标单击点为椭圆形图形的外切矩形左上角绘制一幅符合设置的椭圆形图形。

3. 绘制多边形和星形图形

单击工具箱内的“多角星形工具”按钮，单击“属性”面板内的“选项”按钮，可以打开“工具设置”对话框，如图 2-130 所示。该对话框内各选项的作用如下。

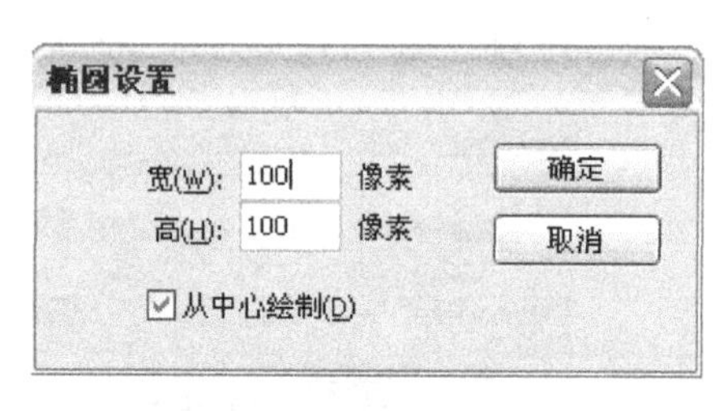

图 2-129 “椭圆设置”对话框

图 2-130 “工具设置”对话框

（1）“样式”下拉列表框：其中有“多边形”或“星形”选项，用于设置图形样式。

（2）“边数”文本框：输入介于 3～32 之间的数字，用于确定多边形或星形图形的边数。

（3）“星形顶点大小”文本框：其内输入一个介于 0～1 之间的数字，用于确定星形图形顶点的深度，此数字越接近 0，创建的顶点就越深（像针一样）。该文本框的数据只在绘制星形图形时有效，绘制多边形时，它不会影响多边形的形状。

完成设置后，单击“确定”按钮，关闭该对话框，在舞台工作区内拖曳，即可绘制出一个多角星形或多边形图形。如果在拖曳鼠标时，按住【Shift】键，可画出正多角星形或正多边形。

4. 刷子工具

单击工具箱内的“刷子工具”按钮后，“选项”栏内会出现 5 个按钮，如图 2-131 所示。其中，“对象绘制”按钮用于设置绘图模型，其他按钮用于设置刷子工具的参数。关于“对象绘制”按钮将在【任务 10】中介绍。当它处于弹起状态时，绘制模式是“合并绘制”模式；当它处于按下状态时，绘制模式是“对象绘制”模式。

（1）设置刷子大小：单击工具箱中选项栏内左边的按钮，会打开各种画笔宽度示意图，单击选择其中一种，可设置刷子的大小。

（2）设置刷子形状：单击工具箱中选项栏内右边的按钮，会打开各种刷子形状示意图，单击选择其中一种，可设置刷子的形状。刷子的形状有圆头、方头等。

（3）“刷子模式”按钮：单击该按钮，打开刷子模式图标菜单，如图 2-132 所示。它有 5 种选择，单击其中一个按钮，可完成相应的刷子模式设置。

（4）“锁定填充”按钮：其作用与颜料桶工具“锁定填充”按钮的作用一样。

设置好刷子工具的参数，可拖曳鼠标绘制图形。使用刷子工具绘制的图形只有填充，没有线。用刷子工具绘制的一些图形如图 2-133 所示。

图 2-131　刷子工具“选项”栏

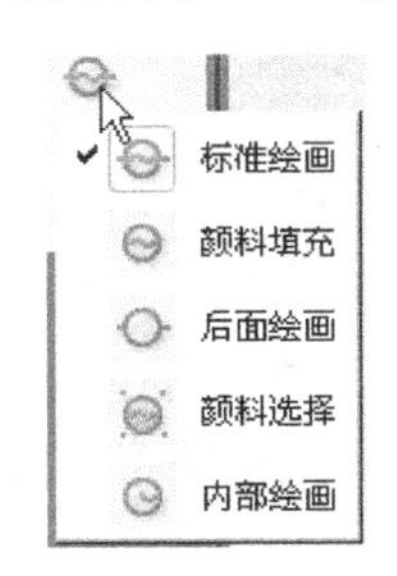

图 2-132　刷子模式菜单

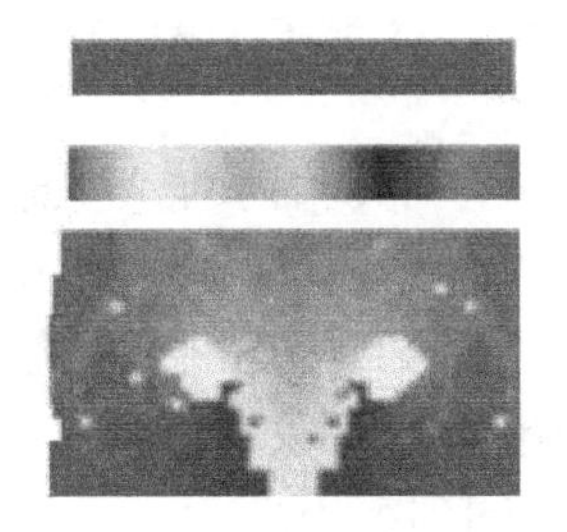

图 2-133　刷子工具绘制的图形

操作步骤

1. 制作“风车图形”图形元件

（1）新建一个 Flash 文档。设置舞台工作区的宽为 700 像素、高为 400 像素，背景为浅蓝色。然后以名称“【任务 9】彩色风车和向日葵.fla”保存。

（2）创建并进入“风车图形”图形元件的编辑窗口。选中“图层 1”图层第 1 帧。使用工具箱内的“矩形工具”，绘制一个线条颜色为黑色、笔触样式为极细线，无填充的矩形图形，如图 2-134 所示。

（3）弹出“颜色”面板。设置填充色为浅红色到红色再到深红色的线性填充，此时，“颜色”面板设置如图 2-135 所示。使用工具箱内的“颜料桶工具”，在舞台工作区中的矩形图形中，沿着如图 2-136 中箭头所示方向拖曳鼠标，为矩形图形填充渐变色，如图 2-137 所示。

注意

如果一次填充效果不好，可以重复拖曳几次直到达到满意效果为止。

图 2-134　矩形

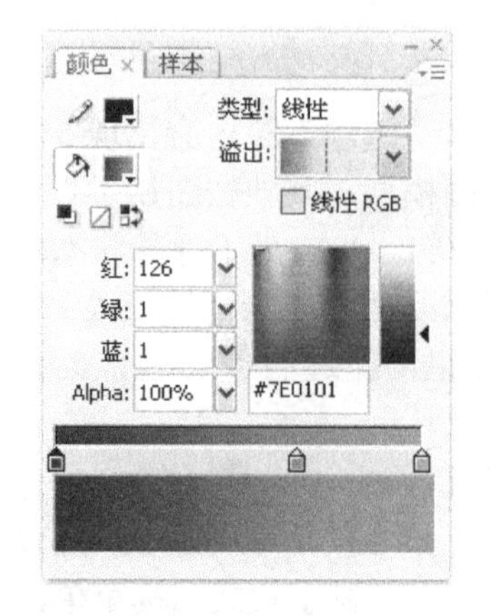

图 2-135　“颜色”面板设置

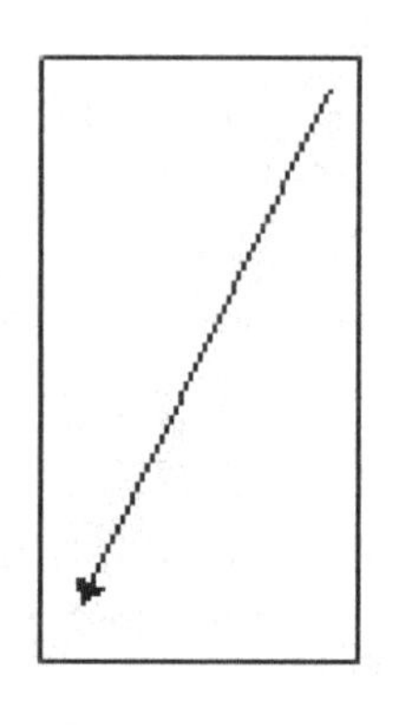

图 2-136　沿箭头填充

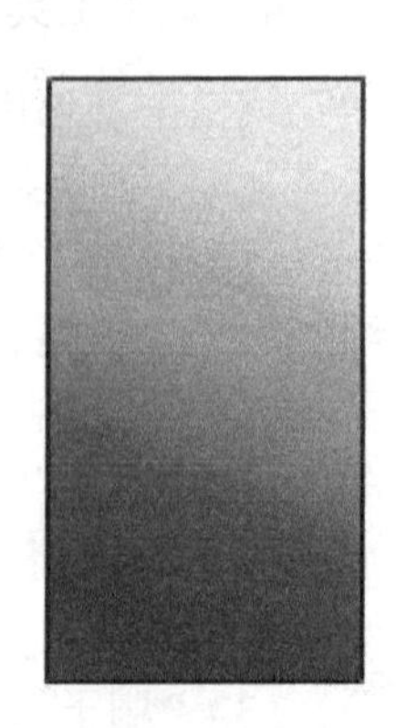

图 2-137　填充矩形

（4）使用工具箱内的“选择工具”，将鼠标指针移到舞台工作区中矩形图形的左上角，当鼠标指针右下方出现一个小角图形时，拖曳鼠标改变矩形形状，如图 2-138 所示。

（5）绘制一个三角形图形并给它添加填充，如图 2-139 所示。使用工具箱内的“选择工具”，选中全部图形，按【Ctrl+G】组合键，将选中的对象组成组合，形成风车的一瓣。

（6）使用工具箱内的“任意变形工具”，旋转图形对象。打开“变形”面板，在该面板的“旋转”文本框中输入 90，3 次单击该面板内的“复制并应用变形”按钮，复制 3 个旋转 90 度、180 度和 279 度的图形。再将复制的图形移开，如图 2-140 所示。

（7）调整 4 个风车瓣的位置，组成一个风车图形，如图 2-141 所示。再将它们组成组合。然后，回到主场景。

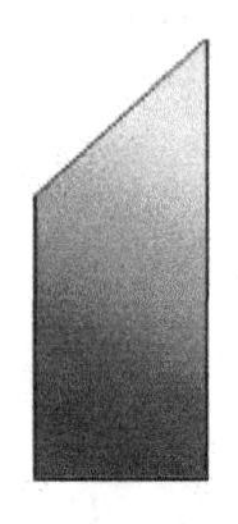

图 2-138　修改图形

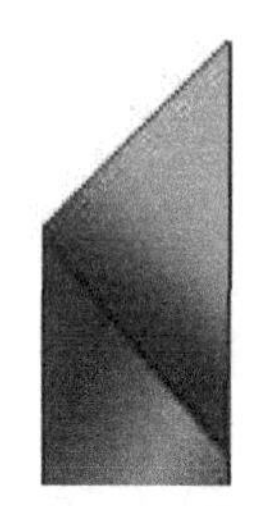

图 2-139　三角图形

图 2-140　4 个风车瓣

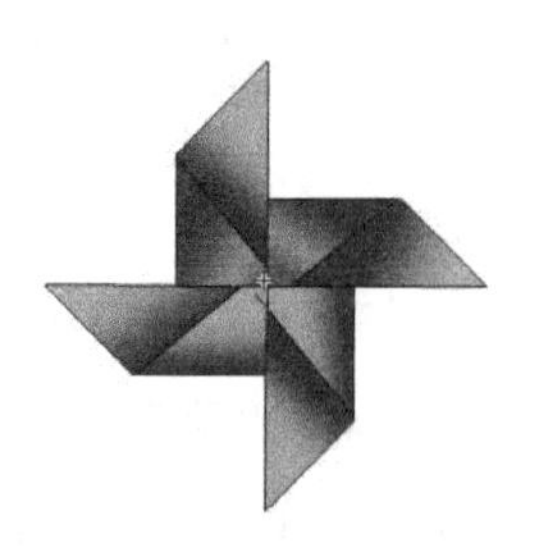

图 2-141　风车图形

2．制作“风车”影片剪辑元件

（1）创建并进入“风车”影片剪辑元件的编辑窗口。单击选中“图层 1”图层第 1 帧，将“库”面板中的“风车图形”图形元件拖曳到舞台工作区的中心位置。

（2）使用工具箱内的“选择工具”，右击“图层 1”图层第 1 帧，打开帧快捷菜单，再选择该菜单中的“创建补间动画”菜单命令。在其“属性”面板的“旋转”下拉列表框中选择“顺时针”选项，在其右边的文本框中输入 3，表示动画围绕对象的中心点顺时针旋转 3 次。

（3）选中“图层 1”图层的第 100 帧，按【F6】键，创建第 1 帧到第 100 帧动作动画。

（4）在“图层 1”图层下边新建一个“图层 2”图层，选中“图层 2”图层的第 1 帧。

使用工具箱内的“矩形工具”□，绘制一个线条颜色为黑色、笔触样式为极细的黑色到黄色再到黑色的线性填充的长条矩形图形，作为风车支棍，如图 2-142 所示。

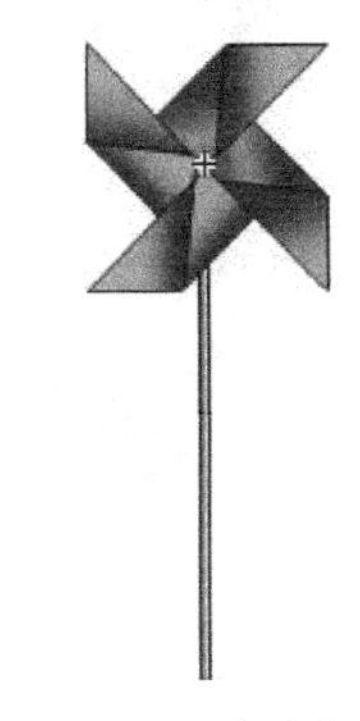

图 2-142　风车支棍图形

（5）单击选中“图层 2”图层第 50 帧，再按【F5】键，使第 1 帧到第 50 帧的所有帧与第 1 帧内容一样。然后，回到主场景。

3．制作其他影片剪辑元件

（1）创建并进入“叶子”影片剪辑元件的编辑窗口，参考【任务 8】中介绍的方法，绘制一幅如图 2-143 所示的叶子图形。这由读者自行完成。

（2）创建并进入“花瓣”影片剪辑元件的编辑窗口。参考【任务 8】中介绍的方法，绘制一幅如图 2-144 所示的花瓣图形。这由读者自行完成。

（3）创建并进入“草地 1”影片剪辑元件的编辑窗口。参考前面介绍的绘图方法，使用绘图工具绘制一幅绿草图形，如图 2-145 所示。这由读者自行完成。

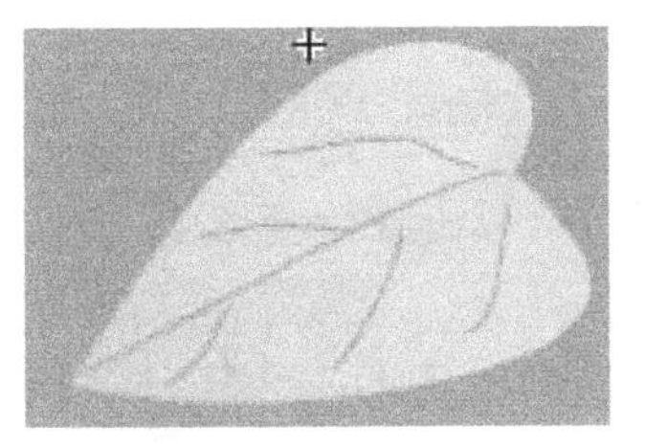

图 2-143　叶子图形

图 2-144　花瓣图形

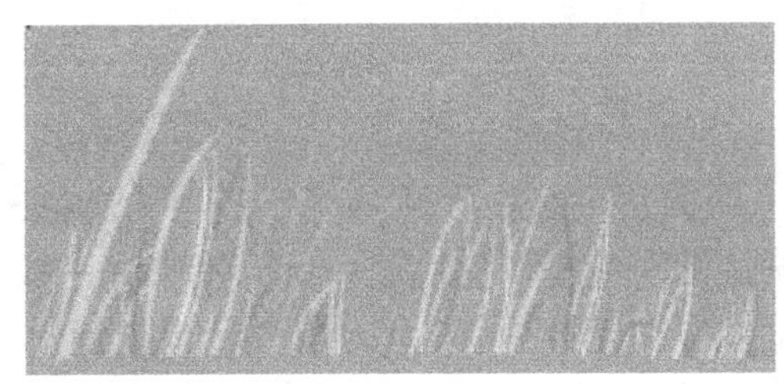

图 2-145　一幅绿草图形

（4）创建并进入“云彩 1”影片剪辑元件的编辑窗口，绘制一朵白云图形。进入“云彩 2”影片剪辑元件的编辑窗口，绘制一朵另外一种形状的白云图形。这些由读者自行完成。

（5）创建并进入“草地”影片剪辑元件的编辑窗口。将“库”面板中的“草地 1”影片剪辑元件多次拖曳到舞台工作区内，形成一幅草丛图形。

（6）创建并进入“向日葵”影片剪辑元件的编辑窗口，绘制如图 2-146 所示的向日葵芯图形，它是一个填充黄色到红色放射状渐变色的圆形图形。将“库”面板中的“花瓣”影片剪辑元件拖曳到舞台工作区内形成“花瓣”影片剪辑实例。

（7）使用工具箱内的“任意变形工具”，单击选中“花瓣”影片剪辑实例，将它移到向日葵芯图形的正上方，将它的中心点移到“花瓣”影片剪辑实例的底部。弹出“变形”面板，按照图 2-147 所示进行设置。单击“变形”面板内的“复制并应用变形”按钮，复制一个旋转了 18 度的“花瓣”影片剪辑实例，如图 2-148 所示。

图 2-146　向日葵芯

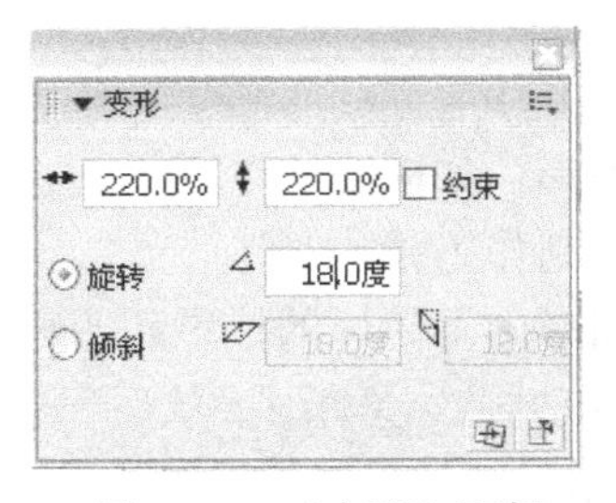

图 2-147　“变形”面板

图 2-148　一幅绿草图形

（8）按照上述方法，多次单击“变形”面板内的“复制并应用变形”按钮，旋转复制多个花瓣，绘制一条棕色的向日葵图形，如图 2-149 所示。将“库”面板中的“叶子”影片剪辑元件多次拖曳到舞台工作区内，调整这些“叶子”影片剪辑实例的大小和位置，以及旋转角度，最后效果如图 2-150 所示。然后，回到主场景。

图 2-149　向日葵芯和向日葵茎图形

图 2-150　添加向日葵叶子

4. 制作主场景动画

（1）将主场景“图层 1”图层的名称改为“大地和蓝天”，选中“大地和蓝天”图层第 1 帧，其内绘制褐色地面和蓝天图形，形成大地、蓝天画面。

（2）在“大地和蓝天”图层之上创建“云彩”图层，将“库”面板中的“云彩 1”和“云彩 2”影片剪辑元件多次拖曳到舞台工作区内，形成几朵白云。

（3）在“云彩”图层之上创建一个名称为“向日葵”的图层，选中“向日葵”图层第 1 帧，将“库”面板中的“向日葵”影片剪辑元件 3 次拖曳到舞台工作区内，调整其大小和位置。

（4）在“向日葵”图层之上创建一个名称为“草地”的图层，单击选中“草地”图层第 1 帧，再 3 次将“库”面板中的“草地”影片剪辑元件拖曳到舞台工作区内，调整它们的大小和位置。

（5）在“向日葵”图层之上添加“风车”图层，5 次将“库”面板内的“风车”影片剪辑元件拖曳到舞台工作区内，形成 5 个风车。使用工具箱内的“任意变形工具”，调整 5 个“风车”影片剪辑实例的大小和位置。

（6）参考【任务 5】“海底世界网页 Banner”动画中所述方法，分别调整 5 个“风车”影片剪辑实例的颜色。

课后习题 2-5

1. 绘制一幅“卡通猫”图形，如图 2-151 所示。

2. 参考 “树苗”图形的制作方法，绘制一幅“小花”图像，如图 2-152 所示。

3. 制作一幅夜景图形，图形中有闪烁的星星和明亮的月亮。

4. 制作一个“变色五星”动画，该动画播放后一个五角星图形逐渐由红色变为蓝色，其中的一幅画面如图 2-153 所示。

图 2-151　“卡通猫”图形

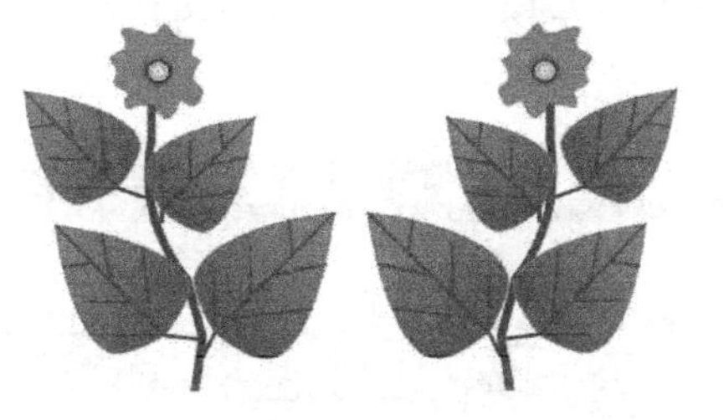

图 2-152　“小花”图形

图 2-153　“变色五星”动画画面

5．绘制一幅“林中小屋”图形，如图 2-154 所示。

图 2-154　“林中小屋”图形

6．制作一个“变色电风扇”动画，该动画播放后的两幅画面如图 2-155 所示。可以看到，有一台电风扇，扇叶在顺时针不停地转动，同时扇叶由蓝色变为红色，再由红色变为蓝色。

7．制作一个“荷塘月色”动画播放后的两幅画面如图 2-156 所示。可以看到，漆黑的深夜，圆圆的月亮映照在湖中，月亮和湖中的倒影从左向右移动。倒挂的垂柳，深蓝色的湖面上漂浮着片片荷叶，给人一种美丽、幽静的感觉，好像置身于迷人的风景之中。

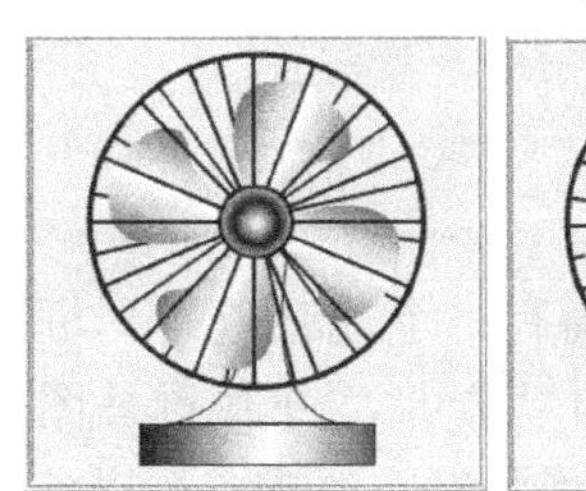

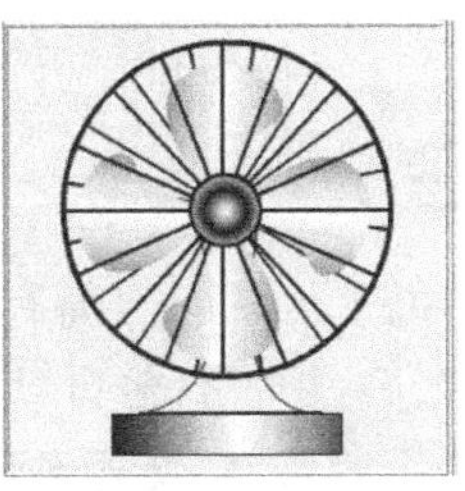

图 2-155　“变色电风扇”动画播放后的两幅画面

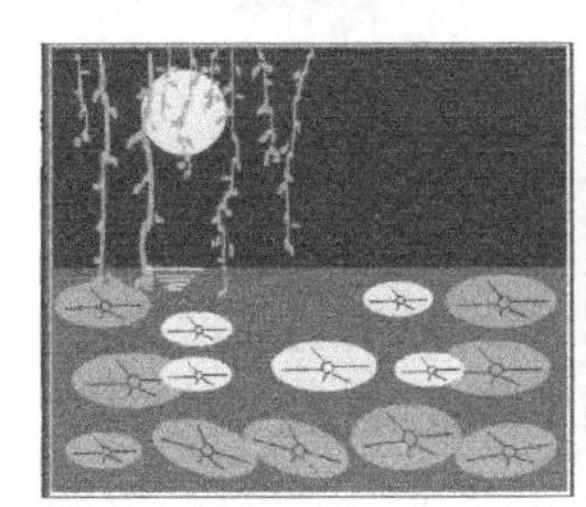

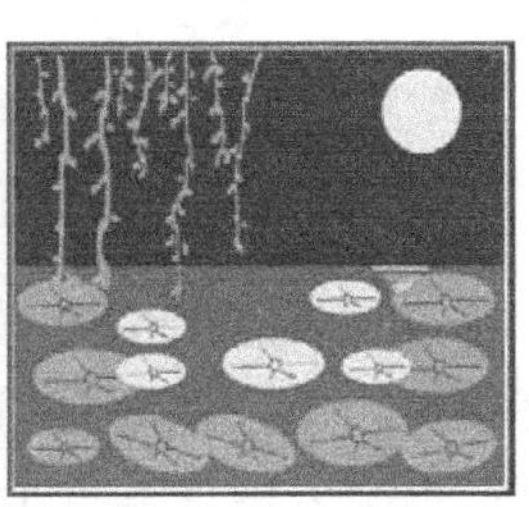

图 2-156　“荷塘月色”动画播放后的两幅画面

2.6　绘图模式——【任务 10】滚动图像

任务描述

“滚动图像”动画播放后的一幅画面如图 2-157 所示。背景是黑色胶片状图形，多幅国庆 60 周年阅兵式图像不断从右向左移动，形成电影图片效果。一幅卡通人脸图像在滚动图像的右边，好像在注视着滚动图像的移动。

图 2-157 “滚动图像”动画播放后的一幅画面

知识链接

1. 绘制模式

Flash CS3 绘图有两种绘制模式，一种是“合并绘制”模式，另一种是“对象绘制”模式。在选择了绘图工具后，工具箱的“选项”栏中会有一个“对象绘制”按钮，当它处于弹起状态时，绘制模式是“合并绘制”模式；当它处于按下状态时，绘制模式是“对象绘制”模式。这两种绘制模式的特点如下。

（1）“合并绘制”模式：此时绘制的图形在选中时，图形上边有一层小白点。重叠绘制的图形，会自动进行合并。如果绘制一个矩形并在其上方叠加一个圆形，则使用工具箱内的“选择工具”，移动圆形，则会删除圆形下面覆盖的图形，如图 2-158 所示。

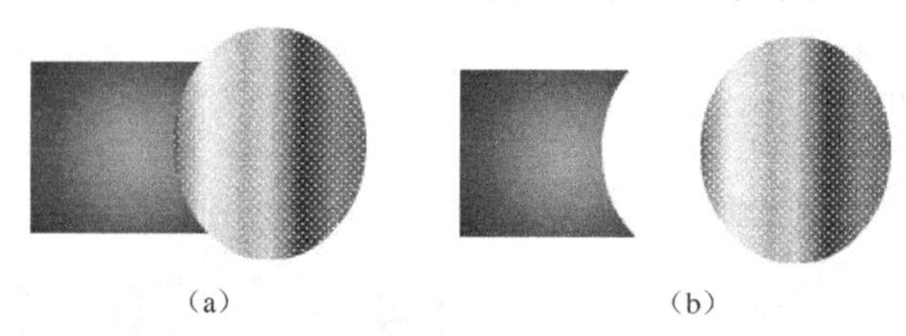

（a）　　（b）

图 2-158 “合并绘制”模式下的图

（2）“对象绘制”模式：此时绘制的图形被选中时，图形四周有一个浅蓝色矩形框。在该模式下，允许将图形绘制成独立的对象，且在叠加时不会自动合并，分开重叠图形时，也不会改变其外形。另外，也可以使用“选择工具”改变该对象的形状，可以使用“橡皮擦工具”进行擦除等操作。

为了将这两种不同绘图模式下绘制的图形进行区别，可以将在“合并绘制”模式下绘制的图形叫图形，在“对象绘制”模式下绘制的图形叫形状。对于形状可以使用合并对象的所有操作，对于图形只可以使用合并对象的“联合”操作，并转化为形状。

2. 绘制图元图形

除了“合并绘制”和“对象绘制”模型外，“椭圆”和“矩形”工具还提供了图元对象绘制模式。使用“基本矩形工具”和“基本椭圆工具”（“图元矩形工具”和“图元椭

圆工具”）创建图元矩形或图元椭圆图形时，不同于使用“对象绘制”模型创建的形状，也不同于使用“合并绘制”模型创建的图形，它绘制的是由轮廓线和填充组成的一个独立的图元对象。

（1）绘制图元矩形图形：单击工具箱内的“基本矩形工具”按钮，其“属性”面板与“矩形工具”按钮的“属性”面板一样，在该面板内进行设置后，即可拖曳绘制图元矩形图形。

单击工具箱内的“基本矩形工具”按钮，拖曳出一个图元矩形图形，在不松开鼠标左键的情况下，按向上箭头键或向下箭头键，即可改变矩形图形的四角圆角半径。当圆角达到所需角度时，松开鼠标左键即可。

在绘制完制图元矩形图形（如图 2-159 左图所示）后，使用“选择工具”，拖曳图元矩形图形四角的控制柄，可以改变矩形图形四角圆角半径，如图 2-159 右图所示。

图 2-159　图元矩形图形和调整

（2）绘制图元椭圆图形：单击工具箱内的“基本椭圆工具”按钮，其“属性”面板与“椭圆工具”按钮的“属性”面板一样，在该面板内进行设置后，即可拖曳绘制图元椭圆图形，如图 2-160（a）所示。

在绘制完图元椭圆图形后，使用“选择工具”，拖曳图元椭圆图形内控制柄，可以调整椭圆内径大小，如图 2-160（b）所示；拖曳图元椭圆图形轮廓线上的控制柄，可以调整扇形角度大小，如图 2-160（c）所示；拖曳图元椭圆图形中心点的控制柄，可以调整内圆大小，如图 2-160（d）所示。

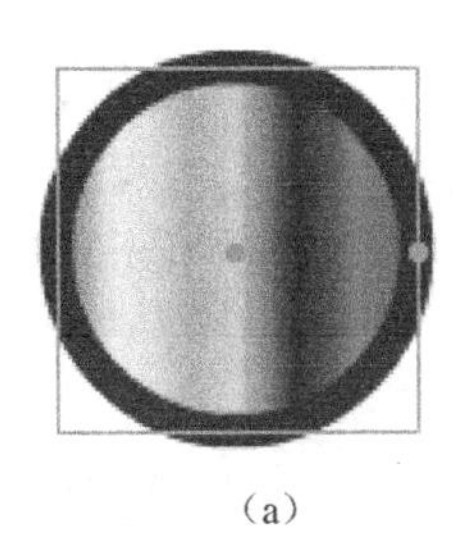

（a）

（b）

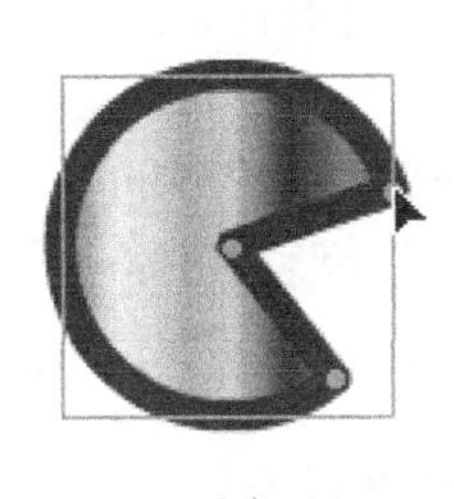

（c）

（d）

图 2-160　图元圆形图形和调整

双击舞台工作区内的图元对象，会打开一个“编辑对象”对话框，提示用户要编辑图元对象必须将图元对象转换为绘制对象，单击该对话框内的“确定”按钮，即可将图元对象转换为绘制对象，并进入“绘制对象”的编辑状态。

双击在“对象绘制”模式下绘制的形状，以及双击绘制的绘制图元矩形图形和绘制的图元椭圆图形，都可以进入“绘制对象”的编辑状态，在该状态下，可以像对图形那样进行编辑修改，如图 2-161 所示。进行编辑修改后，再单击编辑窗口中的按钮，回到主场景。

3．合并对象

通过合并对象可以创建新形状。在选中形状对象的情况下，选择“修改”→“合并对象”→“××××”菜单命令，可以合并选中的对象。合并对象有 4 种情况，介绍如下。

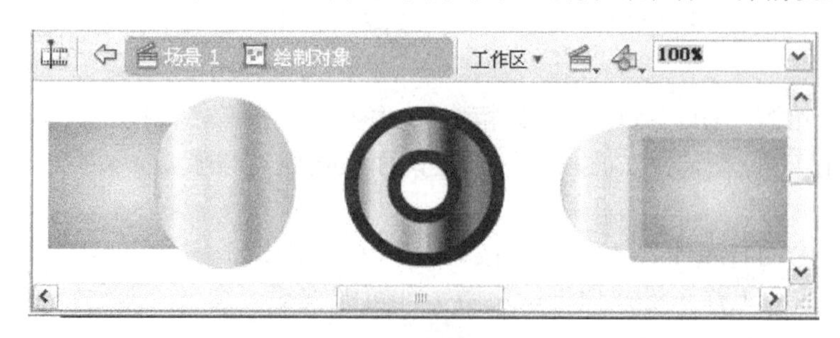

图 2-161 “绘制对象”的编辑状态

（1）联合：选中两个或多个对象，选择“修改”→“合并对象”→“联合”菜单命令，可以将一个或多个对象合并成为单个形状对象，即完成了对象的联合。

可以进行联合操作的对象有图形、打碎的文字、形状（“对象绘图”模式下绘制的图形，或者是进行了一次联合操作后的对象）和打碎的图像，不可以对文字、位图图像和组合对象进行联合操作。进行联合操作后的对象变为一个对象，它的四周有一个蓝色矩形框。进行联合操作后的对象可以用选择工具改变它的形状。

（2）交集：选中两个或多个形状对象（将图 2-162 中的两个对象重叠一部分），选择“修改”→“合并对象”→“交集”菜单命令，可以创建它们的交集（相互重叠部分）的对象，如图 2-163 所示。最上面的形状对象的颜色决定了交集后形状的颜色。

（3）打孔：选中两个或多个形状对象（将图 2-162 所示的两个对象重叠一部分），选择“修改”→“合并对象”→“打孔”菜单命令，可以创建它们的打孔对象，如图 2-164 所示。通常按照上边形状对象的形状删除它下边形状对象的相应部分。

（4）裁切：选中两个或多个形状对象（将图 2-162 所示的两个对象重叠一部分），选择“修改”→“合并对象”→“裁切”菜单命令，可以创建它们的裁切对象，如图 2-165 所示（颜色是绿色）。裁切是使用一形状对象（上边的形状）的形状裁切另一个形状对象（下边的形状）。通常，最上面的形状对象定义了裁切区域的形状。

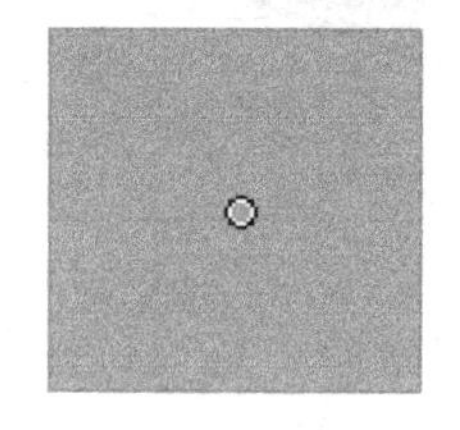

图 2-162 两个形状对象

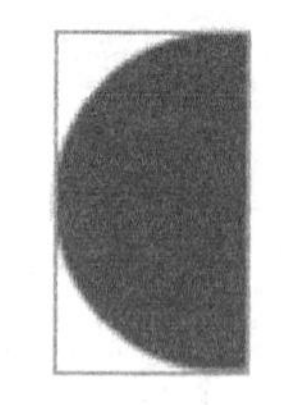

图 2-163 交集对象

图 2-164 打孔对象

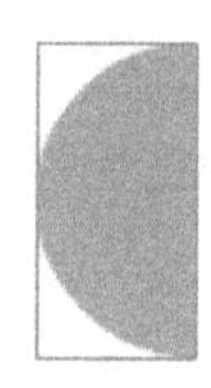

图 2-165 裁切对象

4. 两类 Flash 对象的特点

通过前面的学习可以知道，Flash 中可以创建的对象有很多种，例如“合并绘制”模式下绘制的图形（图形中的线和填充），“对象绘制”模式下绘制的形状，图元图形，导入的位图图像，输入的文字，由“库”面板内元件产生的实例，将对象组合后的对象等。

从是否可以进行擦除等操作，可以将 Flash 对象分为两大类，其中一类是“合并绘制”模式下绘制的图形（线和填充），另一类是形状、图元图形、位图、文字、元件实例

和组合等。

对于图形对象，选中该类对象后，图形对象的表面会蒙上一层小白点；可以用“橡皮擦工具”擦除图形；可以使用“套索工具”选中图形的部分；可以使用“选择工具”选中图形的部分；可以填充渐变色；当两幅图形重叠后，使用“选择工具”移开其中一幅图形后会将另一幅图形的重叠部分删除；可以进行扭曲和封套变形调整；可以创建形状动画（变形动画，该动画的制作方法会在后边的章节中介绍）等。

对于图形对象外的另一类对象，选中该类对象后，图形对象的四周会出现蓝色的矩形或白点组成的矩形（位图对象），上述操作也不能够执行。

选中后一类对象后，选择“修改”→“分离”菜单命令，可以将这类对象（文字对象应是单个对象，对于多个文字组成的单个对象，需先选择“修改”→“分离”菜单命令，将多个文字组成的单个对象分离成多个独立文字的对象）。经过分离后的位图图像等对象，以及经过打碎后的文字对象，它们在被选中后，其上边也会蒙上一层小白点。

选中图形对象后，选择“修改”→“组合”菜单命令，也可以将图形对象转换为第 2 类对象。对于图形的组合，可以选择“修改”→“取消组合”菜单命令，来取消组合。

操作步骤

1．制作电影胶片

（1）新建一个 Flash 文档。设置舞台工作区的宽为 820 像素、高为 240 像素，背景为黑色。然后以名称“【任务 10】滚动图像.fla”保存。

（2）选中“图层 1”图层第 1 帧，使用工具箱内的“矩形工具”，设置填充色为黑色，无轮廓线。单击“选项”栏中的“对象绘制”按钮，进入“对象绘制”模式。在舞台工作区中绘制宽为 1000 像素、高为 240 像素的黑色矩形，将舞台工作区完全覆盖。

（3）设置填充色为红色，无轮廓线。在黑色矩形的上边绘制一幅宽和高均为 18 像素的红色小正方形。然后复制多份，将它们水平等间距地排成一行。

（4）打开“对齐”面板，使用工具箱内的“选择工具”，拖曳出一个矩形选中一行的红色小正方形，单击“对齐”面板内的“上对齐”按钮，使它们顶部对齐；单击“水平平均间隔”按钮，使它们等间距分布。然后复制一份移到下边，如图 2-166 所示。

（5）选中所有红色小正方形和黑色矩形，选择“修改”→“合并对象”→“打孔”菜单命令，将右下角的红色小正方形在黑色矩形中打出一个小正方形小孔。

（6）打开“历史记录”面板，单击选中“打孔”选项，如图 2-167 所示。

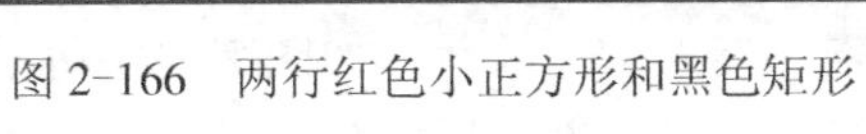

图 2-166　两行红色小正方形和黑色矩形

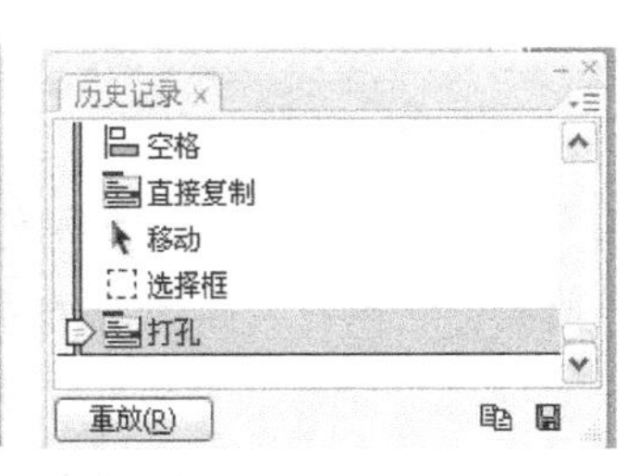

图 2-167　“历史记录”面板

（7）单击“重放”按钮，将右下角第 2 个红色小正方形打孔。不断单击“重放”按钮，直到所有红色正方形均打孔为止，如图 2-168 所示。

图 2-168　电影胶片形状

2. 制作图像移动动画

（1）在“图层 1”图层之上创建新“图层 2”图层。导入 6 幅国庆 60 周年阅兵式图像到“库”面板内。选中“图层 2”图层第 1 帧，将“库”面板内 6 幅图像拖曳到舞台工作区外部，调整它们的高为 150 像素，宽适当调整。

（2）单击“对齐”面板内的“上对齐”按钮，使它们顶部对齐；单击该面板内的“水平平均间隔”按钮，使它们等间距分布，如图 2-169 所示。

（3）选中所有图像，组成组合。再复制一份，将复制的图像水平移到原图像组合的右边。选中“图层 1”图层第 120 帧，按【F5】键，使该图层第 1 帧到第 120 帧内容一样。

（4）创建“图层 2”图层第 1 帧到第 120 帧的动作动画。第 1 帧的画面如图 2-169 所示（没显示右边第 2 组图像组合）。调整“图层 2”图层第 120 帧内的图像位置，如图 2-170 所示。

图 2-169　第 1 帧图像水平排成一排

图 2-170　第 120 帧画面

小提示

因为制作的 Flash 动画是连续循环播放的，所以可以认为第 100 帧的下一帧是第 1 帧，调整第 100 帧画面应注意这一点，保证第 120 帧和第 1 帧画面的衔接。

（5）在“图层 2”图层之上创建新“图层 3”图层。选中“图层 3”图层第 1 帧，绘制一幅黑色矩形，调整该矩形的宽为 780 像素，高为 150 像素，如图 2-171 所示。

（6）右击“图层 3”图层，打开图层快捷菜单，再选择快捷菜单中的“遮罩层”命令，将“图层 3”图层设置为遮罩图层，“图层 2”图层为被遮罩图层。

图 2-171　第 1 帧画面

3. 制作卡通人脸

（1）在“图层 3”图层之上创建新“图层 4”图层。选中“图层 4”图层第 1 帧，单击工具箱中的“椭圆工具”按钮，设置不画轮廓线，设置填充色为灰色。单击“选项”栏中的“对象绘制”按钮。然后在舞台工作区中绘制一个椭圆，如图 2-172（a）所示；再绘制一个圆形，如图 2-172（b）所示。将圆形移到椭圆图形之上，使它们相交一部分，然后使用工具箱中的“选择工具”将它们都选中，如图 2-172（c）所示。

（2）选择“修改”→“合并对象”→“打孔”菜单命令，效果如图 2-172（d）所示。

（a）

（b）

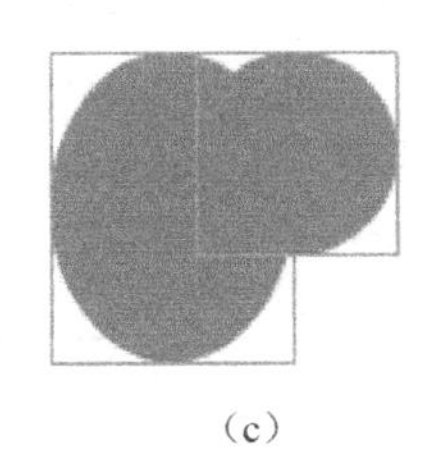

（c）

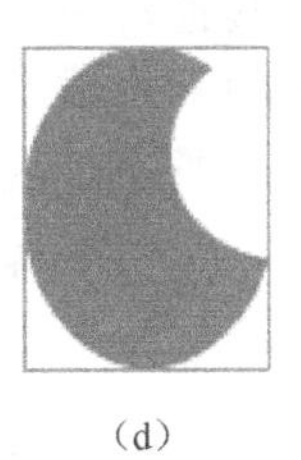

（d）

图 2-172　绘制眼睛

（3）再绘制一个圆形，复制这个圆形，如图 2-173（a）所示。使两个图形重叠大部分。然后使用工具箱内的“选择工具”将它们都选中，如图 2-173（b）所示。选择“修改”→“合并对象”→“打孔”菜单命令，加工后的图形如图 2-173（c）所示。

（4）将绘制的眼眉图形移到绘制的眼睛图形之上，使用工具箱中的“选择工具”将它们都选中，如图 2-174（a）所示。选择“修改”→“合并对象”→“联合”菜单命令，加工后的图形如图 2-174（b）所示。

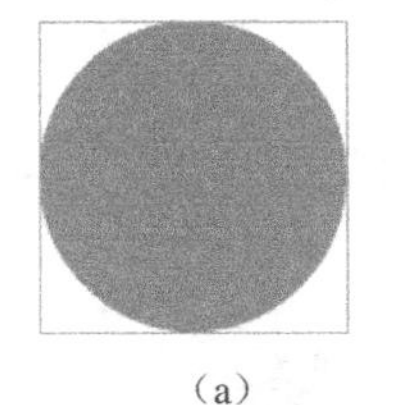

（a）

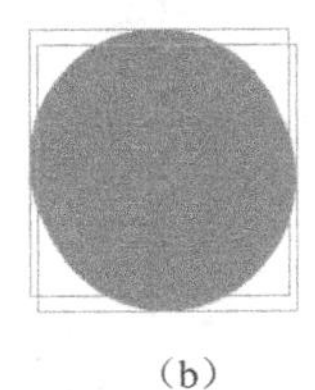

（b）

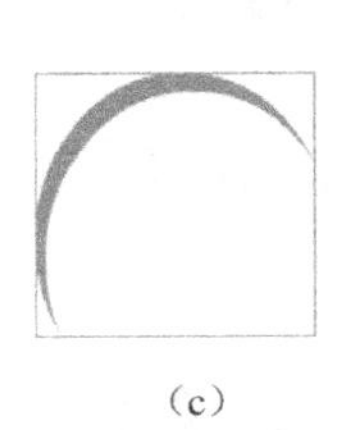

（c）

图 2-173　绘制眼眉

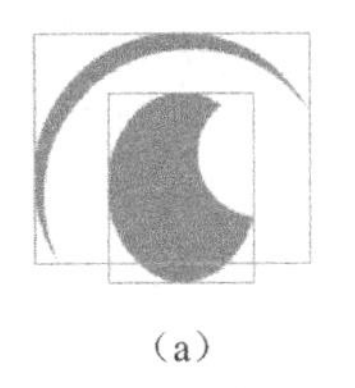

（a）

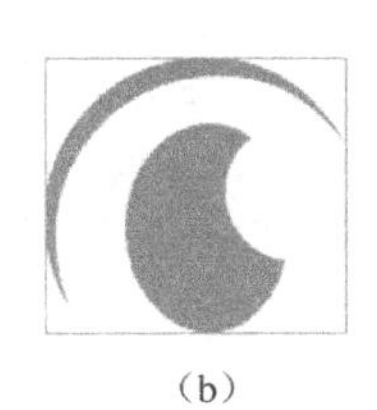

（b）

图 2-174　眼眉和眼睛

（5）使用工具箱中的“任意变形工具”，调整图 2-174（b）所示的眼眉和眼睛图形的大小，旋转一定的角度。然后，将该图形复制一份，并移到左边，如图 2-175 所示。

（6）按照上述方法，绘制一个嘴巴图形，如图 2-176 所示。

（7）绘制一个圆形，复制这个圆形，使两个图形重叠大部分。使用“选择工具”将它们都选中，如图 2-177（a）所示。选择“修改”→“合并对象”→“裁切”菜单命令，或者选择“修改”→“合并对象”→“交集”菜单命令，加工后的图形如图 2-177（b）所示。

（8）绘制一个小圆形，复制一份，将它们移到图 2-178（b）所示图形下边的两边。选中 3 个图形，如图 2-178（a）所示。选择“修改”→“合并对象”→“联合”菜单命令，将选中的图形组成一个整体，如图 2-178（b）所示。将鼻子图形移到嘴巴图形的上边。

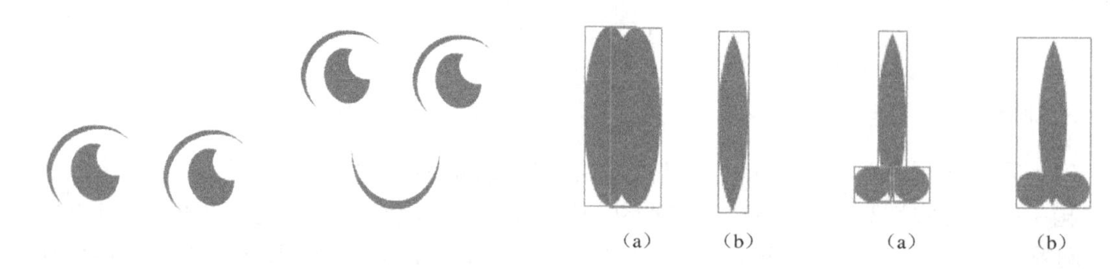

图 2-175　两只眼睛　　图 2-176　嘴巴图形　　图 2-177　裁切图形　　图 2-178　鼻子图形

（9）绘制一个黄色椭圆，选择“修改”→“排列”→“移至底层”菜单命令，将黄色椭圆移到其他对象的下边。然后，调整其他图形的大小和位置，将它们组成组合，再移到舞台工作区内的右边。

至此，整个动画制作完毕，该动画的时间轴如图 2-179 所示。

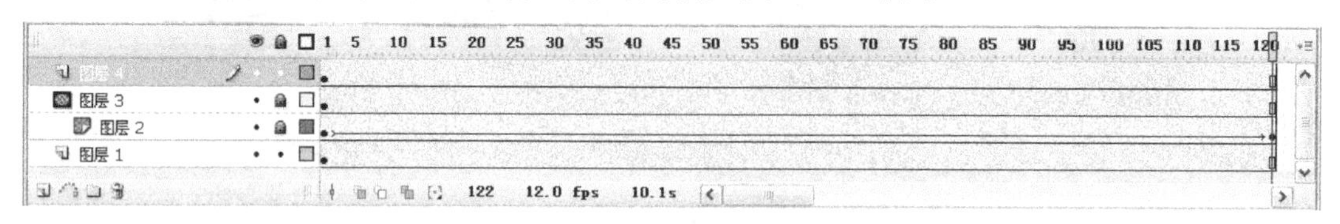

图 2-179　“滚动图像”动画的时间轴

课后习题 2-6

1. 修改【任务 10】“滚动图像”动画，使上边一组图片从右向左滚动，下边另一组图片从左向右滚动。

2. 绘制一幅“长城 LOGO”图形如图 2-180 所示。

3. 绘制一幅环保产品的网页 LOGO 图形。

4. 绘制一幅“卡通动物”图形，如图 2-181 所示。绘制一幅如图 2-182 所示的机器猫卡通图形。

图 2-180　“长城 LOGO”图形

图 2-181　卡通图形

图 2-182　机器猫卡通图形

5．绘制如图 2-183 所示的图案。

图 2-183　图案

6．制作一个“光环内滚动图像”动画，该动画播放后的 3 幅画面如图 2-184 所示，可以看到，一排 7 幅图像在顺时针自转光环内不断从右向左滚动显示，一幅幅图像的移动，就像在光环中播放电影一样，周而复始。在动画播放中，看不到有跳跃现象，连贯性很好。

图 2-184　“七彩光环内滚动图像”动画播放后的 3 幅画面

第3章

对象调整、文本和元件与实例

知识要点：

1. 掌握使用选择工具、橡皮擦工具改变图形形状和擦除图形的方法与技巧。
2. 掌握对象一般和精确变形调整的方法和技巧，进一步掌握对象精确定位的方法和精确调整对象大小的方法。
3. 掌握多个对象的组合、层次排列、对齐和分散到图层的方法。
4. 掌握文本输入和文本编辑的方法，掌握分离文字的方法。
5. 进一步了解库、元件和实例，掌握创建与编辑3种元件与实例的方法。

3.1 对象变形调整——【任务11】变色彩蝶

任务描述

"变色彩蝶"动画播放后的两幅画面如图3-1所示。可以看到的，画面的中间是一个翅膀不断变色的七彩蝴蝶，四周是一个红色立体框架，四角由4幅七彩图案装饰，四边各用一组红色立体字符装饰。

图3-1 "变色彩蝶"动画播放后的两幅图像

知识链接

1．使用选择工具改变图形形状

（1）使用工具箱中的“选择工具”，单击对象外部，不选中要改变形状的对象。

（2）将鼠标指针移到线、轮廓线或填充的边缘处，会发现鼠标指针右下角出现一个小弧线（指向线边处时），如图 3-2 左图所示；或小直角线（指向线端或折点处时），如图 3-2 右图所示。此时，用鼠标拖曳线，即可看到被拖曳的线形状发生了变化，如图 3-2 所示。当松开鼠标左键后，图形发生了大小与形状的变化，如图 3-3 所示。

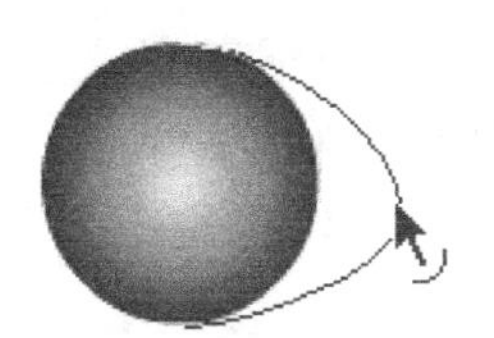
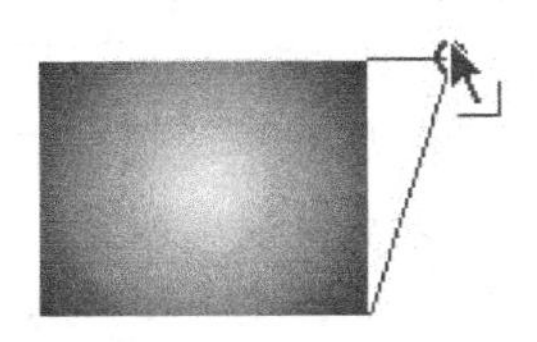

图 3-2　使用选择工具改变图形形状

图 3-3　改变形状后的图形

2．切割图形

可以切割的对象有矢量图形，打碎的位图、文字、组合和实例对象等，切割对象通常可以采用下述 3 种方法。

（1）使用工具箱中的“选择工具”，拖曳出一个矩形，选中图形的一部分，如图 3-4 左图所示。拖曳图形中选中的部分，即可将选中的部分分离，如图 3-4 右图所示。

（2）在要切割的图形上边绘制一条细线，如图 3-5 左图所示。使用“选择工具”选中被线分割的一部分图形，拖曳移开选中的图形，如图 3-5 右图所示。最后将细线删除。

（3）在要切割的图形对象上边绘制一个图形（如在圆形图形之上绘制一个矩形，如图 3-6 左图所示），再使用“选择工具”选中新绘制的图形，并将它移出，即可将与原图形重叠的部分图形删除，如图 3-6 右图所示。

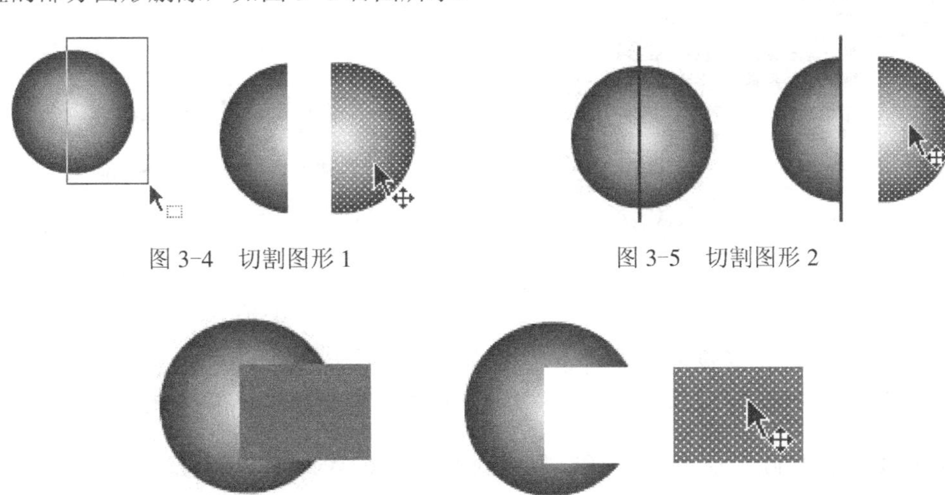

图 3-4　切割图形 1

图 3-5　切割图形 2

图 3-6　切割图形 3

3. 橡皮擦工具

单击工具箱中的"橡皮擦工具"按钮，工具箱中"选项"栏内会显示出两个按钮和一个下拉列表框。各选项的作用如下。

（1）"水龙头"按钮：单击该按钮后，鼠标指针呈状。再单击一个封闭的有填充的图形内部，即可将所有填充擦除。

（2）"橡皮擦形状"按钮：单击该按钮，打开它的列表，以选择橡皮擦形状与大小。

（3）"橡皮擦模式"按钮：单击该按钮，打开一个菜单，利用它可设置擦除方式。

◎"标准擦除"按钮：单击它后，鼠标指针呈橡皮状，拖曳擦除图形时，可以擦除鼠标指针拖曳过的矢量图形、线条、打碎的位图和文字。

◎"擦除填色"按钮：单击它后，拖曳擦除图形时，只可以擦除填充和打碎的文字。

◎"擦除线条"按钮：单击它后，拖曳擦除图形时，只可以擦除线条和轮廓线。

◎"擦除所选填充"按钮：单击它后，拖曳擦除图形时，只可以擦除已选中的填充和分离的文字，不包括选中的线条、轮廓线和图像。

◎"内部擦除"按钮：单击它后，拖曳擦除图形时，只可以擦除填充。

不管哪一种擦除方式，都不能够擦除文字、位图、组合和元件的实例等。

4. 对象一般变形调整

单击工具箱内的"选择工具"按钮，选中对象。选择"修改"→"变形"菜单命令，弹出其子菜单，如图 3-7 所示。利用该菜单，可以将选中的对象进行各种变形等。

另外，使用"任意变形工具"，也可以进行封套、缩放、旋转与倾斜等变形。选中对象后，再单击工具箱中的"任意变形工具"按钮，此时工具箱的"选项"栏如图 3-8 所示。对象的变形通常是先选中对象，再进行对象变形的操作。下面介绍对象的变形方法。

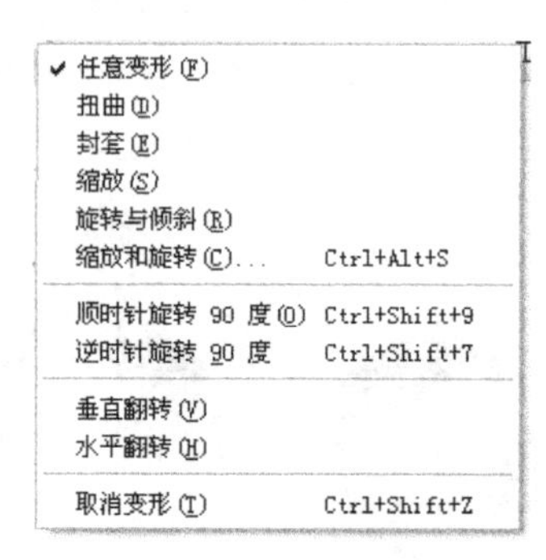

图 3-7 变形菜单

图 3-8 任意变形工具"选项"栏

小提示

对于文字、组合、图像和实例等对象，菜单中的"扭曲"和"封套"是不可以使用的，任意变形工具"选项"栏内的"扭曲"和"封套"按钮是不可以使用的。

（1）对象旋转与倾斜调整方法：选中要调整的对象，选择"修改"→"变形"→"旋转与倾斜"菜单命令或单击"任意变形工具"按钮，再单击"选项"栏中的"旋转与倾斜"按钮。此时，选中对象的四周有 8 个黑色方形控制柄，中间有一个圆形中心标记。

将鼠标指针移到四周控制柄处，当鼠标指针呈转圈箭头状时拖曳，可以围绕中心标记旋转对象；拖曳中心标记，可改变它的位置。将鼠标指针移到四角控制柄处，当鼠标指针呈旋转箭头状时，拖曳鼠标可使对象旋转，如图 3-9 所示。将鼠标指针移到四边控制柄处，当鼠标指针呈两个平行的箭头状时拖曳，可以使对象倾斜，如图 3-10 所示。

（2）对象缩放与旋转调整方法：选中要调整的对象，单击“修改”→“变形”→“缩放和旋转”菜单命令或单击“任意变形工具”按钮，再选择“选项”栏中的“缩放”按钮。选中的对象四周会出现 8 个黑色方形控制柄。

将鼠标指针移到四角的控制柄处，当鼠标指针呈双箭头状时，拖曳鼠标，即可在 4 个方向缩放调整对象的大小，如图 3-11 所示。

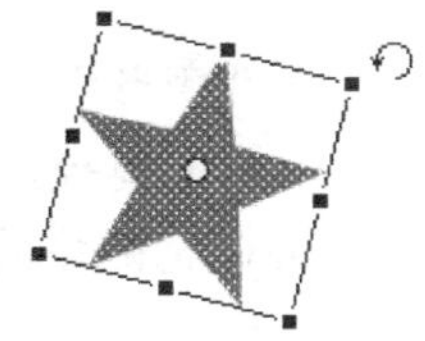

图 3-9　旋转对象

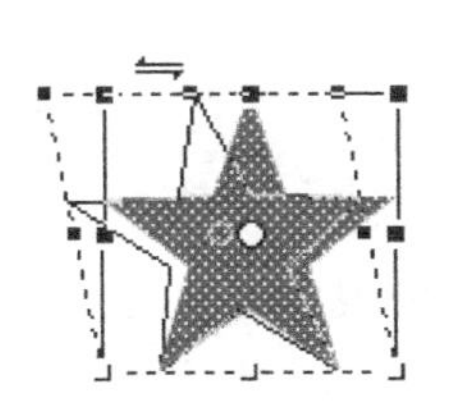

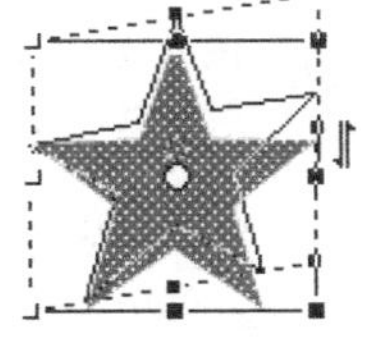

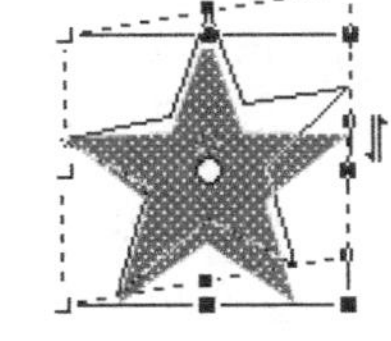

图 3-10　倾斜对象

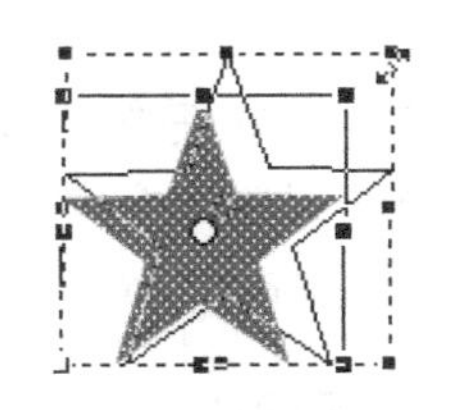

图 3-11　调整对象大小

将鼠标指针移到 4 边的控制柄处，当鼠标指针变成双箭头状时，拖曳鼠标，即可在垂直或水平方向调整对象的大小，如图 3-12 所示。

按住【Alt】键，同时拖曳鼠标，则会在双方向同时调整对象的大小，如图 3-13 所示。

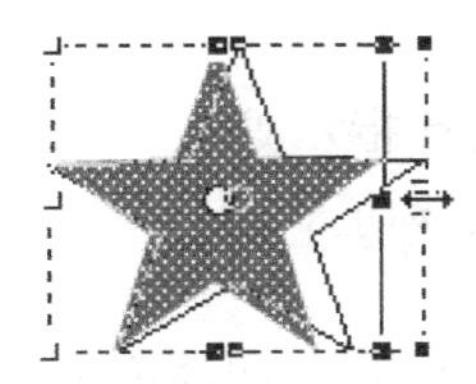

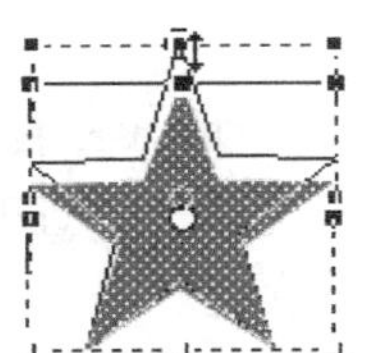

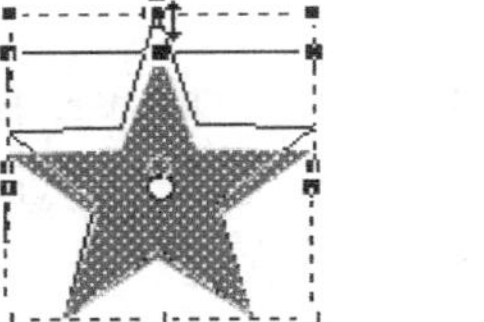

图 3-12　单方向调整对象大小

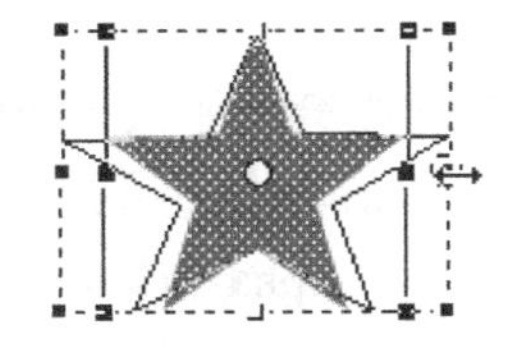

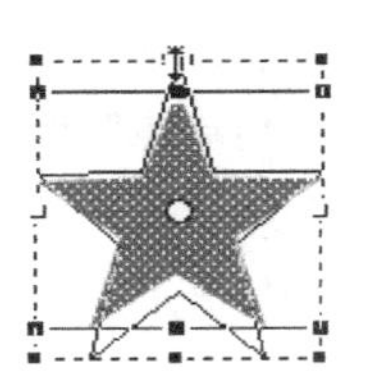

图 3-13　双方向调整对象大小

（3）扭曲对象的方法：选中要调整的对象，选择“修改”→“变形”→“扭曲”菜单命令或单击“任意变形工具”按钮，再单击“选项”栏内的“扭曲”按钮。

鼠标指针移到四周的控制柄处，当鼠标指针呈白色箭头状时，拖曳鼠标，可使对象扭曲，如图 3-14（a）和图 3-14（b）所示。按住【Shift】键，用鼠标拖曳四角的控制柄，可以对称地进行扭曲调整（也叫透视调整），如图 3-14（c）所示。

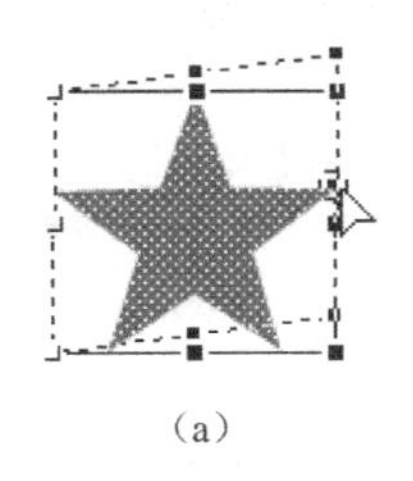

（a）

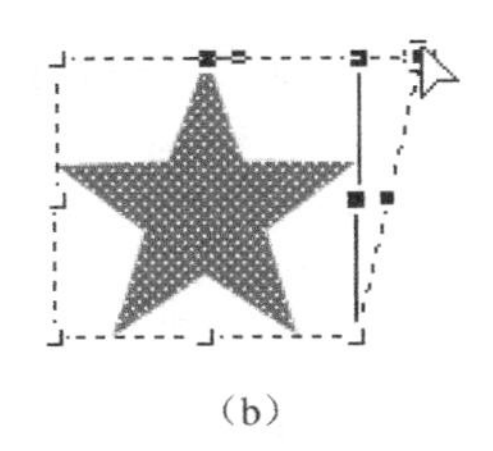

（b）

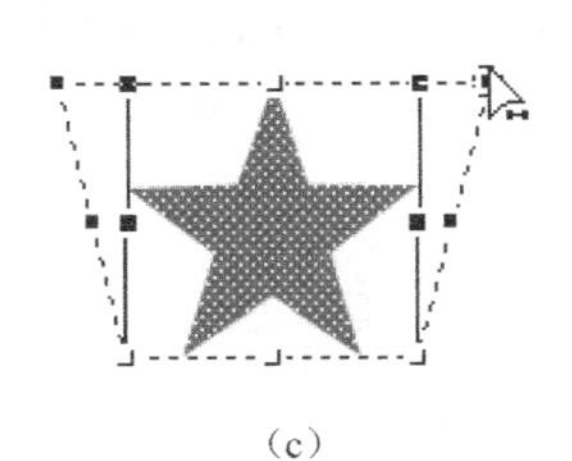

（c）

图 3-14　扭曲对象

（4）对象封套调整方法：选中要调整的图形，选择“修改”→“变形”→“封套”菜单命令或单击“任意变形工具”按钮并单击“选项”栏内的“封套”按钮，此时图形四周出现许多控制柄，如图 3-15（a）所示。将鼠标指针移到控制柄处，当鼠标指针呈白色箭头状时，拖曳控制柄或切线控制柄，可改变图形形状，如图 3-15（b）、（c）所示。

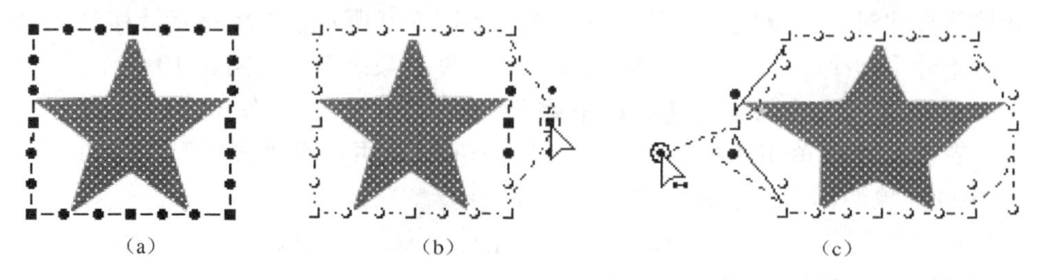

（a）　　（b）　　（c）

图 3-15　封套调整

（5）对象任意变形的调整方法：选中要调整的对象，选择“修改”→“变形”→“任意变形”菜单命令或单击“任意变形工具”按钮。根据鼠标指针的形状，拖曳控制柄，可调整对象的大小、旋转角度和倾斜角度等。拖曳中心标记，可改变中心标记的位置。

5．精确调整对象

（1）利用“信息”面板精确调整对象：单击工具箱内的“选择工具”按钮，单击选中对象（例如，一个半径为 60 像素的圆形图形，该图形与舞台工作区左上角的两条边线相切），再选择“窗口”→“信息”菜单命令，打开“信息”面板，如图 3-16 所示。利用“信息”面板可以精确调整对象的位置与大小，获取颜色的有关数据和鼠标指针位置的坐标值。“信息”面板的使用方法如下。

◎“信息”面板左下边给出了线和图形等对象当前（鼠标指针指示处）颜色的红、绿、蓝和 Alpha 的值。右下边给出了当前鼠标指针位置的坐标值。随着鼠标指针的移动，红、绿、蓝、Alpha 和鼠标坐标值也会随之改变。

◎“信息”面板中的“宽”和“高”文本框内给出了选中对象的宽度和高度值（单位为像素）。改变文本框内的数值，再按【Enter】键，可以改变选中对象的大小。

◎“信息”面板中的“X”和“Y”文本框内给出了选中对象的坐标值（单位为像素）。改变文本框内的数值，再按【Enter】键，可以改变选中对象的位置。选中“X”和“Y”文本框左边图标内右下角的白色小方块，使它变为，如图 3-16 左图所示，则表示给出的是对象中心的坐标值；在选中图标内左上角的白色小方块，使它变为，如图 3-16 右图所示，则表示给出的是对象外切矩形左上角的坐标。

（2）利用“属性”面板精确调整对象：利用“属性”面板中的“宽”、“高”、“X”和“Y”文本框可以精确调整对象的大小和位置，如图 3-17 所示。

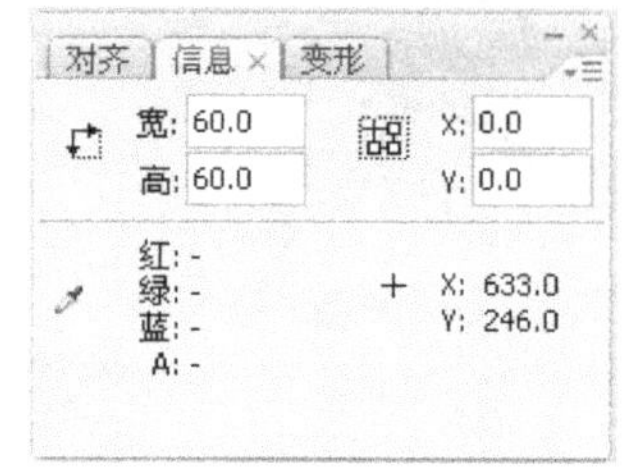

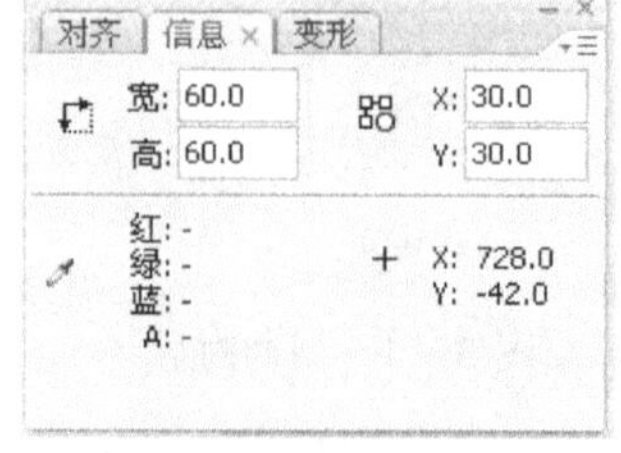

图 3-16　“信息”面板

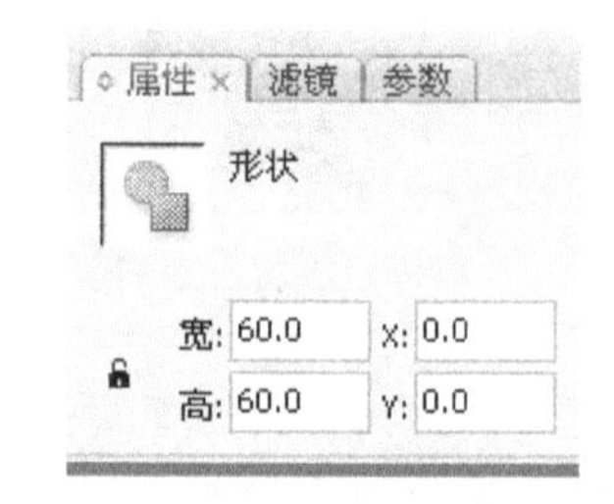

图 3-17　“属性”面板 4 个文本框

6．对象精确变形调整

（1）精确缩放和旋转：选择“修改”→“变形”→“缩放与旋转”菜单命令，打开“缩放和旋转”对话框，如图 3-18 所示。利用它可以将选中的对象按设置进行缩放和旋转。

（2）90 度旋转对象：选择“修改”→“变形”→“顺时针旋转 90 度”菜单命令，可将选中对象顺时针旋转 90 度，如图 3-19 所示。选择“修改”→“变形”→“逆时针旋转 90 度”菜单命令，可将选中对象逆时针旋转 90 度。

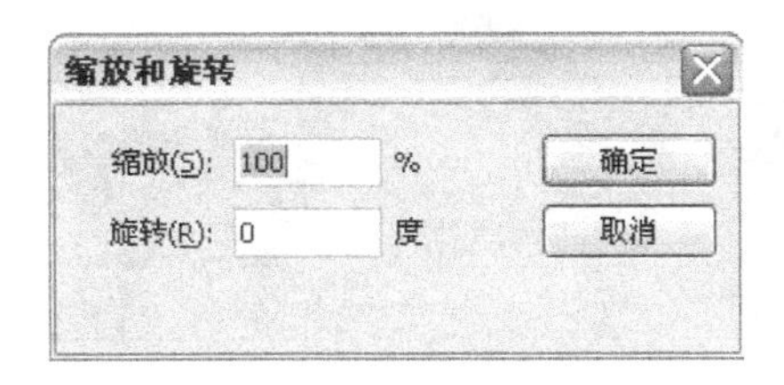

图 3-18　“缩放和旋转”对话框

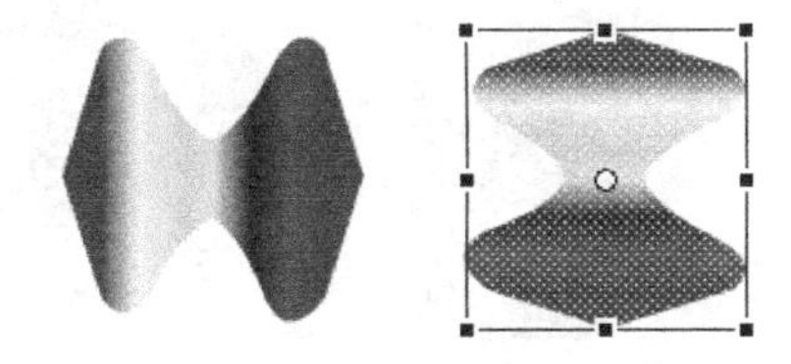

图 3-19　顺时针旋转 90 度

（3）垂直翻转对象：选择“修改”→“变形”→“垂直翻转”菜单命令。

（4）水平翻转对象：选择“修改”→“变形”→“水平翻转”菜单命令。

（5）使用“变形”面板调整对象：“变形”面板如图 3-20 所示。使用方法如下。

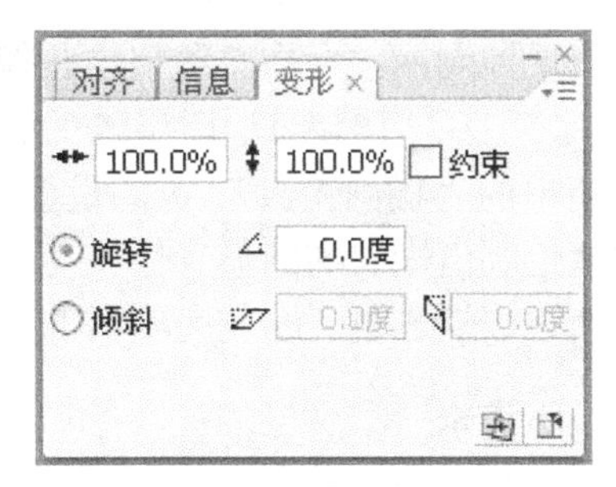

图 3-20　“变形”面板

◎ 在文本框内输入水平缩放百分比数，在文本框内输入垂直缩放百分比数，按【Enter】键，可改变选中对象的水平和垂直大小；单击面板右下角的按钮，可复制一个改变了水平和垂直大小的对象。单击该面板右下角的按钮后，可使选中的对象恢复原状态。

◎ 如果没有选中“约束”复选框，则与文本框内的数据可以不一样。如果选中了该复选框，则会强制两个文本框的数值一样，即保证选中对象的宽高比不变。

◎ 对象的旋转：选中“旋转”单选项，在其右边的文本框内输入旋转的角度，再按【Enter】键或单击按钮，即可按指定的角度将选中的对象旋转或复制一个旋转的对象。

◎ 对象的倾斜：选中“倾斜”单选项，再在其右边的文本框内输入倾斜角度，然后按【Enter】键或单击按钮，即可按指定的角度将选中的对象旋转或复制一个倾斜的对象。图标右边的文本框表示以底边为准来倾斜，右边的文本框表示以左边为准来倾斜。

操作步骤

1．制作彩蝶图形

（1）新建一个名称为“【任务 11】变色彩蝶.fla”的 Flash 文档。设置舞台工作区的宽为 480 像素、高为 400 像素，背景色为白色。

（2）创建并进入“蝴蝶”影片剪辑元件的编辑状态，选中“图层 1”图层第 1 帧，单击工具箱中的“矩形工具”按钮，在其“属性”面板内设置线为黄色，笔触高度为 3pts，设置填充色为七彩色。在舞台工作区中绘制一个黄色轮廓线的七彩矩形，如图 3-21 所示。

（3）单击工具箱中的“任意变形工具”按钮，单击选中七彩矩形图形，单击工具箱“选项”栏内的“封套”按钮，使选中的七彩矩形图形四周出现控制柄。拖曳控制柄，改变矩形形状，如图 3-22 所示。

图 3-21　七彩矩形

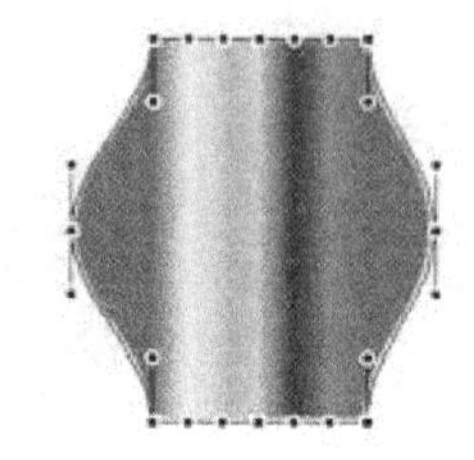
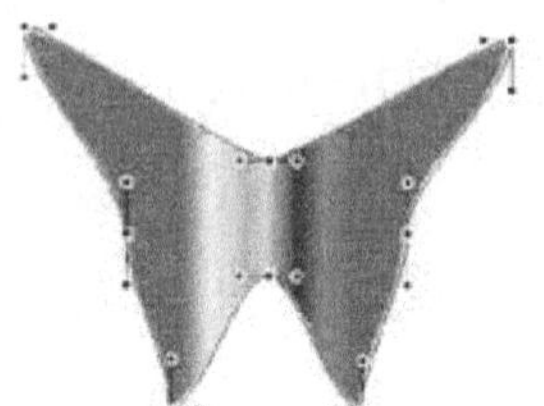
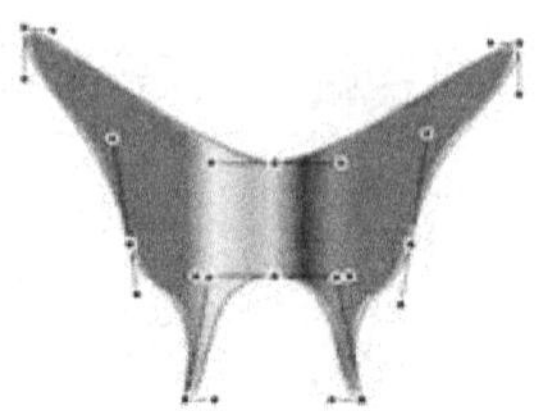

图 3-22　封套调整

（4）单击工具箱中的“渐变变形工具”按钮，单击图 3-22 右图所示图形，使图形之上出现控制柄，再拖曳调整这些控制柄，使图形的填充色如图 3-23 所示。

（5）在“图层 1”图层之上添加“图层 2”图层，选中“图层 2”图层第 1 帧，使用工具箱中的“椭圆工具”，设置不画轮廓线，填充色设置为蓝色到浅蓝色的渐变。在适当位置绘制出蝴蝶椭圆形身体。使用工具箱中的“钢笔工具”，设置线条颜色为金黄色，绘制两条蝴蝶触角。绘制完成后的效果如图 3-24 所示。

小提示

在制作变色蝴蝶动画时，填充的颜色可以使用其他任何颜色，也不用调整填充。这里只是顺便介绍制作七彩蝴蝶的方法。

（6）在“图层 1”图层之下添加“图层 3”图层，选中“图层 3”图层第 1 帧，使用工具箱中的“椭圆工具”，设置不画轮廓线，填充色设置为七彩渐变色。按住【Shift+Alt】组合键，从蝴蝶图形中间向四周拖曳，绘制一幅七彩圆形，如图 3-25 所示。调整七彩圆形刚好将蝴蝶图形完全覆盖。

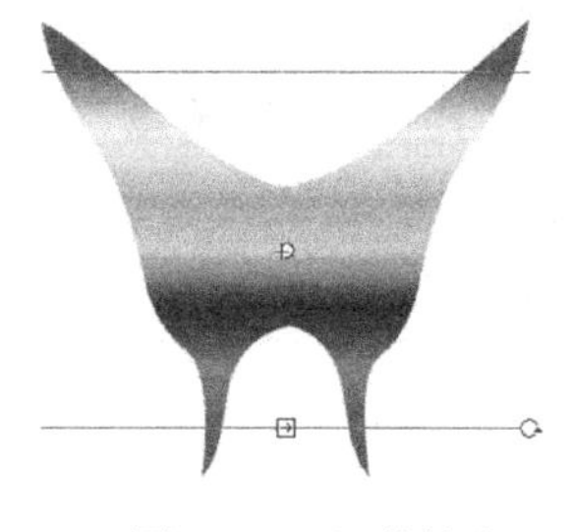

图 3-23　调整填充

图 3-24　七彩蝴蝶图形

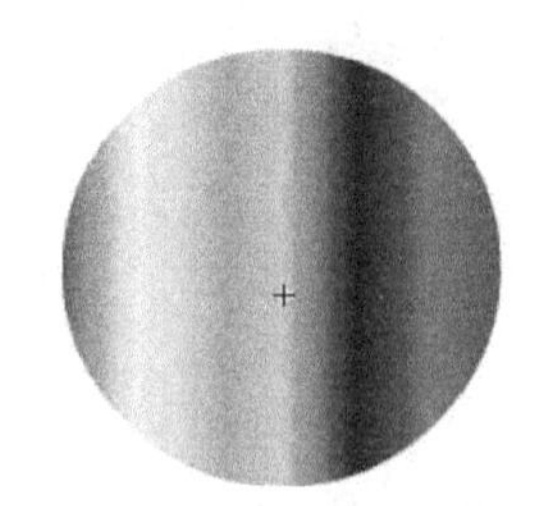

图 3-25　七彩圆形

（7）创建“图层 3”图层第 1 帧到第 100 帧的动画，选中“图层 3”图层第 1 帧，在其“属性”面板的“旋转”下拉列表框中选择“顺时针”选项，在其右边的文本框中输入 1，使七彩圆形图形顺时针旋转 1 周。

（8）右击“图层 1”图层，弹出图层快捷菜单，再选择该快捷菜单内的“遮罩层”菜单命令，将“图层 1”图层设置为遮罩图层，“图层 3”图层为被遮罩图层。

然后，单击元件编辑窗口中的场景名称图标场景 1或按钮，回到主场景。

2. 制作“图案”影片剪辑元件 1

（1）选择“视图”→“网格”→“显示网格”菜单命令，在舞台工作区内显示网格。创建并进入“图案”影片剪辑元件的编辑状态，选中“图层 1”图层第 1 帧，单击工具箱中的“矩形工具”按钮，拖曳绘制一个黑色矩形图形，如图 3-26（a）所示。

（2）单击工具箱内的“任意变形工具”按钮，单击选中黑色矩形图形，单击“选项”栏内的“旋转与倾斜”按钮，将鼠标指针移到黑色矩形图形右边中间的控制柄外，当鼠标指针右边出现双箭头时，垂直向下拖曳鼠标，使黑色矩形图形右边向下倾斜，如图 3-26（b）所示。

（3）单击工具箱内的“选择工具”按钮，按住【Alt】键，水平拖曳图 3-26（b）所示图形，复制一份拖曳的图形，效果如图 3-26（c）图所示。选中复制的图形，选择“修改”→“变形”→“水平翻转”菜单命令，将选中的图形水平翻转。然后，按“←”光标移动键，使水平翻转的图形水平向左移动，与左边的图形合并，如图 3-26（d）所示。

（4）拖曳选中图 3-26（d）所示图形，选择“修改”→“组合”菜单命令，将选中的图形组成组合，如图 3-26（e）所示。选中图 3-26（e）所示图形，按住【Alt】键，两次拖曳鼠标，复制两个图 3-26（e）所示图形。

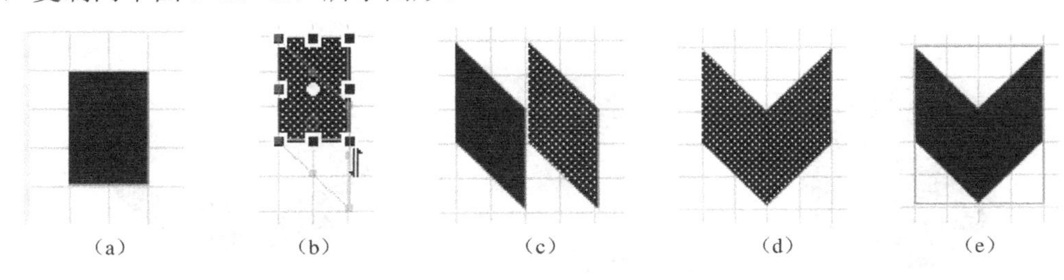

图 3-26　绘制图形过程

（5）选中一个图 3-26（e）所示图形，打开“变形”面板，单击选中该面板内的“旋转”单旋钮，在它的文本框内输入 45，如图 3-27 左图所示。按【Enter】键，将选中图形旋转 45 度，如图 3-27 右图所示。选中图 3-27 右图所示图形，按住【Alt】键，同时拖曳鼠标，复制一份该图形。

（6）选中一个图 3-26（e）所示图形，在“变形”面板的“旋转”文本框内输入–45，如图 3-28 左图所示。按【Enter】键，将选中的图形旋转–45 度，如图 3-28 右图所示。

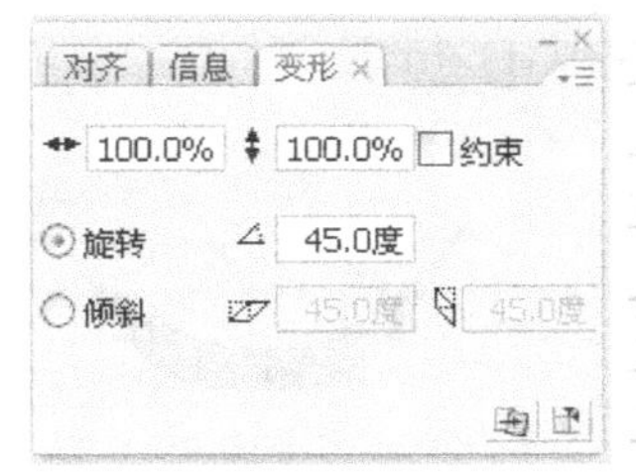

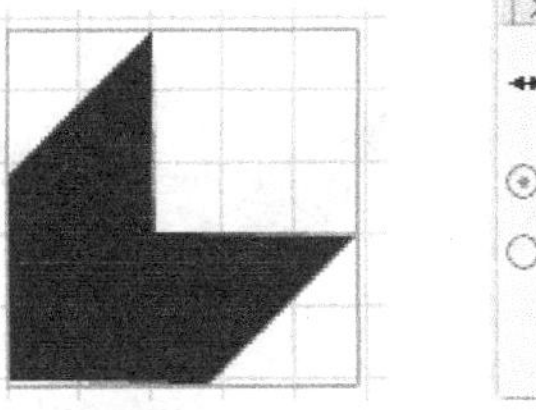

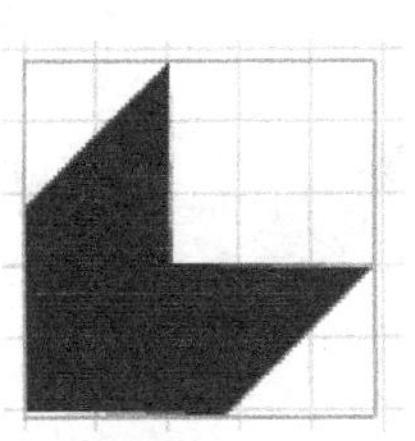

图 3-27　45 度角旋转图形

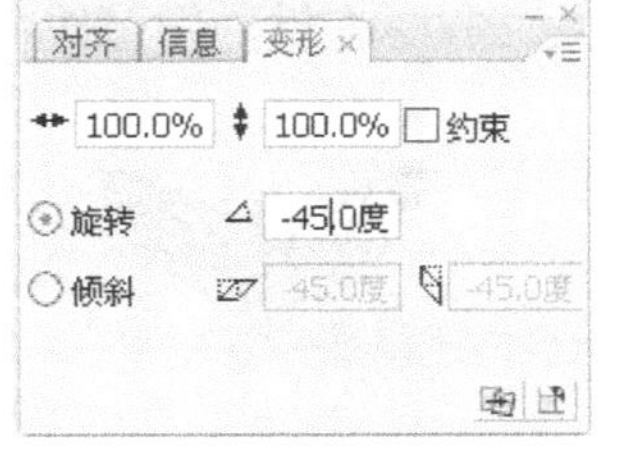

图 3-28　–45 度角旋转图形

（7）选中一个图 3-26（e）所示图形，在“变形”面板的“旋转”文本框内输入 135，如图 3-29 左图所示。按【Enter】键，将选中的图形旋转 135 度，如图 3-29 右图所示。

（8）单击工具箱中的“椭圆工具”按钮，设置笔触为无，填充色为黑色。绘制一个黑色圆形。调整个图形的位置，效果如图 3-30 所示。

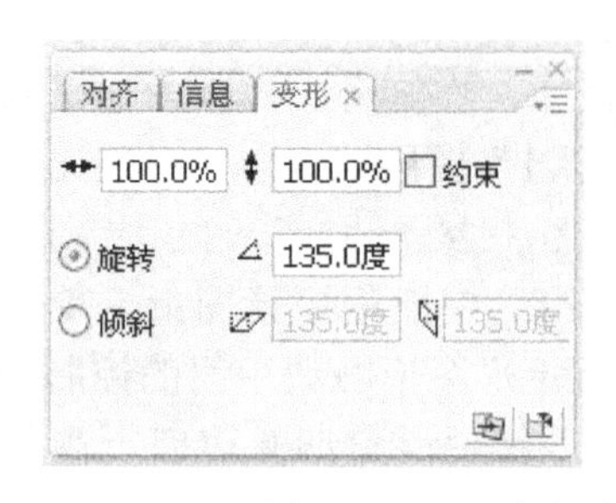

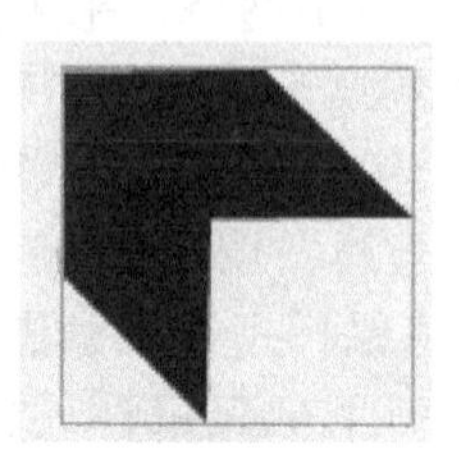

图 3-29　135 度角旋转图形

图 3-30　组合成一个图案

3. 制作“图案”影片剪辑元件 2

（1）单击工具箱中的“椭圆工具”按钮，设置笔触为无，填充色为黑色，绘制一个黑色圆形，如图 3-31（a）所示。将填充色改为绿色，绘制一个绿色椭圆。

（2）使用工具箱内的“选择工具”，将绿色椭圆移到黑色圆形处，覆盖其中的一部分，如图 3-31（b）所示。按【Delete】键，删除绿色椭圆形，并将覆盖的黑色圆形删除，形成黑色月牙图形，如图 3-31（c）所示。

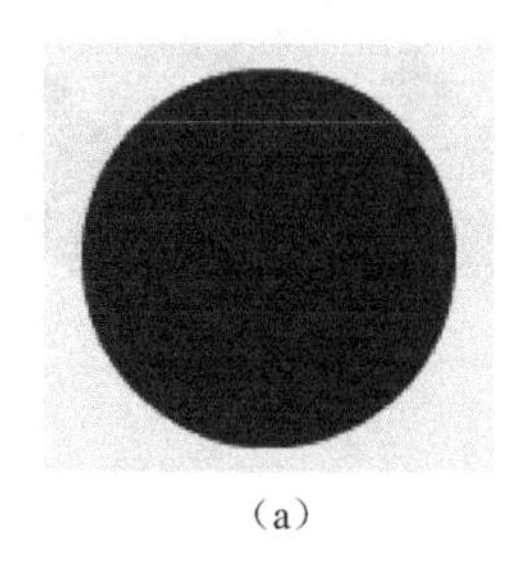

（a）

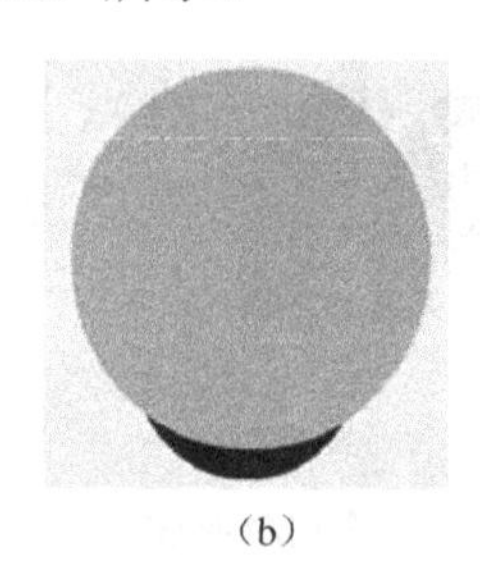

（b）

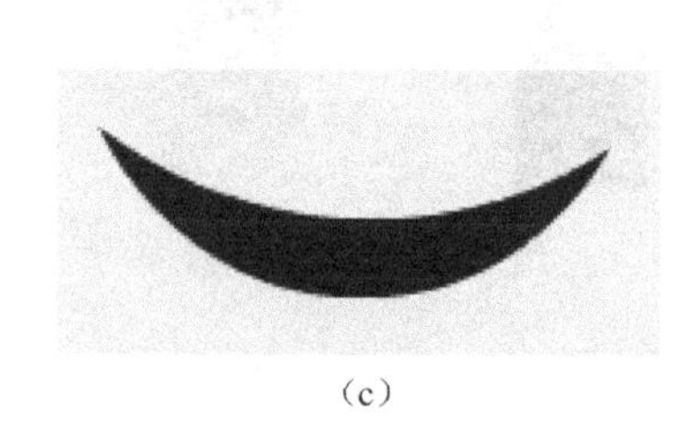

（c）

图 3-31　制作月牙形图形

（3）单击图形对象外的舞台工作区处，不选中要改变形状的黑色月牙图形。将鼠标指针移到图形的下边缘处，会发现鼠标指针右下角出现一个小弧线，如图 3-32（a）所示。此时，垂直向下拖曳鼠标，即可看到被拖曳的图形形状发生了变化，如图 3-32（b）所示。松开鼠标左键，即可改变图形形状。

（4）按照上述方法，再将鼠标指针移到图形的上边缘处，垂直向下拖曳鼠标，如图 3-32（c）所示，松开鼠标左键，即可改变图形形状，如图 3-32（d）所示。

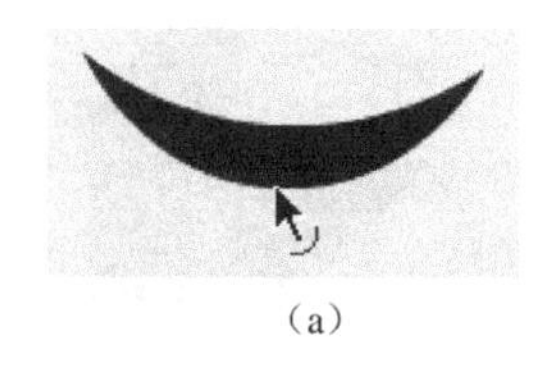

（a）

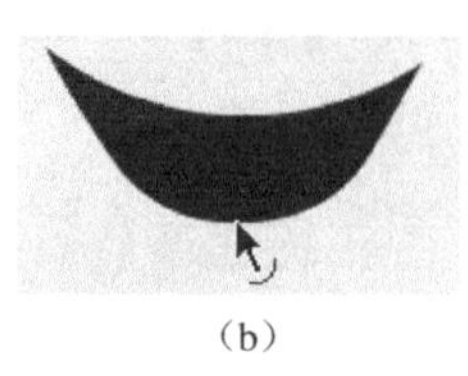

（b）

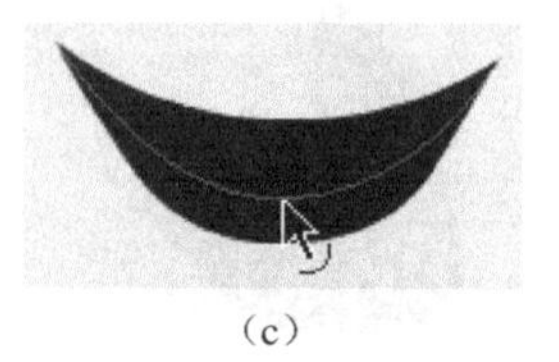

（c）

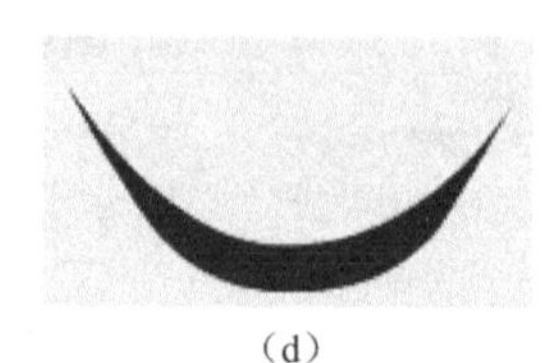

（d）

图 3-32　调整月牙形图形过程

（5）单击工具箱内的“任意变形工具”按钮，单击选中月牙形图形，单击“选项”栏内的“旋转与倾斜”按钮，将鼠标指针移到图形右上角的控制柄外，当鼠标指针呈弯曲箭头状时，拖曳鼠标，使月牙形图形旋转，如图 3-33 所示。

（6）单击选中图形，选择“修改”→“变形”→“套封”菜单命令。此时，选中的图形四周会出现许多控制柄，拖曳控制柄，调整图形的形状，效果如图 3-34 所示。

按照上述方法，继续修改图形的形状。还可以单击主工具栏内的“平滑”按钮，使图形的轮廓线平滑；可以使用工具箱中的“橡皮擦工具”，擦除多余的图形。

（7）选中修改后的月牙图形，在“变形”面板的“旋转”文本框内输入 180，按【Enter】键，将选中图形旋转 180 度，将该图形移到图 3-30 所示图形的右上边，要求各部分的图形不要有相互连接的，形成图 3-35 所示图案。

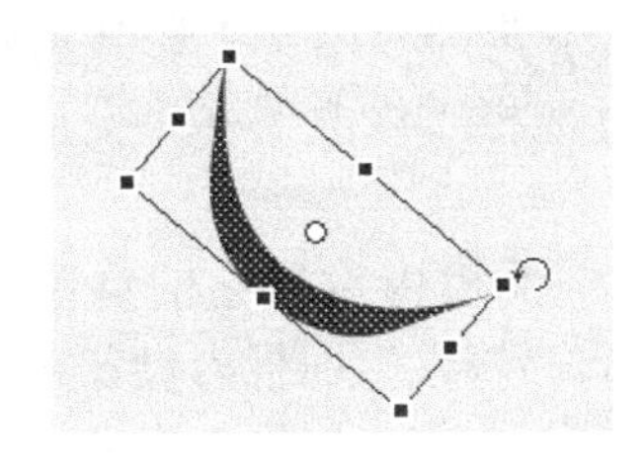

图 3-33　旋转月牙形图形

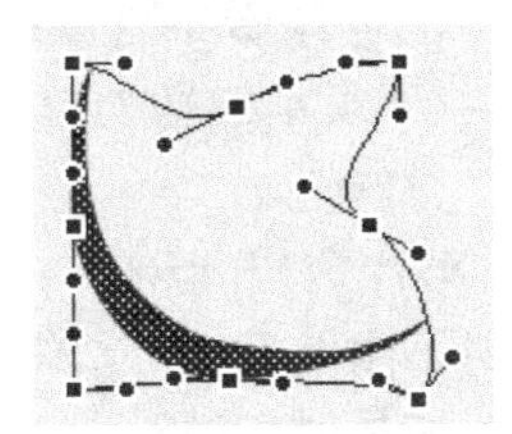

图 3-34　套封调整

图 3-35　图案

（8）使用工具箱内的“选择工具”，拖曳出一个矩形，将图 3-35 所示图案全部选中，单击工具箱内“颜色”栏内“填充色”按钮，打开填充色颜色板。单击该颜色板内下边第 7 个图标，给图 3-35 所示图案填充七彩色，如图 3-36 所示。

（9）使用工具箱内的“选择工具”，选中所有图形，选择“修改”→“组合”菜单命令，将选中的图形组成一个组合。在其“属性”面板的“宽”和“高”文本框内均输入 100，在“X”和“Y”文本框内均输入 0，如图 3-37 所示。再选择“修改”→“变形”→“顺时针旋转 90 度”菜单命令，效果如图 3-38 所示。然后，回到主场景。

图 3-36　填充七彩色

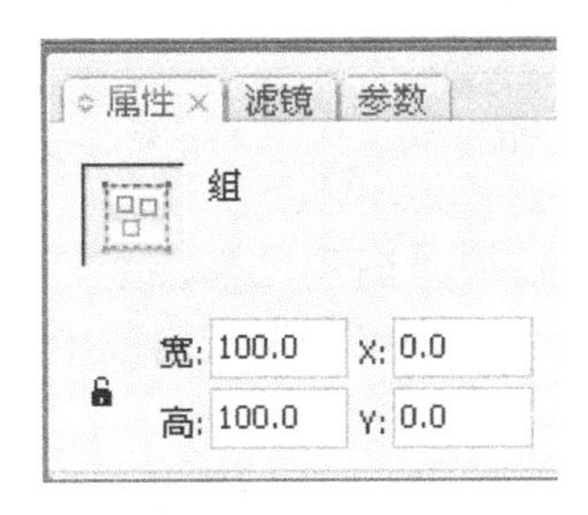

图 3-37　“属性”面板设置

图 3-38　组合

4．制作主场景动画

（1）选中“图层 1”图层第 1 帧，单击工具箱中的“矩形工具”按钮，设置笔触高度为 10 像素，颜色为红色，设置无填充，沿着舞台工作区的四边拖曳绘制一幅红色矩形轮廓线。利用其“属性”面板调整它的宽为 480 像素、高为 400 像素，X 和 Y 值均为 0。

（2）选中红色矩形轮廓线，选择“修改”→“转换为元件”菜单命令，弹出“转换为元件”对话框，在“名称”文本框内输入“框架”，选择“影片剪辑”单选按钮，单击“确定”按钮，即将选中的对象转换为元件。“库”面板内会增加一个“框架”影片剪辑元件，同时选中的红色矩形轮廓线对象变为“框架”影片剪辑实例。

（3）单击“滤镜”面板内的“添加滤镜”按钮，打开滤镜菜单，选择该滤镜菜单中的“斜角”菜单命令，调整“滤镜”面板的“距离”文本框中的数值为 2，将红色矩形框架加工成立体状。

（4）在“图层 1”图层之上添加“图层 2”图层，选中“图层 2”图层第 1 帧，将“库”面板内的“图案”影片剪辑元件拖曳到框架内的左上角。再两次将“库”面板内的“图案”影片剪辑元件拖曳到框架内的其他角。

（5）选中右上角的“图案”影片剪辑实例，再选择“修改”→“变形”→“水平翻转”菜单命令，使图案水平翻转；选中左下角的“图案”影片剪辑实例，再选择“修改”→“变形”→“垂直翻转”菜单命令，使图案垂直翻转；选中右下角的“图案”影片剪辑实例，再选择“修改”→“变形”→“水平翻转”菜单命令，再选择“修改”→“变形”→“垂直翻转”菜单命令，使图案镜像翻转。

（6）选中左上角的“图案”影片剪辑实例，在其“属性”面板内设置它的位置，如图 3-39（a）所示；选中右上角的“图案”影片剪辑实例，在其“属性”面板内设置它的位置，如图 3-39（b）所示；选中左下角的“图案”影片剪辑实例，在其“属性”面板内设置它的位置，如图 3-39（c）所示；选中右下角的“图案”影片剪辑实例，在其“属性”面板内设置它的位置，如图 3-39（d）所示。

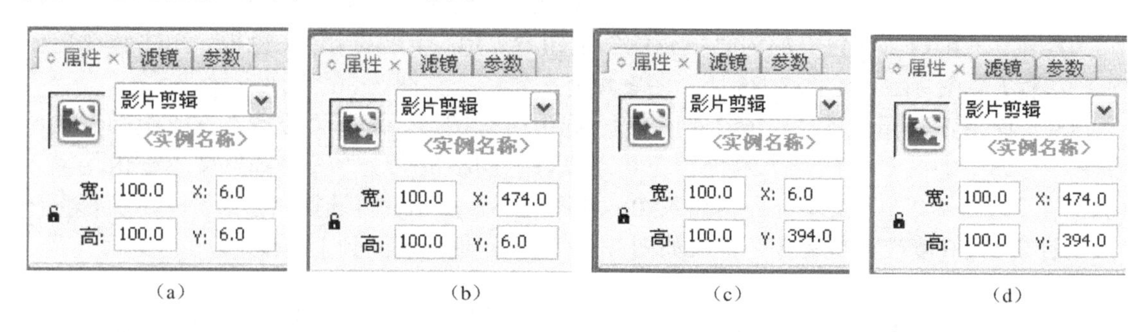

（a）（b）（c）（d）

图 3-39 “属性”面板设置

（7）在“图层 2”图层之上添加“图层 3”图层，选中“图层 3”图层第 1 帧，将“库”面板内的“蝴蝶”影片剪辑元件拖曳到框架内的中间处，调整“蝴蝶”影片剪辑实例的大小和位置。

（8）在“图层 3”图层之上添加“图层 4”图层，选中“图层 4”图层第 1 帧，单击工具箱内的“文本工具”按钮 T，单击舞台工作区，在其“属性”面板内设置字体为“华文行楷”，设置字体大小为 90，设置颜色为金黄色，单击“切换粗体”按钮，然后输入“§”字符。

（9）选中“§”字符，选择“修改”→“变形”→“顺时针旋转 90 度”菜单命令，将“§”字符旋转 90 度角。单击“滤镜”面板内的“添加滤镜”按钮，打开滤镜菜单，选择该滤镜菜单中的“斜角”菜单命令，将字符加工成立体状。

（10）将立体状字符复制两份，排成一行，再组成组合。复制 3 份，将其中两份旋转 90 度。然后，调整它们的大小和位置。

课后习题 3-1

1．制作一幅“禁止掉头交通标志”图形，如图 3-40 所示。

2．制作如图 3-41 所示的几种简单的商标图形。

图 3-40 “交通标志”图形

图 3-41　各种商标图形

3．制作如图 3-42 所示的 4 幅 LOGO 图案。

图 3-42　LOGO 图案

3.2　多个对象的调整——【任务 12】投影文字

任务描述

“投影文字”动画播放后的两幅画面如图 3-43 所示。可以看到，7 种彩色填充的“投”、“影”、“文”、“字”4 个文字分别从不同角度移入画面，构成“投影文字”七彩文字，然后灰色倾斜的投影逐渐从舞台工作区外移到“投影文字”七彩文字下边。

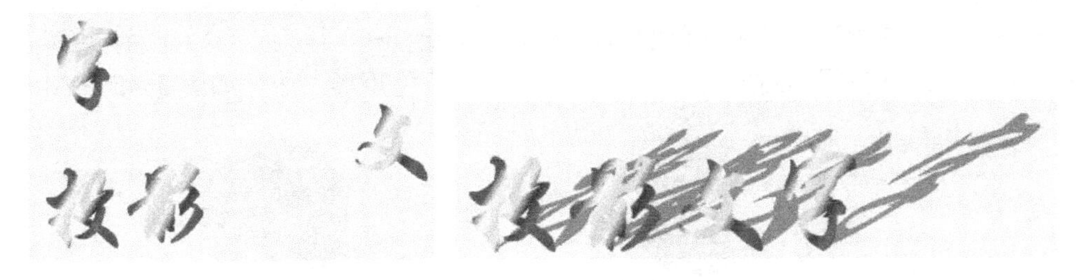

图 3-43 “投影文字”动画播放后的两幅画面

知识链接

1．组合和取消对象组合

（1）组合：组合就是将一个或多个对象（图形、位图和文字等）组成一个对象。

选择所有要组成组合的对象，再选择“修改”→“组合”菜单命令。组合可以嵌套，就是说几个组合对象还可以组成一个新的组合。双击组合对象，进入它的“组”对象的编辑状态，如图 3-44 所示。进行编辑修改后，再单击编辑窗口中的⇦按钮，回到主场景。

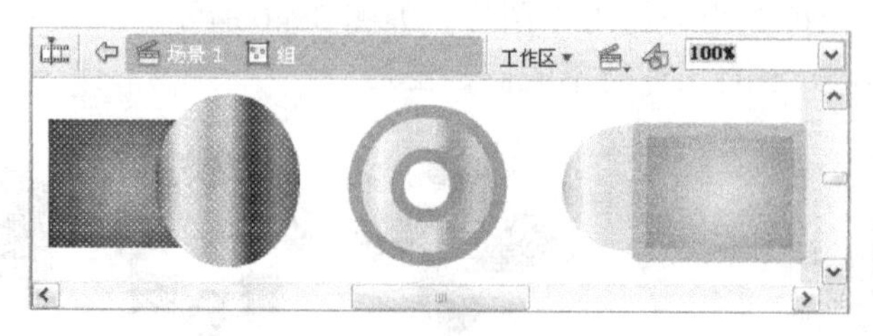

图 3-44 “组”对象的编辑状态

（2）取消组合：选择组合对象，再选择“修改”→“取消组合”菜单命令，即可取消组合。组合对象和一般对象的区别是，把一些图形组成组合后，这些图形可以把它作为一个对象来进行操作，例如复制、移动、旋转与倾斜等。

前面曾经介绍过，在同一图层的同一帧内，后画的图形会覆盖先画的图形，在移出后画的图形时，会将覆盖部分的图形擦除。但是对象组合后，将后画的组合对象移出后，不会将覆盖部分的图形擦除。另外，也不能用橡皮擦工具擦除。

2. 多个对象的层次排列

同一图层中不同对象互相叠放时，存在着对象的层次顺序（前后顺序）。这里所说的对象，不包含绘制的图形，也不包括分离的文字和位图图像，可以是文字、位图图像、元件实例、组合、在“对象绘制”模式下绘制的形状和图元图形等。这里介绍的层次指的是同一图层的内部对象之间的层次关系，而不是时间轴中的图层之间的层次关系，二者一定要分清。对象的层次顺序是可以改变的。选择“修改”→“排列”→“××××”菜单命令，可以调整对象的前后次序。例如，选择“修改”→“排列”→“移至顶层”菜单命令，可以使选中的对象向上移到最上边一层；选择“修改”→“排列”→“上移一层”菜单命令，可以使选中的对象向上移动一层。

例如，绘制一个黄色矩形图元图形和一个红色圆形图元图形，黄色矩形在红色圆形之上，如图 3-45 左图所示，选中红色圆形，选择“修改”→“排列”→“上移一层”菜单命令，可以使选中的红色圆形对象向上移动一层，移到黄色矩形上边，如图 3-45 右图所示。

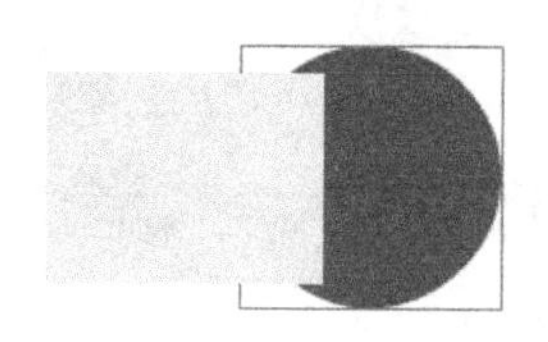
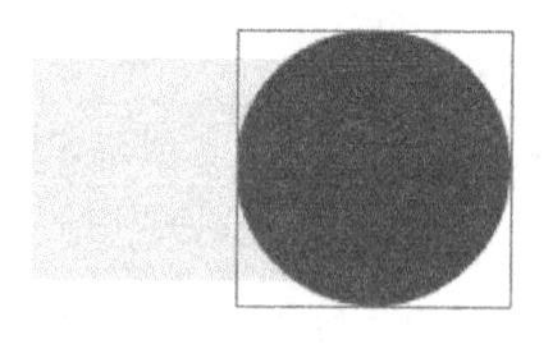

图 3-45 红色圆形对象向上移动一层

3. 多个对象对齐

可以将多个对象以某种方式排列整齐。例如，图 3-46 左图中所示的 3 个对象，原来在垂直方向参差不齐，经过对齐操作（垂直方向与顶部对齐）就整齐了，如图 3-46 右图所示。具体操作方法是先选中要参与排列的所有对象，再进行下面操作中的一种操作。

◎ 选择“修改”→“对齐”→“××××”菜单命令（此处是“顶对齐”菜单命令）。

◎ 选择“窗口”→“对齐”菜单命令或单击主要工具栏中的“对齐”按钮，弹出“对齐”面板，如图 3-47 所示。单击“对齐”面板中的相应按钮（每组只能单击一个按钮）。

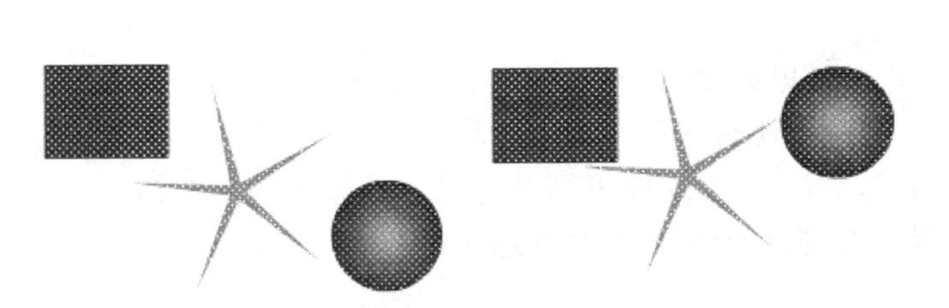

图 3-46　在垂直方向顶部对齐对象

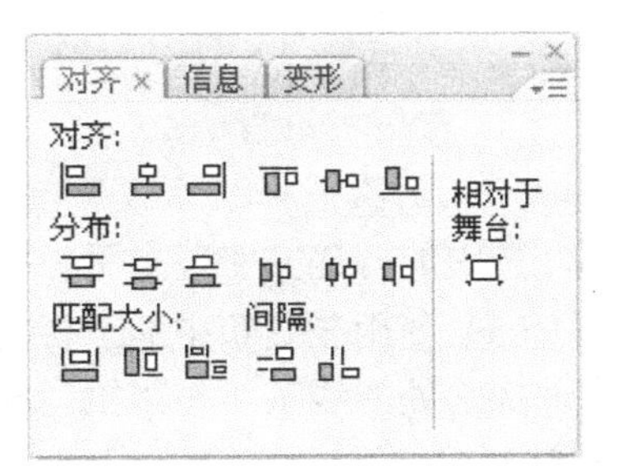

图 3-47　“对齐”面板

“对齐”面板中各组按钮的作用如下。

（1）“对齐”栏：在水平方向（左边的 3 个按钮）可以选择左对齐、水平中对齐和右对齐。在垂直方向（右边的 3 个按钮）可以选择上对齐、垂直中对齐和底对齐。

（2）“分布”栏：在水平方向（左边的 3 个按钮）或垂直方向（右边的 3 个按钮），可以选择以中心为准或以边界为准的排列分布。

（3）“匹配大小”栏：可以选择使对象的高度相等、宽度相等或高度与宽度都相等。

（4）“间隔”栏：等间距控制，在水平方向或垂直方向等间距分布排列。

使用“分布”和“间隔”栏的按钮时，必须先选中 3 个或 3 个以上的对象。

（5）“相对于舞台”：该按钮按下时，可以以整个舞台为标准，进行排列。弹起时，以选中对象的所在区域为标准，进行排列对齐。

4．多个对象分散到图层

可以将一个图层某一帧内多个对象分散到不同图层第 1 帧中。方法是，选中要分散的对象所在的帧，再选择“修改”→“时间轴”→“分散到图层”菜单命令，即可将该帧的对象分配到不同图层的第 1 帧中。新图层是系统自动增加的，选中帧内的所有对象消失。

操作步骤

1．制作七彩文字

（1）新建一个名称为“【任务 12】投影文字.fla”的 Flash 文档。设置舞台工作区的宽为 500 像素、高为 400 像素，背景色为黄色。

（2）单击工具箱内的“文字工具”按钮 T，在其“属性”面板的“字体”下拉列表框中选择“华文行楷”字体选项，设置字体为“华文行楷”；在“字体大小”文本框中输入 70，设置 70 号字；设置文字颜色为红色。然后，单击舞台工作区内，再输入“投影文字”文字，如图 3-48 所示。

（3）拖曳文字框右上角的方形控制柄，可调整文字的大小。或者，单击工具箱中的“任意变形工具”按钮，单击选中“投影文字”文字，拖曳文字四周的黑色控制柄，也可以调整文字的大小，如图 3-49 所示。

图 3-48 “投影文字”文字

图 3-49 调整“投影文字”文字的大小

（4）两次选择“修改”→“分离”菜单命令，将文字打碎，如图 3-50 所示。可以看到，选中的打碎文字蒙上了一些白色小点，还有 3 处有连笔画现象。

（5）使用工具箱中的“橡皮擦工具”，擦除连笔画。使用工具箱中的“选择工具”，修理擦除处的线条，将“投”和“影”字的偏旁与部首笔画连接在一起，形成一个对象，如图 3-51 所示。

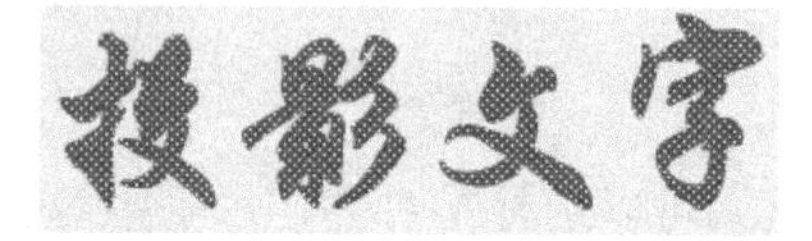

图 3-50 打碎的“投影文字”文字

图 3-51 调整“投影文字”文字的大小

（6）选中“投影文字”文字，选择“窗口”→“对齐”菜单命令或单击主要工具栏中的“对齐”按钮，打开“对齐”面板，如图 3-52 所示。单击“对齐”面板中的“底对齐”按钮，使“投影文字”4 个文字的底部对齐；单击“对齐”面板中的“水平平均间隔”按钮，使“投影文字”4 个文字间距相等。最后效果如图 3-53 所示。

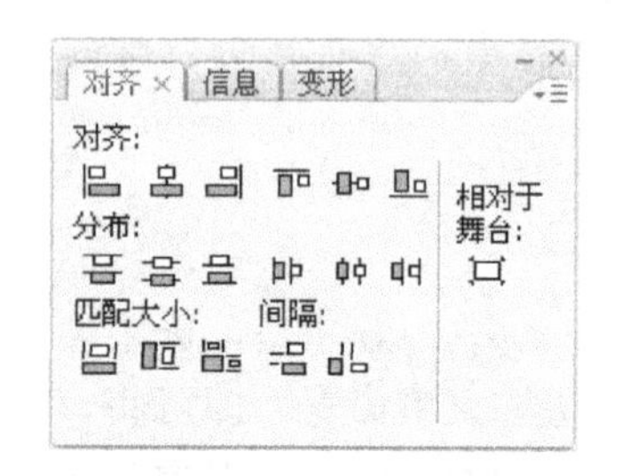

图 3-52 “对齐”面板

图 3-53 “投影文字”4 个文字的底部对齐

（7）选中所有文字。单击工具箱“颜色”栏内的“填充色”按钮，弹出填充色的颜色板。然后，单击该颜色板内下边第 7 个图标，即可看到文字的颜色变为七彩色，如图 3-54 所示。

（8）单击舞台工作区空白处，不选中文字。单击工具箱内的“渐变变形工具”按钮，再单击文字。然后，用鼠标拖曳方形和圆形的控制柄，调整渐变色的倾斜方向与颜色，如图 3-55 所示。接着再调整其他笔画填充倾斜方向与颜色。

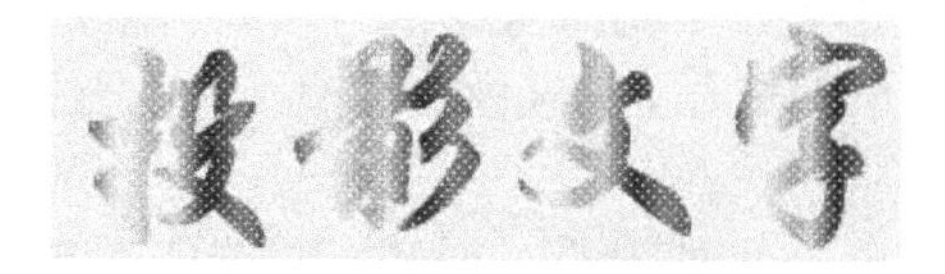

图 3-54 文字填充七彩渐变颜色

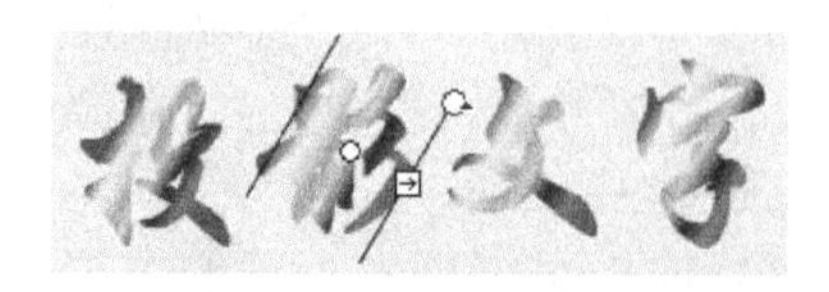

图 3-55 调整渐变色的倾斜方向与颜色

2．制作文字投影

（1）使用工具箱中的“选择工具”，拖曳选中“投影文字”文字。然后，按住【Alt】键，同时垂直向上拖曳“投影文字”文字，复制一份。在工具箱的“颜色”栏内设置填充颜色为灰色，将复制的七彩文字填充为灰色，形成七彩文字的投影，如图 3-56 所示。

（2）选择“窗口”→“变形”菜单命令，打开“变形”面板。拖曳选中七彩文字的投影，单击“变形”面板中的“倾斜”单选按钮，在“倾斜”栏文本框内输入 70，如图 3-57 所示。然后按【Enter】键，使七彩文字的投影倾斜。

图 3-56　“阴影文字”文字和它的阴影

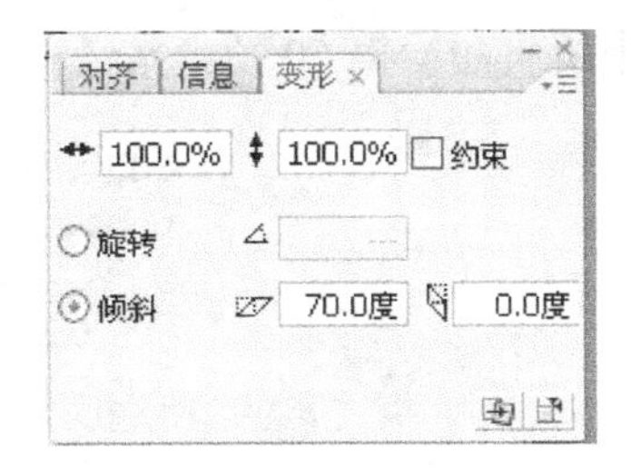

图 3-57　“变形”面板设置

（3）使用工具箱中的“选择工具”，拖曳选中灰色“投影文字”文字，选择“修改”→“组合”菜单命令，将七彩文字的投影（灰色“投影文字”文字）组成组合。

（4）使用工具箱中的“任意变形工具”，将多彩文字的阴影在垂直方向调大，如图 3-58 所示。

（5）拖曳选中“投影文字”七彩文字，选择“修改”→“组合”菜单命令，将“投影文字”七彩文字组成组合。将灰色投影文字拖曳到“投影文字”七彩文字之上。如果七彩文字在投影文字的下边，如图 3-59 所示，可在选中多彩文字后，选择“修改”→“排列”→“移至顶层”菜单命令，将多彩文字移到文字阴影的上边，效果如图 3-60 所示。

图 3-58　倾斜的阴影

图 3-59　七彩文字在投影文字的下边

图 3-60　七彩文字在投影文字的上边

（6）在调整时，应注意文字阴影的底部宽度应与七彩文字的宽度一样。如果宽度不一样，应适当调整文字阴影的宽度。然后，选中七彩文字，选择“修改”→“取消组合”菜单命令，将“投影文字”七彩文字取消组合，分解成 4 个独立的对象。

3．制作文字动画

（1）选中“图层 1”图层第 1 帧，选择“修改”→“时间轴”→“分散到图层”菜单命令令，将该帧内的“投”、“影”、“文”、“字”文字和投影文字 5 个对象分散到新增的 5 个图层的第 1 帧。

（2）将原“图层 1”图层删除，将新增的图层分别更名为“投”、“影”、“文”、“字”和“投影”。将“投影”图层移到其他图层的最下边。

（3）按住【Shift】键，单击最下边的“投影”图层第 1 帧和最上边的“文”图层第 1 帧，选中所有图层第 1 帧。右击选中的帧，打开帧快捷菜单，选择该菜单内的“创建补间动画”菜单命令，使选中的帧具有补间动画属性。

（4）按住【Shift】键，单击最下边的“投影”图层第 60 帧和最上边的“文”图层第 60 帧，选中所有图层第 60 帧。按【F6】键，创建各图层的动画。时间轴如图 3-61 所示。

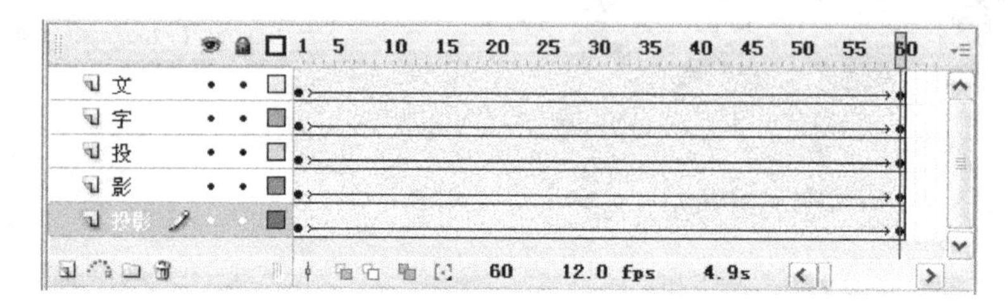

图 3-61　时间轴

（5）将各图层第 1 帧内的对象移出舞台工作区，如图 3-62 所示。

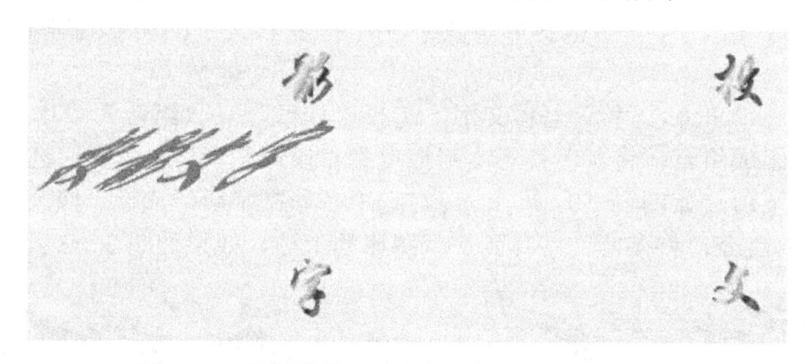

图 3-62　各图层第 1 帧内的对象移出舞台工作区

（6）按住【Shift】键，单击“影”图层第 1 帧和第 60 帧，选中该图层的所有帧，水平向右拖曳移动 20 帧；按住【Shift】键，单击“文”图层第 1 帧和第 60 帧，选中该图层的所有帧，水平向右拖曳移动 40 帧；按住【Shift】键，单击“字”图层第 1 帧和第 60 帧，选中该图层的所有帧，水平向右拖曳移动 60 帧；按住【Shift】键，单击“投影”图层第 1 帧和第 60 帧，选中该图层的所有帧，水平向右拖曳移动到第 121 帧到第 180 帧处。

此时，“投影文字”动画制作完毕，该动画的时间轴如图 3-63 所示。

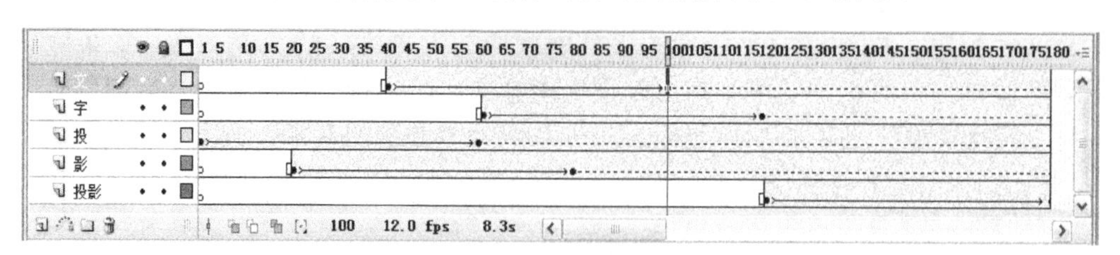

图 3-63　“投影文字”动画的时间轴

课后习题 3-2

1．修改【任务 12】“投影文字”动画，使该动画播放后，七彩文字的投影不断拉长和缩小，投影的颜色也随之变化，投影的方向也不断变化。

2．制作一个“热气球”动画播放后的两幅画面，如图 3-64 所示。可以看到，在云彩中 8 个热气球排成一字线，然后从下向上慢慢沿斜线移动，最后都停在最高处。

图 3-64　“热气球”动画播放后的两幅画面

3．制作一个“多彩球水平移动”动画，该动画播放后，多个彩球按照先后次序，从左向右水平移动，移到舞台工作区内最右边后停止。

3.3　文本输入和文本编辑——【任务 13】保护自然

任务描述

“保护自然”动画播放后的两幅画面，如图 3-65 所示，可以看到，有一个自转的“世界人民必须全心保护地球保护我们自然环境”文字环，文字环不断转圈运动。同时，转圈文字内的第 1 幅图像逐渐消失，第 2 幅图像逐渐显示，接着第 2 幅图像逐渐消失，第 1 幅图像逐渐显示，交替进行；在转圈文字内图像之上还有从下向上缓慢移动的文字。

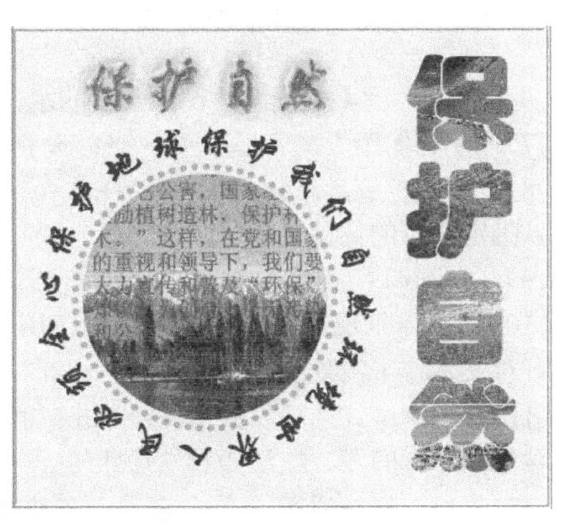

图 3-65　“保护自然”动画播放后的两幅画面

转圈文字上边还有“保护自然”立体文字，文字四周金黄色的光芒不断变大、颜色逐渐变为绿色，接着“保护自然”立体文字四周的绿色光芒不断变小、颜色逐渐变为金黄色。

它是由多幅图像不断从下向上移过掏空的“保护自然”文字的内部而形成电影文字效果的，文字的轮廓线是红色。

知识链接

1. 文本属性设置

文本的属性包括文字的字体、字号、颜色和风格等。可以通过“属性”面板选项的调整来设置文本属性。文本的颜色由填充色（纯色，即单色）决定。选择“文本”菜单下的菜单子命令，也可以设置文本属性。单击工具箱内的“文本工具”按钮T，单击舞台工作区，打开它的“属性”面板，如图 3-66 所示。其内各选项的作用如下。

（1）“文本类型”下拉列表框：在该下拉列表框内可以选择 Flash 文本类型。文本可以分为静态文本、动态文本和输入文本 3 种类型。默认是静态文本。在 Flash 动画播放时，动态文本和输入文本的内容可通过事件（如鼠标单击对象等）的激发来改变。动态文本和输入文本还可以作为实例，用脚本程序来改变它的属性等。输入文本是在 Flash 动画播放时，供用户输入文本，以产生交互。文本后两种类型的使用方法将在第 6 章介绍。

（2）“字体”下拉列表框A 楷体_GB2312：用来设置文字的字体。

（3）“字体大小”文本框76：用来设置文字的大小。

（4）“文字（填充）颜色”按钮：单击它可打开一个颜色板，来设置文字的颜色。

（5）“改变文本方向”按钮：单击它可打开一个菜单，如图 3-67 所示，利用该菜单可以设置多行文字的排列方式。

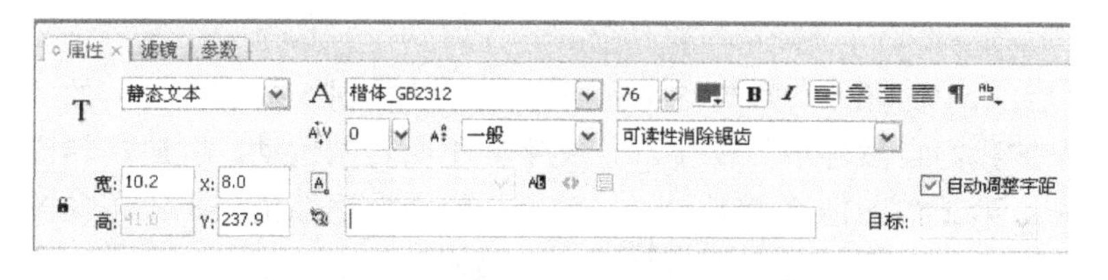

图 3-66　文本工具的“属性”（静态文本）面板

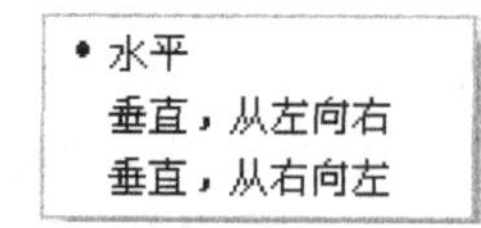

图 3-67　按钮的菜单

（6）4 个按钮：设置文字的水平排列方式。

（7）“字符间距”文本框0：设置字符间距。

（8）“字符位置”下拉列表框 正常：用来选择“正常”、“上标”或“下标”选项，以确定字符的位置。

（9）“自动调整字距”复选框：选中它后，使用字体信息内部的字间距。

（10）“字体呈现方法”下拉列表框：用于选择设备字体或各种消除锯齿的字体。消除锯齿可对文本作平滑处理，使字符边缘更平滑。这对于清晰呈现较小字体尤为有效。

（11）“编辑格式选项”按钮¶：单击它可打开“格式选项”对话框，利用它可以设置段落的缩进量、行间矩、左边矩和右边距等。

（12）“可选”按钮：单击它后，在动画播放时，可用拖曳选择动画中的文字。

（13）“自动调整字距”复选框：选中它后，可以自动调整字间距。

2. 输入文本

设置完文字属性后，单击工具箱内的“文字工具”按钮 T，再单击舞台工作区，会出现一个矩形框，矩形框右上角有一个小圆控制柄，表示它是延伸文本，光标出现在矩形框内。这时可以输入文字。随着文字的输入，矩形框会自动向右延伸，如图 3-68 所示。

如果要创建固定行宽的文本，可以拖曳文本框的小圆控制柄，即可改变文本的行宽度。也可以在使用工具箱内的“文字工具” T 后，再在舞台的工作区中拖曳出一个文本框。此时文本框的小圆控制柄变为方形控制柄，表示文本为固定行宽文本，如图 3-69 所示。

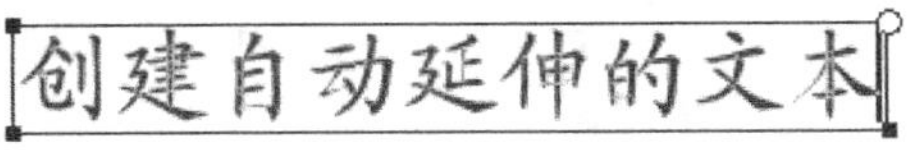

图 3-68　延伸文本

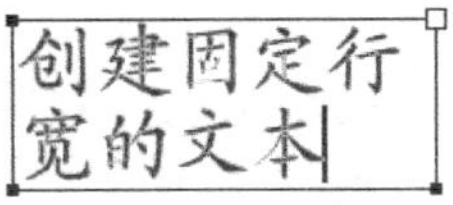

图 3-69　固定行宽文本

在固定行宽文本状态下，输入文字会自动换行。用鼠标双击方形控制柄，可将固定行宽文本变为延伸文本。对于动态文本和输入文本类型，也有固定行宽的文本和延伸文本。只是两种控制柄在文本框的右下角。

3. 文字分离和文字修改

选中文字（如“文字的分离”），它是一个整体，即一个对象，选择“修改”→“分离”菜单命令，可将它们分解为相互独立的文字，如图 3-70 所示。选中一个或多个单独的文字，选择“修改”→“分离”菜单命令，可将它们打碎。例如，将图 3-70 所示文字再次分离后如图 3-71 所示。可以看出，打碎的文字上面有一些小白点。

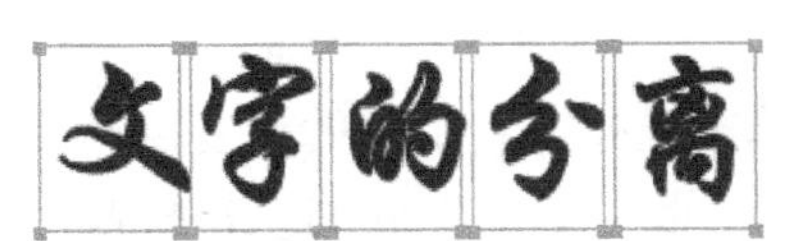

图 3-70　文字的分离

图 3-71　打碎的文字

对于没有打碎的文字，只可以进行缩放、旋转、倾斜和移动的编辑操作。这可以通过使用工具箱中的“任意变形工具”和“选择工具”来完成，也可以选择“修改”→“变形”菜单的子菜单命令来完成。

对于打碎的文字，可以像编辑操作图形那样来进行各种操作。可以使用“选择工具”来进行变形和切割等操作，使用“套索工具”进行选取和切割等操作，使用“任意变形工具”进行扭曲和封套编辑操作，使用“橡皮擦工具”进行擦除操作。

打碎的文字有时会出现连笔画现象，如图 3-71 所示，修复文字的方法有很多。可以使用工具箱中的“套索工具”选中多余的部分，再按【Delete】键，删除选中的多余部分。还可以使用工具箱中的“橡皮擦工具”对打碎后的文字进行修整。

操作步骤

1. 创建“渐变图像”和“移动文字”影片剪辑元件

（1）新建一个名称为“【任务 13】保护自然.fla”的 Flash 文档。设置舞台工作区的宽为

500 像素、高为 400 像素，背景色为白色。

（2）创建并进入“渐变图像”影片剪辑元件编辑状态。选中“图层 1”图层第 1 帧，导入“风景 1.jpg”图像，调整该图像的宽和高为 270 像素，X 和 Y 均为 135 像素，使图像的左上角与中心点对齐，如图 3-72 所示。

（3）选中“图层 1”图层第 160 帧，按【F5】键，创建普通帧，使该图层各帧内容一样。

（4）在“图层 1”图层之上添加“图层 2”图层，选中“图层 2”图层第 1 帧，导入“风景 2.jpg”图像，调整该图像的宽和高为 270 像素，X 和 Y 均为 135 像素，使图像左上角与中心点对齐，如图 3-73 所示。

图 3-72 “风景 1.jpg”图像

图 3-73 “风景 2.jpg”图像

（5）创建“图层 2”图层第 1 帧到第 80 帧动作动画。使用工具箱中的“选择工具”按钮 ，单击选中“图层 2”图层第 1 帧内的图像，在其“属性”面板的“颜色”下拉列表框内选择“Alpha”选项，在其右边的文本框内输入数据 0%，调整它的 Alpha 值为 0%，使图像完全透明。

（6）右击“图层 2”图层第 1 帧，打开帧快捷菜单，选择该菜单内的“复制帧”菜单命令；右击“图层 2”图层第 160 帧，打开帧快捷菜单，选择该菜单内的“粘贴帧”菜单命令，将“图层 2”图层第 1 帧复制粘贴到该图层第 160 帧。然后，回到主场景。

2. 制作“移动文字”影片剪辑元件

（1）创建并进入“移动文字”影片剪辑元件的编辑状态，选中“图层 1”图层第 1 帧，使用“文本工具” T，在其“属性”面板内设置文字大小为 18 点、颜色为红色、字体为宋体、字母间距为 0。输入一行文字，再拖曳文字块右上角的圆形控制柄，使圆形控制柄变为方形控制柄，再输入其他文字，文字将自动换行。也可以将 Word 中的文字复制粘贴到舞台工作区内。然后，使用“选择工具” ，将文字块移到舞台中心的下边。

（2）创建“图层 1”图层第 1 帧到第 380 帧的传统补间动画。选中该图层第 380 帧，按住【Shift】键，垂直拖曳该帧的文字块，到舞台中心的上边，形成文字块的垂直移动动画。

（3）单击元件编辑窗口中的 按钮，回到主场景。

3. 制作“转圈文字”影片剪辑元件

（1）创建并进入“转圈文字”影片剪辑元件编辑状态。使用“椭圆工具” ，设置笔触颜色为红色、笔触高度为 2pts，绘制一个无填充的红色圆形。

（2）打开“信息”面板。按照图 3-74 所示进行设置，单击选中右下角的圆点（中心点），在“宽”和“高”文本框中分别输入 180，在“X”和“Y”文本框中分别输入 0，使红色圆形图形的中心与舞台工作区的十字中心对齐。

（3）输入颜色为蓝色、字体为华文行楷、字号为 26、加粗的文字为“世”。单击“任意变形工具”按钮，单击选中“世”字，将文字移到红色圆形图形的正中间处，拖曳该对象的中心点到红色圆形图形的中点处，如图 3-75 所示。

（4）打开“变形”面板。在该面板的“旋转”文本框内输入-18（因为一共要输入 20 个文字，每一个文字要旋转的度数为 360/20=18），如图 3-76 所示。

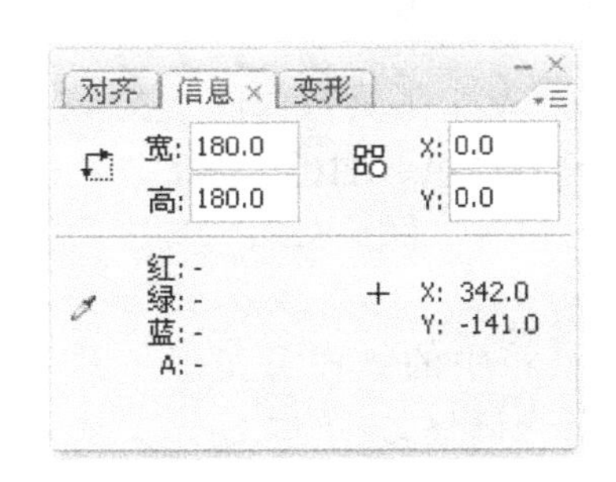

图 3-74　“信息”面板

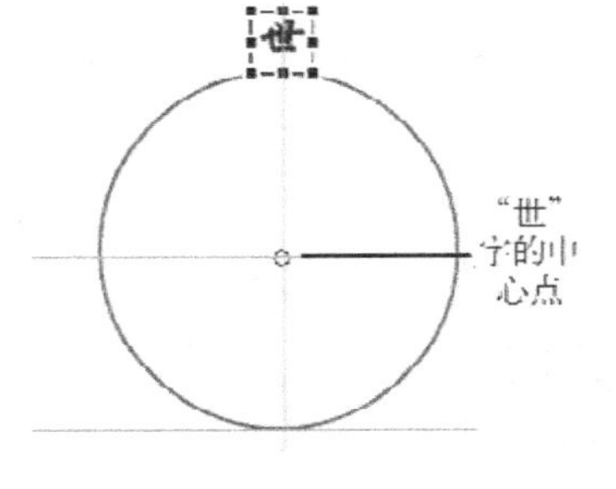

图 3-75　调整对象的中心点

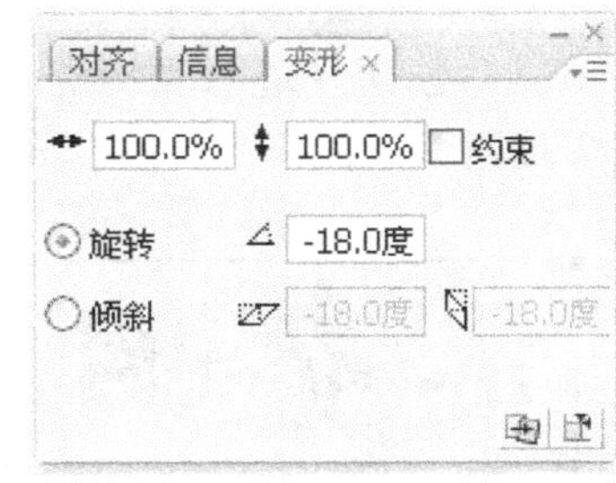

图 3-76　“变形”面板

（5）单击 19 次“变形”面板右下角的图标按钮，复制 19 个不同旋转角度的“世”字，如图 3-77 所示。然后，将“世”字分别改为其他文字。

（6）选中红色圆环图形，将该轮廓线粗改为 5pts，将轮廓线改为填充，将它的颜色改为绿色，将它的宽度和高度改为 190 像素，将“属性”面板内的“X”和“Y”的值改为-95，轮廓线的笔触样式改为圆点样式。选中所有文字和圆形轮廓线，如图 3-78 所示。

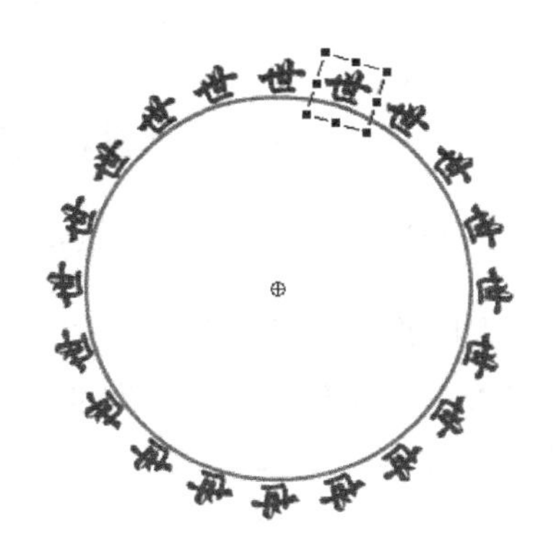

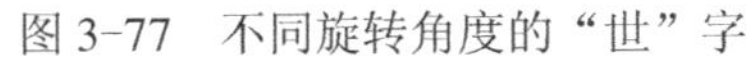

图 3-77　不同旋转角度的“世”字

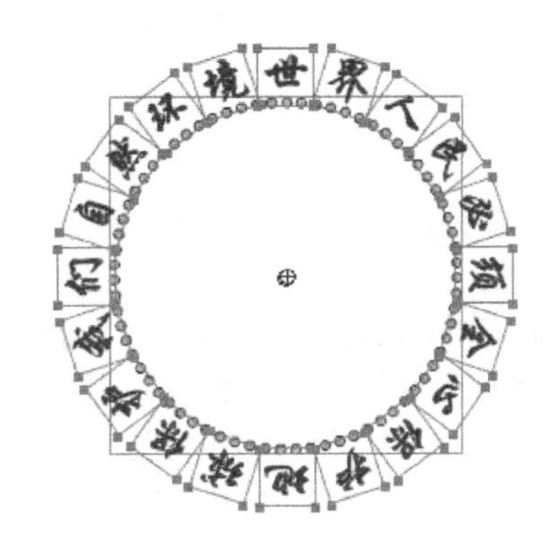

图 3-78　更换文字和选中所有对象

（7）选中所有文字和圆形图形，选择“修改”→“组合”菜单命令，将它们组成一个组合。然后，创建第 1 帧到第 160 帧的动作动画。

（8）单击选中第 1 帧，在其“属性”面板中，选择“旋转”下拉列表框内的“顺时针”选项，在其右边的文本框内输入“1”，如图 3-79 所示，表示创建第 1 帧到第 160 帧的顺时针旋转 1 圈的动画。然后，回到主场景。

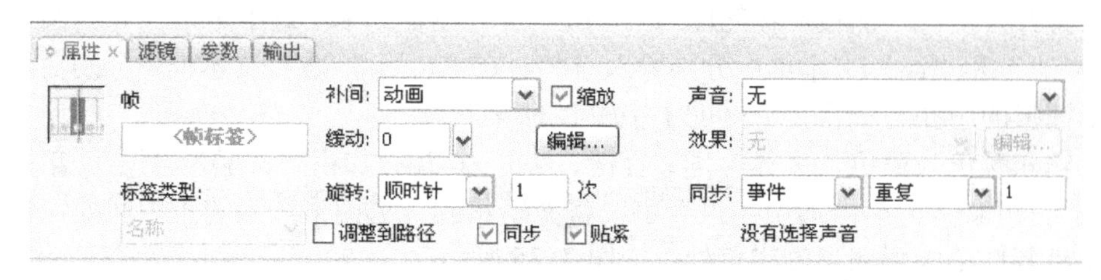

图 3-79　第 1 帧“属性”面板设置

4．创建“标题文字”影片剪辑元件

（1）创建并进入“标题文字”影片剪辑元件的编辑状态。单击工具箱内的“文本工具”按钮T，在其“属性”面板内，设置华文行楷字体、60 磅、红色、加粗。然后，单击舞台工作区内，再输入“保护自然”文字，如图 3-80 所示。

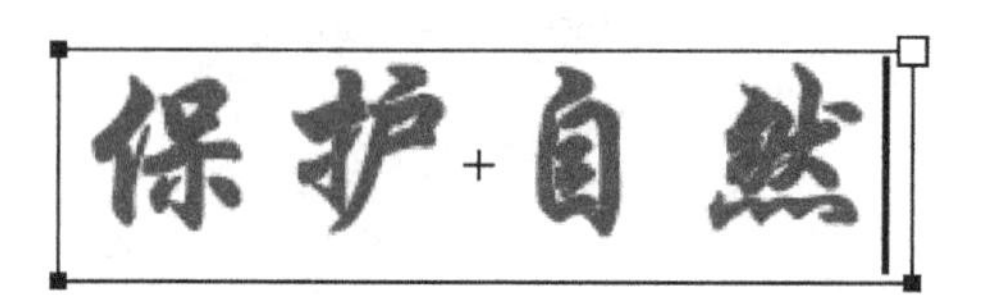

图 3-80　“保护自然”文字

（2）使用工具箱中的“任意变形工具”，选中文字，适当调整文字的大小。

（3）选中文字。单击“属性”面板的“滤镜”标签，单击“添加滤镜”按钮，打开滤镜菜单，选择该菜单内的“斜角”菜单命令。单击“角度”文本框右边的按钮，打开一个角度调整盘。拖曳角度调整角度为 45 度左右。在“模糊 Y”或“模糊 X”文本框内输入 5，在“品质”下拉列表框内选择“低”选项。在“强度”文本框中输入 82%，设置阴影颜色为黄色，设置距离为 5，如图 3-81 所示。按【Enter】键，效果如图 3-82 所示。

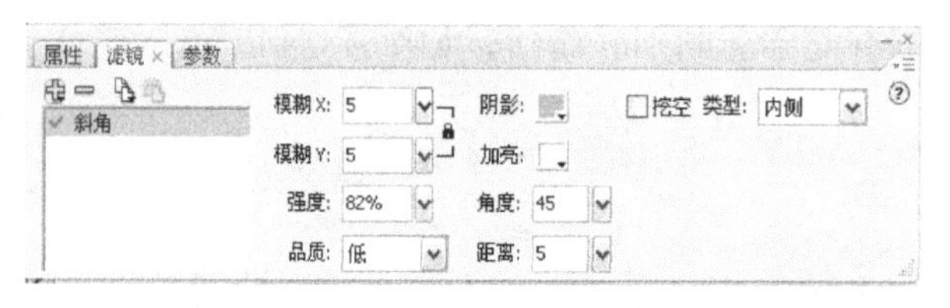

图 3-81　“滤镜”（“投影”滤镜）面板

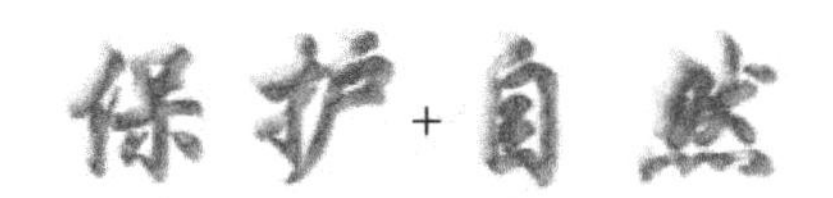

图 3-82　设置“投影”滤镜后的文字效果

（4）单击“添加滤镜”按钮，打开滤镜菜单，选择滤镜菜单中的“预设”→“另存为”菜单命令（如图 3-83 所示），打开“将预设另存为”对话框，在该对话框的“预设名称”文本框内输入“保护自然”文字，如图 3-84 所示。单击“确定”按钮，即可将设置的滤镜保存。此时，滤镜菜单中会增加“保护自然”菜单命令。

图 3-83　滤镜菜单

图 3-84　“将预设另存为”对话框

（5）选择滤镜菜单内的“发光”菜单命令，在“滤镜”面板内设置模糊颜色为黄色，模糊为 5，其他设置如图 3-85 所示。文字效果如图 3-86 所示。

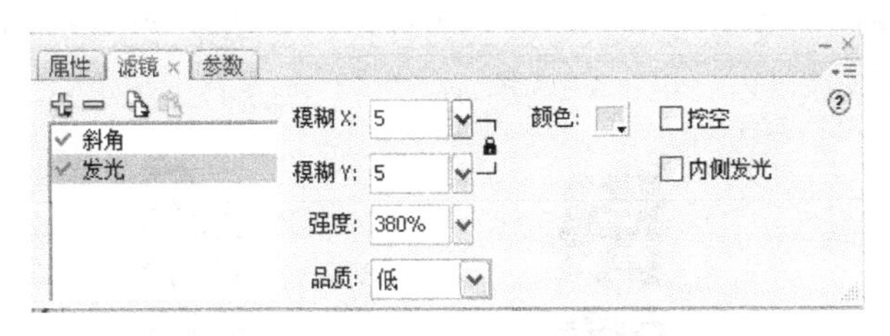

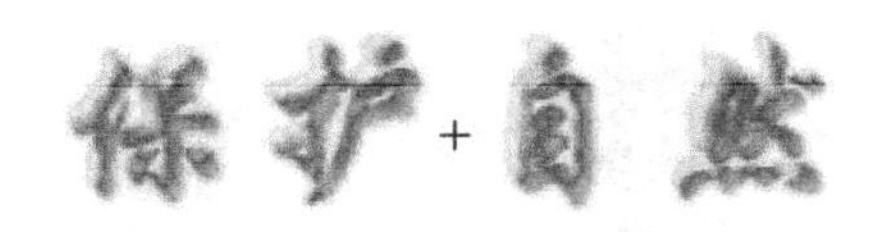

图 3-85 “滤镜”（“发光”滤镜）面板　　图 3-86 设置“发光”滤镜后的文字效果

（6）创建“图层 1”图层第 1 帧到第 80 帧的动作动画。使用工具箱中“选择工具”，选中第 80 帧，再单击选中文字。单击“属性”面板的“滤镜”标签，打开滤镜菜单，选择滤镜菜单中的“斜角”菜单命令，然后在“滤镜”面板内按照图 3-87 所示进行设置。

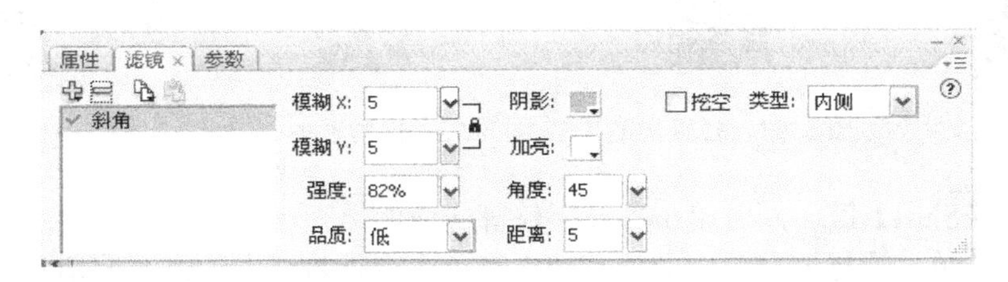

图 3-87 “滤镜”（“斜角”滤镜）面板

（7）单击“属性”面板的“滤镜”标签，打开滤镜菜单，选择滤镜菜单中的“发光”菜单命令，然后在“滤镜”面板内按照图 3-88 所示进行设置，文字效果如图 3-89 所示。

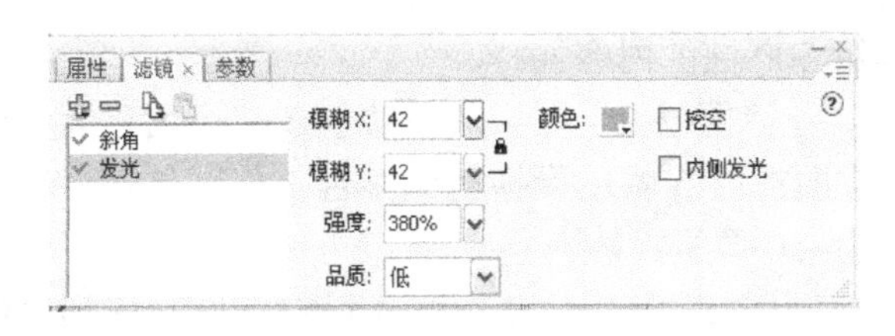

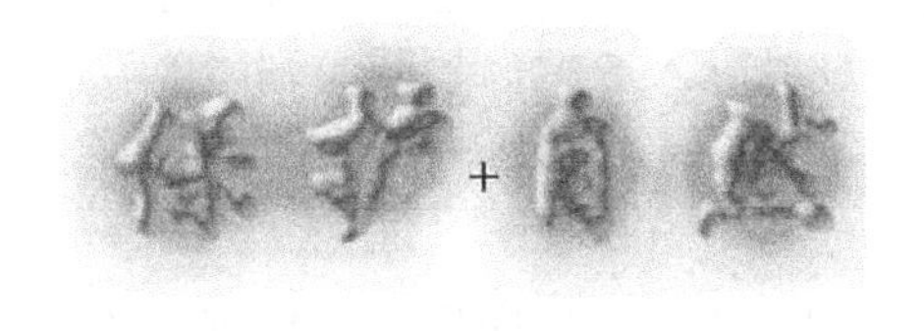

图 3-88 “滤镜”（“发光”滤镜）面板　　图 3-89 滤镜设置后的文字效果

（8）将“图层 1”图层第 1 帧复制粘贴到“图层 1”图层第 160 帧。然后回到主场景。

5．制作“电影文字”影片剪辑元件

（1）创建并进入“电影文字”影片剪辑元件的编辑状态，选中“图层 1”图层第 1 帧，单击工具箱内的“文本工具”按钮 T，在其“属性”面板内，设置“华文琥珀”字体、96 磅、蓝色。单击舞台工作区内，再输入“保护自然”文字，如图 3-90 所示。两次选择“修改”→“分离”菜单命令，将文字打碎，如图 3-91 所示。

（2）选择“修改”→“形状”→“扩展填充”菜单命令，打开“扩展填充”对话框，选中该对话框内的“插入”单选按钮，在“距离”文本框内输入 2，单击“确定”按钮，将选中文字向内缩小 2 像素。

（3）可能文字中的一些地方会出现连笔画现象，这时需要使用工具箱内的“橡皮擦工

具”进行修复，效果如图 3-92 所示。

（4）使用工具箱中“选择工具”，单击舞台工作区的空白处，不选中文字。单击工具箱中的“墨水瓶工具”按钮，设置笔触高度为 2 像素、颜色为红色，再单击文字笔画的边缘，可以看到，文字的边缘增加了红色轮廓线，如图 3-93 所示。

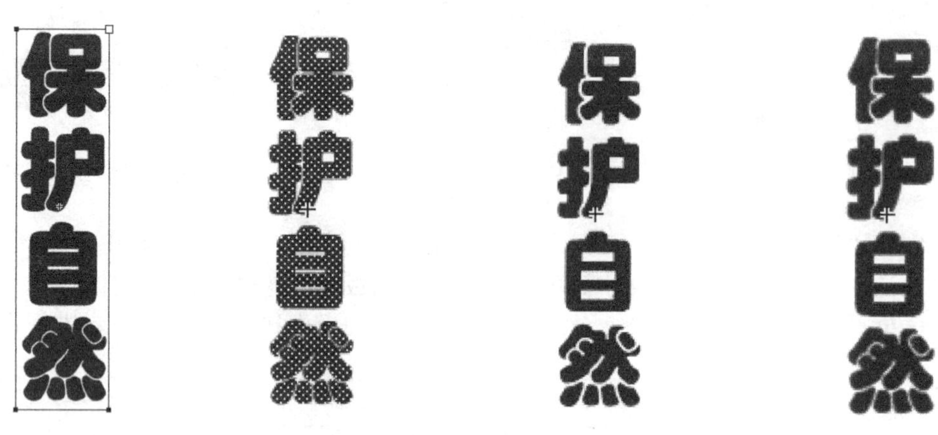

图 3-90　输入文字　　图 3-91　打碎文字　　图 3-92　向内缩小 2 像素　　图 3-93　文字描边

（5）按住【Shift】键，同时单击各文字轮廓线内的填充，全部选中它们。右击选中的填充，打开快捷菜单，选择该菜单中的“剪切”菜单命令，将选中的内容剪切到剪贴板中。

（6）在“图层 1”图层的下边创建一个名称为“图层 2”的图层，单击选中“图层 2”图层第 1 帧，选择“编辑”→“粘贴到当前位置”菜单命令，将剪贴板中的文字填充粘贴到“图层 2”图层第 1 帧舞台工作区内的原位置。

（7）按住【Ctrl】键，单击选中“图层 1”和“图层 2”图层的第 500 帧，按【F5】键，创建普通帧，使这两个图层的第 1 帧到第 500 帧的内容一样。

（8）导入 5 幅风景图像到“库”面板内。在“图层 2”图层的下边创建一个名称为“图层 3”的图层，选中该图层第 1 帧。将“库”面板内 5 幅图像拖曳到舞台工作区外部，调整它们的宽为 100 像素，高度适当调整，X 值为–50 像素。

（9）将这几幅图像垂直排成一列，将它们组成组合，再将该组合复制一份，移到原组合的下边，将两个组合垂直排列并组成一个组合。将该组合移到舞台工作区内，使图像第 1 个组合内第 1 幅图像的上边缘与文字的上边缘对齐。

（10）创建“图层 3”图层第 1 帧到第 500 帧的动作动画。调整“图层 3”图层第 500 帧内的图像位置，使第 1 个组合内第 5 幅图像的下边缘与文字的上边缘对齐。

小提示

因为制作的 Flash 动画是连续循环播放的，所以可以认为第 500 帧的下一帧是第 1 帧，调整第 500 帧画面应注意这点。

（11）右击“图层 2”图层，打开图层快捷菜单，再选择快捷菜单中的“遮罩层”菜单命令，将“图层 2”图层设置为遮罩图层，“图层 3”图层为被遮罩图层。然后回到主场景。

至此，“电影文字”影片剪辑元件制作完毕，时间轴如图 3-94 所示。

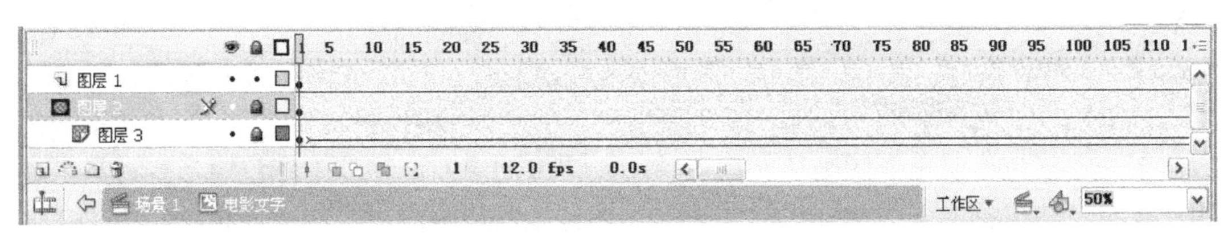

图 3-94　“电影文字”影片剪辑元件的时间轴

6. 制作主场景动画

（1）将背景色改为黄色。将“图层 1”图层的名称改为“转圈文字”。选中“转圈文字”图层第 1 帧，将“库”面板内的“转圈文字”影片剪辑元件拖曳到舞台工作区内的中间偏左处。适当调整“转圈文字”影片剪辑实例的大小和位置。

（2）在“转圈文字”图层之上添加一个“渐变图像”图层，选中“渐变图像”图层第 1 帧，将“库”面板内的“渐变图像”影片剪辑元件拖曳到舞台工作区内的正中间。适当调整“渐变图像”影片剪辑实例的大小和位置。

（3）在“渐变图像”图层之上添加一个“移动文字”图层，选中“移动文字”图层第 1 帧，将“库”面板内的“移动文字”影片剪辑元件拖曳到舞台工作区内的正中间。适当调整移动文字的大小。

（4）在“移动文字”图层之上添加一个“遮罩”图层，选中“遮罩”图层第 1 帧，在舞台工作区内的正中间绘制一幅黑色圆形图形，它与“转圈文字”影片剪辑实例中圆形的内部大小基本一样。

（5）右击“遮罩”图层，打开图层快捷菜单，再选择快捷菜单中的“遮罩层”菜单命令，将“遮罩”图层设置为遮罩图层，“移动文字”图层为被遮罩图层。

（6）将“渐变图像”图层向右上方拖曳，使“渐变图像”图层成为“遮罩”图层的被遮罩图层。

（7）在“遮罩”图层之上添加一个“标题文字”图层，选中该图层第 1 帧，将“库”面板内的“标题文字”影片剪辑元件拖曳到“转圈文字”影片剪辑实例的上边。

（8）在“标题文字”图层之上添加一个“电影文字”图层，选中该图层第 1 帧，将“库”面板内的“电影文字”影片剪辑元件拖曳到“转圈文字”影片剪辑实例的右边。

至此，整个动画制作完毕。

课后习题 3-3

1. 制作一个封套文字图形，如图 3-95 所示。
2. 制作一个透视文字图形，如图 3-96 所示。

图 3-95　封套文字

图 3-96　透视文字

3．制作一个“变色字”动画。该动画播放后的一幅画面如图 3-97 所示。可以看到，“FLASH”文字的位置、大小、颜色、阴影深浅、阴影位置和发光颜色都在不断变化。

4．制作一个“滚动字”动画，该动画播放后的画面如图 3-98 所示。首先显示一幅图像，然后一幅红色透明矩形图画从左向右移动到图像的中间，移动中红色矩形变得越来越透明。接着一些白色的文字从红色透明矩形下面向红色透明矩形上面缓慢移动。

5．制作一个“七彩字”动画，该动画播放后的一幅画面如图 3-99 所示，可以看到，在一幅风景图像之上，有一个七彩文字，文字的内容是不断转圈变化的七彩色。

图 3-97 “变色字”动画画面

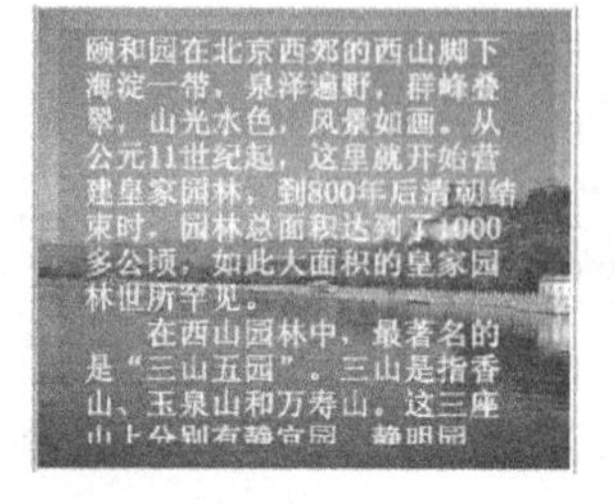

图 3-98 “滚动字”动画画面

图 3-99 “七彩字”动画画面

3.4 库、元件和实例——【任务 14】日夜星辰

任务描述

“日夜星辰”动画播放后的两幅画面如图 3-100 所示，可以看到，画面由最亮逐渐变暗，月亮和星星逐渐显示出来，还有倒影。接着画面又逐渐变亮，月亮和星星逐渐消失。

图 3-100 “日夜星辰”动画播放后的两幅画面

知识链接

1．库

（1）库的分类：库有两种，一种是用户库，也叫“库”面板，用来存放用户创建 Flash 动画中的元件；另一种是 Flash CS3 系统提供的“公用库”，用来存放 Flash CS3 系统提供的元件，根据存放元件的种类，“公用库”分为“按钮”、“学习交互”和“类”3 种库。用户库和公用库存放元素的方法是一样的。选择“窗口”→“库”菜单命令，可以打开“库”面板，如图 3-101 所示；选择“窗口”→“公用库”→“××”菜单命令，可打开相应的一种公用库的“库”面板。例如，选择“窗口”→“公用库”→“按钮”菜单命令，可打开“库-Buttons.fla”面板（“库—按钮”面板），如图 3-102 所示。

图 3-101　“库”面板

图 3-102　“库-Buttons.fla”面板

（2）了解库中的元素：单击选中其中一个元素，即可在“库”面板上边的窗口（素材预览窗口）中看到元素的形状。要了解元件的动画效果和声音效果，可单击“库”面板上边窗口右上角的▶按钮。如果要暂停播放，可单击■按钮。

（3）改变元素预览窗口的显示方式：将鼠标指针移至面板上边的显示窗口中，右击，弹出快捷菜单，如图 3-102 所示。利用该菜单可以改变素材面板预览窗口的显示方式。

（4）“库”面板的两种显示方式：单击“库”面板右侧滚动条上边的□按钮，可将“库”面板在水平方向扩展，以显示元件类型和制作日期等信息。单击“库”面板中按钮▯，可使“库”面板在水平方向缩小。也可以拖曳“库”面板的边框调整它的大小。

（5）“库”面板下边的窗口中列出了库中的所有元素的图标和名称等，不同的图标表示不同的类型。其中，按钮表示是一个文件夹，双击它可以打开或关闭该文件夹，在按钮的下边显示该文件夹内各元素的图标和名称等。

（6）“库”面板下边一栏中按钮的作用如下。

“新建元件”按钮：单击该按钮可以打开“创建新元件”对话框。

“新建文件夹”按钮：单击该按钮可以在“库”面板中创建一个新文件夹。

“属性”按钮：单击选中“库”面板中的一个元件，再单击它可以打开“元件属性”对话框，利用该对话框可以更改选中元件的属性。

“删除”按钮：单击该按钮，即可删除“库”面板中选中的元素。

2．元件的分类

弹出“库”面板；“库”面板用于存放各种元件。在“库”面板内除了有导入的图像元件、声音元件和视频元件外，以及在创建动作动画时自动产生的补间元件外，还可以自己创建图形元件、影片剪辑元件和按钮元件。

（1）图形元件：它可以是矢量图形、图像、声音或动画等。它通常用来制作电影中的静态图形，不具有交互性。

（2）影片剪辑元件：用于制作独立于主影片时间轴的动画。它可以包括交互性控制、声音甚至其他影片剪辑的实例。也可以把影片剪辑的实例放在按钮的时间轴中，从而实现动画按钮。为了实现交互性，单独的图像也可以做成影片剪辑。

两种元件创建的实例是不同的。影片剪辑实例只需要一个关键帧来播放动画，而图形实例必须出现在足够的帧中。

（3）按钮元件：可以在影片中创建按钮元件的实例。在 Flash 中，首先要为按钮设计不同状态的外观，然后为按钮的实例分配事件（如鼠标单击等）和触发的动作。

在编辑时，必须选择“控制”→“测试影片”菜单命令或选择“控制”→“测试场景”菜单命令，才能在播放器窗口内演示它的动画和交互效果。

3. 创建元件和实例

（1）创建新元件：选择“插入”→“新建元件”菜单命令，打开“创建新元件”对话框，如图 3-103 所示。在“名称”文本框内输入元件的名称，在“行为”栏内选择元件类型，单击“确定”按钮，即可进入元件编辑状态。创建完后，回到主场景，完成元件的创建。

（2）创建实例的方法：在需要元件对象上场时，只需用鼠标将“库”面板中的元件拖曳到舞台中即可。此时舞台中的该对象称为“实例”，即元件复制的样品。舞台中可以放置多个相同元件复制的实例对象，但在“库”面板中与之对应的元件只有一个。

（3）将舞台工作区中的对象转换为元件的实例：选中舞台工作区中的对象，选择“修改”→“转换为元件”菜单命令或按【F8】键，打开“转换为元件”对话框，如图 3-104 所示。输入元件的名称，选择元件类型，单击中的小方块，调整元件的中心。单击“确定”按钮，即将选中的对象转换为元件。“库”面板内会增加一个元件，同时选中的对象会变为实例。

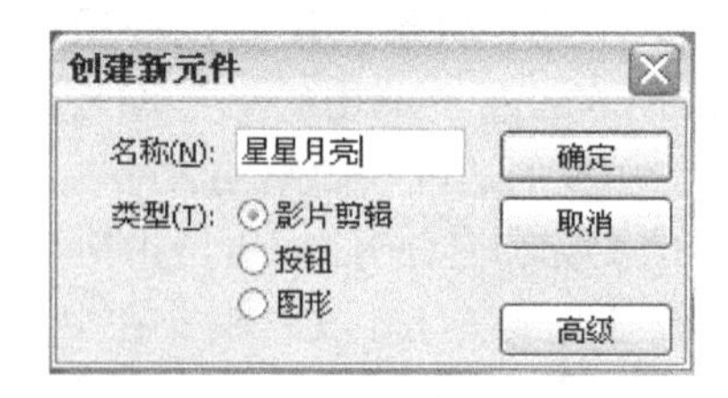

图 3-103 “创建新元件”对话框

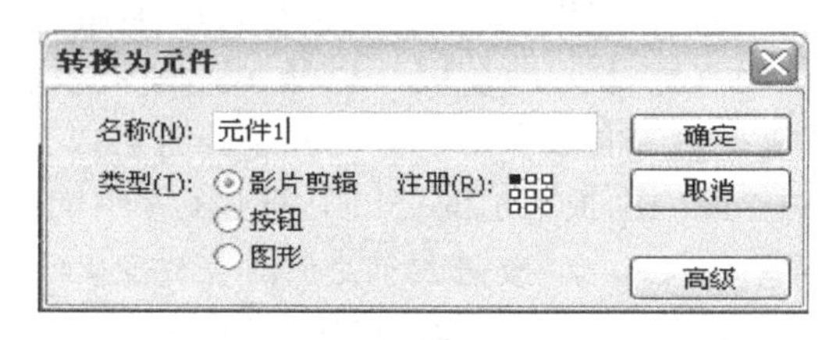

图 3-104 “转换为元件”对话框

（4）将舞台工作区中的动画转换为元件的实例：方法如下。

◎ 选中动画的所有帧。右击选中的帧，打开帧快捷菜单，选择帧快捷菜单内的“复制帧”菜单命令，将选中的所有帧复制到剪贴板中。

◎ 选择“插入”→“新建元件”菜单命令，打开“创建新元件”对话框。

◎ 在该对话框内，输入元件名字，选择元件类型，再单击“确定”按钮。此时，“库”面板中增加了一个空元件，没有内容。同时舞台工作区切换到元件编辑窗口。

◎ 右击“图层 1”第 1 帧，打开帧快捷菜单。选择该菜单内的“粘贴帧”菜单命令，将剪贴板内的所有帧粘贴到元件编辑窗口内，还需要进行适当修改。最后回到主场景。

4. 复制元件

在“库”面板中，由一个元件复制出另一个元件，再双击“库”面板内复制的元件，进入该元件的编辑状态，修改该元件后可获得一个新元件。复制元件的方法有以下两种。

（1）元件复制为元件的方法：右击“库”面板内的一个元件，打开该元件的快捷菜单。选择该菜单中的“直接复制”命令，打开“直接复制元件”对话框，如图 3-105 所示，选择元件类型和输入名称，再单击“确定”按钮，即可在“库”面板内复制一个新元件。

（2）实例复制为元件的方法：选中一个元件实例，选择“修改”→“元件”→“直接复制元件”菜单命令，打开“直接复制元件”对话框，如图 3-106 所示。输入名称，再单击“确定”按钮，即可在“库”面板内复制一个新元件。

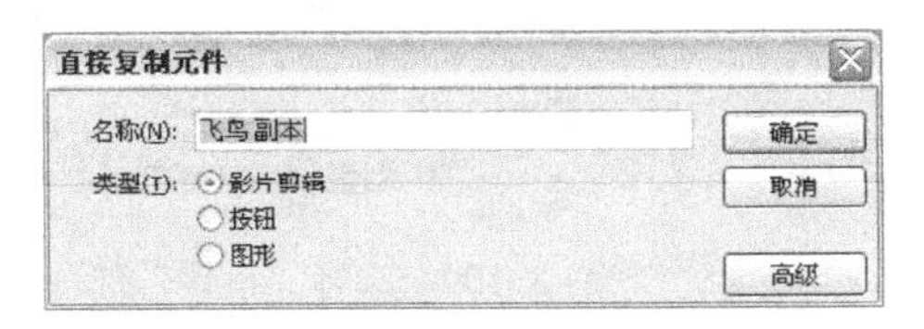

图 3-105　“直接复制元件”对话框

图 3-106　“直接复制元件”对话框

5．编辑元件

元件经过编辑后，元件的属性（大小、颜色等）发生变化，Flash 会自动更新它在影片中的所有实例。编辑元件可以采用的方法介绍如下。

（1）双击“库”面板中的元件，即可打开元件编辑窗口。右击要编辑的实例，打开实例快捷菜单，选择该菜单内的“编辑”菜单命令，也可以选择元件编辑窗口。元件编辑完后，单击元件编辑窗口中的场景名称图标 场景 1 或按钮 ，回到主场景。

（2）右击实例，打开实例快捷菜单，选择该快捷菜单内的“在当前位置编辑”菜单命令，此时，仍在原舞台工作区中，而且保留原工作区的其他对象（不可编辑）。双击实例也可进入相应元件的编辑状态。编辑完后，双击舞台工作区的空白处，即可退出编辑状态。

（3）右击要编辑的实例，打开实例快捷菜单，选择实例快捷菜单中的“在新窗口中编辑”菜单命令，打开一个新的舞台工作区窗口，可以在该窗口内编辑元件。元件编辑完后，单击该工作区右上角的按钮，即可回到原舞台工作区。

6．编辑实例

可以像编辑一般对象那样来编辑实例对象。利用它的“属性”面板可以改变实例的位置、大小、颜色、亮度和透明度等属性。实例属性的修改，不会造成对相应元件和其他由同一元件创建的其他实例的影响，还可以改变实例的类型，设置图形实例中动画的播放模式等。对于元件的实例，其“属性”面板中会增加一个“颜色”下拉列表框等。利用它们可以设置实例的颜色、亮度、色调和透明度等，该下拉列表框内有 5 个选项。选中“没有”选项，则表示不设置实例颜色；选择其他选项后的颜色设置方法如下。

（1）亮度的设置：在实例“属性”面板的“颜色”下拉列表框内选择“亮度”选项后，会在该下拉列表框右边增加一个带滑动条的文本框，如图 3-107 所示。用鼠标拖曳文本框的滑块或在文本框内输入数据（–100%～+100%），均可调整实例的亮度。

（2）透明度的设置：在实例“属性”面板的“颜色”下拉列表框内选择“Alpha”选项后，会在“颜色”下拉列表框右边增加一个带滑动条的文本框，如图 3-108 所示。

（3）色调的设置：在实例“属性”面板的“颜色”下拉列表框内选择“色调”选项后，会在该下拉列表框右边增加几个带滑动条的文本框和一个按钮，如图 3-109 所示。

单击按钮，会打开“颜色”面板，利用它可以改变实例的色调。拖曳按钮右边文本框的滑块或在文本框内输入百分比数据，可调整着色（掺色）比例（0%～100%）。

用鼠标拖曳 RGB 栏内文本框的滑块或在文本框内输入数据，也可以改变实例的色调。

“R、G、B”后面的 3 个文本框分别代表红、绿、蓝三原色的值。

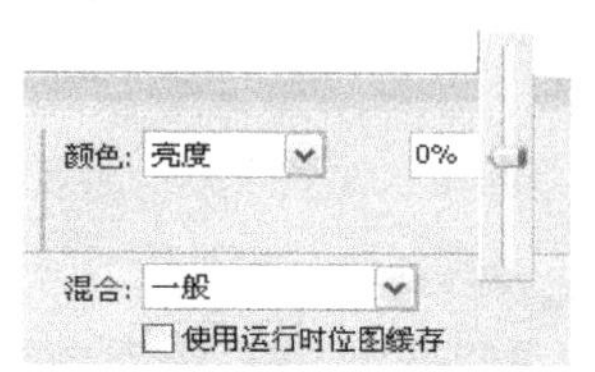

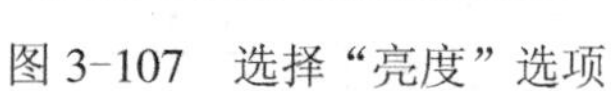
图 3-107　选择“亮度”选项

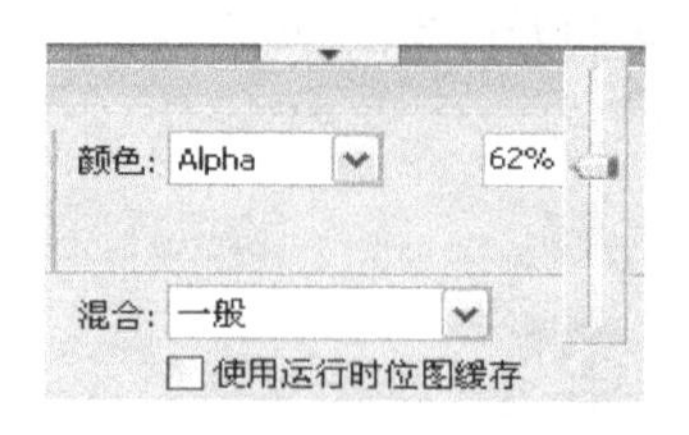

图 3-108　选择“Alpha”选项

图 3-109　选择“色调”选项

（4）高级设置：在实例“属性”面板的“颜色”下拉列表框内选择“高级”选项后，会在“颜色”下拉列表框右边增加一个“设置”按钮。单击“设置”按钮，即可打开“高级效果”对话框，如图 3-110 所示。利用该面板可以调整实例的色调和透明度等。

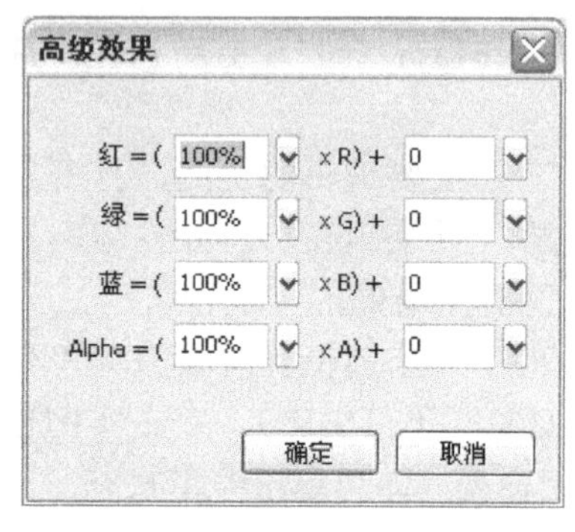

图 3-110　“高级效果”对话框

该面板有两个区域，百分数区域可从 0%～100%调整，数值区域可从–255～+255 调整。可以通过拖曳各文本框的滑块来调整数据，也可以直接在文本框中输入数据。最终的效果将由两个区域中的数据共同决定。修改后每种颜色分量或透明度的值等于修改前的值乘以左边文本框内的百分比，再加上右边文本框中的数值。例如，一个实例原来的蓝色是 100，左边文本框的百分比是 50%，右边文本框内的数值是 80，则修改后的蓝色分量为 130。

 操作步骤

1．创建图像渐暗渐亮的动画

（1）新建一个名称为“【任务 14】日夜星辰.fla”的 Flash 文档。设置舞台工作区的宽为 800 像素、高为 260 像素，背景色为黑色。

（2）导入一幅“湖 1.jpg”图像到舞台工作区内和“库”面板中。在其“属性”面板内将图像调整为宽 800 像素，高 260 像素，再使它将整个舞台工作区覆盖。

（3）创建“图层 1”图层第 1 帧到第 50 帧的动画。选中“图层 1”图层第 50 帧，再单击该帧的图像对象，在“属性”面板的“颜色”下拉列表框中选择“亮度”选项，此时的“属性”面板会发生变化。调整“亮度数量”文本框的数为–90，如图 3-111 所示，使图像变得很暗。

（4）选中“图层 1”图层第 1 帧，再单击该帧的图像对象，在“属性”面板的“颜色”下拉列表框中选择“亮度”选项，调整“亮度数量”文本框的数值为 10，使该帧的图像亮一些。然后，将“图层 1”图层第 1 帧复制粘贴到“图层 1”图层第 100 帧。

图 3-111　调整亮度

2．创建“星星月亮”影片剪辑元件

（1）创建并进入“星星月亮”影片剪辑元件的编辑状态。单击工具箱内的“椭圆工

具”按钮 ，设置绘制的圆形图形没有轮廓线，设置填充色为金黄色。按住【Shift】键，拖曳绘制一个金黄色的圆形图形，即月亮图形，如图 3-112 所示。

（2）按住【Alt】键，拖曳金黄色圆形图形，复制一份。选中复制的金黄色圆形图形，选择“修改”→“转换为元件”命令，打开“转换为元件”对话框。选中“影片剪辑”单选按钮，单击“确定”按钮，即将选中的金黄色圆形图形转换为元件，同时选中的金黄色圆形图形会变为实例。其目的是为了可以给金黄色圆形图形添加滤镜效果。

（3）给选中的实例对象添加“模糊”滤镜，设置如图 3-113 所示。金黄色圆形图形添加“模糊”滤镜后的效果如图 3-114 所示。

图 3-112　月亮图形

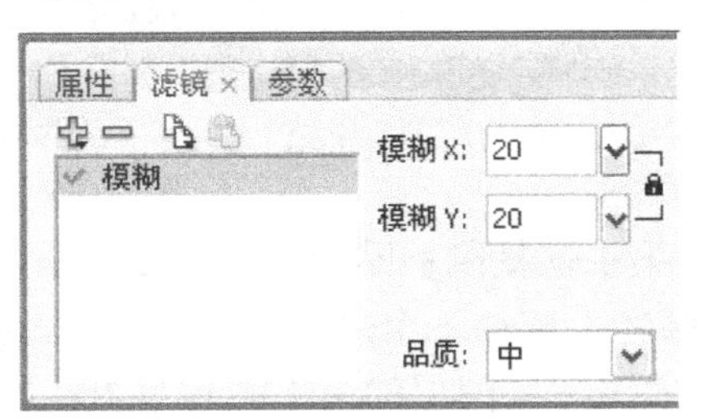

图 3-113　“滤镜”面板设置

图 3-114　模糊效果

（4）单击工具箱内的“多角星形工具”按钮 ，单击“属性”面板内的“选项”按钮，打开“工具设置”对话框，如图 3-115 所示（没设置）。在“样式”下拉列表框中选择“星形”选项，用于设置图形样式；在“边数”文本框中输入多边形或星形图形的边数 5；在“星形顶点大小”文本框中输入星形顶点张角大小 0.50，如图 3-115 所示。

（5）按住【Shift】健，拖曳绘制出一个五角星形。按住【Alt】键，拖曳五角星形，复制多个五角星形，分别调整它们的大小，形成星星图形和月亮图形，如图 3-116 所示。

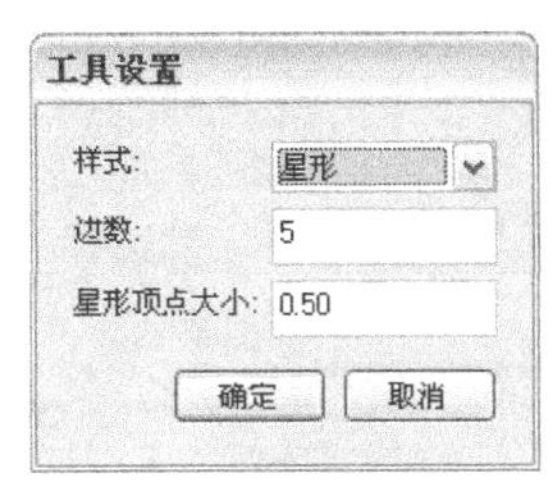

图 3-115　“工具设置”对话框

图 3-116　星星图形和月亮图形

（6）退出“星星月亮”影片剪辑元件的编辑状态，回到主场景。

3. 创建星辰月亮逐渐消失和显示的动画

（1）在“图层 1”图层之上增加一个“图层 2”图层。使用工具箱中的“选择工具” ，单击选中“图层 2”图层第 1 帧，将“库”面板中的“星星月亮”影片剪辑元件拖曳到舞台工作区中，形成“星星月亮”影片剪辑元件的实例。

（2）双击“星辰月亮”影片剪辑实例，进入该元件的编辑状态，可以看到除了“星星月亮”影片剪辑元件内的图形外，还有“图层 1”图层第 1 帧的图像（该图像不可调）。调整月亮和星星的位置，如图 3-117 所示。

（3）双击舞台工作区外的空白处，退出编辑状态，回到主场景状态。

（4）创建“图层 2”图层第 1 帧到第 50 帧的动画，选中“图层 2”图层第 1 帧，再单击该帧的实例对象，在“属性”面板的“颜色”下拉列表框中选择“Alpha”选项，此时的“属性”面板会发生变化。在“Alpha 数量”文本框内输入 0%，如图 3-118 所示，即可调整实例的 Alpha 值，改变实例的透明度。

图 3-117 “星星月亮”影片剪辑元件的编辑状态

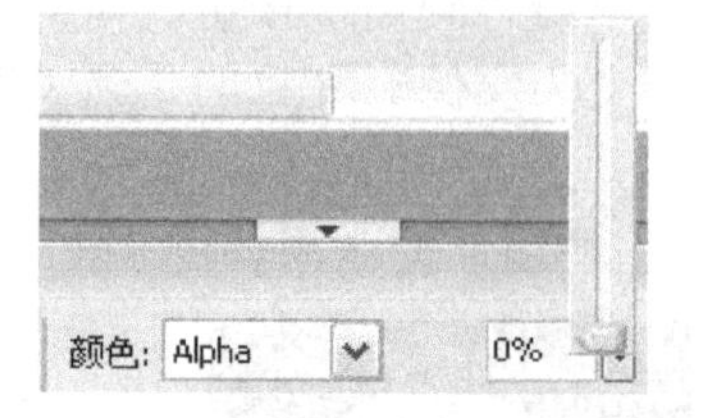

图 3-118 调整实例 Alpha 值

（5）将“图层 2”图层第 1 帧复制粘贴到“图层 2”图层第 100 帧。

（6）在“图层 2”图层之上增加一个“图层 3”图层。将“图层 2”图层第 1 帧到第 100 帧的动画复制粘贴到“图层 3”图层的第 1 帧到第 100 帧。选中“图层 3”图层第 50 帧内的“星星月亮”影片剪辑实例，将它垂直移到下面的湖面中，选择“修改”→“变形”→“垂直翻转”菜单命令，将“星辰月亮”影片剪辑实例垂直翻转。然后，将该帧内的“星辰月亮”影片剪辑实例的 Alpha 值调为 18%。

（7）将“图层 3”图层第 50 帧复制粘贴到“图层 3”图层第 1 帧，调整该图层第 1 帧内“星辰月亮”影片剪辑实例的 Alpha 值为 0%。再将“图层 3”图层第 1 帧复制粘贴到“图层 3”图层第 100 帧。至此，整个动画制作完毕，它的时间轴如图 3-119 所示。

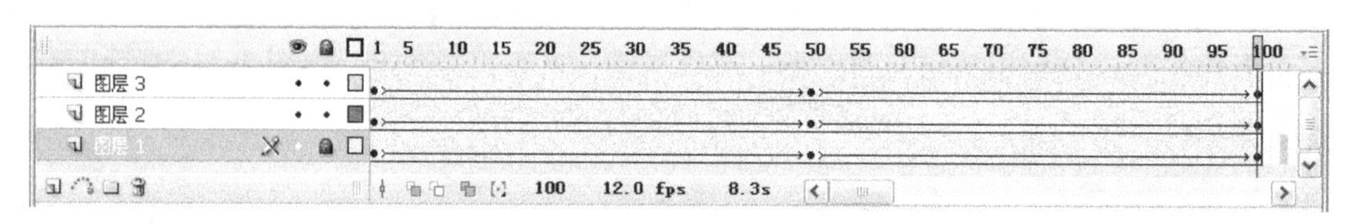

图 3-119 “日夜星辰”动画的时间轴

课后习题 3-4

1．制作一个“变色图像”动画，该动画播放后，一幅图像的颜色逐渐变化。

2．制作一个“自转七彩光环”动画，该动画播放后的两幅画面如图 3-120 所示。可以看到，一个大的顺时针不断自转的光环内有一个小的逆时针自转光环。

图 3-120 “自转七彩光环”动画播放后的两幅画面

3．制作一个“自转彩珠环”动画，该动画播放后，一个大的顺时针不断自转的彩珠外有一个逆时针自转的彩珠环。

3.5 按钮元件制作与测试——【任务15】名花图像浏览

任务描述

“名花图像浏览”动画播放后，屏幕显示6个文字按钮和一个图像框，如图3-121所示（还没有右边的名花图像）。

图3-121 “名花图像浏览”动画播放后的两幅画面

当鼠标指针经过红色文字“桂花图像”按钮时，文字颜色变为蓝色，同时在按钮右边显示一幅桂花图像，如图3-121所示；单击“桂花图像”按钮时，文字颜色变为绿色。当鼠标指针经过或单击“荷花图像”、“菊花图像”、“兰花图像”、“梅花图像”和“水仙图像”文字按钮时，文字颜色都会发生变化，同时在文字按钮右边会显示相应的名花图像。

知识链接

1．按钮元件的4个状态

在Flash影片中可以有按钮，按钮也是对象，当鼠标指针移到按钮之上或单击按钮时，即产生交互事件，按钮会改变它的外观。要使一个按钮在影片中具有交互性，需要先制作按钮元件，再由按钮元件创建按钮实例，并在制作按钮实例时为它分配交互事件产生的动作。在Flash CS3中，按钮有4个状态，这4个状态的特点如下。

（1）“弹起”状态：鼠标指针没有移到按钮之上时的按钮状态。

（2）“指针经过”状态：鼠标指针移到按钮上面，但没有单击时的按钮状态。

（3）“按下”状态：用鼠标单击按钮时的按钮状态。

（4）“点击”状态：在此状态下可以定义鼠标事件的响应范围和鼠标事件的动作。如果没有设置“点击”状态的区域，则鼠标事件的响应范围由“弹起”状态的按钮外观区域决定。“点击”帧的图形在影片中是不显示的。

2．创建按钮

（1）选择“插入”→“新建元件”菜单命令，打开“创建新元件”对话框。在该对话框内，选择“按钮”单选按钮，在“名称”文本框中输入元件的名字（如“按钮 1”），如图 3-122 所示。单击该对话框内的“确定”按钮，切换到按钮元件的编辑状态，此时时间轴的“图层 1”图层中显示 4 个连续的帧，如图 3-123 所示。

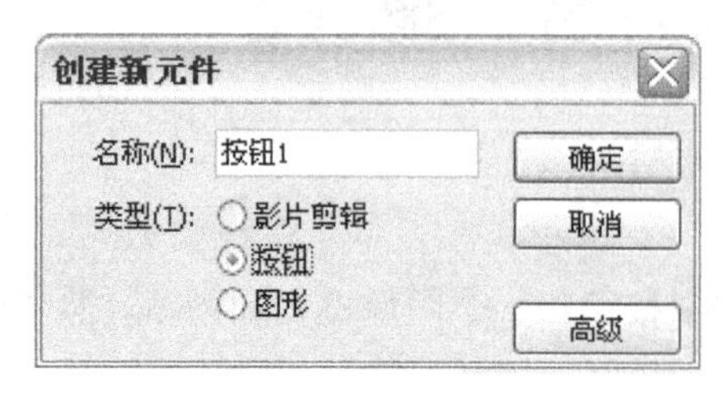

图 3-122 “创建新元件”对话框

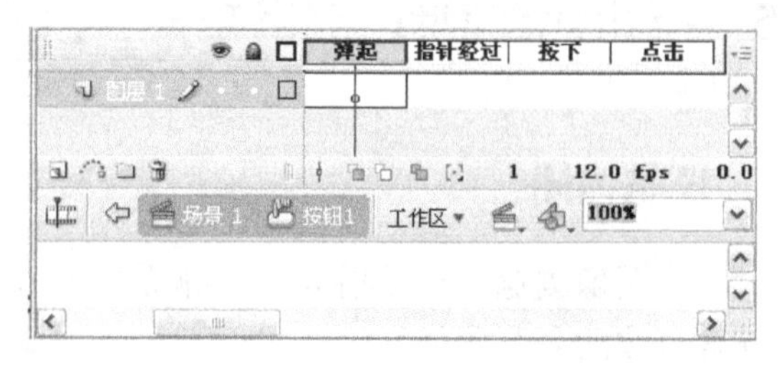

图 3-123 按钮元件的编辑状态

用户需要在这 4 个帧中分别创建相应的按钮外观，可以导入图形、图像、文字，影片剪辑实例和图形元件实例等对象，但不能在一个按钮中再使用按钮元件。最好使用“信息”面板将按钮图形精确定位，使图形的中心与十字标记对齐，并记下它的坐标值。要制作动画按钮，可以使用动画的影片剪辑或图形元件。

（2）用鼠标单击选中第1帧（弹起），再制作按钮“弹起”状态的外观。

（3）单击选中第 2 帧（指针经过），再按【F6】键，使第 2 帧成为关键帧并复制了第 1 帧的按钮外观，改变第 2 帧的对象，作为鼠标指针经过时的按钮外观。另外，可以按【F7】键，使第 2 帧成为空白关键帧，重新创建一个新对象，作为鼠标指针经过时的按钮外观。

（4）单击选中第 3 帧，按照上述方法，制作鼠标按下状态的按钮外观。然后，单击选中第 4 帧，创建一个对象，用于确定鼠标事件的响应范围。

（5）单击元件编辑窗口中的⇦按钮，回到主场景。可以看到“库”面板中已有了刚刚制作的按钮元件。从“库”面板中将它拖曳到工作区中，即可创建按钮实例。

按钮各种状态不但可以是图形，还可以是图像、文字和动画（影片剪辑或图形实例）等，还可以在按钮中插入声音。按钮的每一帧可以由多个图层组成。

3．测试按钮

测试按钮就是将鼠标指针移到按钮之上并单击按钮，观察它的动作效果（应该像播放影片时一样按照指定的方式响应鼠标事件）。测试按钮以前要进行下述 4 种操作中的一种。

（1）选择“控制”→“测试影片”菜单命令，运行整个动画（包括测试按钮）。

（2）选择“控制”→“测试场景”菜单命令，运行当前场景的动画（包括测试按钮）。

（3）选择“调试”→“调试影片”菜单命令，运行整个动画并弹出“调试器”面板。

（4）选择“控制”→“启用简单按钮”菜单命令，可以在舞台工作区内测试按钮。

如果按钮中使用了影片剪辑，在舞台工作区内是不能播放的，必须采用前 3 种方法才可以播放。

 操作步骤

1．导入图像和制作框架图形

（1）新建一个名称为“【任务 15】名花图像浏览.fla”的 Flash 文档。设置舞台工作区的

宽为 460 像素、高为 260 像素，背景色为白色。

（2）将 6 幅名花图像导入到“库”面板中。按照【任务 1】“图像水平移动切换”动画的制作方法，制作一个深绿色立体框架图形。

（3）单击工具箱内的“文本工具”按钮T，在其“属性”面板内，设置字体为宋体、23 磅、红色、加粗。单击舞台工作区内，再输入“名花浏览”文字，如图 3-124 所示。

（4）使用工具箱中“选择工具”，选中文字。单击“属性”面板内“滤镜”标签，单击“添加滤镜”按钮，打开滤镜菜单，选择该菜单内的“斜角”菜单命令。滤镜参数采用默认值，将“名花图像浏览”文字立体化，效果如图 3-125 所示。

名花浏览

图 3-124 “名花浏览”文字

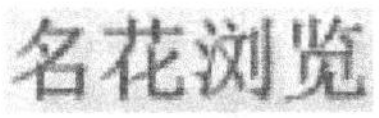

名花浏览

图 3-125 “名花浏览”立体文字

2. 制作“按钮 1”按钮

（1）选择“插入”→“新建元件”菜单命令，打开“创建新元件”对话框。在该对话框的“名称”文本框中输入“按钮 1”文字，选择“按钮”类型。单击“确定”按钮，切换到“按钮 1”按钮元件的编辑状态。

（2）选中“图层 1”图层“弹起”帧，在舞台工作区中心处输入“Times New Roman”字体、23 磅、红色、加粗文字“桂花图像”，如图 3-126 左图所示。

（3）按住【Ctrl】键，单击选中“图层 1”图层“指针经过”帧和“按下”帧，按【F6】键，创建两个关键帧。

（4）选中“图层 1”图层“指针经过”帧，将“桂花图像”文字的颜色由红色改为蓝色。选中“图层 1”图层“按下”帧，将“桂花图像”文字的颜色由红色改为绿色。

（5）选中“图层 1”图层“点击”帧，按【F6】键，创建一个关键帧。在文字处绘制一幅黑色矩形，刚好将文字覆盖，如图 3-126 右图所示，用来确定鼠标响应区域。

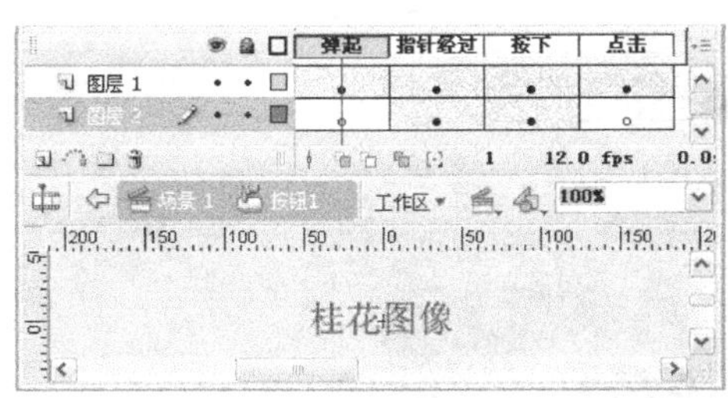

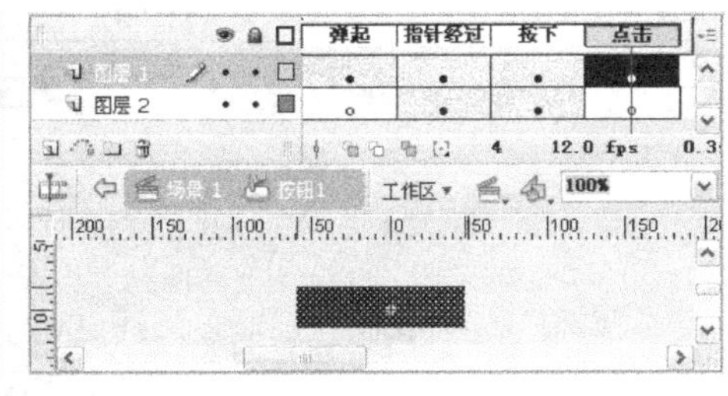

图 3-126　“按钮 1”按钮元件的编辑状态

（6）在“图层 1”图层下边创建一个“图层 2”图层。选中该图层“指针经过”帧，将“库”面板中的“桂花”图像拖曳到舞台工作区内“桂花图像”文字的右边，调整该图像大小为宽 280 像素、高 230 像素。以后所有图像大小均为这个尺寸。

（7）将“图层 2”图层“按下”帧复制粘贴到“指针经过”帧。然后回到主场景。

3. 制作其他按钮

（1）右击“库”面板内的“按钮 1”按钮元件，打开它的快捷菜单，选择该菜单内的

"直接复制"菜单命令，打开"直接复制元件"对话框，在"名称"文本框内输入"按钮2"，再单击"确定"按钮，在"库"面板内复制一个与"按钮 1"按钮元件一样的"按钮2"按钮元件。接着，再在"库"面板内复制"按钮 3"……"按钮 6"按钮元件。

（2）双击"库"面板内"按钮 2"按钮元件，进入"按钮 2"按钮元件的编辑状态，将各关键帧内的文字改为"荷花图像"，如图 3-127 所示。

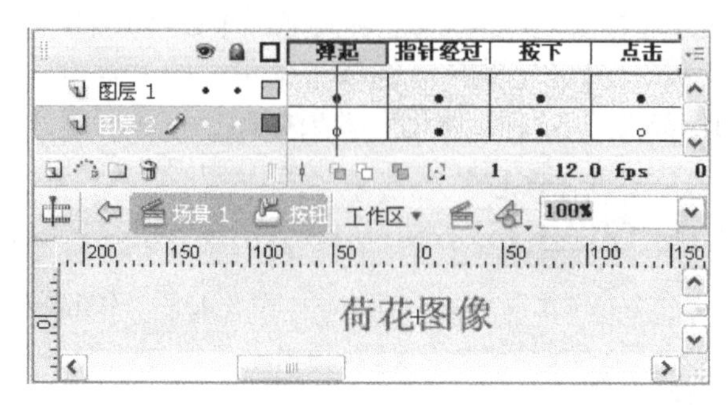

图 3-127　"按钮 1"按钮元件的编辑状态

（3）选中"图层 1"图层"点击"帧，将其中的图像删除，把"库"面板内的"荷花"图像拖曳到"荷花图像"文字的右边，调整该图像宽为 280 像素、高为 230 像素。然后回到主场景。

（4）按照上述方法，将其他按钮元件内的文字进行修改，将图像更换。

4．编辑按钮

（1）将"库"面板中的"按钮 1"、"按钮 2"、"按钮 3"、"按钮 4"、"按钮 5"和"按钮6"按钮元件拖曳到舞台工作区中相应的位置。然后，将它们垂直均匀排成一列。

（2）双击舞台工作区中的"按钮 1"按钮实例，进入它的编辑状态，选中"指针经过"帧，调整该帧图像的位置，如图 3-128 所示。

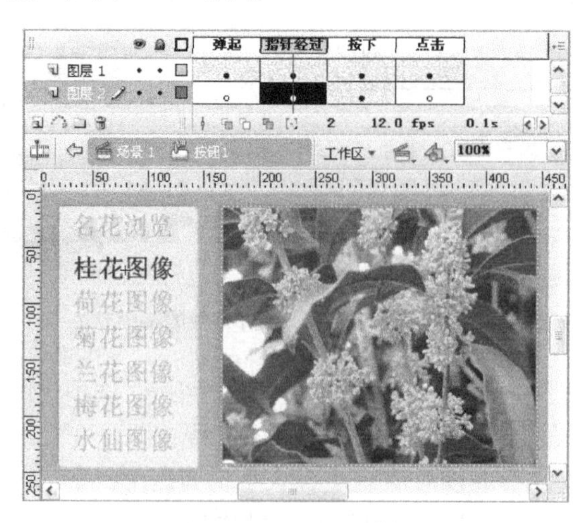

图 3-128　"按钮 1"按钮元件的编辑状态

（3）将"图层 2"图层"指针经过"帧复制粘贴到"按下"帧。

（4）单击元件编辑窗口中的⇦按钮，回到主场景。

（5）按照上述方法，调整“按钮 2”……“按钮 6”按钮实例中图像的位置。

课后习题 3-5

1．制作一个“图像按钮”动画，该动画播放后，屏幕显示一幅人物图像按钮，如图 3-129 所示。鼠标指针经过该按钮时，会发现该按钮图像变为如图 3-130 左图所示。同时，在该按钮右边会显示图像，如图 3-130 右图所示。当鼠标单击该图像按钮时，按钮图像会变为如图 3-131 左图所示，同时该按钮右边的图像发生变化，如图 3-131 右图所示。

图 3-129 按钮弹起的画面

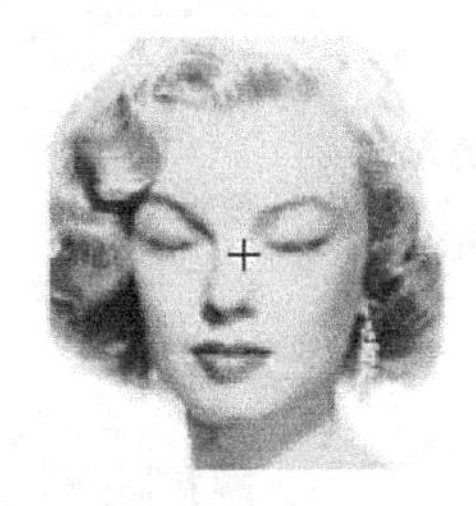

图 3-130 按钮指针经过的画面

图 3-131 按钮按下的画面

2．参考【任务 15】“名花图像浏览”动画的制作方法，制作一个“Flash 动画浏览”动画，该动画播放后，通过单击文字按钮可以展示 Flash 动画。

3．制作一个“动画按钮”动画，该动画播放后，屏幕显示顺时针自转的七彩光环动画按钮，如图 3-132（a）所示。将鼠标指针移到七彩光环动画按钮之上后，七彩光环动画改变为逆时针自转，同时显示“单击我可以播放动画”文字，如图 3-132（b）所示。单击该按钮后光环停止自转，同时在光环中播放一个电风扇动画，如图 3-132（c）所示。

图 3-132 “动画按钮”动画运行后的 3 幅画面

3.6 实例“属性”面板——【任务 16】宝宝相册

任务描述

“宝宝相册”动画实际是一个动感风景电子相册的封面。“宝宝相册”动画播放后的两幅画面如图 3-133 所示。可以看到，画面内正中间有一幅宝宝图像，左上角和右下角各有一个三原色图形，右上角和左下角各有一个模拟指针表动画，指针的位置不一样，还有许多闪烁的白色光斑。模拟指针表与【任务 7】中的“模拟指针表”动画完全一样；这些光斑逐渐由大变小再由小变大，同时不断旋转；三原色图形是一幅能反映红色、绿色和蓝色三原色混合效果的图形。单击下边中间处的按钮或按空格键，即可将画面内正中间的宝宝图像切换到下一幅宝宝图像，一共可以切换 16 幅宝宝图像。如果已经显示第 16 幅宝宝图像，再单击按钮，可以显示第 1 幅宝宝图像。

图 3-133 “宝宝相册”动画播放后的两幅画面

知识链接

1. 影片剪辑实例的“属性”面板

影片剪辑实例的“属性”面板，如图 3-134 所示。该面板内各选项的作用如下。

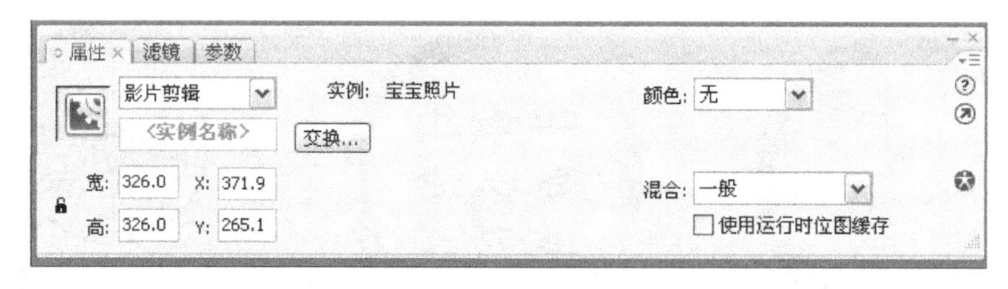

图 3-134 影片剪辑实例的“属性”面板

（1）“实例行为”下拉列表框：该下拉列表框中有 3 个选项，即影片剪辑、图形和按钮，选择不同选项，可以实现实例行为的转换，实例的“属性”面板也会随之改变。

（2）“实例名称”文本框：用于输入影片剪辑或按钮实例的名称。

（3）“交换”按钮：单击它可打开“交换元件”面板，如图 3-135 所示。在面板中间的列表框中会显示动画的所有元件的名称和图标，其左边有一个小黑点的元件是当前选中的元件实例。单击元件的名称或图标，即可在面板内左上角显示出相应元件。

选中元件的名称或图标后单击“确定”按钮，或者双击元件的名称或图标，都可以用这些元件改变选中的实例。单击该面板的“复制元件”按钮，可以打开“元件名称”对话框，在该对话框的文本框中输入名称后，再单击“确定”按钮，即可复制一个新元件。

（4）“编辑辅助功能设置”按钮：单击它可以打开“辅助功能”面板，如图 3-136 所

示。只有选中其中的“使对象可访问”复选框时，其他选项才有效。

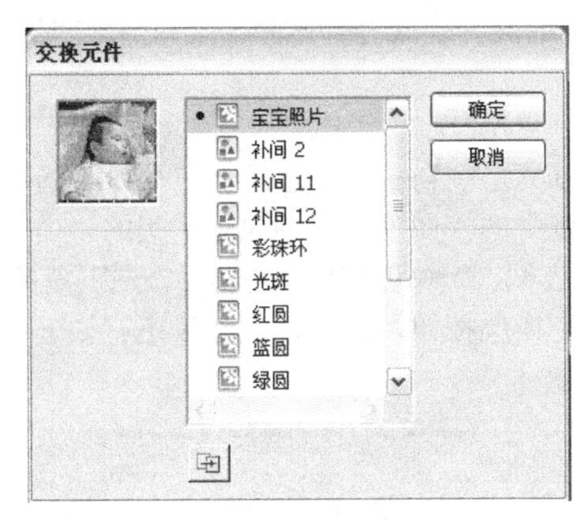

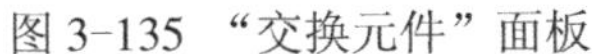

图 3-135　“交换元件”面板

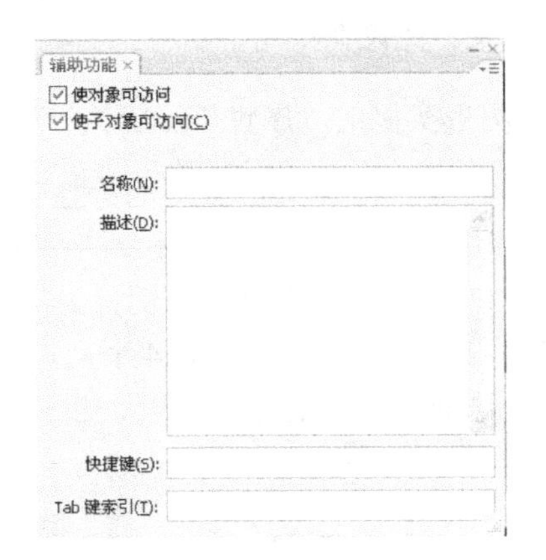

图 3-136　“辅助选项”面板

（5）“编辑此对象的动作脚本”按钮：单击它可以打开相应的“动作”面板，用于输入脚本程序。只有按钮和影片剪辑实例才有此按钮。

（6）“关于此属性检查器的帮助”按钮：单击它可以打开相应的“帮助”面板，同时显示选中实例的相应的帮助信息。

（7）“混合”下拉列表框：其内有一些选项，用来设置混合模式。选择不同的混合模式，可以更改舞台上一个影片剪辑实例对象与位于它下方的各个对象的组合方式，可以混合重叠影片剪辑中的颜色，创造独特的效果，创建复合图像。复合是改变两个或两个以上重叠对象的透明度或者颜色相互关系的过程。影片剪辑元件实例的混合模式如表 3-1 所示。

表 3-1　Flash CS3 影片剪辑元件实例的混合模式

混合模式	作　用
一般（正常）	正常应用颜色，不与基准颜色有相互关系
图层	可以层叠各个影片剪辑，而不影响其颜色
变暗	只替换比混合颜色亮的区域，比混合颜色暗的区域不变
色彩增值	将基准颜色复合以混合颜色，从而产生较暗的颜色
变亮	只替换比混合颜色暗的像素，比混合颜色亮的区域不变
荧幕（滤色）	将混合颜色的反色与基准颜色混合，产生漂白效果
叠加	进行色彩增值或滤色，具体情况取决于基准颜色
强光	进行色彩增值或滤色，具体情况取决于混合模式颜色，该效果类似于用点光源照射对象
差异	系统会比较影片剪辑实例对象的颜色和基准颜色，用它们中较亮颜色的亮度减去较暗颜色的亮度值，作为混合色的亮度，该效果类似于彩色底片
反转（反色）	获取基准颜色的反色
Alpha	Alpha 遮罩层。注意：“Alpha”混合模式要求将图层混合模式应用于父级影片剪辑实例，不能将背景影片剪辑实例的混合模式设置为“Alpha”混合模式，这样会使该对象将不可见
擦除	删除所有基准颜色像素，包括背景图像中的基准颜色像素。该混合模式要求将图层混合模式应用于父级影片剪辑，不能将背景影片剪辑实例的混合模式设置为“擦除”混合模式，这样会使该对象将不可见

说明：表中的“混合颜色”是指应用于混合模式的颜色，“不透明度”是指应用于混合模式的透明度，基准颜色是指混合颜色下的像素的颜色，结果颜色是基准颜色和混合颜色的混合效果。

由于混合模式取决于将混合应用于对象的颜色和基础颜色，所以必须试验不同的颜色，以查看结果。建议在采用混合模式时，采用不同的混合模式进行试验，以获得预期效果。

2. 图形实例的“属性”面板

图形实例和影片剪辑实例的特性在许多方面是一样的，但也有一些不同的选项。当选择实例“属性”面板的“实例行为”下拉列表框中的“图形”选项时，实例的“属性”面板如图 3-137 所示。它也有“实例行为”下拉列表框、“颜色”下拉列表框、左下角的 4 个用来精确确定实例大小与位置的 4 个文本框和“交换”按钮。此外，该面板还有如下两个特有的选项，这两个选项的作用如下。

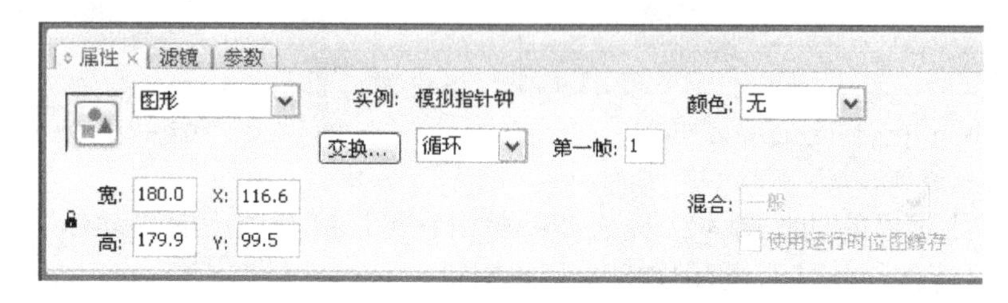

图 3-137 “按钮 1”按钮图形实例的“属性”面板

（1）“图形选项”下拉列表框：只有在图形元件实例的“属性”面板中才有“图形选项”下拉列表框，它在“交换”按钮的右边，用于选择动画的播放模式。它有“循环”（循环播放）、“播放一次”（只播放一次）和“单帧”（只显示第 1 帧）3 个选项。

（2）“第一帧”文本框：用于输入动画开始播放的帧号码，确定动画从第几帧开始播放。只有图形实例才有它。

3. 按钮实例的“属性”面板

按钮实例的“属性”面板，如图 3-138 所示。“属性”面板内主要选项的作用前面已经介绍了。该“属性”面板中特有的选项是“按钮选项”下拉列表框。它是用来选择按钮的跟踪模式。它有“当做按钮”和“当做菜单项”两个选项。

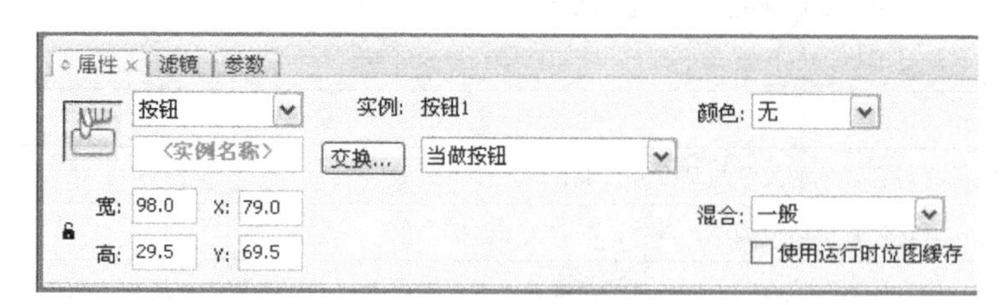

图 3-138 “按钮 1”按钮实例的“属性”面板

操作步骤

1. 制作“照片”影片剪辑元件

（1）新建一个名称为“【任务 16】宝宝相册.fla”的 Flash 文档。设置舞台工作区的宽为 840 像素、高为 550 像素，背景色为黑色。

（2）单击“属性”面板内的“设置”按钮，打开“发布设置”对话框，在其内“ActionScript”版本下拉列表框中选择“ActionScript 2.0”选项。

（3）导入“宝宝 1.jpg”……“宝宝 16.jpg”16 幅宝宝图像到“库”面板内。

（4）创建并进入“宝宝照片”影片剪辑元件的编辑状态，选中“图层 1”图层第 1 帧，将“库”面板内“宝宝 1.jpg”图像拖曳到舞台工作区内，调整它的宽为 400 像素，高为 300 像素，X 值为“–200.0”，Y 值为“–150.0”。

（5）拖曳选中“图层 1”图层第 2 帧到第 16 帧，按【F7】键，创建 15 个空关键帧。选中“图层 1”图层第 2 帧，再将“库”面板内“宝宝 2.jpg”图像拖曳到舞台工作区内，调整它的宽为 4000 像素，高为 300 像素，X 值为“–200.0”，Y 值为“–150.0”。

（6）以后按照上述方法，在第 3～16 帧放置相同大小和位置的不同图像。

（7）选中“图层 1”图层第 1 帧，打开“动作”面板，双击命令列表区内“全局函数”→“影片剪辑控制”→“时间轴控制”文件夹内的“stop”命令，在程序编辑区内添加“stop();”命令，如图 3-139 所示，表示播放指针移到该帧时停止移动，即播放第 1 帧后停止播放。

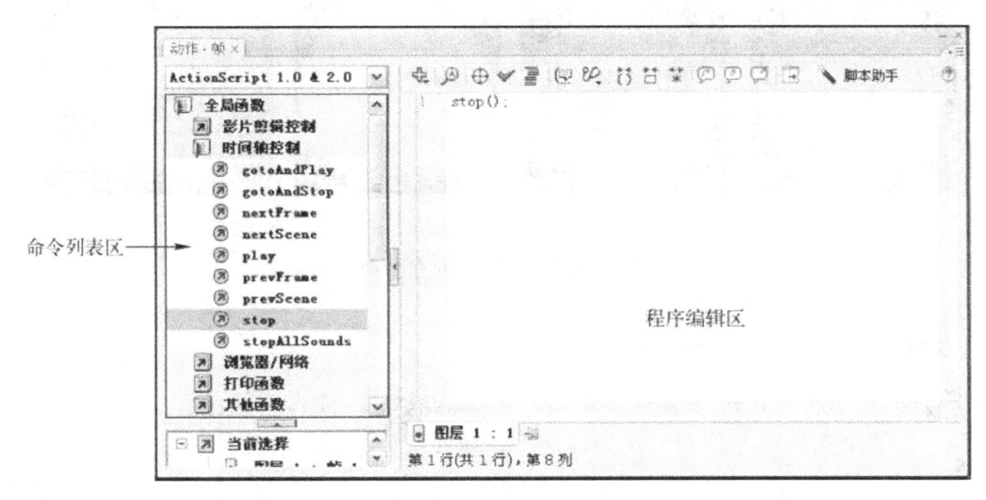

图 3-139　“动作-帧”面板

（8）按照上述方法，分别给“图层 1”图层第 2 帧到第 16 帧关键帧的“动作”面板的程序编辑区内添加“stop();”命令。然后，回到主场景。

小提示

关于“动作”面板和程序将在第 6 章有更详细的介绍。

2．制作“三原色”影片剪辑元件

（1）创建并进入“红圆”影片剪辑元件的编辑状态，使用工具箱内的“椭圆工具”。再在它的“属性”栏内设置无轮廓线，填充色为红色。按住【Shift】键，拖曳绘制一个直径为 120 像素的红色圆形，如图 3-140（a）所示。然后，回到主场景。

（2）选中“库”面板中的“红圆”影片剪辑元件，单击鼠标右键，打开它的快捷菜单，选择该菜单中的“直接复制”菜单命令，打开“直接复制元件”对话框，将“名称”文本框中的内容改为“蓝圆”文字。单击“确定”按钮，关闭“直接复制元件”对话框。此时，“库”面板中会增加一个“蓝圆”影片剪辑元件。按照上述方法，再在“库”面板中复制一个“红圆”影片剪辑元件，影片剪辑元件的名称改为“绿圆”。

（3）双击“库”面板中的“蓝圆”影片剪辑元件，进入其编辑状态，使用工具箱内的“颜料桶工具”，给红色圆形填充蓝色，如图 3-140（b）所示。然后，回到主场景。

（4）双击“库”面板中的“绿圆”的影片剪辑元件，进入其编辑状态，给红色圆形填充绿色，如图 3-140（c）所示。然后，回到主场景。

（5）创建并进入“三原色”影片剪辑元件的编辑状态，将“库”面板中的“红圆”、“蓝圆”和“绿圆”3 个影片剪辑元件依次拖曳到舞台工作区内，形成 3 个实例。再使用工具箱中“选择工具”，将它们移到相应的位置，使它们相互重叠一部分。而且，“蓝圆”影片剪辑实例在最下边，“绿圆”影片剪辑实例在最上边。

（6）单击选中“红圆”影片剪辑实例，在其“属性”面板的“混合”下拉列表框中选择“增加”选项。单击选中“绿圆”影片剪辑实例，在其“属性”面板的“混合”下拉列表框中也选择“增加”选项，效果如图 3-140（d）所示。然后，回到主场景。

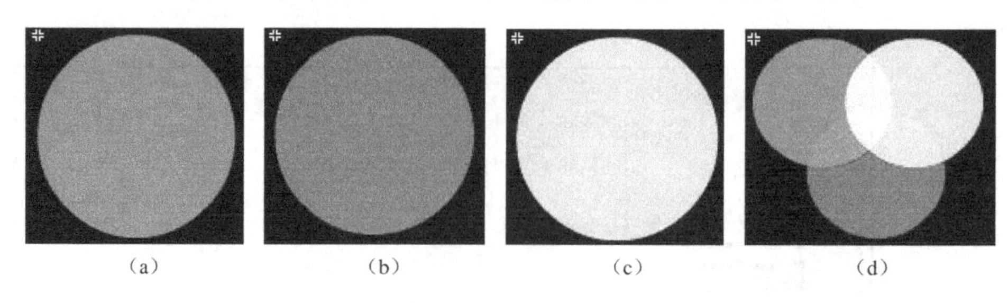
（a）　（b）　（c）　（d）

图 3-140　三原色混合图形

3. 制作“光斑”影片剪辑元件

（1）创建并进入“光斑”影片剪辑元件的编辑状态。打开“颜色”面板，选择“放射状”选项，设置填充色从左到右分别为浅灰色、较浅灰色、白色、黑色和浅灰色，如图 3-141 所示，设置为无轮廓线。使用工具箱内的椭圆工具，按住【Shift】键，同时用鼠标在舞台工作区内绘制一个圆形图形，如图 3-142 所示。

（2）使用工具箱内的“选择工具”，选中绘制的圆形图形。然后，打开“柔化填充边缘”对话框，在两个文本框中均输入 20，单击“确定”按钮，将圆形图形柔化，如图 3-143 所示。再将柔化后的圆心图形组成组合，形成圆形光环图形。

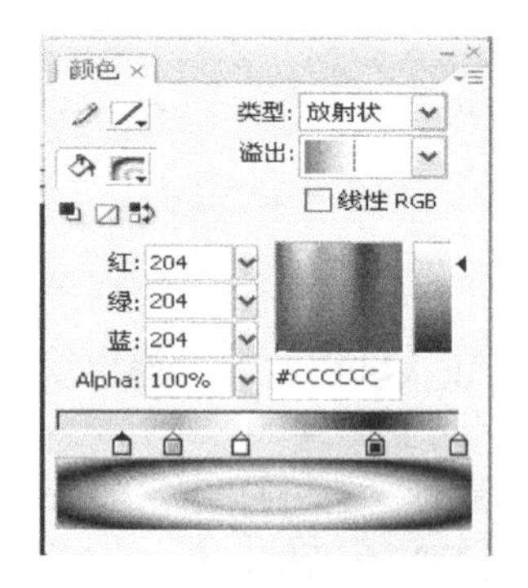

图 3-141　“颜色”面板设置

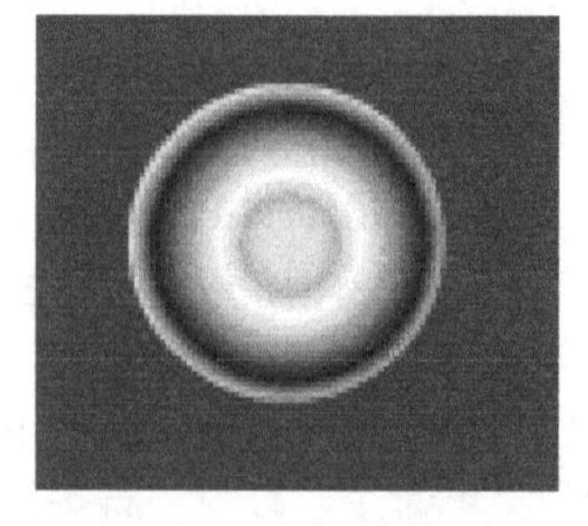
图 3-142　渐变填充圆形图形

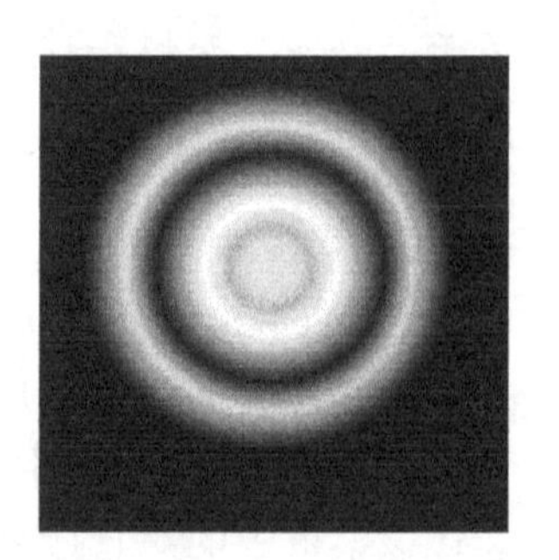
图 3-143　柔化圆形图形

（3）选择“颜色”面板内的“线性”选项，进行从左向右渐变的填充色设置。设置的填充色从左到右分别为白色、白色和深灰色。

（4）使用工具箱内的“矩形工具”□，用鼠标在舞台工作区内绘制一个没有轮廓线的细长的矩形。在没有选中矩形的情况下，使用工具箱内的“选择工具”，用鼠标拖曳矩形的右边，使矩形右边变尖，形成光线图形，如图 3-144 所示，然后将其组成组合。要精确调整该矩形的长和宽，可在其“属性”面板中进行。

（5）打开“变形”面板。选中“旋转”单选按钮，再在其右边文本框内输入 90，如图 3-145 所示。然后，3 次单击该对话框右下角的图标按钮，复制 3 个依次旋转 90 度的细长矩形。按照上述方法，再复制旋转 45 度、-45 度、135 度和-135 度细长的光线图形。最后，将这 8 个细长光线图形（相当于光线）分别移到圆形光环图形之上，如图 3-146 所示。

图 3-144　细长的矩形

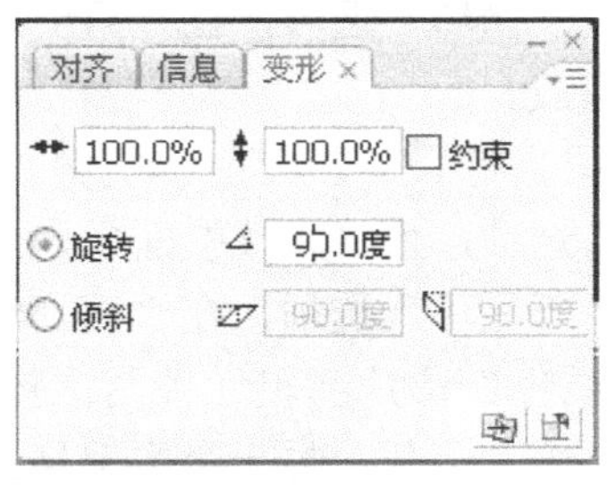

图 3-145　“变形”对话框

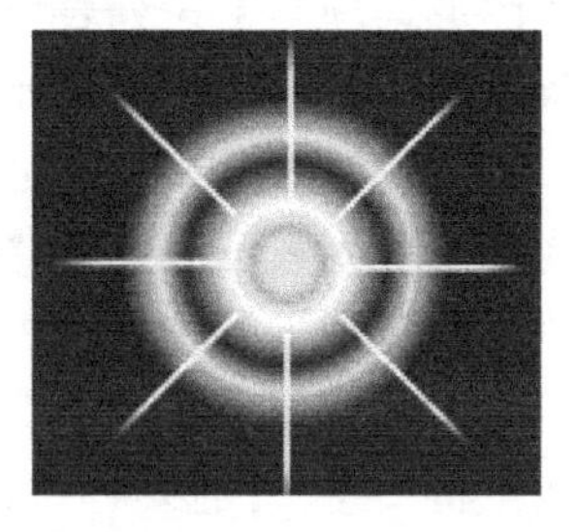

图 3-146　8 个细长的矩形

（6）使用工具箱内的“选择工具”，用鼠标拖曳出一个矩形，将圆形光环图形和 8 个细长的光线图形圈起来，选中它们，将它们组成组合。至此，绘制完光斑。

（7）创建“图层 1”图层第 1 帧到第 80 帧的动作动画。选中“图层 1”图层第 40 帧，按【F6】键，创建一个关键帧。选中“图层 1”图层第 40 帧内的光斑图形，将该图形调小。

（8）选中“图层 1”图层第 1 帧，在其“属性”面板的“旋转”下拉列表框中选择“顺时针”选项，在其右边的文本框中输入 1。选中“图层 1”图层第 40 帧，在其“属性”面板的“旋转”下拉列表框中选择“逆时针”选项，在其右边的文本框中输入 1。

（9）单击元件编辑窗口中的按钮，回到主场景舞台工作区。

4. 复制“模拟指针表”影片剪辑元件

（1）打开“【任务 7】模拟指针表.fla”动画。在“库”面板的下拉列表框中选择“【任务 7】模拟指针表.fla”选项，将“库”面板切换到“【任务 7】模拟指针表.fla”动画的“库”面板。右击“库”面板内的“模拟指针表”影片剪辑元件，打开它的快捷菜单，选择该菜单内的“复制”菜单命令，将该影片剪辑元件复制到剪贴板内。

（2）在“库”面板的下拉列表框中选择“【任务 16】宝宝相册.fla”选项，将“库”面板切换到“【任务 16】宝宝相册.fla”动画的“库”面板。将“库”面板内的“补间 1”元件名称改为“补间 11”。其目的是为了不使粘贴的影片剪辑元件附带的补间元件名称一样，造成混乱。

（3）右击“库”面板内，打开它的快捷菜单，选择该菜单内的“粘贴”菜单命令，将剪贴板内的“模拟指针表”影片剪辑元件粘贴到“【任务 16】宝宝相册.fla”动画的“库”面板中。

5. 制作主场景动画

（1）选中“图层 1”图层第 1 帧，将“库”面板内的“宝宝照片”影片剪辑元件拖曳到舞台工作区内的正中间，形成一个实例。在该实例的“属性”面板的“”文本框中输入“TU”，给“宝宝照片”影片剪辑实例命名为“TU”。

（2）将“库”面板内的“模拟指针表”影片剪辑元件两次拖曳到舞台工作区内，形成两个实例，适当调整它们的大小。将一个实例移到舞台工作区内右上角，另一个实例移到舞台工作区内左下角。

（3）单击选中左下角的“模拟指针表”影片剪辑实例，在它的“属性”面板的“实例行为”下拉列表框中选择“图形”选项，使“属性”面板切换到图形实例的“属性”面板。在“图形选项”下拉列表框中选择“循环”选项，在“第一帧”文本框中输入“1”。目的是使该图形实例从第 1 帧开始循环播放。

（4）单击选中右上角的“模拟指针表”影片剪辑实例，在它的“属性”面板的“实例行为”下拉列表框中选择“图形”选项，使“属性”面板切换到图形实例的“属性”面板。在“图形选项”下拉列表框中选择“循环”选项，在“第一帧”文本框中输入“60”。

（5）将“库”面板内的“三原色”影片剪辑元件两次拖曳到舞台工作区内，形成两个实例，将一个实例移到舞台工作区内左上角，另一个实例移到舞台工作区内右下角。

（6）多次将“库”面板内的“光斑”影片剪辑元件拖曳到舞台工作区内，形成多个实例，将这些实例移到舞台工作区内的不同位置。

（7）选择“窗口”→“公用库”→“按钮”菜单命令，可打开“库-Buttons.fla”面板（“库—按钮”面板）。将“库-Buttons.fla”面板内的一个按钮拖曳到舞台工作区下边的中间处。

（8）单击选中按钮实例，打开“动作—按钮”面板，在“程序编辑区”内输入如下程序（注意字母的大小写不可以改变）。关于程序将在第 6 章介绍。

```
on (release, keyPress "<Space>") {
    TU.play();
}
```

（9）因为“模拟指针表”影片剪辑元件共 120 帧。为了使图形实例能正常播放，则选中“图层 1”图层第 120 帧，按【F5】键，使该图层第 1 帧到第 120 帧内容均一样。

课后习题 3-6

1．制作一个“三补色混色”图形。黄、青、紫（也叫品红）是三原色的 3 个补色，它们的混色特点如图 3-147 所示。

2．利用“人跑.fla”Flash 文档，制作一个“奔跑的运动员”影片，该影片播放后，许多穿着不同颜色运动服的运动员来回奔跑，可以看出他们有些离我们较近，有些离我们较远，大小也不一样。该影片播放后的一幅画面如图 3-148 所示。

3．制作一个“时区时钟”动画，该动画播放后的一幅画面如图 3-149 所示。可以看到，4 个模拟指针表在不停地转动，指示的时间不一样的，好像宾馆中的不同时区的不同时钟一样。另外，这些模拟指针表的颜色也不相同。

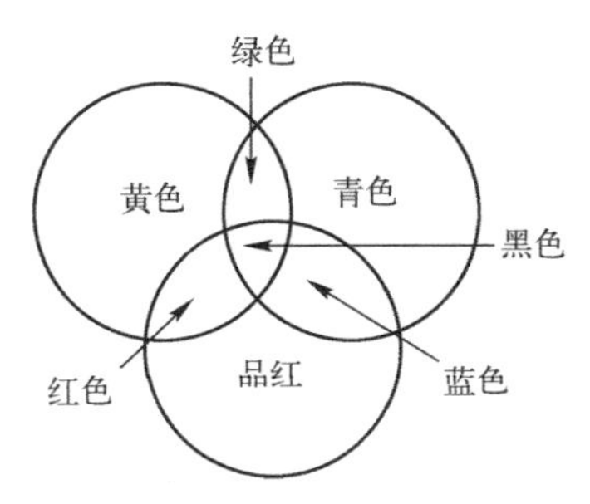

图 3-147　三补色混色

图 3-148　“奔跑的运动员”影片的画面

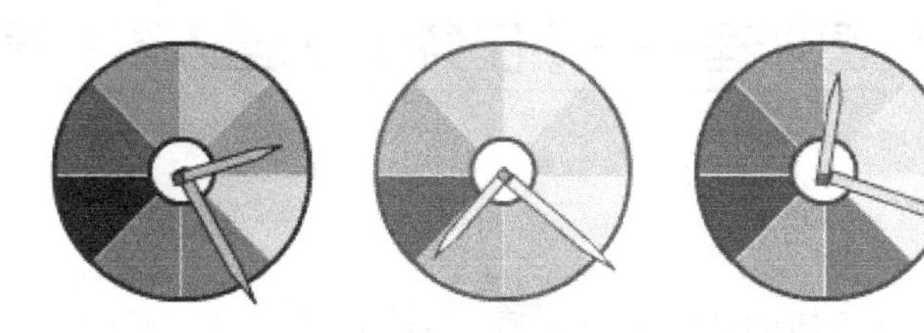

图 3-149　“时区时钟”动画播放后的画面

第4章

导入对象、遮罩和时间轴特效动画

知识要点：

1. 掌握导入位图、分离位图的方法，掌握套索工具的使用方法。
2. 掌握导入视频的方法，掌握利用 Flash Video Encoder 生成 FLV 文件的方法。
3. 掌握导入音频的方法，掌握编辑声音的方法。
4. 掌握创建遮罩层的方法和技巧，掌握建立与取消普通图层与遮罩层关联的方法。
5. 掌握制作时间轴特效动画的方法，掌握编辑时间轴特效动画的方法。

4.1 导入位图和位图处理——【任务 17】佳人游美景

任务描述

“佳人游美景”动画播放后的两幅画面如图 4-1 所示。可以看到，河边的小草屋前有一个不停转动的水车，小山上小溪缓缓流下，一位佳人坐在小船上顺着荡漾的河水慢慢从左向右漂动，佳人和小船在河水中的倒影也随之移动，一只飞鸟在空中来回飞翔。

图 4-1 “佳人游美景”动画播放后的两幅画面

知识链接

1. 导入位图

（1）将图像导入到舞台：选择“文件”→“导入”→“导入到舞台”菜单命令，打开“导入”对话框。利用该对话框，选择要导入的文件，再单击“打开”按钮，即可导入选定的文件。可以导入的外部素材有矢量图形、位图、视频影片和声音素材等，文件的格式较多，从“导入”对话框的“文件类型”下拉列表框中可以看出。如果选择的文件名是以数字序号结尾的，则会弹出“Adobe Flash CS3”提示框，如图 4-2 所示。单击“否”按钮，则只将选定的文件导入。单击“是”按钮，即可将一系列文件全部导入到“库”面板内和舞台工作区中。例如，在文件夹内有“T1.jpg”“T2.jpg”……“T4.jpg”图像文件，在选中“T1.jpg”文件后，单击“是”按钮，即可将这些文件都导入“库”面板内和舞台工作区中。如果一个导入的文件有多个图层，则 Flash CS3 会自动创建新图层以适应导入的图形。

（2）将图像导入到库：选择“文件”→“导入”→“导入到库”菜单命令，打开“导入到库”对话框。利用该对话框，可以选择图像等文件。再单击“打开”按钮，即可将选中的图像等或一个序列的图像等导入到“库”面板中，而不导入到舞台工作区中。

（3）从剪贴板中粘贴图形、图像和文字等：首先，在其他应用软件中，使用“复制”或“剪切”菜单命令，将图形等对象复制到剪贴板中。然后，在 Flash CS3 中，选择“编辑”→“粘贴到中心位置”菜单命令，将剪贴板中的内容粘贴到“库”面板与舞台工作区的中心。如果是在 Flash CS3 中将图形等对象复制到剪贴板中，则可以选择“编辑”→“粘贴到当前位置”菜单命令，可将剪贴板中的内容粘贴到原来对象所在的位置，只是所在的帧可以改变。

如果选择“编辑”→“选择性粘贴”菜单命令，即可打开“选择性粘贴”对话框，如图 4-3 所示。在“作为”列表框内，单击选中一个软件名称，再单击“确定”按钮，即可将选定的内容粘贴到舞台工作区中。同时，还建立了导入对象与选定软件之间的链接。

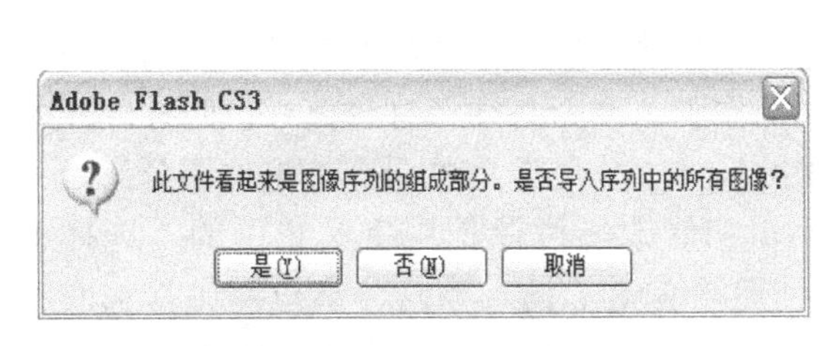

图 4-2　“Adobe Flash CS3”对话框

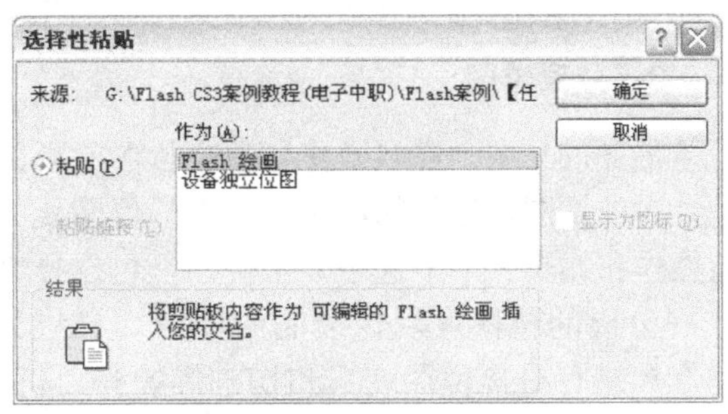

图 4-3　“选择性粘贴”对话框

2. 位图属性的设置

按照上边介绍的方法，导入一些位图图像到“库”面板中，如图 4-4 所示。双击“库”面板中导入图像的名字或图标，弹出该图像的“位图属性”对话框，再单击该对话框中的“测试”按钮，可在该对话框的下半部显示一些文字信息，如图 4-5 所示。利用该对话框，可了解该图像的一些属性，进行位图属性的设置。其中各选项的作用如下。

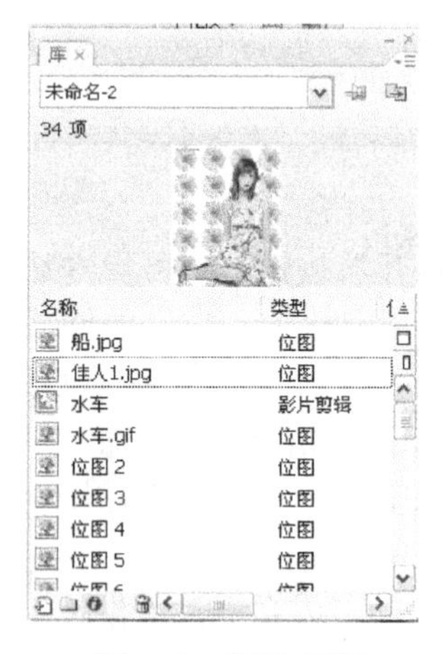

图 4-4 “库”面板

图 4-5 “位图属性”对话框

（1）“允许平滑”复选框：选中它，可以消除位图边界的锯齿。

（2）“压缩”下拉列表框：其中有“照片（JPEG）”和“无损（PNG/GIF）两个选项。选择第 1 个选项，可以按照 JPEG 方式压缩；选择第 2 个选项，可以基本保持原图像的质量。

（3）“使用导入的 JPEG 数据”复选框：选中它后，表示使用文件默认质量。如果不选择该复选框，则它的下边会出现一个“品质”文本框。在该文本框内可输入 1～100 的数值，数值越大，图像的质量越高，但文件所占空间也越大。

（4）“更新”按钮：单击它，可按设置更新当前图像文件的属性。

（5）“导入”按钮：单击它，可打开“导入位图”对话框，利用该对话框可更换图像文件。

（6）“测试”按钮：单击它，可以按照新的属性设置，在对话框的下半部显示一些有关压缩比例、容量大小等测试信息，在左上角显示重新设置属性后的部分图像。

3．分离位图

在 Flash 中，许多操作（改变位图的局部色彩或形状，进行位图的变形过渡动画制作）是针对矢量图形进行的，对于导入的位图就不能操作了。位图必须经过分离（也叫打碎）才能操作和编辑。单击选中一个位图，再选择“修改”→“分离”菜单命令，将位图分离。

分离的位图可以像绘制的图形那样进行编辑和修改。可以使用工具箱中的“选择工具”进行分离位图变形和切割等操作，可以使用“套索工具”对分离位图进行选取和切割等操作，可以使用“任意变形工具”对分离位图进行扭曲和封套编辑操作。还可以使用工具箱中的“橡皮擦工具”对分离位图进行部分或全部擦除。

4．使用套索工具选取对像

单击工具箱中的“套索工具”按钮，在分离的图像（打碎的位图图像）之上拖曳鼠标，会沿鼠标运动轨迹产生一条不规则的细黑线，如图 4-6 所示。释放鼠标左键后，被围在圈中的经过分离的图像就被选中了。使用工具箱中的“选择工具”，拖曳这些选取的分

离的图像，可以将选中的分离的图像与未被选中的分离的图像分开，成为独立的对象，如图 4-7 所示。

图 4-6　使用套索工具选取

图 4-7　分离对象

小提示

使用“套索工具”拖曳出的线可以不封闭。当线没有封闭时，Flash 会自动以直线连接首尾，使其形成封闭曲线。

单击工具箱中的“套索工具”按钮，其“选项”栏内会显示 3 个按钮，如图 4-8 所示。套索工具的 3 个按钮用来改变套索工具的属性。3 个按钮的作用如下。

（1）“多边形模式”按钮：单击该按钮后，可以形成封闭的多边形区域，用于选择对象。此时封闭的多边形区域的产生方法为用鼠标在多边形的各个顶点处单击一下，在最后一个顶点处双击鼠标左键，即可画出一个多边形直细线框，它包围的图形都会被选中。

（2）“魔术棒”按钮：单击该按钮后，将鼠标指针移到对象的某种颜色处，当鼠标指针呈魔术棒形状时，单击鼠标左键，可将该颜色和与该颜色相接近的颜色图形选中。如果再单击“选择工具”按钮，用鼠标拖曳选中的图形，可将它们拖曳出来。将鼠标指针移到其他地方，当鼠标指针不呈魔术棒形状时，单击鼠标左键，可取消选取。

（3）“魔术棒属性”按钮：单击该按钮后，会打开一个“魔术棒设置”对话框，如图 4-9 所示。利用它可以设置魔术棒工具的属性。魔术棒工具的属性主要是用来设置临近色的相似程度。对话框中各选项的作用如下。

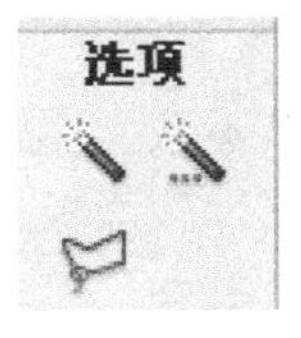

图 4-8　“套索工具”的“选项”栏

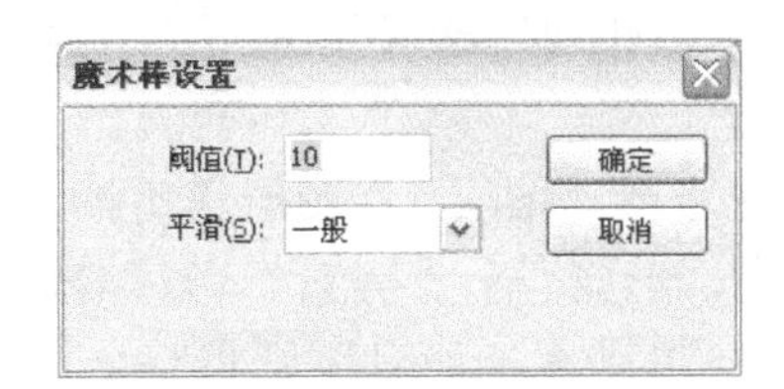

图 4-9　“魔术棒设置”对话框

◎“阈值”文本框：其内输入选取的阈值，其数值越大，魔术棒选取时的容差范围也越大。此值的范围为 0～200。

◎“平滑”下拉列表框：它有 4 个选项，即“像素”、“粗略”、“正常”和“平滑”。这

4 个选项是对阈值的进一步补充。

如果按住【Shift】键，同时用鼠标创建选区，可以在保留原来选区的情况下，创建新选区。

操作步骤

1．导入 GIF 格式动画和制作动画背景

（1）新建一个名称为“【任务 17】佳人游美景.fla”的 Flash 文档。设置舞台工作区的宽为 700 像素、高为 570 像素，背景色为绿色。

（2）选择“文件”→“导入”→“导入到库”菜单命令，打开“导入到库”对话框。利用该对话框，选中“美景动画.gif”和“飞鸟.gif”GIF 格式文件。再单击“打开”按钮，即可将选中的“美景动画.gif”和“飞鸟.gif”GIF 格式动画导入到“库”面板中。“美景动画.gif”GIF 格式动画的一幅画面如图 4-10 所示，“飞鸟.gif”GIF 格式动画的 3 幅画面如图 4-11 所示。

图 4-10 “美景动画.gif”的画面

图 4-11 “飞鸟.gif”的 3 幅画面

（3）打开“库”面板，可以看到，“库”面板除了有一个“美景动画.gif”和“飞鸟.gif”元件外，还有 GIF 格式动画的各帧图像，还有一个名称为“元件 1”和“元件 2”的影片剪辑元件，“元件 1”元件内有 31 个关键帧，分别加载了“美景动画.gif”GIF 格式动画的各帧图像，“元件 2”元件内有 4 个关键帧，分别加载了“飞鸟.gif”GIF 格式动画的各帧图像。

（4）双击“元件 1”影片剪辑元件的名称，进入它的编辑状态，将元件的名称改为“美景”；双击“元件 2”影片剪辑元件的名称，进入它的编辑状态，将元件的名称改为“飞鸟”。

（5）选中主场景“图层 1”图层第 1 帧，将“库”面板内的“美景”影片剪辑元件拖曳到舞台工作区内，形成一个“美景”影片剪辑实例，利用它的“属性”面板，调整它的宽为 700 像素，高为 570 像素，而且刚好将整个舞台工作区完全覆盖。

（6）选中“图层 1”图层第 160 帧，按【F5】键，使该图层第 1 帧到第 160 帧内容一样。

2．制作佳人坐船图像

（1）将“图层 1”图层隐藏。在“图层 1”图层之上添加一个“图层 2”图层，选中“图层 2”图层第 1 帧。

（2）选择“文件”→“导入”→“导入到舞台”菜单命令，打开“导入”对话框。利用该对话框，选择“船.jpg”和“佳人.jpg”图像文件，再单击“打开”按钮，将“船.jpg”和“佳人.jpg”图像导入到舞台工作区内和“库”面板中。“船.jpg”图像如图 4-12 所示，“佳人.jpg”图像如图 4-13 所示。

（3）选中“船”图像，选择“修改”→“分离”菜单命令，将“船”图像分离。单击工具箱内的“套索工具”，单击“选项”栏内的“魔术棒”按钮，此时鼠标指针变为魔术棒状，单击“船”图像的背景白色，选中白色图像，按【Delete】键，删除白色背景图像。再使用工具箱内的“橡皮擦工具”，擦除剩余的色背景图像，效果如图 4-14 所示。

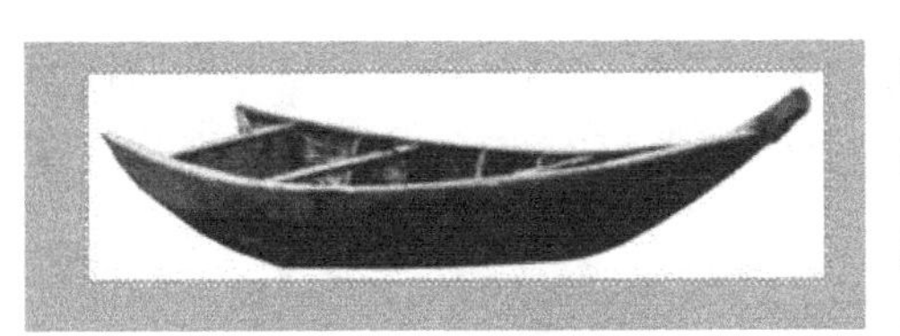

图 4-12　“船”图像

图 4-13　“佳人”图像

图 4-14　删除白色背景

（4）选中“佳人”图像，选择“修改”→“分离”菜单命令，将“佳人”图像打碎。单击工具箱中的“套索工具”按钮，单击工具箱内“选项”栏中的“多边性模式”按钮，沿着“佳人”图像内人物的四周单击。最后回到起点双击，创建一个选中人物的选区。

（5）使用工具箱中的“选择工具”，拖曳这些选取的分离的图像，可以将选中的人物图像与未被选中的背景图像分开，成为独立的对象。然后，调整舞台工作区的显示比例为 400% ，使用工具箱中的“橡皮擦工具”，擦除多余的图像，再调整舞台工作区的显示比例为 100%。

（6）分别将船图像和人物图像组合。再使用工具箱中的“任意变形工具”，适当调整这两幅图像的大小，并组合在一起。然后，将它们组合，构成佳人坐船中组合，并将该组合移到舞台工作区左下角处，如图 4-15 所示。

图 4-15　佳人坐在船中图像

3．制作佳人坐船动画

（1）将“图层 1”图层显示。将佳人坐船组合复制一份，选中该组合，选择“修改”→“变形”→“垂直翻转”菜单命令，将选中的组合垂直翻转，将垂直翻转的组合移到原佳人坐船图像的下边，如图 4-16 所示。

（2）选中垂直翻转的组合，选择“修改”→“转换为元件”菜单命令，打开“转换为元件”对话框，在“名称”文本框内输入“倒影”，选中“影片剪辑”单选按钮，再单击“确定”按钮，将选中的对象转换为“倒影”影片剪辑元件的实例。

（3）选中“倒影”影片剪辑实例，选择“编辑”→“剪切”菜单命令，将选中的“倒影”影片剪辑实例剪切到剪贴板中。在“图层 2”图层之上添加一个“图层 3”图层，选中“图层 3”图层第 1 帧，选择“编辑”→“粘贴到当前位置”菜单命令，在原位置粘贴一个“倒影”影片剪辑实例。

（4）单击选中“图层 3”图层第 1 帧内的“倒影”影片剪辑实例，在其“属性”面板的“混合”下拉列表框中选择“叠加”选项，在“颜色”下拉列表框中选择“Alpha”选项，在其右边的文本框中输入 66%，效果如图 4-17 所示。

（5）创建“图层 2”图层第 1 帧到第 160 帧的动画，将第 160 帧内的佳人坐船中图像移到舞台工作区的右边。创建“图层 3”图层第 1 帧到第 160 帧的动画，将第 160 帧内的“倒影”影片剪辑实例移到舞台工作区的右边，效果如图 4-18 所示。

图 4-16　复制和垂直翻转图像　　图 4-17　第 1 帧的画面　　图 4-18　第 160 帧的画面

4．制作飞鸟飞翔动画

（1）在“图层 3”图层之上添加一个“图层 4”图层，选中“图层 4”图层第 1 帧，将“库”面板内的“飞鸟”影片剪辑元件拖曳到舞台工作区外右上角，形成一个“飞鸟”影片剪辑实例，利用它的“属性”面板，调整它的宽为 150 像素，高为 127 像素，如图 4-19 所示。

（2）创建“图层 4”图层第 1 帧到第 80 帧的动画，选中“图层 4”图层第 80 帧，将“飞鸟”影片剪辑实例移到舞台工作区的左上边，如图 4-20 所示。

（3）选中“图层 4”图层第 81 帧，按【F6】键，创建一个关键帧。将“图层 4”图层第 81 帧内的“飞鸟”影片剪辑实例水平翻转，如图 4-21 所示。

图 4-19　第 1 帧飞鸟位置　　图 4-20　第 80 帧飞鸟位置　　图 4-21　第 81 帧飞鸟位置

（4）单击选中“图层 4”图层第 160 帧，按【F6】键，创建第 81 帧到第 160 帧动画。将“图层 4”图层第 160 帧内的“飞鸟”影片剪辑实例移到舞台工作区的右上角。

至此，整个动画制作完毕。“佳人游美景”动画的时间轴，如图 4-22 所示。

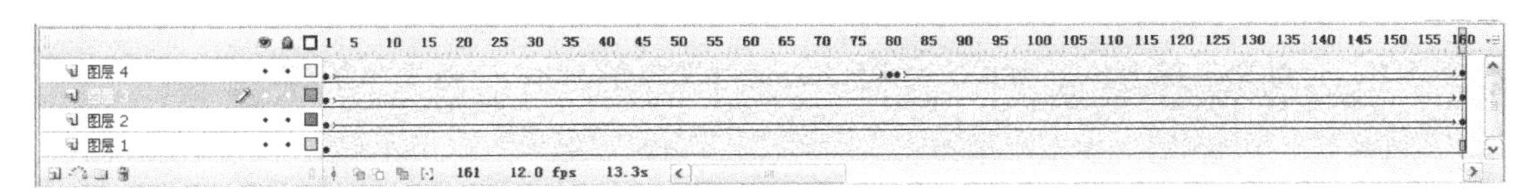

图 4-22　“佳人游美景”动画的时间轴

课后习题 4-1

1．制作一个“清晨小街”动画，该动画播放后的一幅画面如图 4-23 所示。可以看到，美丽的小街、清澈的蓝天、白云漂移，街旁人们在忙碌、儿童跳绳、学生横过小街，远处草坪上儿童在玩耍、小狗摇尾、飞鸟飞翔，一派生机勃勃的景象。

图 4-23　“清晨小街”动画播放后的一幅画面

2．制作一个“晨练”动画，该动画播放后的两幅画面如图 4-24 所示。在森林中，一只花狗和一个运动员来回奔跑，一只飞鸟来回飞翔，3 个小孩在跳绳，一派清晨锻炼的景象。

图 4-24　“晨练”动画播放后的两幅画面

3．制作一幅“室内丽人”图像，如图 4-25 所示，它是利用图 4-26 所示的“丽人”图像和图 4-27 所示的“窗户”图像制作成的。

图 4-25 “室内丽人”图像

图 4-26 “丽人”图像

图 4-27 “窗户”图像

4.2 导入视频和生成 FIV 文件——【任务 18】星空音乐会

任务描述

“星空音乐会”动画播放后，屏幕中会出现一幅美丽的星空图像，在星空中一群绿色的外星人跟着音乐翩翩起舞。同时，在屏幕右上角有一道上下摆动的光束打在电影幕布上，电影屏幕中播放着有关鸽子的电影，同时还播放音乐。动画播放中的两幅画面如图 4-28 所示。

图 4-28 “星空音乐会”动画播放后的两幅画面

这个动画主要是由星空图像、绿色的外星人（GIF 动画）、有关鸽子的电影（AVI 视频）和 MP3 音乐等组成的。要导入视频需安装 QuickTime 6.5 或更高版本。

知识链接

1．导入视频

（1）选择“文件”→“导入”→“导入视频”菜单命令，打开“导入视频”（选择视

频）对话框（“文件路径”文本框内还没有内容），如图 4-29 所示。

（2）单击“导入视频”（选择视频）对话框内的“浏览”按钮，打开“打开”对话框，在该对话框内选择要导入的视频文件“鸽子.avi”，单击“打开”按钮，关闭“打开”对话框，回到“导入视频”（选择视频）对话框，如图 4-29 所示。

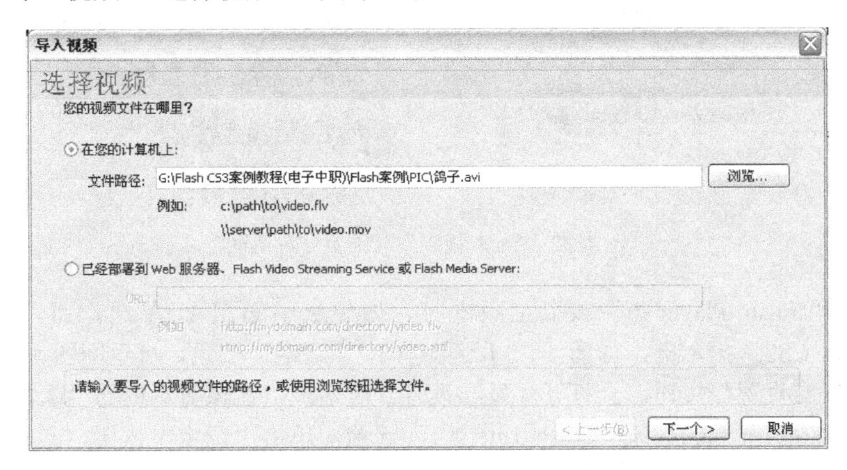

图 4-29 “导入视频”（选择视频）对话框

另外，选择“文件”→“导入”→“导入到舞台”菜单命令，打开“导入”对话框，如图 4-30 所示；选择“文件”→“导入”→“导入到库”菜单命令，打开“导入到库”对话框，如图 4-31 所示。在这两个对话框的“文件类型”下拉列表框中选择“所有视频格式”选项，在“查找范围”下拉列表框中选择文件夹，在下边的列表框内选择视频文件（AVI 格式或 FLV 格式，例如，选择“鸽子.avi”）。然后，单击“打开”按钮，也可以打开如图 4-29 所示的“导入视频”对话框。

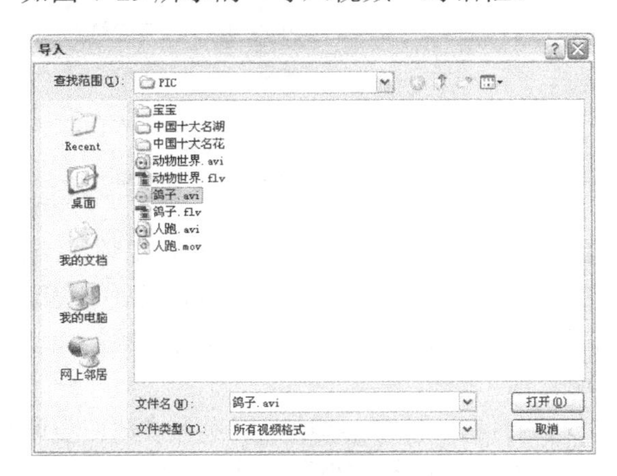

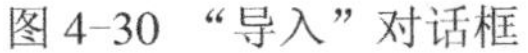

图 4-30 “导入”对话框

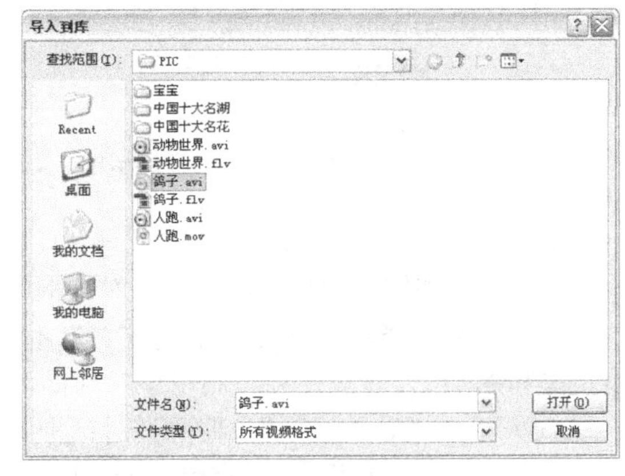

图 4-31 “导入到库”对话框

（3）单击“导入视频”（选择视频）对话框内的“下一个”按钮，打开“导入视频”（部署）对话框，如图 4-32 所示。该对话框有 5 个单选按钮，用来选择采取何种方式部署视频。在选择不同的单选按钮后，对话框的右边会显示相应的提示信息。

（4）如果选择前 3 个单选按钮中的一个，则会在两次单击“下一个”按钮后打开“导入视频”（外观）对话框，在该对话框的“外观”下拉列表框中可以选择一种视频播放器的外观。

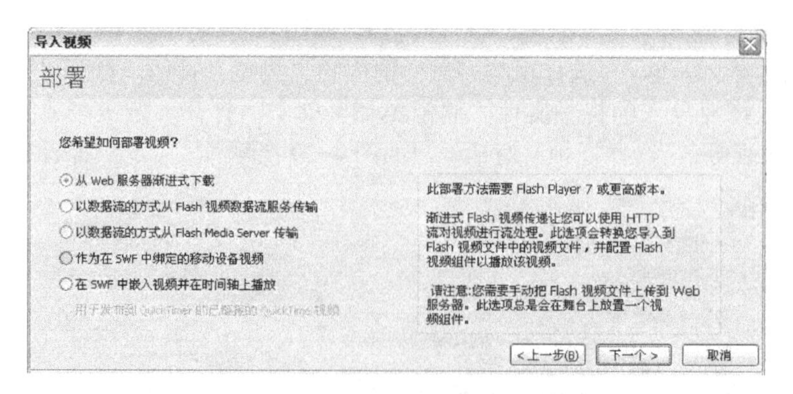

图 4-32 “导入视频”（部署）对话框

在设置“Flash Player 6”或以上版本时，如果选中第 4 个单选按钮，会弹出一个“Adobe Flash CS3”提示框，如图 4-33 所示，单击“确定”按钮，可返回图 4-32 所示对话框；单击“发布设置”按钮，会打开“发布设置”对话框，在该对话框的“版本”下拉列表框中选择“Flash Lite 2.0”或“Flash Lite 2.1”选项，单击“确定”按钮，可关闭“发布设置”对话框，回到图 4-32 所示对话框，选中第 4 个单选按钮。

在设置版本为“Flash Lite 2.0”或“Flash Lite 2.1”时，选择第 5 个单选项，则会弹出一个“Adobe Flash CS3”提示框，如图 4-34 所示，单击“确定”按钮，可返回图 4-32 所示对话框；单击“发布设置”按钮，会打开“发布设置”对话框，在该对话框的“版本”下拉列表框中选择“Flash Player 6”或以上版本的选项，单击“确定”按钮，可以关闭“发布设置”对话框，回到图 4-32 所示对话框，选中第 5 个单选按钮。

图 4-33 “Adobe Flash CS3”提示框

图 4-34 “Adobe Flash CS3”提示框

（5）如果选中前 3 个单选按钮，再单击“下一个”按钮，会直接打开“导入视频”（编码）对话框，如图 4-35 所示。在该对话框的下拉列表框中可以选择一个 Flash 视频编码配置文件，此处选择默认文件。拖动该对话框内右边的滑块，可以播放导入的视频；拖动滑块和，可以剪裁视频。利用该对话框可以调整视频编码。

（6）单击“导入视频”（编码）对话框的“裁切与调整大小”选项，切换到“裁切与调整大小”选项卡，利用它可以裁切和修剪视频。在“裁切与调整大小”选项卡内的 4 个文本框中输入数据（如图 4-36 所示），同时会看到该对话框右上角视频图像四周的虚线会随之变化，从而确定视频的裁切范围。

（7）单击“下一个”按钮，会打开“导入视频”（外观）对话框，如图 4-37 所示。在该对话框的“外观”下拉列表框中可以选择一种视频播放器的外观。

（8）不断单击“下一步”按钮，最后单击“完成”按钮。在舞台工作区内形成的视频对象如图 4-38 所示。在“库”面板内创建的元件类型是 Flash CS3 新增的“编辑剪辑”类

型，如图 4-39 所示。在时间轴上视频只占 1 帧。该动画播放后的一幅画面如图 4-40 所示。

图 4-35 “导入视频”（编码）对话框

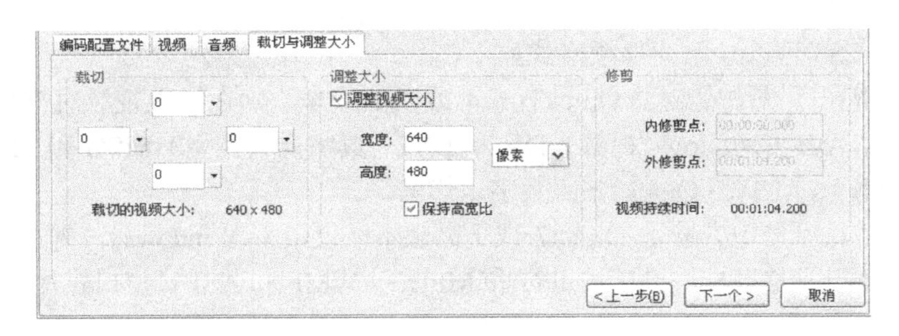

图 4-36 “导入视频”（编码）对话框的“裁切与调整大小”选项卡

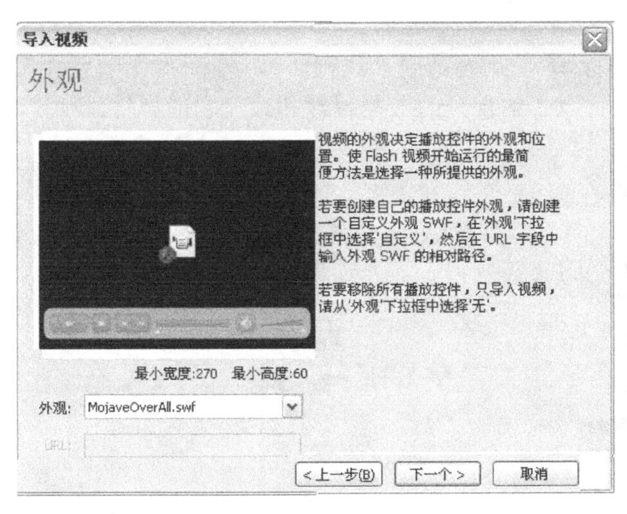

图 4-37 “导入视频”（外观）对话框

图 4-38 舞台工作区内的视频对象

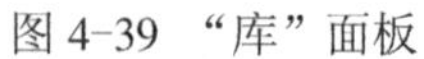
图 4-39 “库”面板

图 4-40 视频画面

如果新建的 Flash 文档在以前没有保存，则会在单击“完成”按钮后自动弹出“另存为”对话框，在输入文件名称后，单击“保存”按钮，保存文件，接着完成视频的导入。

2. 视频属性的设置

（1）Flash CS3 可以导入的视频格式如下。

◎ 如果计算机系统中安装了 QuickTime4 或以上版本，则在导入视频时支持的视频文件格式有：AVI（Windows 视频）DV 和 DVI（数字视频类型）MPG 和 MPEG（MPEG 压缩视频）、MOV（QuickTime 数字电影）。

◎ 如果计算机系统中安装了 Direct7 或更高版本（仅限于 Windows），则在导入视频时支持的视频文件格式有：AVI、MPG 和 MPEG、WMF 和 ASF（窗口媒体视频文件）。

注意

在有些情况下，Flash CS3 只能导入视频，不能够导入视频中的音频。

（2）双击“库”面板中的视频元件图标（此处是嵌入式视频），打开“视频属性”对话框，如图 4-41 所示。利用该对话框，可以了解视频的一些属性和改变它的属性。

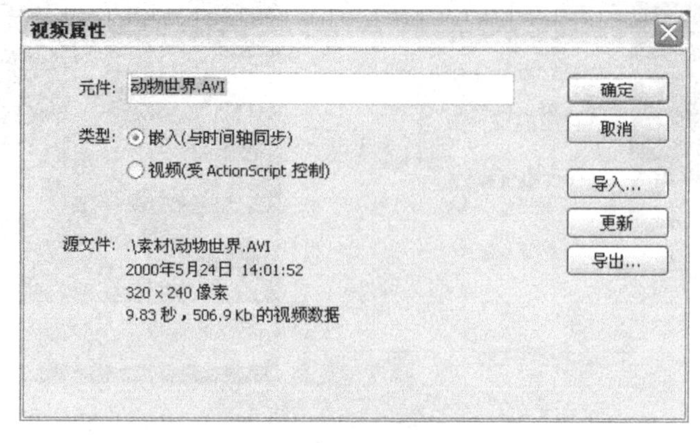

图 4-41 “视频属性”对话框

◎ 单击“导入”按钮，可以打开“打开”对话框，利用该对话框，可以导入 FLV 格式的 Flash 视频文件。

◎ 单击“更新”按钮，可以打开“Flash 视频编码设置”对话框。利用该对话框，可以重新设置视频编码配置文件，可以设置编码，可以裁切视频等。

◎ 单击“导出”按钮，可以打开“导出 FLV”对话框，利用该对话框，可以将“库”面板中选中的视频导出为 FLV 格式的 Flash 视频文件。

3. 利用 Flash Video Encoder 生成 FLV 文件

（1）选择 Windows 窗口内的“所有程序”→“Adobe Design Premium CS3”→“Adobe Flash CS3 Video Encoder”菜单命令，打开“Flash Video Encoder”窗口，如图 4-42 所示（还没有添加文件）。

（2）单击“Flash Video Encoder”窗口内的“增加”按钮，可以打开“打开”对话框，选择要添加的文件后（按住【Ctrl】键，同时单击文件名称，可以同时选中多个文件；按住【Shift】键，同时单击文件名称，可以选中多个连续的文件），单击“打开”按钮，即可在“Flash Video Encoder”窗口内的列表框中添加选中的文件，如图 4-42 所示。

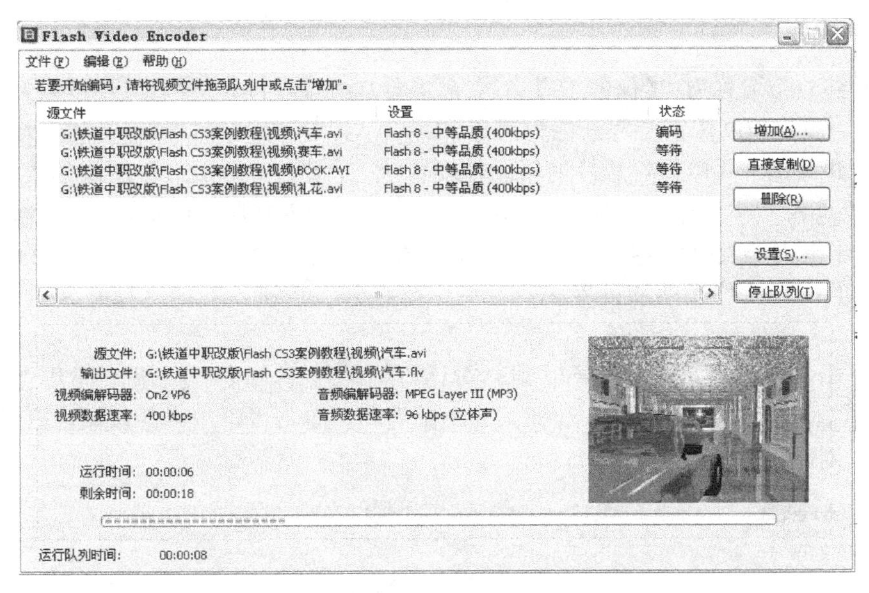

图 4-42　“Flash　Video Encoder”窗口

（3）单击选择“Flash Video Encoder”窗口内添加的文件（按住【Ctrl】键，同时单击文件名称，可以同时选中多个文件；按住【Shift】键，同时单击文件名称，可以选中多个连续的文件），单击“直接复制”按钮，可以将选中的文件在“Flash Video Encoder”窗口的列表框中直接复制一份；单击“删除”按钮，可以将选中的文件从“Flash Video Encoder”窗口的列表框中删除。

（4）单击“设置”按钮，可以打开“Flash 视频编码设置”对话框，利用该对话框可以进行编码设置等操作。

（5）单击“开始队列”按钮，即可开始将添加的视频文件或音频文件进行加工处理，自动生成 Flash 的 FLV 文件。在生成 Flash 的 FLV 文件时，“开始队列”按钮变为“停止队列”按钮，单击“停止队列”按钮，可以停止生成 Flash 的 FLV 文件。

图 4-43 “Flash 视频编码设置”对话框

操作步骤

1．导入视频

（1）新建一个名称为“【任务 18】星空音乐会.fla”的 Flash 文档。设置舞台工作区的宽为 550 像素、高为 400 像素，背景色为黑色。

（2）创建并进入“电影”影片剪辑元件编辑状态，选中“图层 1”图层的第 1 帧，选择“文件”→“导入”→“导入视频”菜单命令，打开“导入视频”（选择视频）对话框（“文件路径”文本框内还没有内容）。单击“浏览”按钮，打开“打开”对话框，在该对话框内选择要导入的视频文件“动物世界.avi”，单击“打开”按钮，关闭“打开”对话框，回到“导入视频”（选择视频）对话框。

（3）单击“导入视频”（选择视频）对话框内的“下一个”按钮，打开“导入视频”（部署）对话框，如图 4-44 所示。选择第 5 个单选项，单击“下一个”按钮，打开“导入视频”（嵌入）对话框。

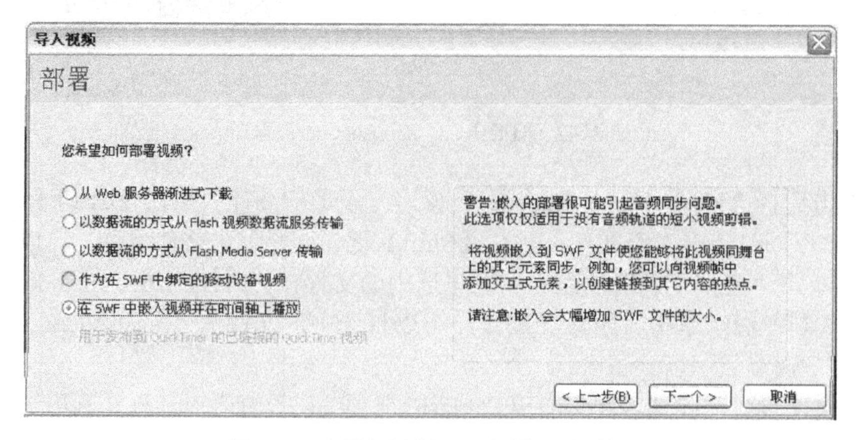

图 4-44 “导入视频”（部署）对话框

（4）“导入视频”（嵌入）对话框用来设置符号（“库”面板中的元件）的类型，确定是

否将元件的实例放置在舞台工作区中，是否嵌入整个视频等。此处在“符号类型”下拉列表框中选择的元件类型是“嵌入的视频”类型，如图 4-45 所示。在更换符号类型（元件类型）后，该对话框中的内容不会改变。

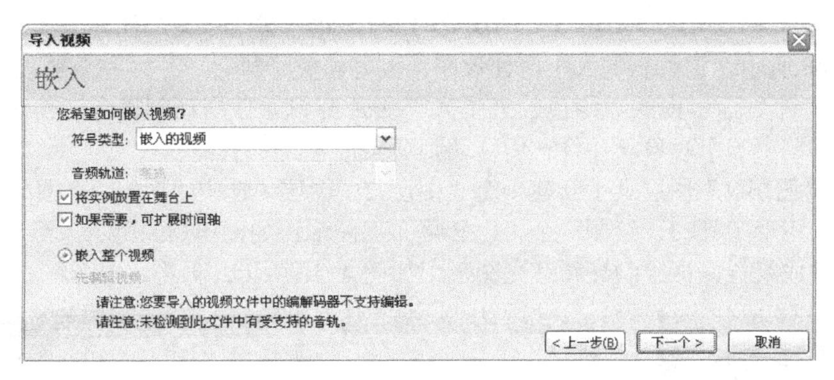

图 4-45　“导入视频”（嵌入）对话框

（5）单击“导入视频”（嵌入）对话框内的“下一个”按钮，打开“导入视频”（编码）对话框。单击“导入视频”（编码）对话框内的“下一个”按钮，打开“导入视频”（完成视频导入）对话框，该对话框内给出导入视频的设置信息，还有一个复选框，用来让用户选择是否在导入视频后，自动弹出视频主题的帮助。

（6）单击“导入视频”（完成视频导入）对话框内的“完成”按钮，关闭“导入视频”（完成视频导入）对话框，将选择的视频进行编码，导入到舞台工作区中。在导入的过程中，会显示一个“Flash 视频编码进度”提示框，如图 4-46 所示，给出编码进度。导入完整个视频后，“Flash 视频编码进度”提示框会自动关闭，同时时间轴内“图层 1”图层的第 1 帧成为关键帧，第 1 帧到第 160 帧内是视频的各幅画面。舞台工作区的画面如图 4-47 所示。

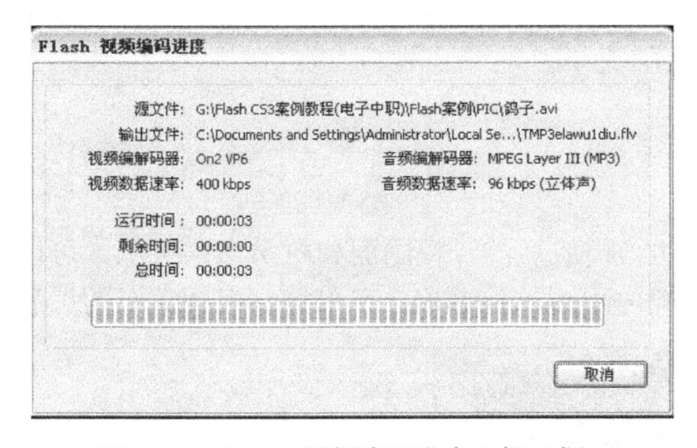

图 4-46　“Flash 视频编码进度”提示框

图 4-47　舞台工作区的画面

（7）单击元件编辑窗口中的场景名称图标 场景 1 或按钮 ，回到主场景。

2．制作动画

（1）选择“文件”→“导入”→“导入到库”菜单命令，打开“导入到库”对话框。

在该对话框内选择“绿色外星人.gif” GIF 格式文件，单击“打开”按钮，将“绿色外星人.gif” GIF 格式文件导入到“库”面板内。同时在“库”面板内自动生成一个影片剪辑元件，将该元件的名称改为“绿色外星人”。

（2）单击选中主场景“图层 1”图层第 1 帧，将一幅“星空”图像导入到舞台工作区中，如图 4-48 所示。调整它的大小，使该图像刚好将整个舞台工作区完全覆盖。

（3）将“库”面板内的“绿色的外星人”影片剪辑元件拖动到舞台工作区中。然后，再在舞台中复制出 5 个对象，并将它们移动到适当位置。

（4）在“图层 1”图层之上新建一个“图层 2”图层。选中“图层 2”图层第 1 帧。使用工具箱中的矩形工具□，绘制一个“电影幕布”图形，如图 4-49 所示。然后，将“电影幕布”图形组成组合，再绘制灯和灯光图形，如图 4-50 所示，再将该图形组成组合。

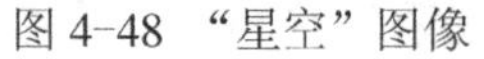
图 4-48 “星空”图像

图 4-49 “电影幕布”图形

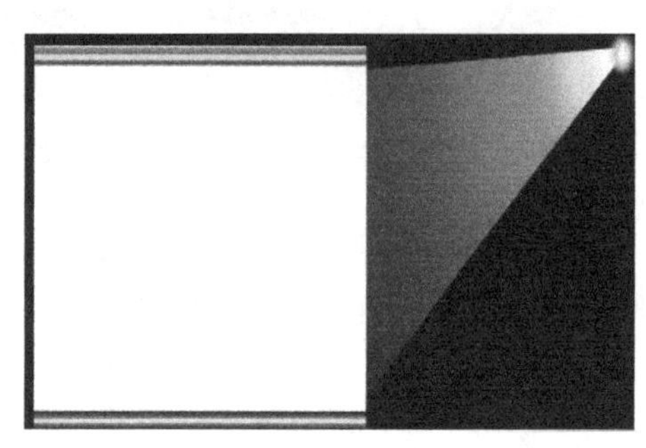
图 4-50 灯和灯光图形

（5）选择“文件”→“导入”→“导入到舞台”菜单命令，打开“导入”对话框，在“导入”对话框内选择“清晨的声音.wav”音频文件，再单击“打开”按钮，将选中的音频文件导入到“库”面板中。

（6）在“图层 2”图层之上新建一个“图层 3”图层。选中“图层 3”图层第 1 帧，将“音乐”和“电影”影片剪辑元件从“库”面板中拖动到舞台工作区中。然后，将舞台中的“电影”影片对象移动到适当位置，并调整它的大小。

课后习题 4-2

1．制作一个“视频播放器”动画，该动画播放后的一幅画面如图 4-51 所示。可以看到，框架内循环播放一个视频电影。利用框架内下边的控制器，可以控制视频电影的播放。

图 4-51 “视频播放器”动画画面

2．修改【任务 17】“佳人游美景”动画，使用“美景动画.avi”视频文件替换原来的“美景动画.gif”GIF 格式动画文件。

4.3　导入与编辑音频——【任务 19】MP3 播放器

任务描述

“MP3 播放器”动画播放后的画面如图 4-52 所示。可以看出，在一幅框架图像内有一幅鲜花图像，在图像之上，有一个 MP3 播放器的控制器，利用该控制器可以控制 MP3 音频的播放和暂停等，用鼠标拖曳滑块，可以调整正在播放的 MP3 音频的位置。

图 4-52　“MP3 播放器”动画画面

知识链接

1．导入音频

（1）方法一：选择“文件”→“导入”→“导入到舞台”菜单命令，可以打开“导入”对话框，在“导入”对话框内选择音频文件，再单击“打开”按钮，即可将选中的音频文件导入到“库”面板中。

（2）方法二：选择“文件”→“导入”→“导入到库”菜单命令，打开“导入到库”对话框。在“导入到库”该对话框内选择音频文件，再单击“打开”按钮，也可以将选中的音频文件导入到“库”面板中。

对于上述两种方法，在导入音频文件到舞台后，如果要播放导入的音乐，还需要单击选中时间轴中的一个关键帧。在其“属性”面板的“声音”下拉列表框中即可选择该声音。在“声音”下拉列表框中选择一个声音后，时间轴的单元格中会显示加载了声音的波纹。

（3）方法三：单击选中时间轴中的一个关键帧。选择“文件”→“导入”→“导入视频”菜单命令，打开“导入视频”（选择视频）对话框。以后的操作与导入视频的方法基本一样。

只是，在单击“导入视频”（选择视频）对话框内的“浏览”按钮，打开“打开”对话框后，需要先在该对话框的“文件类型”下拉列表框中选择“所有文件”选项，然后再选择要导入的音频文件（如选择名称为“MP31.mp3”）。

另外，在打开“导入视频”（部署）对话框后，需要选择前 3 个单选项中的一个，再在以后弹出的“导入视频”（外观）对话框的“外观”下拉列表框中选择一种音频播放器的外观。

2．声音属性的设置

在 Flash 作品中，可以给图形、按钮动作和动画等配有背景声音。从音效考虑，可以导入 22kHz、16 位立体声声音格式。从减少文件字节数和提高传输速度考虑，可导入 8kHz、8 位单声道声音格式。可以导入的声音文件有 WAV、AIFF 和 MP3 格式。

双击“库”面板中的声音元件图标（此处是 MP3 声音），弹出“声音属性”对话框，如图 4-53 所示。利用该对话框，可以了解声音的一些属性、改变它的属性和进行测试等。

（1）最上边的文本框给出了声音文件的名字，其下边是声音文件的有关信息。

（2）“压缩”下拉列表框：其中有 5 个选项，即“默认值”、“ADPCM（自适应音频脉冲编码）”、“MP3”、“原始”和“语音”。

（3）“ADPCM（自适应音频脉冲编码）”选项：选择该项后，该对话框下面会增加一些选项，如图 4-54 所示。各选项的作用如下。

图 4-53 “声音属性”对话框

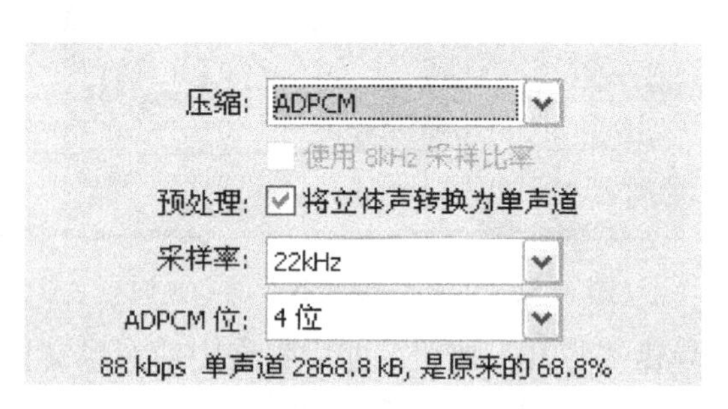

图 4-54 选择“ADPCM”选项后新增选项

◎“预处理”复选框：选择它后，表示以单声道输出，否则以双声道输出（当然，它必须原来就是双声道的音乐）。

◎“采样率”下拉列表框：用来选择声音的采样频率。它有 22kHz 和 44kHz 等几种选项。

◎“ADPCM 位”下拉列表框：用于声音输出时的位数转换。它有 2、3、4、5 位。

（4）“MP3”（MP3 音乐压缩格式）选项：选择该选项（取消“使用已导入的 MP3 音质”复选框的选取）后，该对话框下面会增加一些选项，如图 4-55 所示。“比特率”下拉列表框用来选择输出声音文件的数据采集率，其数值越大，声音的容量与质量也越高，但输出文件的字节数越大。“品质”下拉列表框用来设置声音的质量，有“快速”、“中”和“最佳”选项。

（5）“原始”和“语言”选项：选择它们后，该对话框选项部分如图 4-56 所示。

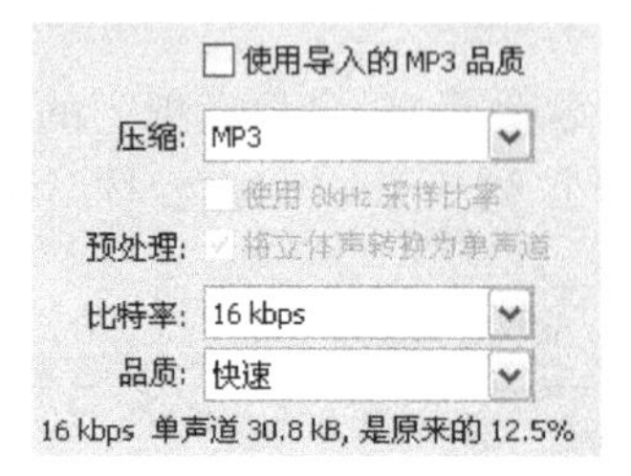

图 4-55 选择“MP3”选项后新增选项

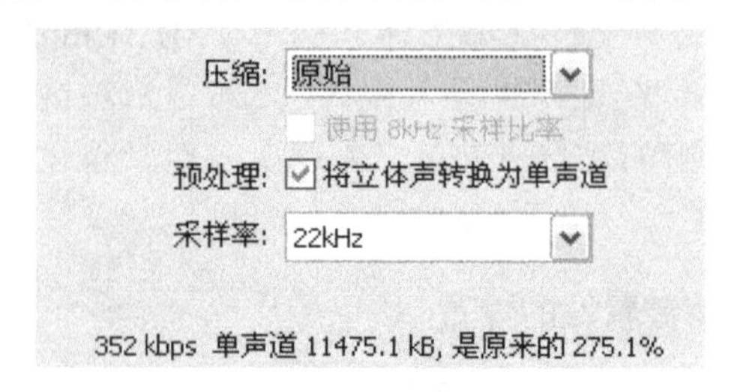

图 4-56 选择“原始”选项后新增选项

（6）“导入”按钮：单击它，可打开“导入声音”对话框，用来更换声音文件。

（7）“更新”按钮：单击它，可以按设置更新声音文件的属性。

（8）“测试”按钮：单击它，可以按照新的属性设置，播放声音。

（9）“停止”按钮：单击它，可以使播放的声音停止播放。

3. “属性”面板的声音属性

把“库”面板内的声音元件拖曳到舞台工作区后，时间轴的当前帧内会出现声音波形。单击带声音波形的帧单元格，其“属性”面板如图 4-57 所示。利用该面板可对声音进行编辑。

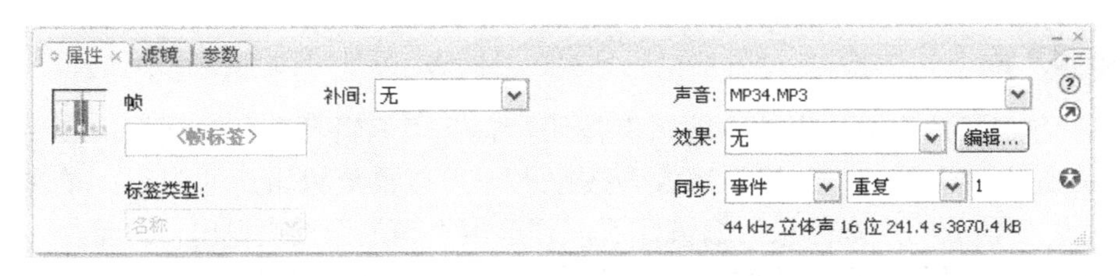

图 4-57 “属性”面板的声音属性

（1）选择声音：“声音”下拉列表框内提供了“库”面板中的所有声音文件的名字，选择某一个名字后，其下边就会显示出该文件的采样频率、声道数、比特位数和播放时间等信息。

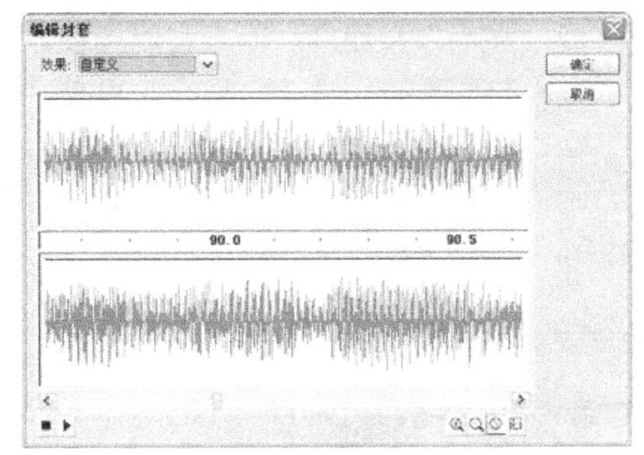

图 4-58　“编辑封套”对话框

（2）选择声音效果：“效果”下拉列表框内，提供了各种播放声音的效果选项，即无、左声道、右声道、从左到右淡出、从右到左淡出、淡入、淡出和自定义。选择“自定义”选项后，会弹出“编辑封套”对话框，如图 4-58 所示。利用该对话框可以自己定义声音的效果。

（3）“同步”下拉列表框：用于选择影片剪辑实例在循环播放时与主电影相匹配的方式。该下拉列表框中有 4 个选项，即“事件”、“开始”、“停止”和“数据流”。

（4）“声音循环”下拉列表框：用于选择播放声音的方式，它有“重复”和“循环”两个选项。选择“重复”选项后，其右边会出现一个“循环次数”文本框，用于输入播放声音的循环次数。选择“循环”选项后，声音会不断循环播放。

4. 声音同步方式

利用声音“属性”面板的“同步”下拉列表框可以选择声音的同步方式。

（1）“事件”：选择它后，即设置了事件方式，可使声音与某一个事件同步。当动画播放到引入声音的帧时，开始播放声音，而且不受时间轴的限制，直到声音播放完毕。如果在“循环”文本框内输入了播放的次数，则将按照给出的次数循环播放声音。

（2）“开始”：选择它后，即设置了开始方式。当动画播放到导入声音的帧时，声音开始播放。如果声音播放中再次遇到导入的同一声音帧时，将继续播放该声音，而不播放再次导入的声音。而选择“事件”选项时，可以同时播放两个声音。

（3）“停止”：选择它后，即设置了停止方式，用于停止声音的播放。

（4）“数据流”：选择它后，即设置了流方式。在此方式下，将强制声音与动画同步，即当动画开始播放时，声音也随之播放；当动画停止时，声音也停止。在声音与动画同时在网上播放时，如果选择了“数据流”方式，则 Flash CS3 将强迫动画以声音的下载速度来播放（声音下载速率慢于动画的下载速率时），或强迫动画减少一些帧来匹配声音的速度（声音下载速率快于动画的下载速率时）。选择“事件”或“开始”选项后，播放的声音与截取声音无关，从开始播放声音；选择“数据流”选项后，播放的声音与截取声音有关，只播放截取的声音。

5．编辑声音

单击声音“属性”面板中的“编辑”按钮，打开“编辑封套”对话框，利用它可以编辑声音。单击该对话框左下角的“播放”按钮▶，可以播放编辑后的声音；单击“停止”按钮■，可以使播放的声音停止。编辑好后，可单击“确定”按钮退出该对话框。

（1）选择声音效果：选择“效果”下拉列表框内的选项，可以设置声音的播放效果。

（2）再用鼠标拖曳调整声音波形显示窗口左上角的方框控制柄，使声音大小合适。

（3）4 个辅助按钮：它们在“编辑封套”对话框右下角，它们的作用如下。

◎“放大”按钮：单击它，可使声音波形在水平方向放大。

◎“缩小”按钮：单击它，可使声音波形在水平方向缩小。

◎“时间”按钮：单击它，可使声音波形显示窗口内的水平轴为时间轴。

◎“帧数”按钮：单击它，可以使声音波形显示窗口内的水平轴为帧数轴。从而可以观察到该声音共占了多少帧。知道该声音共占了多少帧后，可以调整时间轴中声音帧的个数。

（4）“编辑封套”对话框分上下两个声音波形编辑窗口，上边的是左声道声音波形，下边的是右声道声音波形。在声音波形编辑窗口内有一条左边带有方形控制柄的直线，它的作用是调整声音的音量。直线越靠上，声音的音量越大。在声音波形编辑窗口内，单击鼠标左键，可以增加一个方形控制柄。用鼠标拖曳各方形控制柄，可调整各部分声音段的声音大小。

（5）拖曳上下声音波形之间刻度栏内两边的控制条，可截取声音片段，如图 4-59 所示。

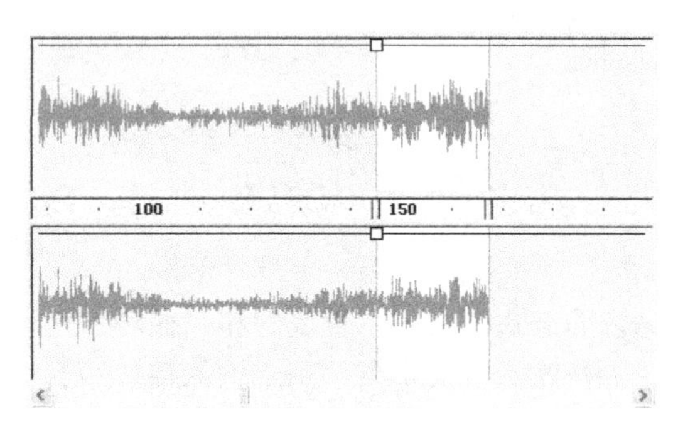

图 4-59　截取声音片段

操作步骤

1．制作框架和背景图像

（1）新建一个名称为“【任务 19】MP3 播放器.fla”的 Flash 文档。设置舞台工作区的大小为 300 像素宽、260 像素高，背景色为白色。

（2）选中“图层 1”图层第 1 帧，单击工具箱中的“矩形工具”按钮，设置笔触高度为 10 像素，颜色为红色，设置无填充，沿着舞台工作区的 4 边拖曳绘制一幅红色矩形轮廓线。利用其“属性”面板调整它的宽为 300 像素、高为 260 像素，X 和 Y 值均为 0。

（3）选中红色矩形轮廓线，选择“修改”→“转换为元件”菜单命令，打开“转换为元件”对话框，在“名称”文本框内输入“框架”，选择“影片剪辑”单选按钮，单击“确定”按钮，即将选中的对象转换为元件。“库”面板内会增加一个“框架”影片剪辑元件，同时选中的红色矩形轮廓线对象变为“框架”影片剪辑实例。

（4）单击“滤镜”面板内的“添加滤镜”按钮，打开滤镜菜单，选择该滤镜菜单中的“斜角”菜单命令，调整“滤镜”面板的“距离”文本框中的数值为 2，将红色矩形框架加工成立体状。

（5）导入一幅鲜花图像，调整它的大小和位置，使风景图像位于框架图像内框中。

2. 导入 MP3 音乐

（1）在“图层 1”图层之上添加“图层 2”图层，选中“图层 2”图层第 1 帧，选择“文件”→“导入”→“导入视频”菜单命令，打开“导入视频”（选择视频）对话框。

（2）单击“导入视频”（选择视频）对话框内的“浏览”按钮，打开“打开”对话框后，需要先在该对话框的“文件类型”下拉列表框中选择“所有文件”选项，然后再选择当前目录下“PIC”文件夹内的“刘欢的歌.mp3”MP3 音频文件。

（3）在打开“导入视频”（部署）对话框后，选择第 1 个单选项“从 Web 服务器渐进式下载”。单击“下一步”按钮，打开“导入视频”（编码）对话框后，单击“音频”标签，在“数据速率”下拉列表框中选择“96kbps（立体声）”选项，如图 4-60 所示。

（4）单击“下一步”按钮，在弹出的“导入视频”（外观）对话框的“外观”下拉列表框中选择一种音频播放器的外观。最后在舞台工作区内生成一个播放器。

（5）最后，单击“完成”按钮，在舞台工作区内形成了一个对象，调整该对象大小和位置，使它位于框架图像内框中，如图 4-61 所示。

图 4-60　“导入视频”（编码）对话框设置

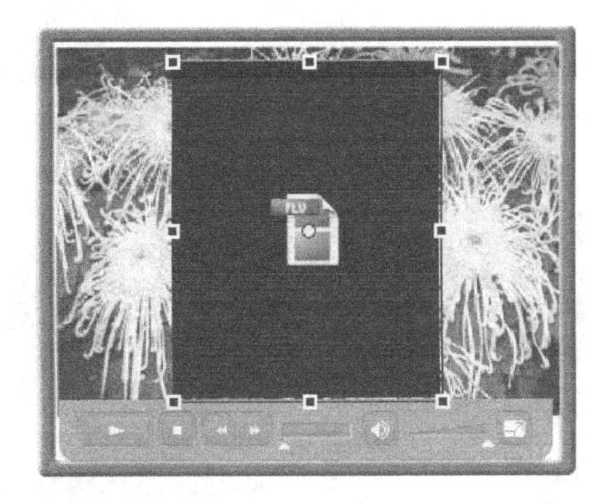

图 4-61　调整生成对象的大小和位置

课后习题 4-3

1. 修改【任务 17】“佳人游美景”动画，给该动画配背景音乐。

2. 修改【任务 19】“MP3 播放器”影片，更换播放器的 MP3 播放器中的控制器形状和功能，更换背景图像。

3. 制作一个“MP3 播放器”动画，该动画播放后，在一幅框架内有一个视频，同时播放一首音乐。利用控制器，可以控制音乐的播放。

4.4 创建遮罩层——【任务 20】风景如画

任务描述

“风景如画”动画播放后，首先播放一个“放大镜”动画，即一个放大镜从左向右缓慢移动，将蓝色文字“山川风景秀美如画!”放大显示，同时也将背景风景图像放大显示。“放大镜”动画播放后的两幅画面如图 4-62 所示。

图 4-62 “放大镜”动画播放后的两幅画面

接着播放“图像错位移动切换”动画，该动画播放后的两幅画面如图 4-63 所示，可以看出，先显示出第 1 幅图像，接着第 2 幅图像分成上下两部分，上半边图像从左向右移动，下半边图像从右向左移动，逐渐将第 1 幅风景图像覆盖。

图 4-63 “图像错位移动切换”动画播放后的两幅画面

知识链接

1. 遮罩层的作用

可以透过遮罩层内的图形看到其下面的被遮罩图层的内容，而不可以透过遮罩层内的无图形处看到其下面的被遮罩图层的内容。在遮罩层上创建对象，相当于在遮罩层上挖掉了相应形状的洞，形成挖空区域，挖空区域将完全透明，其他区域都是完全不透明的。通过挖空区域，下面图层的内容就可以被显示出来，而没有对象的地方成了遮挡物，把下面的被遮罩图层的其余内容遮挡起来。因此可以透过遮罩层内的对象（挖空区域）看到其下面的被遮罩图层的内容，而不可以透过遮罩层内没有对象的非挖空区域看到其下面的被遮罩图层的内容。

利用遮罩层的这一特性，可以制作很多特殊效果。通常可以采用如下 3 种类型的方法。

（1）在遮罩层内制作对象移动、大小改变、旋转或变形等动画。

（2）在被遮罩层内制作对象移动、大小改变、旋转或变形等动画。

（3）在遮罩层和被遮罩层内制作对象移动、大小改变、旋转或变形等动画。

2. 创建遮罩层

（1）在“图层 1”图层第 1 帧创建一个对象，此处导入一幅图像，如图 4-64 所示。

（2）在“图层 1”图层的上边创建一个“图层 2”图层。选中“图层 2”图层第 1 帧，绘制图形与输入一些文字（文字有时需要打碎），如图 4-65 所示，作为遮罩层中挖空区域。

（3）将鼠标指针移到遮罩层的名字处，单击鼠标右键，打开图层快捷菜单，选择该快捷菜单中的“遮罩层”菜单命令。此时，选中的普通图层的名字会向右缩进，表示已经被它上面的遮罩层所关联，成为被遮罩图层。效果如图 4-66 所示。

图 4-64　导入一幅图像

图 4-65　绘制图形与输入文字

图 4-66　创建遮罩图层

在建立遮罩层后，Flash CS3 会自动锁定遮罩层和被它遮盖的图层，如果需要编辑遮罩层，应先解锁，解锁后就不会显示遮罩效果了。如果需要显示遮罩效果，需要再锁定图层。

如果输入的文字产生不了遮罩效果，可以将文字打碎。

操作步骤

1. 制作“放大镜”动画

（1）新建一个名称为“【任务 20】风景如画.fla”的 Flash 文档。设置动画的舞台工作区宽为 600 像素，高为 400 像素，背景色为绿色。

（2）单击选中“图层 1”图层第 1 帧，导入一幅“宽幅 3.jpg”图像，选中该图像，在其“属性”面板内，调整图像的宽为 600 像素、高为 400 像素、X 为 0、Y 为 0，使图像刚好将整个舞台工作区完全覆盖。然后，输入蓝色、黑体文字“祖国山河风景秀美如画!”，然后在垂直方向将文字调小，如图 4-67 所示。

图 4-67 “图层 1”图层第 1 帧的画面

（3）创建并进入“放大镜”影片剪辑元件的编辑状态，导入一幅放大镜图像，移到舞台工作区的右边，如图 4-68 所示。然后，将该图像分离，将它的背景白色擦除，如图 4-69 左图所示，再绘制一幅镜片图形，如图 4-69 右图所示。

图 4-68 放大镜图像

图 4-69 放大镜图像和镜片图形

（4）分别将放大镜图像和镜片图形做成组合。选中放大镜镜片，将它转换成“放大镜镜片”影片剪辑元件的实例。再将“放大镜镜片”影片剪辑实例移到放大镜图像之上，形成完整的放大镜图像，如图 4-70 所示。然后，回到主场景。

（5）在“图层 1”图层之上添加一个“图层 2”图层，选中“图层 2”图层第 1 帧，将“库”面板内的“放大镜”影片剪辑元件拖曳到舞台工作区内，如图 4-71 所示。

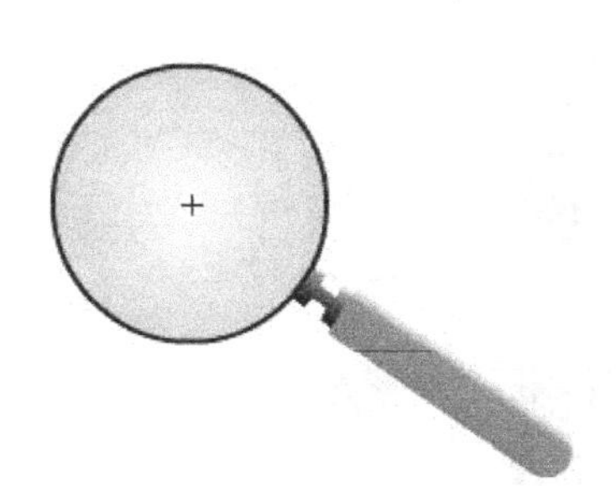

图 4-70　放大镜图像

图 4-71　“图层 2”图层第 1 帧放大镜

（6）在“图层 2”图层之上添加“图层 3”图层。将“图层 1”图层第 1 帧内的“祖国山河风景秀美如画!”文字复制粘贴到“图层 3”图层第 1 帧内，再将文字垂直调大，如图 4-72 所示。

（7）在“图层 3”图层之上添加一个“图层 4”图层。将“图层 3”图层第 1 帧内的“放大镜镜片”影片剪辑实例复制粘贴到“图层 4”图层第 1 帧内的相同位置。

（8）创建“图层 2”图层第 1 帧到第 120 帧的动作动画，将第 120 帧中的放大镜水平移到舞台工作区内右边。创建“图层 4”图层第 1 帧到第 120 帧的动作动画，将第 120 帧中的放大镜镜片水平移到舞台工作区内右边。

小提示

“图层 4”图层内的放大镜镜片的移动应与“图层 2”图层内的放大镜的移动完全一致，同步动作。

图 4-72　“图层 3”图层第 1 帧的文字

图 4-73　“图层 4”图层第 1 帧放大镜镜片

（9）按住【Ctrl】键，单击选中“图层 2”和“图层 4”图层第 120 帧，按【F5】键，创建普通帧，使这两个图层第 1 帧到第 120 帧的内容一样。第 120 帧的画面如图 4-74 所示。

（10）在“图层 2”图层之上添加一个“图层 5”图层。将“图层 1”图层内的“风景图像”图像复制粘贴到“图层 5”图层第 1 帧，将该帧内的图像调整宽为 1200 像素、高为 800 像素、X 为 0、Y 为–90。

图 4-74　第 120 帧画面

（11）创建“图层 5”图层第 1 帧到第 120 帧的动作动画，将第 120 帧中的风景图像水平右移，使图像右边与舞台工作区右边基本对齐。

（12）右击“图层 4”图层，打开帧快捷菜单，选择该菜单中的“遮罩层”菜单命令，将“图层 4”图层设置为遮罩图层，“图层 3”图层为被遮罩图层。将“图层 5”图层向右上方拖曳，使该图层也成为“图层 4”图层的被遮罩图层。

至此，该动画制作完毕。该动画的时间轴如图 4-75 所示。

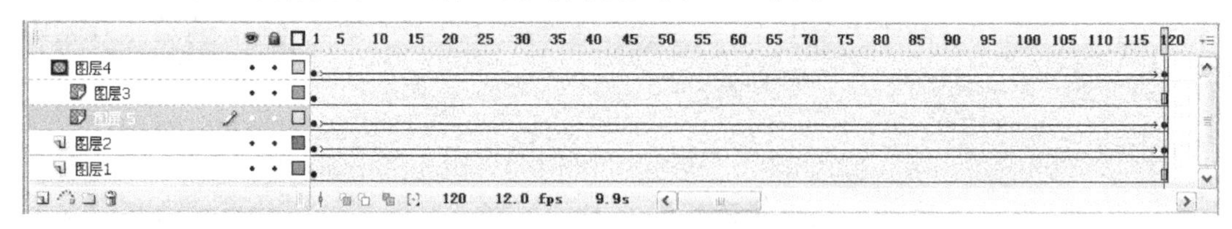

图 4-75　“风景如画”动画“场景 1”场景的时间轴

2．制作“图像错位移动切换”动画

（1）选择“插入”→“场景”菜单命令，进入“场景 2”场景的编辑窗口。在“场景 2”场景内制作“图像错位移动切换”动画。

（2）将“风景 2.jpg”和“风景 7.jpg”图像导入“库”面板内。选中“图层 1”图层第 1 帧，将“库”面板内的“风景 2.jpg”图像拖曳到舞台工作区内。精确调整图像的宽为 600 像素，高为 400 像素，使该图像刚好将舞台工作区完全覆盖，如图 4-76 所示。

（3）在“图层 1”图层之上增加一个“图层 2”图层。选中该图层第 1 帧，将“库”面板内“风景 7.jpg”图像拖曳到舞台工作区内，调整图像大小和位置与“风景 2.jpg”图像一样，如图 4-77 所示。

图 4-76　“图层 1”第 1 帧的画面

图 4-77　“图层 2”第 1 帧的图像

（4）制作“图层 2”图层的第 1 帧到第 100 帧的动作动画，将“图层 2”图层第 1 帧的图像水平移到舞台工作区的左边。选中“图层 1”图层第 100 帧，按【F5】键。

（5）在“图层 2”图层之上增加一个“图层 3”图层。选中“图层 3”图层第 1 帧。在舞台工作区的上半边绘制一个黑色矩形图像，图像宽为 600 像素、高为 200 像素、X 为 0、Y 为 0，如图 4-78 所示。选中“图层 3”图层第 100 帧，按【F5】键。

（6）按住【Shift】键，单击“图层 2”图层第 100 帧，再单击“图层 3”图层第 1 帧，选中“图层 2”和“图层 3”图层中的所有帧。右击选中的帧，打开帧快捷菜单，选择该菜单中的“复制帧”菜单命令，将选中的帧内容复制到剪贴板中。

（7）在“图层 3”图层之上增加一个“图层 4”图层。按住【Shift】键，单击“图层 4”图层第 100 帧和第 1 帧，选中“图层 4”图层中第 1 帧到第 100 帧的所有帧。右击选中的帧，打开帧快捷菜单，选择该菜单中的“粘贴帧”菜单命令，将剪贴板中的内容粘贴到“图层 4”图层和一个新增图层中。然后，将新增图层的名称改为“图层 5”，“图层 4”图层的内容与“图层 2”图层的内容一样，“图层 5”图层的内容与“图层 3”图层的内容一样。

（8）将“图层 4”图层第 1 帧中的图像水平移到舞台工作区的右边。选中“图层 5”图层第 1 帧。将图像的上半边的黑色矩形移到图像的下半边（X 为 0、Y 为 200），如图 4-79 所示。

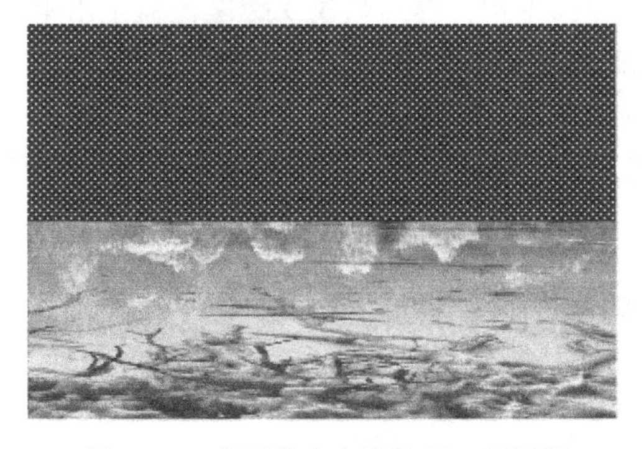

图 4-78　在图像上半边绘制一个矩形

图 4-79　在图像下半边绘制一个矩形

（9）将“图层 3”图层设置成遮罩层，使“图层 2”图层成为被遮罩图层。将“图层 5”图层设置成遮罩层，使“图层 4”图层成为被遮罩图层。

播放该动画时，会先播放“场景 1”场景的“放大镜”动画，再播放“场景 2”场景的“图像错位移动切换”动画，“风景如画”动画“场景 1”场景的时间轴如图 4-80 所示。

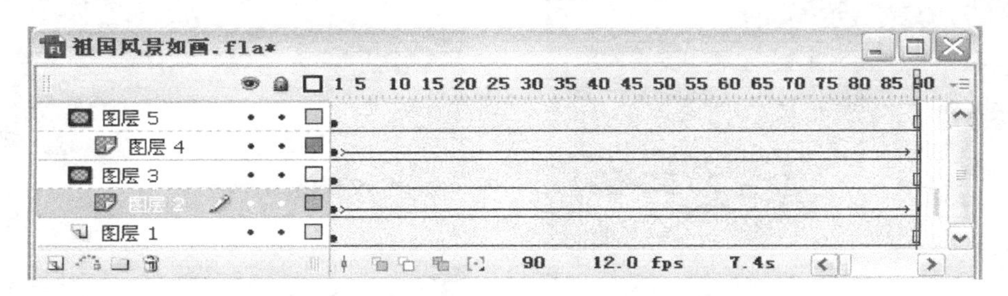

图 4-80　“风景如画”动画“场景 1”场景的时间轴

课后习题 4-4

1. 制作一个“图像错位切换 1”动画，该动画播放后的两幅画面如图 4-81 所示，可以看出，先显示出第 1 幅图像，接着第 2 幅图像分成左右两部分，左半边图像从上向下移动，右半边图像从下向上移动，逐渐将第 1 幅风景图像覆盖。

图 4-81 “图像错位移动切换”动画播放后的两幅画面

2. 制作一个“图像错位切换 2”动画，该动画播放后，先显示第 1 幅图像，接着该图像分成左右两部分，左半边图像向上移，右半边图像向下移，逐渐将第 2 幅图像显示出来。

3. 制作一个“图像错位切换 3”动画，该动画播放后，先显示第 1 幅图像，接着该图像分成上下两部分，上半边图像向左移，下半边图像向右移，逐渐将第 2 幅图像显示出来。

4. 制作一个“滚动文字”影片，该影片播放后的一些文字在一个文字框架内从右向左缓慢移动，并在框架内左边消失。

4.5 遮罩层的关联——【任务 21】照亮小溪流水

任务描述

“照亮小溪流水”动画播放后的两幅画面如图 4-82 所示。可以看到，一幅很暗的小溪流水动画画面，动画画面之上有一个圆形探照灯光在动画画面中移动，并逐渐变大，探照灯所经过的地方，小溪流水动画画面被照亮。

图 4-82 “照亮小溪流水”动画播放后的两幅画面

知识链接

1．建立普通图层与遮罩层的关联

建立遮罩层与普通图层关联的操作方法有以下两种。

（1）在遮罩层的下面创建一个普通图层。用鼠标将该普通图层拖曳到遮罩层的右下边。

（2）在遮罩层的下面创建一个普通图层。鼠标右键单击普通图层，打开图层快捷菜单，如图 4-83 所示。选择该菜单中的“属性”菜单命令，打开“图层属性”对话框，如图 4-84 所示。选中该对话框中的“被遮罩”单选按钮。

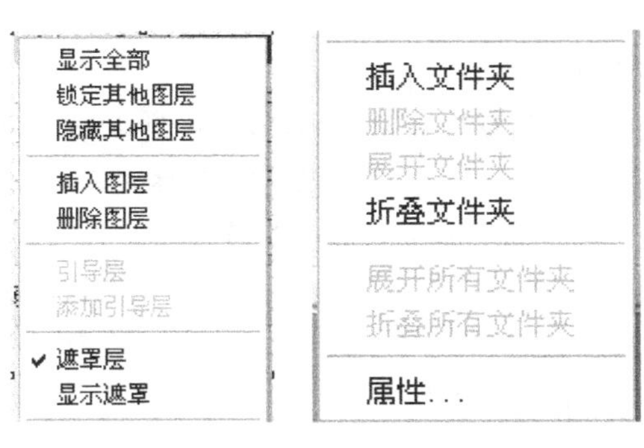

图 4-83　图层快捷菜单

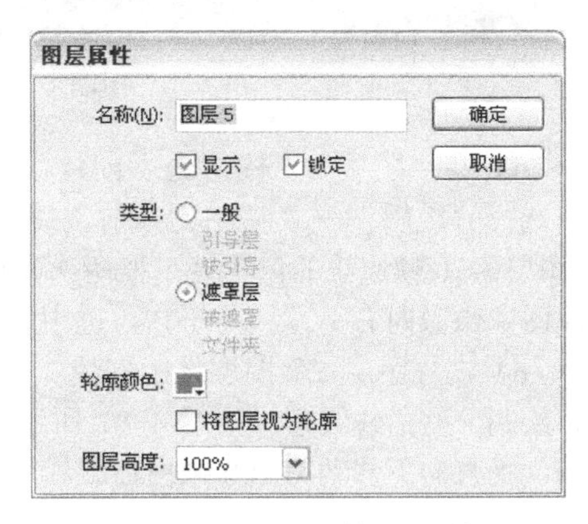

图 4-84　“图层属性”对话框

2．取消被遮盖的图层与遮罩层之间的关联

取消被遮盖的图层与遮罩层关联的操作方法有以下两种。

（1）在时间轴中，用鼠标将被遮罩层拖曳到遮罩层的左下边或上面。

（2）选中被遮罩的图层，然后选中“图层属性”对话框中的“一般”单选项。

操作步骤

1．制作“小溪”影片剪辑元件

（1）新建一个名称为“【任务 21】照亮小溪流水.fla”的 Flash 文档。设置动画的舞台工作区宽为 500 像素，高为 380 像素，背景色为白色。

（2）创建并进入“小溪”影片剪辑元件的编辑状态。选中“图层 1”图层第 1 帧，导入一幅“小溪流水”图像，将该图像的大小和位置进行精确调整，使图像的宽为 500 像素、高为 380 像素、X 为-250、Y 为-190，位于舞台工作区正中间，如图 4-85 所示。

（3）选中“图层 1”图层第 200 帧，按【F5】键。此时，“图层 1”图层的第 1 帧到第 200 帧的内容都一样，都为 “小溪流水”图像。

（4）选中“小溪流水”图像，选择“修改”→“分离”菜单命令，将图像打碎。使用工具箱内的“套索工具”，在图像的河流轮廓处拖曳，选中所有河流，如图 4-86 所示。选择“编辑”→“复制”菜单命令，将选中的河流图像复制到剪贴板中。

图 4-85 “小溪流水”图像

图 4-86 河流图像

（5）在“图层 1”图层之上创建一个“图层 2”图层，单击选中“图层 2”图层第 1 帧，选择“编辑”→“粘贴到当前位置”菜单命令，将剪贴板中的小溪图像粘贴到“图层 2”图层第 1 帧原来的位置处。按两次光标下移键和光标右移键，将图层 2”图层第 1 帧的小溪图像微微向右下方移动一些。选中“图层 2”图层第 200 帧，按【F5】键。

（6）在“图层 2”图层之上创建一个“图层 3”图层，单击选中“图层 3”图层的第 1 帧，绘制一些曲线线条，如图 4-87 所示。然后，创建“图层 3”图层第 1 帧到第 100 帧的动画，垂直向下移动第 100 帧内曲线线条的位置，如图 4-88 所示。

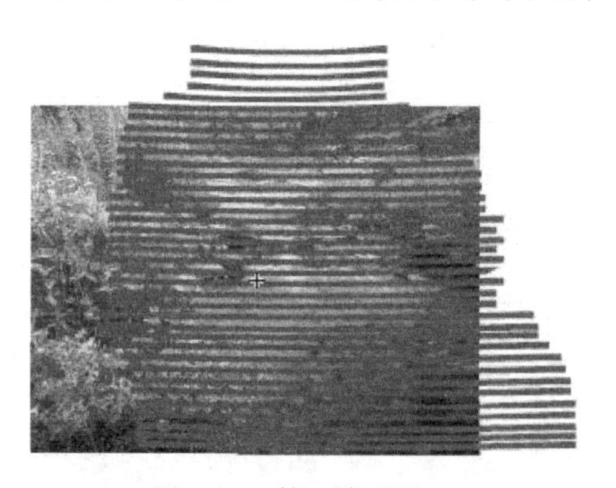

图 4-87 第 1 帧画面

图 4-88 第 100 帧画面

（7）将“图层 3”图层第 1 帧复制粘贴到“图层 3”图层第 200 帧，创建“图层 3”图层第 100 帧到第 200 帧的动画。

（8）右击“图层 3”图层，打开它的快捷菜单，选择该菜单内的“遮罩层”菜单命令，将“图层 3”图层设置为遮罩图层。此时的时间轴如图 4-89 所示。然后，回到主场景。

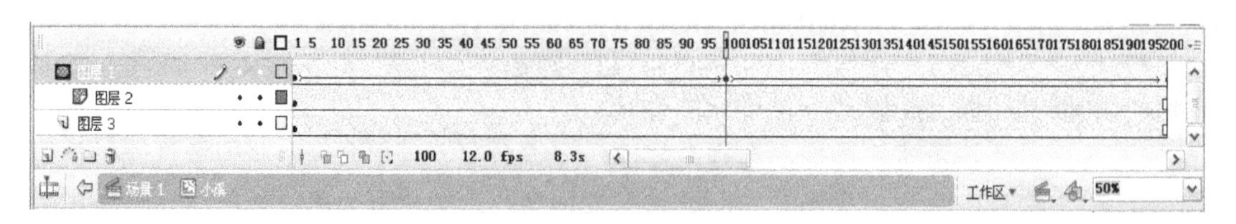

图 4-89 “小溪”影片剪辑元件时间轴

2. 制作“移动的探照灯”动画

（1）选中主场景内“图层 1”图层第 1 帧，将“库”面板内的“小溪”影片剪辑元件拖动到舞台工作区内，刚好将整个舞台工作区覆盖。

（2）在“图层 1”图层之上新增一个“图层 2”图层。将“图层 1”第 1 帧内容复制粘贴到“图层 2”图层第 1 帧。按住【Ctrl】键，单击选中“图层 1”和“图层 2”图层第 100 帧，按【F5】键，使“图层 1”图层和“图层 2”图层第 1 帧到第 100 帧内容一样。

（3）将“图层 2”图层隐藏。再单击选中“图层 1”图层第 1 帧内的“小溪”影片剪辑实例，在“小溪”影片剪辑实例的“属性”面板中，选择“颜色”下拉列表框中的“亮度”选项，再在其右边的文本框中输入–70，将“图层 1”图层内的“小溪”影片剪辑实例调暗，如图 4–90 所示，“属性”面板设置如图 4–91 所示。然后，将“图层 2”图层显示。

图 4–90 “图层 2”图层调暗的画面

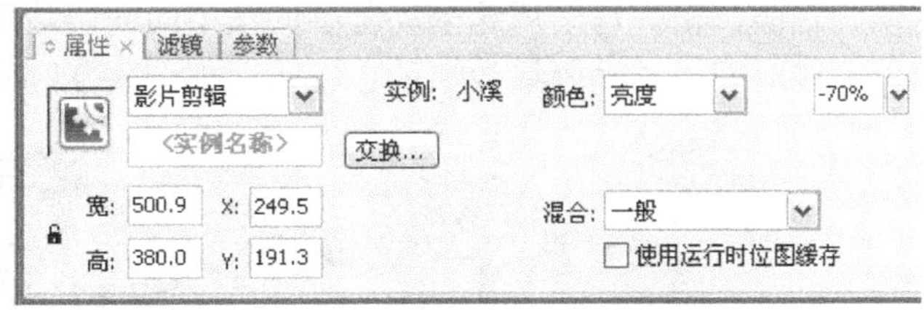

图 4–91 “小溪”影片剪辑实例的“属性”面板

（4）在“图层 1”图层的上边创建一个“图层 3”图层，选中“图层 3”图层第 1 帧，使用工具箱中的“椭圆工具”，绘制一幅黑色填充的圆形图形，移到舞台工作区内左上角。

（5）在“图层 3”图层创建一个第 1 帧到第 120 帧的动作动画。按住【Ctrl】键，单击选中“图层 3”图层第 20、40、60、80、100 帧，按【F6】键，创建 5 个关键帧。调整各关键帧内圆形图形的位置和大小，创建一个圆形不断移动和逐渐变大的动画。

（6）右击“图层 3”图层，打开图层快捷菜单，选择该菜单内的“遮罩层”命令，将“图层 3”图层设置为遮罩图层，“图层 2”图层为被遮罩图层。

至此，该动画制作完毕。此时，动画的时间轴如图 4–92 所示。

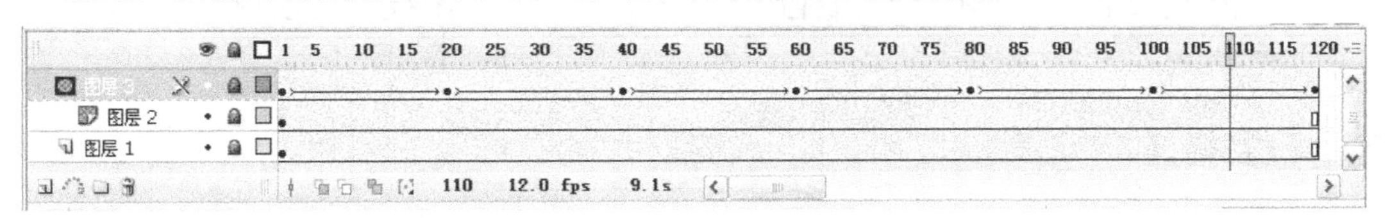

图 4–92 “移动的探照灯光”动画的时间轴

课后习题 4–5

1. 制作一个“照亮小河流水”动画，该动画播放后，在很暗的“小河流水”动画画面

的中间一个圆形探照灯灯光逐渐变大，最后照亮全部画面。该动画播放后的两幅画面如图 4-93 所示。

图 4-93 “照亮小河流水”动画播放后的两幅画面

2．制作一个“变清晰的小河流水”动画，该动画播放后，可以看到一幅模糊的小河流水动画画面，稍等片刻后这个动画画面从中间向两边逐渐变清晰，最后画面完全变清晰后又暂停一段时间。该动画播放后的 3 幅画面如图 4-94 所示。

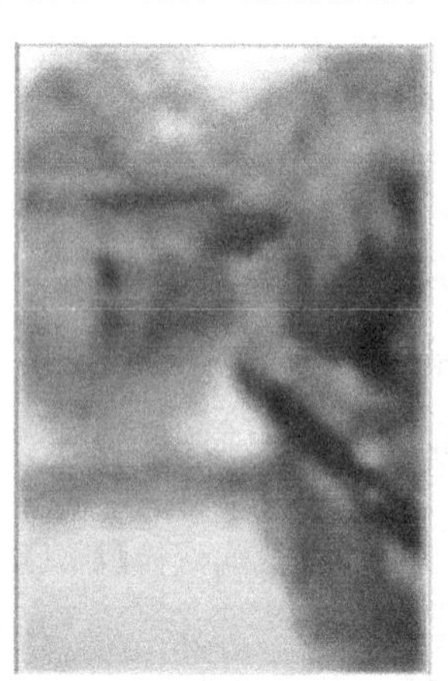

图 4-94 “变清晰的小河流水”动画播放后的 3 幅画面

4.6 时间轴特效动画——【任务 22】5 幅图像特效切换

任务描述

“5 幅图像特效切换”动画播放后的 3 幅画面如图 4-95 所示。可以看到，先显示第 1 幅图像，接着第 1 幅图像旋转并越来越透明地消失，将第 2 幅图像显示出来；然后第 2 幅图像分为多块向上再向下分离开，逐渐将第 3 幅图像显示出来。接着，第 3 幅图像逐渐呈水平百叶窗式消逝，将第 4 幅图像显示出来。然后，第 4 幅图像逐渐呈垂直百叶窗式消逝，将第 5 幅图像显示出来。该动画的制作主要采用了时间轴特效来制作图像切换动画，这种时间轴特效方法操作简单，一些效果很难用普通方法来实现。

图 4-95　“5 幅图像特效切换”动画播放后的 3 幅画面

知识链接

1．时间轴特效动画简介

时间轴特效是 Flash CS3 中内置的一组动画效果，可以通过执行时间轴特效来快速创建复杂的动画。时间轴特效有“变形”、“转换”、“分离”、“展开”、“投影”和“模糊”等特效。它们的操作步骤很简单，可对图层应用时间轴特效。

当将时间轴特效应用于舞台工作区中的对象，创建完一个时间轴特效后，“库“面板中会自动添加一个与该时间轴特效同名的文件夹，它包含有该时间轴特效所用到的所有元素。当一个对象创建了时间轴特效后，Flash 将为这个时间轴特效创建一个图层，并将对象放置在该图层中，动画所用到的所有补间、变形等都在该图层中。

2．创建时间轴特效动画

下面举一个实例来说明创建时间轴特效动画的基本方法。

（1）在“图层 1”图层第 1 帧导入一幅图像，调整图像时它刚好将整个舞台工作区覆盖。单击选中“图层 1”图层第 40 帧，按【F5】键，使“图层 1”图层第 1 帧到第 40 帧的内容一样。

（2）在“图层 1”图层之上创建“图层 2”图层，选中“图层 1”图层第 1 帧，导入一幅图像，调整图像，使它刚好将整个舞台工作区覆盖。

（3）选中“图层 2”图层第 1 帧，选择“插入”→“时间轴特效”→“效果”→“模糊”菜单命令，打开“模糊”对话框，如图 4-96 所示。

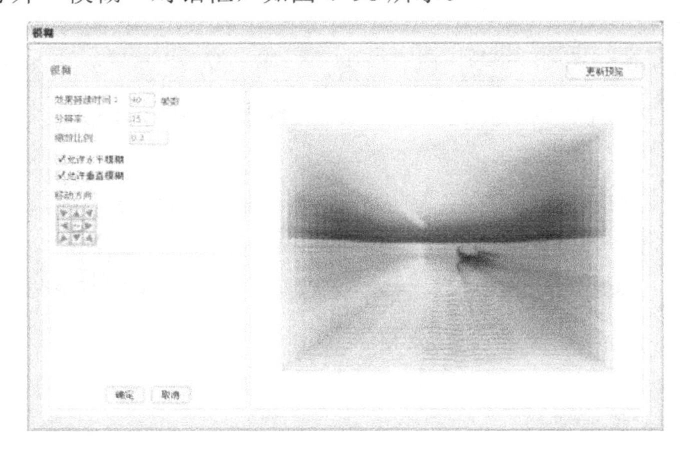

图 4-96　“模糊”对话框

（4）在“模糊”对话框内设置时间轴转换特效的各项参数如图 4-96 所示。

其中，在“效果持续时间”文本框内输入 40，在“分辨率”文本框中输入 15，在“缩放比例”栏内输入 0.2，在“移动方向”栏内单击正中间的按钮。

（5）单击该对话框内的“更新预览”按钮，可以在该对话框的右边显示所创建时间轴特效的动画效果。单击“确定”按钮，完成特效动画的制作。此时，“图层 2”图层的名称自动改为“模糊 1”，动画一共占了 40 帧。

（6）制作的“模糊特效”动画播放后的两幅画面如图 4-97 所示。可以看到，第 1 幅图像逐渐向四周扩展并逐渐变模糊透明，逐渐将另一幅图像显示出来。

图 4-97 “模糊特效”动画播放后的两幅画面

3. 编辑时间轴特效动画

（1）选中有时间轴特效动画的图层（如“模糊特效”动画中的“模糊 1”图层），选择“修改”→“时间轴特效”→“编辑特效”菜单命令，即可打开相应的对话框。例如，“模糊”对话框。

（2）在弹出的对话框内进行参数修改后，单击该对话框内的“确定”按钮，即可完成时间轴特效的编辑。

操作步骤

1. 制作转换动画

（1）设置动画的舞台工作区宽为 400 像素，高为 300 像素，背景色为白色。导入 5 幅图像（均为宽 400 像素，高 300 像素）到“库”面板内。这 5 幅图像如图 4-98 所示。

PC1.jpg

PC2.jpg

PC3.jpg

PC4.jpg

PC5.jpg

图 4-98 5 幅图像

（2）使用工具箱中的“选择工具” ，选中“图层 1”图层第 1 帧，将“库”面板内的

“PC2.jpg”图像拖曳到舞台工作区内，调整它的位置，使它刚好将整个舞台工作区完全覆盖。选中“图层 1”图层第 40 帧，按【F5】键，创建普通帧，使“图层 1”图层第 1 帧到第 40 帧的内容一样。

（3）在“图层 1”图层之上添加“图层 2”图层。选中该图层第 1 帧，将“库”面板内的“PC1.jpg”图像拖曳到舞台工作区内，调整它的位置，使它刚好将第 1 幅图像完全覆盖。

（4）选中“图层 2”图层第 1 帧，选择“插入”→“时间轴特效”→“变形/转换→“变形”菜单命令，打开“变形”对话框。

（5）在“变形”对话框内设置时间轴转换特效的各项参数，如图 4-99 所示。

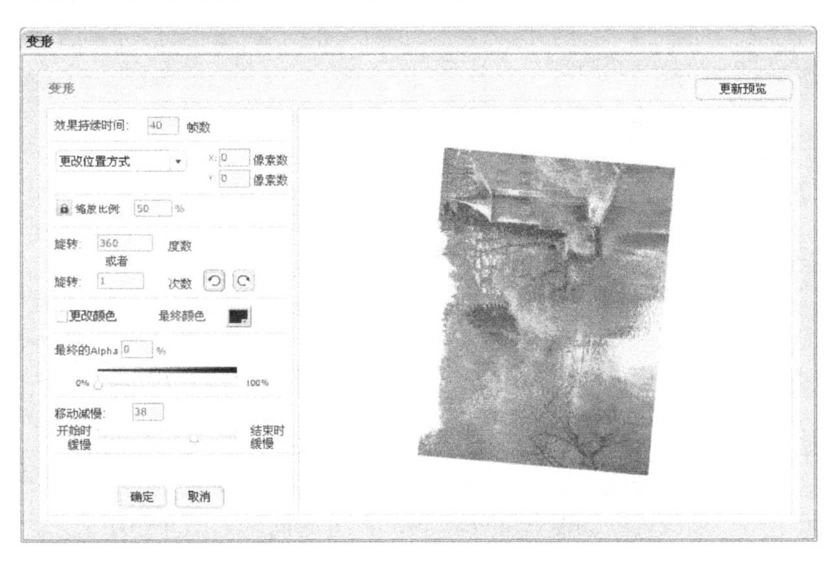

图 4-99　“变形”对话框

其中，在“效果持续时间”文本框内输入“40”，在“旋转比例”栏内输入“50”，在“最终的 Alpha”文本框中输入“0”，在“移动减慢”文本框中输入“40”等。

（6）单击该对话框内的“更新预览”按钮，可以在该对话框的右边显示所创建时间轴特效的动画效果。单击“确定”按钮，完成特效动画的制作。此时，“图层 2”图层的名称自动改为“变形 1”，动画一共占了 40 帧。

2. 制作分离动画

（1）在“变化 1”图层之上添加“图层 3”图层。选中该图层的第 41 帧，按【F7】键，创建一个空关键帧。将“库”面板内的“PC3.jpg”图像拖曳到舞台工作区内，调整它，使图像刚好将舞台工作区完全覆盖。选中“图层 3”图层第 80 帧，按【F5】键，创建普通帧。

（2）在“图层 3”图层之上添加“图层 4”图层。选中“图层 4”图层第 41 帧，按【F7】键，创建一个空关键帧。将“图层 1”图层第 1 帧复制粘贴到“图层 4”图层第 41 帧，即此帧内是“PC2.jpg”图像。

（3）选中“图层 4”图层第 41 帧，选择“插入”→“时间轴特效”→“效果→“分离”菜单命令，打开“分离”对话框。在“效果持续时间”文本框内输入 40，在“弧线大小”栏内的“X”和“Y”文本框内分别输入“100”和“150”，选中向上的箭头按钮▲，在“碎片旋转量”文本框内输入 45，在“碎片大小更改量”栏的“X”文本框内输入 0、“Y”文本框内输入 100，在“最终的 Alpha”文本框中输入 30，如图 4-100 所示。

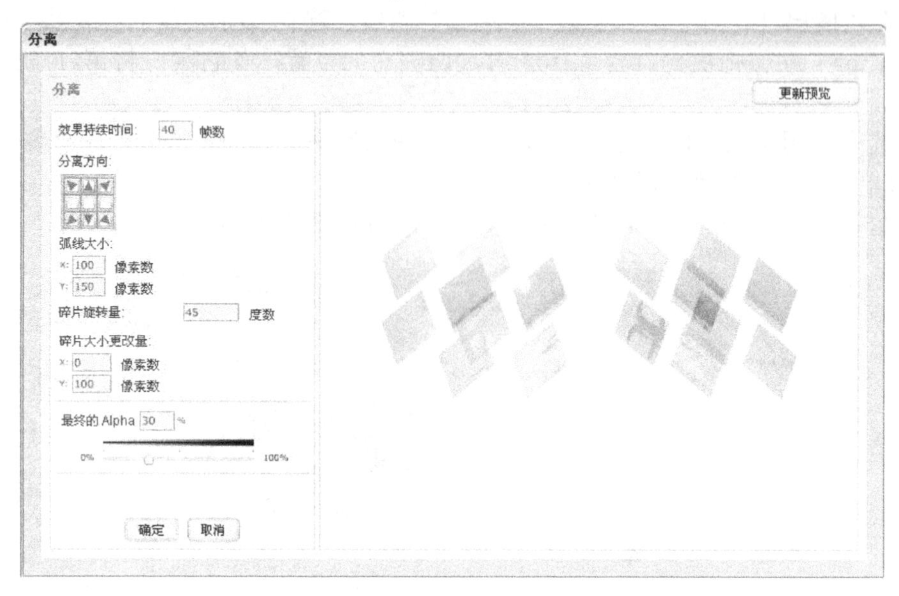

图 4-100 “分离”对话框

（4）单击“分离”对话框内的“确定”按钮，完成分离特效动画的制作。此时，“图层 4”图层的名称自动改为“分离 2”，动画一共占了 40 帧。

至此，“场景 1”场景内动画制作完毕。该动画的时间轴如图 4-101 所示。

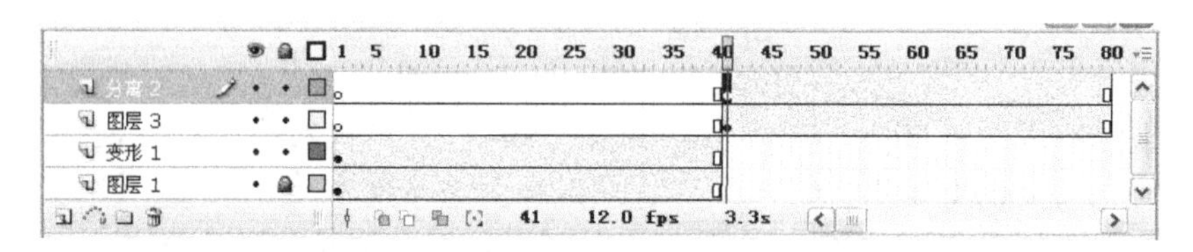

图 4-101 “场景 1”场景内动画的时间轴

3. 制作“百叶”影片剪辑元件

（1）选中“图层 3”图层第 41 帧，右击弹出帧快捷菜单，单击该菜单内的“复制帧”菜单命令，将该帧内“PC3.jpg”图像复制到剪贴板内。

（2）选择“插入”→“场景”菜单命令，进入“场景 2”场景的编辑窗口。右击“场景 2”场景“图层 1”图层第 1 帧，打开帧快捷菜单，选择该菜单中的“粘贴帧”菜单命令，将剪贴板中的帧粘贴到“图层 1”第 1 帧。

（3）进入“百叶”影片剪辑元件的编辑状态。选中“图层 1”图层第 1 帧，在舞台工作区的正中心绘制一条蓝色的矩形图形，该矩形宽为 410 像素，高为 2 像素，如图 4-102 所示。

图 4-102 “百叶”影片剪辑元件内的矩形图形

（4）创建“图层 1”图层第 1 帧到第 40 帧的动作动画。将“图层 1”图层第 40 帧内矩形图像的高度调整为 30 像素，宽度不变。然后，回到主场景。

4．水平百叶窗式图像切换

（1）在“图层 1”图层之上添加“图层 2”图层，选中“图层 2”图层第 1 帧。使用工具箱中的“选择工具”，将“库”面板内的“PC4.jpg”图像拖曳到舞台工作区内，调整它的位置，使该图像刚好将整个舞台工作区覆盖。

（2）在“图层 2”图层之上添加“图层 3”图层。选中“图层 3”图层第 1 帧，将“库”面板内的“百叶”影片剪辑元件拖曳到舞台工作区内图像的最上边，与图像上边缘重合。

（3）选择“插入”→“时间轴特效”→“帮助→“复制到网格”菜单命令，打开“复制到网格”对话框，按照图 4-103 所示进行设置。

图 4-103　“复制到网格”对话框

“复制到网格”对话框内的设置是“网格尺寸”栏内的行数为 10（图像高度为 300 像素，“百叶”影片剪辑元件内矩形图形最大高度为 30 像素），列数为 1；设置“网格间距”栏内的行数为 30（“百叶”影片剪辑元件内矩形图形最大高度为 30 像素），列数为 1。单击“更新预览”按钮，可以在显示框内看到效果。

（4）单击“复制到网格”对话框内的“确定”按钮，完成“图层 3”图层第 1 帧百叶窗动画的制作。同时在“库”面板内自动生成一个“复制到网格 2”影片剪辑元件和其他元件，“图层 3”图层的名称自动改为“复制到网格 2”。

（5）按住【Ctrl】键，选中 3 个图层的第 40 帧，按【F5】键。

（6）右击“复制到网格 1”图层，打开帧快捷菜单，选择该菜单中的“遮罩层”菜单命令，将“复制到网格 2”图层设置为遮罩图层，“图层 2”图层为被遮罩图层。

5．垂直百叶窗式图像切换

（1）在“图层 3”图层之上添加“图层 4”、“图层 5”和“图层 6”图层。选中“图层

4”、“图层 5”和“图层 6”图层第 41 帧，按【F7】键，创建 3 个空关键帧。

（2）将“图层 2”图层第 1 帧复制粘贴到“图层 4”图层第 41 帧。

（3）选中“图层 5”图层第 41 帧，将“库”面板内的“PC5.jpg”图像拖曳到舞台工作区内，调整它的位置，使该图像刚好将舞台工作区完全覆盖。

（4）选中“图层 6”图层第 1 帧，将“库”面板内的“百叶”影片剪辑元件拖曳到舞台工作区内。选择“修改”→“变形”→“顺时针旋转 90 度”菜单命令，将“百叶”影片剪辑实例旋转 90 度。然后，将它移到图像的最左边，与图像左边缘重合。

（5）选择“插入”→“时间轴特效”→“帮助→“复制到网格”菜单命令，打开“复制到网格”对话框。设置“网格尺寸”栏内的行数为 1，列数为 14；设置“网格间距”栏内的行数为 1，列数为 30。单击“更新预览”按钮，可看到效果，如图 4-104 所示。

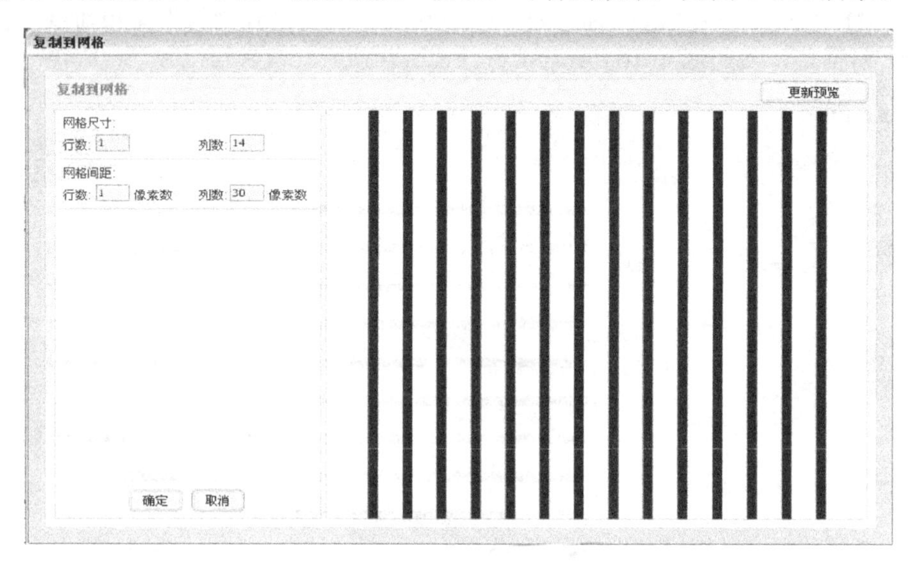

图 4-104 “复制到网格”对话框

（6）单击“复制到网格”对话框内的“确定”按钮，完成“图层 6”图层第 41 帧百叶窗动画的制作。同时在“库”面板内自动生成一个“复制到网格 3”影片剪辑元件和一些其他元件。“图层 6”图层的名称自动改为“复制到网格 3”。

（7）按住【Ctrl】键，选中“图层 4”、“图层 5”和“图层 6”图层的第 80 帧，按【F5】键。右击“图层 6”图层，弹出帧快捷菜单，单击该捷菜单中的“遮罩层”菜单命令，将“图层 6”图层设置为遮罩图层，“图层 5”图层为被遮罩图层。

至此，“场景 2”场景内的动画制作完毕。该动画的时间轴如图 4-105 所示。

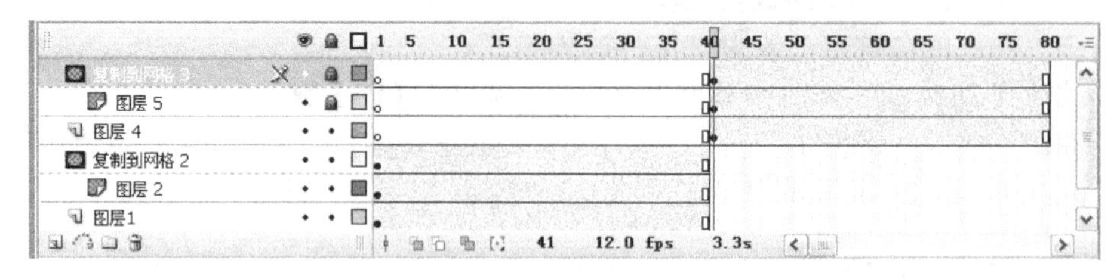

图 4-105 “场景 2”场景内动画的时间轴

课后习题 4-6

1．制作一个“淡化涂抹图像切换”动画，该动画播放后的两幅画面如图 4-106 所示。可以看到，首先显示第 1 幅图像，接着第 2 幅图像逐渐从左向右淡出涂抹，同时由透明变为不透明地显示出来，逐渐将第 1 幅图像完全覆盖；然后第 3 幅图像逐渐从右向左淡入涂抹，同时由透明变为不透明地显示出来，逐渐将第 2 幅图像完全覆盖。

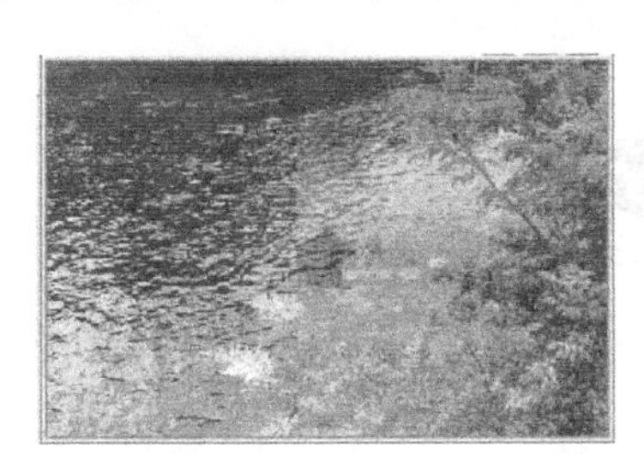

图 4-106　“淡化涂抹图像切换”动画播放后的两幅画面

2．制作一个“模糊分离图像切换”动画，该动画播放后的两幅画面如图 4-107 所示。可以看到，先显示第 1 幅图像，接着第 1 幅图像逐渐从中间向四周模糊消失，逐渐将第 2 幅图像显示出来；然后第 2 幅图像分为多块向上再向下分离开，逐渐将第 3 幅图像显示出来。

图 4-107　“模糊分离图像切换”动画播放后的两幅画面

3．制作一个“转换分离图像切换”动画，该动画播放后的两幅画面如图 4-108 所示。可以看到，首先显示第 1 幅图像，接着第 2 幅图像逐渐从右向左推入显示，同时透明度逐渐变小，将第 1 幅图像遮挡；然后第 2 幅图像分为多块向上再向下分离开，将第 3 幅图像显示出来。

图 4-108　“转换分离图像切换”动画播放后的两幅画面

第 5 章

Flash 基本动画制作

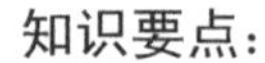

知识要点：

1. 进一步掌握制作动作动画的方法和技巧，掌握制作旋转和摆动动画的方法和技巧。
2. 了解 Flash 动画的种类和特点，以及动作动画关键帧的“属性”面板的作用和设置方法。
3. 掌握引导动画的制作方法和技巧，掌握形状动画的基本制作方法和技巧。
4. “库”面板内图层文件夹的使用方法。

5.1 动画种类和动作动画——【任务 23】动作动画集锦

任务描述

“动作动画集锦”动画主要用来播放几个旋转和摆动动画，该动画播放后的画面如图 5-1 左图所示。单击或鼠标指针移到框架内下边左起第 1 个按钮时，会在上边的框架内显示“摆动模拟指针表”动画的播放画面，其中的一幅画面如图 5-1 右图所示。可以看到，最左边的彩珠环模拟指针表摆起再回到原处后，撞击中间的彩珠环模拟指针表，右边的彩珠环模拟指针表摆起，当该彩珠环模拟指针表回到原处后，又撞击左边的彩珠环模拟指针表再摆起。周而复始，不断运动。彩珠环模拟指针表在摆动中还会改变颜色。

图 5-1 “动作动画集锦”动画播放后的两幅画面

单击或鼠标指针移到框架内下边左起第 2 个按钮时，上边框架内会显示“彩球和自转彩珠环”动画的播放画面，其中的一幅画面如图 5-2 左图所示。可以看到，画面中一个顺时针自转的彩珠环围绕一个彩球转圈，3 个逆时针自转的彩珠环围绕顺时针自转彩珠环顺时针转圈，3 个逆时针自转彩珠环之间的夹角为 120 度。

单击或鼠标指针移到框架内下边左起第 3 个按钮时，上边框架内会显示“翻页画册”动画的播放画面，其中的一幅画面如图 5-2 右图所示。可以看到，画册第 1 页从右向左翻开，接着第 2 幅页从右向左翻开，再接着第 3 幅页从右向左翻开。当页面翻到背面后，背面图像与正面图像不一样。翻页画册一共有 5 幅图像。

“翻页画册”动画播放后，如图 5-2 所示。

图 5-2 “动作动画集锦”动画播放后的两幅画面

单击或鼠标指针移到框架内下边左起第 4 个按钮时，上边框架内会显示“彩球跷跷板”动画的播放画面，其中的两幅画面如图 5-3 图所示。可以看到，两个彩球不断弹起和落下，同时跷跷板也随之上下摆动。在彩球下落时，彩球做加速运动；在彩球上弹时，彩球做减速运动。彩球的弹起和落下动作与跷跷板的上下摆动动作协调有序。

图 5-3 “动作动画集锦”动画播放后的两幅画面

知识链接

1．Flash 动画的种类和特点

（1）帧帧动画：帧帧动画的每一帧都由制作者确定，而不是由 Flash 通过计算得到，然后连续依次播放这些画面，即可生成动画效果。帧帧动画适于制作非常复杂的动画，Gif 格式的动画就是属于这种动画。与过渡动画相比，通常帧帧动画的文件字节数较大。为了使一帧的画面显示的时间长一些，可以在关键帧后边添加几个与关键帧内容一样的普通帧。

（2）补间动画：它也叫过渡动画。制作若干关键帧画面，由 Flash 计算生成各关键帧之间的各个帧，使画面从一个关键帧过渡到另一个关键帧。补间动画又分为动作动画和形状动画。

利用帧帧动画和补间动画，可以制作大小、位置、围绕对象中心点旋转角度、形状、颜色、亮度、透明度等分别变化或同时变化的动画，可以制作围绕对象中心点顺时针或逆时针转圈或者来回摆动的动画，可以制作沿着引导线移动的动画，还可以制作其他各种变化形式的动画。

动作动画是补间动画中的一种。在 Flash CS3 中可以创建出丰富多彩的动作动画效果，可以使一个对象在画面中沿直线移动，沿曲线移动，变换大小、形状和颜色，以中心为圆点自转，以中心为圆点旋转，产生淡入/淡出效果等。各种变化可以独立进行，也可合成复杂的动画。例如一个对象不断自转的同时还水平移动。

Flash CS3 可以使实例、图形、图像、文本组合产生动作动画。创建动作动画后，自动将对象转换成补间的实例，“库”面板中会自动增加元件，名字为“补间 1”和“补间 2”等。

动作动画可以借助于引导层使对象沿任意路径运动，即创建引导动作动画。动作动画可以借助遮罩层的作用产生千奇百态的动画效果。

2．动作动画关键帧的“属性”面板

选中动画关键帧，打开动画关键帧的“属性”面板。利用该面板可以设置动画类型和动画其他属性。在“补间”下拉列表框中选择了“动画”选项（动作）后，该面板如图 5-4 所示。该对话框内有关选项的作用如下（其中关于声音的选项参见第 4.3 节）。

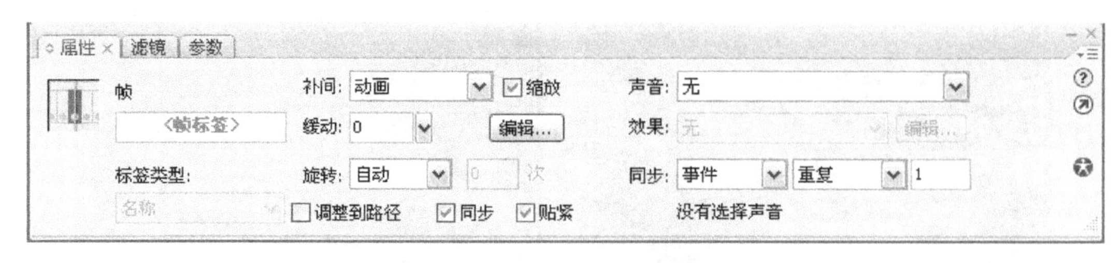

图 5-4　动画关键帧的“属性”面板

（1）“<帧标签>”文本框：用于输入关键帧的标签名称。

（2）“标签类型”下拉列表框：在输入关键帧的标签名称后，“标签类型”下拉列表框才会生效。该下拉列表框可以用来定义标签的类型，其中有 3 个选项，即“名称”、“注释”

和“锚点”。

例如，选中动作动画的第 1 关键帧，在其“属性”面板“<帧标签>”文本框中输入“第 1 帧”文字后，时间轴的第 1 关键帧内会显示标签的名称。如果在“标签类型”下拉列表框中选择不同选项，则该关键帧内的红色标记图案会不一样，其作用也会不一样。选择“名称”选项时，程序中可以利用该名称。

（3）“补间”下拉列表框：用于选择动画类型。选择“无”选项，是没有动画；选择“动画”选项，是创建动作动画；选择“形状”选项，是创建“形状”动画。

（4）“缓动”文本框：可输入数据或调整滑条的滑块（数值范围为-100～100），来调整运动的加速度。其值为负数时为动画在结束时加速，其值为正数时为动画在结束时减速。

（5）“旋转”下拉列表框：用于控制对象在运动时的旋转方式。选择“无”选项是不旋转；选择“自动”选项是在尽可能少运动的情况下旋转；选择“顺时针”选项是顺时针旋转；选择“逆时针”选项是逆时针旋转。可以在其右边的“次”文本框内输入旋转的次数。

（6）“调整到路径”复选框：选中它后，可将运动对象的基线调整到运动路径。

（7）“同步”复选框：选中它后，可使图形元件实例的动画与时间轴同步。

（8）“贴紧”复选框：选中它后，可使运动对象的中心点标记与运动路径对齐。

操作步骤

1．制作框架和复制元件

（1）新建一个名称为“【任务 23】动作动画集锦.fla”的 Flash 文档。设置舞台工作区的宽为 500 像素，高为 500 像素，背景色为黄色。打开“【任务 6】彩球跳跃.fla”和“【任务 7】模拟指针表.fla”Flash 文档。

（2）切换到“【任务 23】动作动画集锦.fla”Flash 文档，选中“图层 1”图层第 1 帧，单击工具箱中的“矩形工具”按钮，设置笔触高度为 12 像素，颜色为深绿色，设置无填充，拖曳绘制一幅绿色矩形轮廓线。调整它的宽为 500 像素，高为 500 像素，X 和 Y 值均为 0。

（3）单击工具箱中的“矩形工具”按钮，设置无笔触，设置填充色为深绿色，在绿色矩形内下边水平拖曳，绘制一个细长的水平矩形。

（4）拖曳选中绿色矩形轮廓线，选择“修改”→“转换为元件”菜单命令，打开“转换为元件”对话框，在“名称”文本框内输入“框架”，选择“影片剪辑”单选按钮，单击“确定”按钮，即将选中的对象转换为“框架”影片剪辑元件的实例。

（5）单击“滤镜”面板内的“添加滤镜”按钮，打开滤镜菜单，选择该滤镜菜单中的“斜角”菜单命令，调整“距离”文本框中的数值为 2，将绿色矩形框架加工成立体状。

（6）导入一幅风景图像，调整改图像的大小和位置，如图 5-5 所示。

（7）在“库”面板的下拉列表框中选中“【任务 6】彩球跳跃.fla”选项，将“库”面板切换到“【任务 6】彩球跳跃.fla”Flash 文档的“库”面板。右击“库”面板内的“彩球”影片剪辑元件，打开它的快捷菜单，选择该菜单内的“复制”菜单命令，将“彩球”影片剪辑元件复制到剪贴板内。

（8）然后，将“【任务 23】动作动画集锦.fla”Flash 文档“库”面板内的“彩球”影片剪辑元件粘贴到“【任务 23】动作动画集锦.fla” Flash 文档的“库”面板中；将“【任务 7】模拟指针表.fla” Flash 文档“库”面板内的“模拟指针表”影片剪辑元件复制粘贴到“【任务 23】动作动画集锦.fla” Flash 文档的“库”面板中。同时“顺时针自转彩珠环”和“逆时针自转七彩环”等影片剪辑元件也复制粘贴到“【任务 23】动作动画集锦.fla” Flash 文档的“库”面板中。此时的“库”面板如图 5-6 所示。

图 5-5 框架图像和背景图像

图 5-6 “库”面板

2．制作“摆动模拟指针表”影片剪辑元件

（1）创建并进入“摆动模拟指针表 1”影片剪辑元件的编辑状态。将“库”面板内的“模拟指针表”影片剪辑元件拖曳到舞台工作区内，调整它的宽和高均为 100 像素，再绘制一条 2pts、红色、长 160 像素的垂直直线，将它们组成组合，如图 5-7 所示。然后，回到主场景。

（2）创建并进入“摆动模拟指针表”影片剪辑元件的编辑状态。选中“图层 1”图层第 1 帧，利用“调色器”面板设置填充色为金黄色到白色再到金黄色线性渐变色，绘制一个无轮廓线的长条矩形，单击工具箱中的“填充变形工具”按钮，单击矩形内的填充，拖曳填充的控制柄，改变填充，如图 5-8 所示，作为横梁。

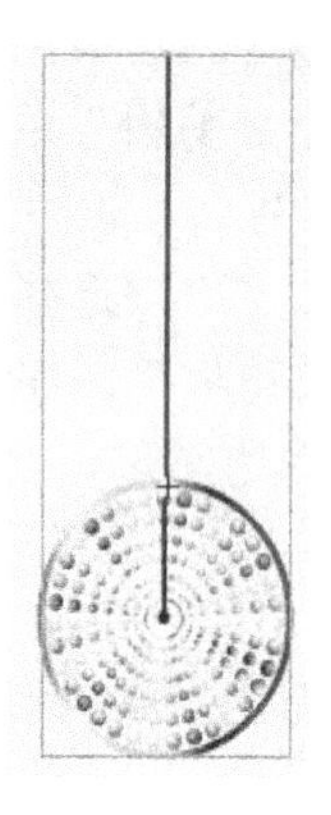
图 5-7 “摆动模拟指针表 1”影片剪辑元件

图 5-8 调整横梁图形的填充

（3）选中“图层 1”图层第 1 帧，将“库”面板中的“摆动模拟指针表 1”影片剪辑元件拖曳到横梁图形的下边正中间处，形成一个“摆动模拟指针表 1”影片剪辑实例。在“图层 1”图层之上增加一个“图层 2”图层。选中“图层 2”图层第 1 帧，将“库”面板中的“摆动模拟指针表 1”影片剪辑元件拖曳到横梁图形的下边。形成一个实例对象。选中“图层 1”图层第 120 帧，按【F5】键，使“图层 1”图层第 1 帧到第 120 帧内容一样。

（4）使用工具箱内的“任意变形工具”，选中“摆动模拟指针表 1”影片剪辑实例，再拖曳该影片剪辑实例的中心点标记，使它移到单摆线的顶端，如图 5-9 所示。

（5）创建“图层 2”图层第 1 帧到第 60 帧的动作动画。此时，第 1 帧与第 60 帧的画面均如图 5-9 所示。创建“图层 2”图层第 30 帧为关键帧，保证该帧“摆动模拟指针表 1”影片剪辑实例的圆形中心点标记移到单摆线的顶端，以确定单摆的旋转中心。再旋转调整“摆动模拟指针表 1”影片剪辑实例到如图 5-10 所示的位置。

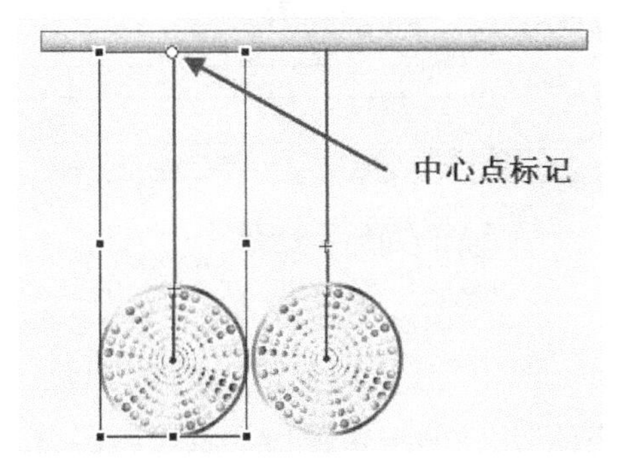

图 5-9　“摆动模拟指针表 1”实例中心点标记

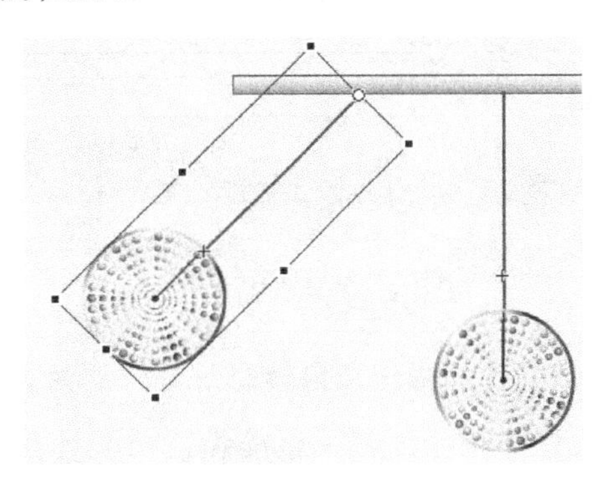

图 5-10　第 30 帧画面

（6）使用工具箱中的“选择工具”，选中“图层 2”图层第 30 帧的“摆动模拟指针表 1”影片剪辑实例，在其“属性”面板的“颜色”下拉列表框中选择“高级”选项，再单击“颜色”下拉列表框右边的“设置”按钮，弹出“高级效果”对话框，调整“摆动模拟指针表 1”影片剪辑实例的颜色，从而实现摆动模拟指针表变色摆动的动画。

（7）选中“图层 2”图层的第 120 帧，按【F5】键。右击“图层 2”图层的第 60 帧，打开帧快捷菜单，选择该菜单中的“删除补间”菜单命令，使该帧不具有动画属性。

（8）在“图层 2”图层之上增加一个“图层 3”图层。将“图层 2”图层第 60 帧的“摆动模拟指针表 1”影片剪辑实例复制粘贴到“图层 3”图层的第 1 帧。然后调整该影片剪辑实例位于右边。选中该图层的第 61 帧，按【F6】键，创建一个关键帧。

（9）创建“图层 3”图层中第 61 帧到第 120 帧的动作动画。此时，第 61 帧与第 120 帧的画面均如图 5-11 所示。选中“图层 3”图层中的第 90 帧，按【F6】键，创建一个关键帧，将该帧的“摆动模拟指针表 1”影片剪辑实例的圆形中心点标记移到单摆线的顶端，以确定单摆的旋转中心。再旋转调整“摆动模拟指针表 1”影片剪辑实例到如图 5-12 所示的位置。

（10）选中“图层 3”图层第 90 帧的“摆动模拟指针表 1”影片剪辑实例，按照上述方法，调整该“摆动模拟指针表 1”影片剪辑实例的颜色。然后，回到主场景。

至此，“摆动的模拟指针表”影片剪辑元件制作完毕，拖曳播放头，可以观看影片剪辑元件内动画的播放情况。然后回到主场景。该影片剪辑元件的时间轴如图 5-13 所示。

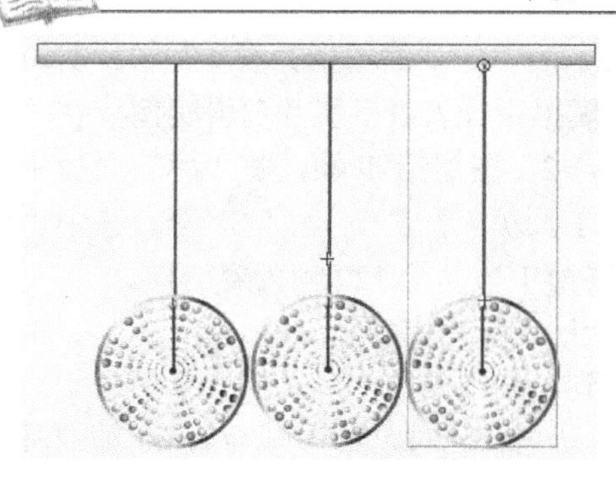

图 5-11　第 61 帧与第 120 帧的画面

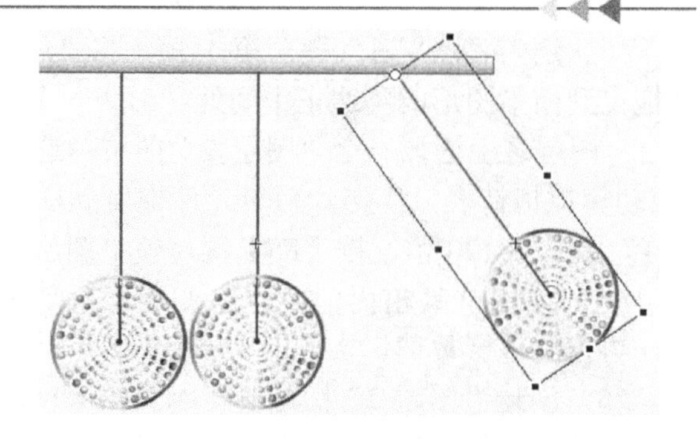

图 5-12　第 90 帧画面

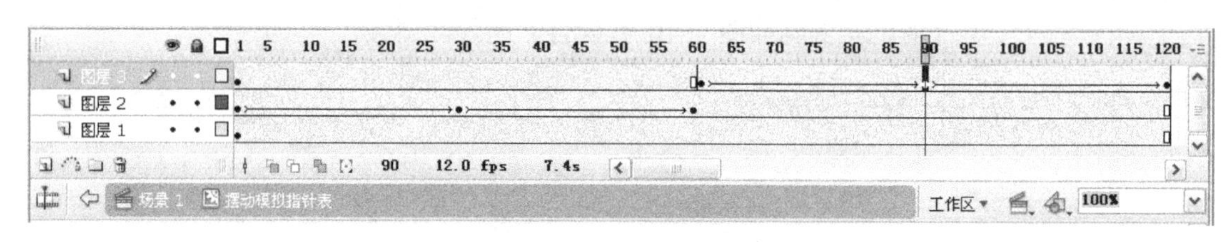

图 5-13　“摆动的模拟指针表”动画的时间轴

3. 制作“彩球和自转彩珠环”影片剪辑

（1）创建并进入“彩球和自转彩珠环”影片剪辑元件的编辑窗口。将“图层 1”图层的名称改为“彩球和顺时针自转彩珠环”，单击选中“彩球和顺时针自转彩珠环”图层的第 1 帧。

（2）将“库”面板中的“彩球”影片剪辑元件拖曳到舞台工作区中。利用“属性”面板调整“彩球”影片剪辑实例的宽为 80 像素，高为 80 个像素，X 和 Y 的值均为 0，如图 5-14 所示。

（3）将“库”面板中的“顺时针自转彩珠环”影片剪辑元件拖曳到舞台工作区中。利用“属性”面板调整“顺时针自转彩珠环”影片剪辑实例的宽和高均为 100 个像素，X 和 Y 的值均为 0，将它的内边缘与“彩球”影片剪辑实例相切。

（4）在“彩球和顺时针自转彩珠环”图层之上创建一个“图层 2”图层。选中“图层 2”图层第 1 帧，将“库”面板中的“逆时针自转彩珠环”影片剪辑元件拖曳到舞台工作区中。按住【Ctrl】键，用鼠标拖曳“逆时针自转彩珠环”影片剪辑实例，复制两个“逆时针自转彩珠环”影片剪辑实例，再调整它们的位置，使它们之间的夹角为 120 度。最终效果如图 5-15 所示。

（5）使用工具箱中的“任意变形工具”，单击一个“逆时针自转彩珠环”影片剪辑元件的实例，将它的中心点调整到彩球的中心点处，如图 5-16 所示。采用相同的方法，将其他两个“逆时针自转彩珠环”影片剪辑元件实例的中心点也调整到相同位置。

（6）单击选中“图层 2”图层第 1 帧，选择“修改”→“时间轴”→“分散到图层”菜单命令，将该图层第 1 帧中的 3 个对象分散到 3 个图层中。然后，将原来的“图层 2”图层删除，将新生成的 3 个图层的名称分别改为“逆时针自转环 1”、“逆时针自转环 2”和“逆时针自转环 3”。

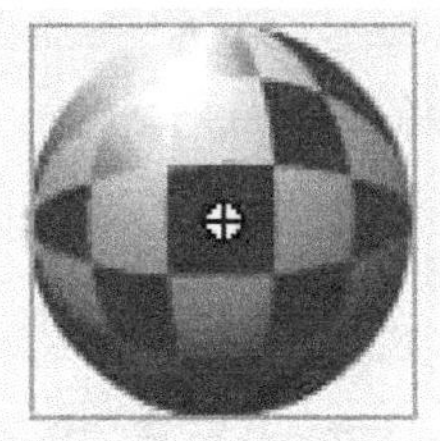

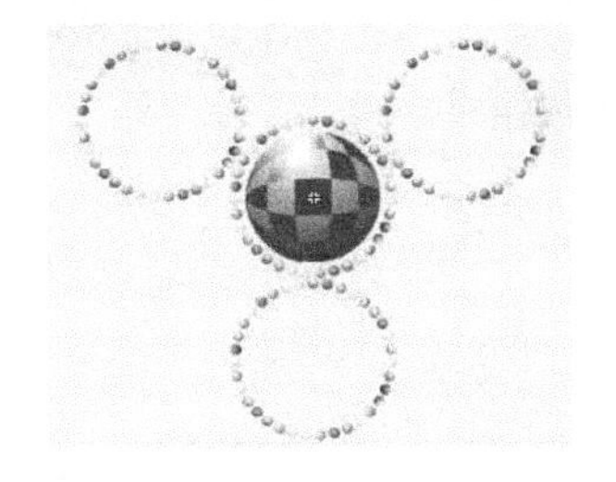

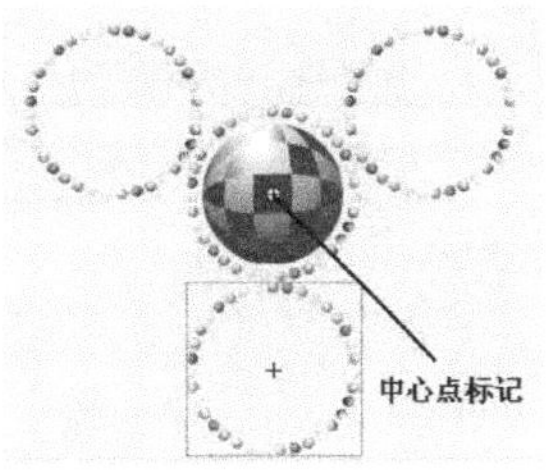

图 5-14　“彩球”实例　　　图 5-15　5 个对象的相对位置　　　图 5-16　调整中心位置

（7）按住【Ctrl】键，单击选中新建 3 个图层的第 1 帧，右击选中的帧，弹出帧快捷菜单，单击该菜单内的“创建补间动画”菜单命令。再按住【Ctrl】键，单击选中新建 3 个图层的第 120 帧，按【F6】键，创建 3 个图层第 1 帧到第 120 帧的动作动画。单击选中“逆时针自转环 1”图层第 1 帧，在其“属性”面板的“旋转”下拉列表框中选择“顺时针”选项，在其右边的文本框内输入 1，表示顺时针转一圈。

（8）按照相同的方法，再设置“逆时针自转环 2”和“逆时针自转环 3”图层的动画都是顺时针转一圈。

小提示

3 个影片剪辑元件实例的中心点位置应在中心处。

（9）选中“彩球和顺时针自转环”图层第 120 帧，按【F5】键，使该图层各帧的内容一样，均为彩球和顺时针自转环。

至此，“彩球和自转彩珠环”影片剪辑元件制作完毕，然后回到主场景。“彩球和自转彩珠环”影片剪辑元件的时间轴如图 5-17 所示。

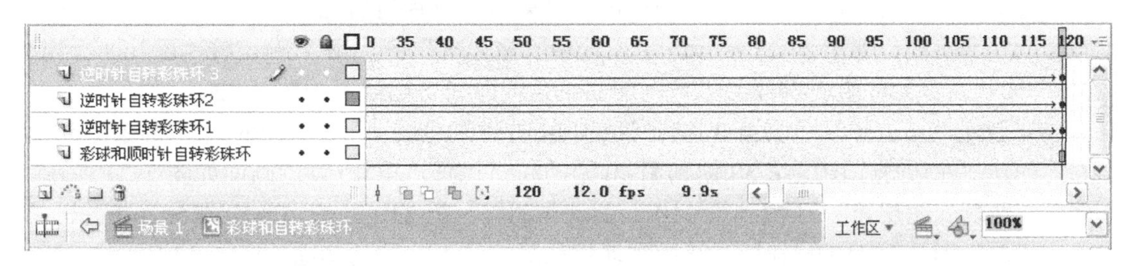

图 5-17　“彩球和自转彩珠环”动画的时间轴

4．制作“彩球跷跷板”影片剪辑

（1）使舞台显示几条用来定位的辅助线，如图 5-18 所示。创建并进入“彩球跷跷板”影片剪辑元件的编辑窗口。将“图层 1”图层的名称改为“支架”。选中该图层第 1 帧，在舞台工作区内绘制一幅支架图形。

（2）在“支架”图层下边创建一个名称为“跷跷板”的图层，在舞台工作区内绘制一个红色轮廓线、棕色填充的矩形图形，作为跷跷板。

（3）使用工具箱内的“任意变形工具”，单击选中跷跷板图形，使跷跷板图形的中心点标记出现，再拖曳调整中心点到跷跷板图形的中心处，如图 5-19 所示。然后，顺时针旋转跷跷板图形一定的角度，如图 5-19 所示。

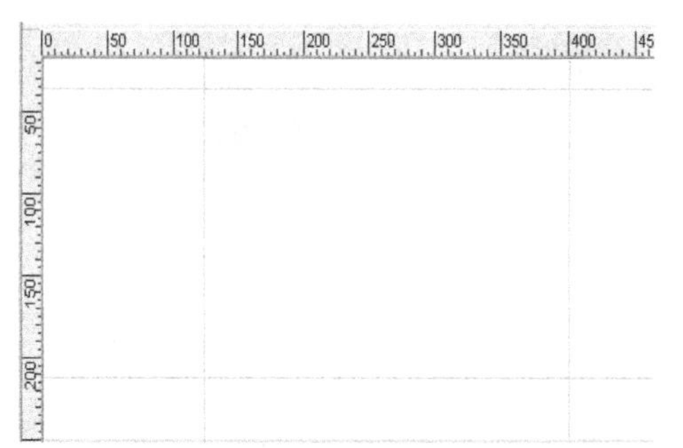
图 5-18　几根辅助线

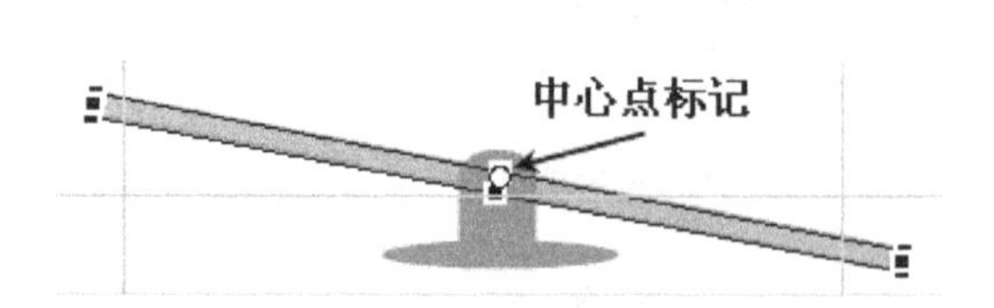

图 5-19 第 1 帧跷跷板图形中心点标记的位置

（4）在“跷跷板”图层创建第 30 帧到第 40 帧、第 100 帧到第 110 帧的动作动画，第 30 帧和第 110 帧的画面如图 5-20 所示（还没有彩球图形），第 40 帧和第 100 帧的画面如图 5-21 所示（还没有彩球图形）。按住【Ctrl】键，单击选中“跷跷板”图层和“支架”图层的第 140 帧，按【F5】键，创建普通帧。

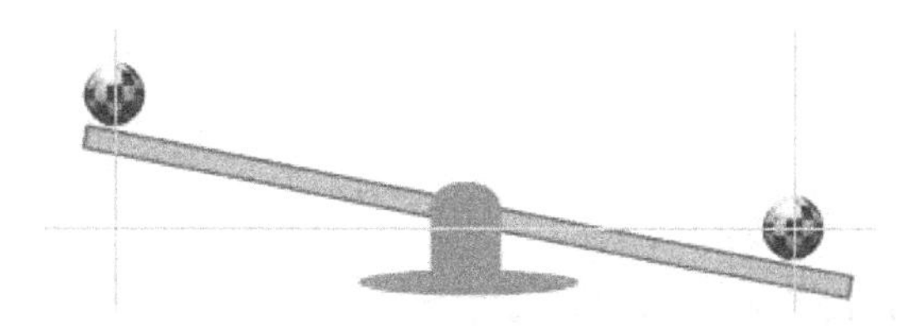
图 5-20　第 30 帧和第 110 帧的画面

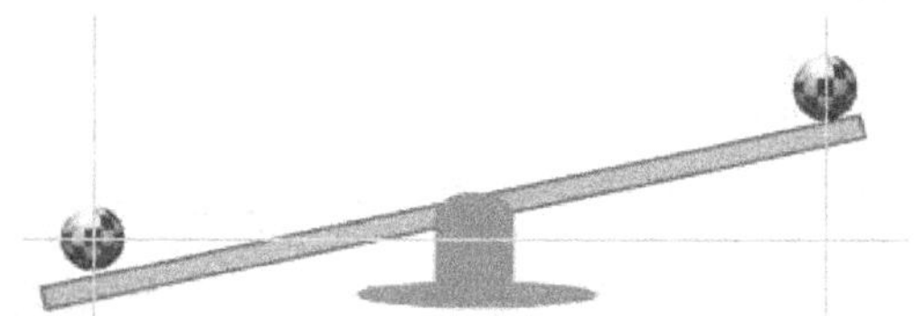
图 5-21　第 40 帧和第 100 帧的画面

（5）在“跷跷板”图层之上添加名称为“左边球”和“右边球”的两个图层。单击选中“左边球”图层第 1 帧，将“库”面板内的“彩球”影片剪辑元件拖曳到舞台工作区的左上角辅助线交点处，如图 5-22 所示。单击选中“右边球”图层第 1 帧，将“库”面板内的“彩球”影片剪辑元件拖曳到舞台工作区的右下角辅助线交点处，如图 5-22 所示。

（6）创建“左边球”图层第 1 帧到第 30 帧的动作动画，第 30 帧的画面如图 5-20 所示。再创建“左边球”图层第 30 帧到第 40 帧的动作动画，第 40 帧的画面如图 5-21 所示。创建“左边球”图层第 100 帧到第 110 帧的动作动画，第 110 帧的画面如图 5-20 所示。创建“左边球”图层第 110 帧到第 140 帧的动作动画，第 140 帧的画面如图 5-22 所示。

（7）创建“右边球”图层第 30 帧到第 40 帧的动作动画，第 40 帧的画面如图 5-21 所示。创建“右边球”图层第 40 帧到第 70 帧的动作动画，第 70 帧的画面如图 5-23 所示。创建“右边球”图层第 70 帧到第 100 帧的动作动画，第 100 帧的画面如图 5-21 所示。创建“右边球”图层第 100 帧到第 110 帧的动作动画，第 110 帧的画面如图 5-20 所示。单击选中“右边球”图层的第 140 帧，按【F5】键，创建普通帧。

（8）因为在彩球下落时，彩球做加速运动，所以单击选中“左边球”图层第 1 帧，在它的“属性”面板的“缓动”文本框内输入–100，如图 5-24 所示；单击选中“右边球”图层第 70 帧，在它的“属性”面板的“缓动”文本框内输入–100，如图 5-24 所示。

（9）因为在彩球上弹时，彩球做减速运动。所以单击选中“右边球”图层第 40 帧，在它的“属性”面板的“缓动”文本框内输入 100，如图 5-25 所示；单击选中“左边球”图层第 110 帧，在它的“属性”面板的“缓动”文本框内输入 100，如图 5-25 所示。

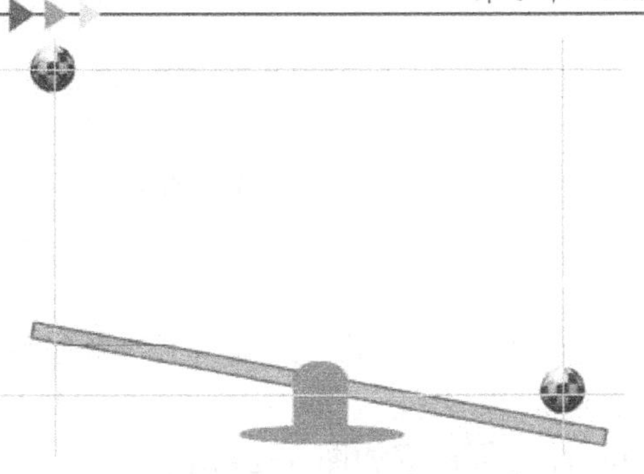

图 5-22　第 1 帧和第 140 帧的画面

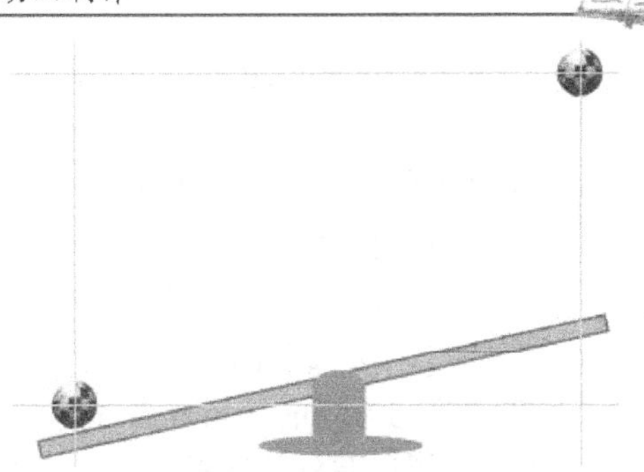

图 5-23　第 70 帧的画面

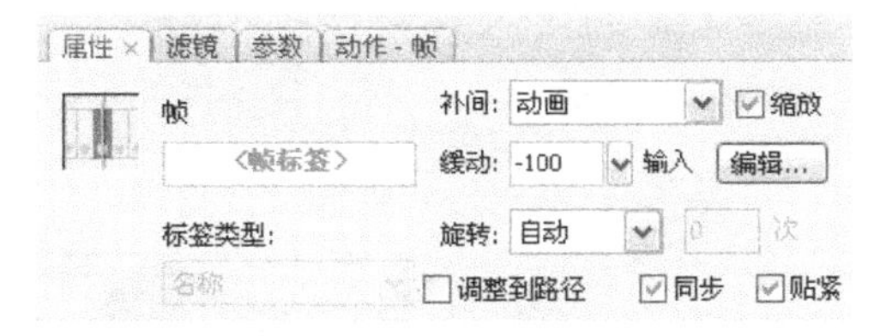

图 5-24 “属性”面板设置

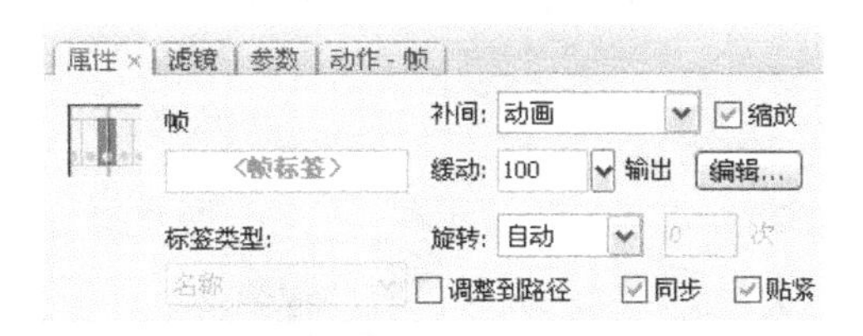

图 5-25 “属性”面板设置

至此，“彩球和跷跷板”影片剪辑元件制作完毕，然后，回到主场景。“彩球和跷跷板”影片剪辑元件的时间轴如图 5-26 所示。

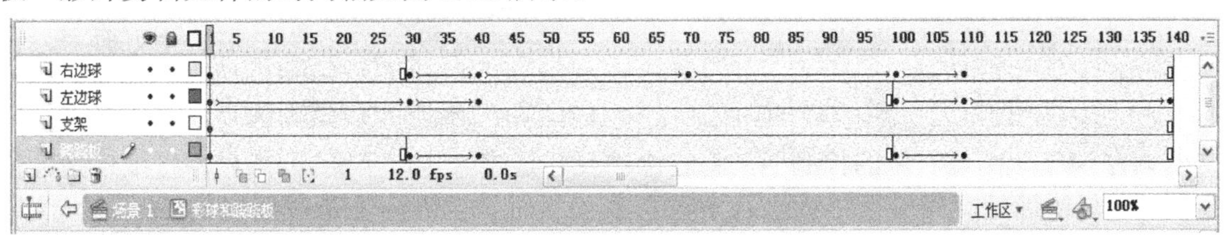

图 5-26　“彩球和跷跷板”影片剪辑元件的时间轴

可以看出，第 1 帧到第 30 帧是左边彩球加速下落的动画；第 30 帧到第 40 帧是跷跷板左边下沉右边翘起的动画，同时左边的彩球随之下移，右边的彩球随之上移；第 40 帧到第 70 帧是右边彩球减速弹起的动画；第 70 帧到第 100 帧是右边彩球加速下落的动画；第 100 帧到第 110 帧是跷跷板左边翘起右边下沉的动画，同时左边的彩球随之上移，右边的彩球随之下移；第 110 帧到第 140 帧是左边彩球减速弹起的动画。

5. 制作“翻页画册”影片剪辑

（1）设置舞台工作区宽为 400 像素，高为 340 像素，显示标尺，创建 3 条垂直辅助线和两条水平辅助线示，再导入 5 幅图像到“库”面板中，如图 5-27 所示。将“库”面板内导入的图像名称分别改为“宝宝 1”、“宝宝 2”、“宝宝 3”、“宝宝 4”和“宝宝 5”。

图 5-27　翻页画册的 5 幅图像

（2）选中“图层 1”图层第 1 帧，将“库”面板中的“宝宝 3”图像拖曳到舞台中，调整该图像宽为 190 像素，高为 170 像素，X 为 200 像素，Y 为 160 像素，如图 5-28 所示。

（3）在“图层 1”图层之上添加一个“图层 2”图层，选中该图层第 1 帧，将“库”面板中的“宝宝 1”图像拖曳到舞台工作区内。在其“属性”面板内设置实例的宽为 190 像素，高为 170 像素，X 为 200 像素，Y 为 160 像素，如图 5-29 所示。

（4）创建“图层 2”图层的第 1 帧到第 50 帧的动画。使用工具箱内的“任意变形工具”，选中第 50 帧的图像，并将该帧图像的中心标记拖曳到如图 5-29 所示位置。然后将第 50 帧复制粘贴到第 1 帧，第 1 帧图像的中心标记位置如图 5-29 所示。

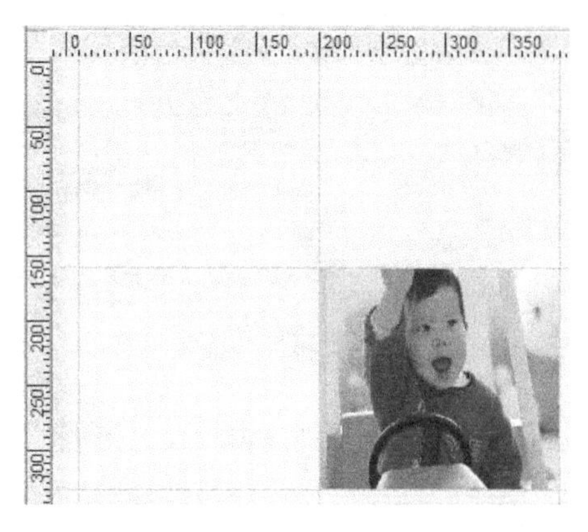

图 5-28 “图层 1”图层第 1 帧画面

图 5-29 “图层 2”图层第 1 帧画面

（5）选中“图层 2”图层第 50 帧“宝宝 1”图像。使用工具箱内的“任意变形工具”，向左拖曳该图像右侧的控制柄，将它水平反转过来（宽度不变）。然后，将鼠标指针移到该图像左边缘处，当鼠标指针呈两条垂直箭头状时，垂直向上微微拖曳鼠标，使“图像 1”图像左边微微向上倾斜，如图 5-30 所示。

（6）拖曳时间轴中的红色播放头，可以看到“图层 2”图层中的“宝宝 1”图像从上边进行翻页。如果，前面没有将“宝宝 1”图像左边微微向上倾斜，则很可能是“宝宝 1”图像从下边进行翻页。当拖曳时间轴中的红色播放头移到第 25 帧处时，可以看到舞台工作区内“宝宝 1”图像已经翻到垂直位置，如图 5-31 所示。

图 5-30 第 1 帧画面

图 5-31 第 25 帧画面

（7）在“图层 2”图层之上添加一个“图层 3”图层，选中“图层 3”图层第 1 帧，将“库”面板内的“宝宝 2”图像拖曳到舞台工作区内，调整其大小和位置，刚好将“图层 2”图层内的“宝宝 1”图像刚好完全覆盖。按照上述方法创建“图层 3”图层第 1 帧到第 50 帧的图像翻页动作动画。

（8）按住【Ctrl】键，单击选中“图层 2”图层第 25 帧，单击选中“图层 3”图层第 26 帧，按【F6】键，创建两个关键帧。选中“图层 1”图层第 50 帧，按【F5】键。

（9）按住【Shift】键，单击“图层 3”图层的第 1 帧和第 25 帧，选中第 1 帧和第 25 帧之间的所有帧，如图 5-32 所示。右击选中的帧，弹出帧快捷菜单，再单击该菜单中的“删除帧”菜单命令，将选中的帧删除，效果如图 5-33 所示。

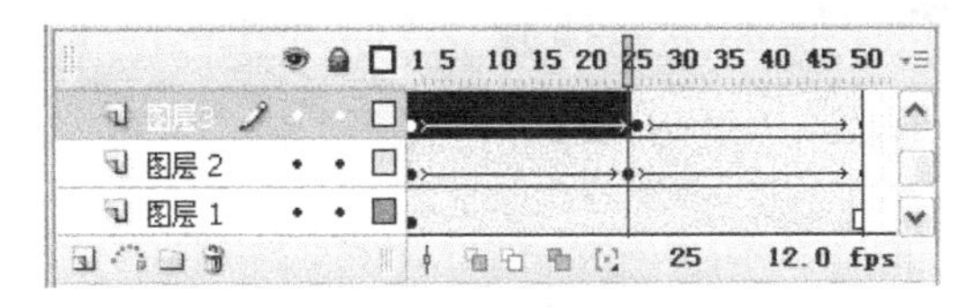

图 5-32　时间轴内选中一些帧

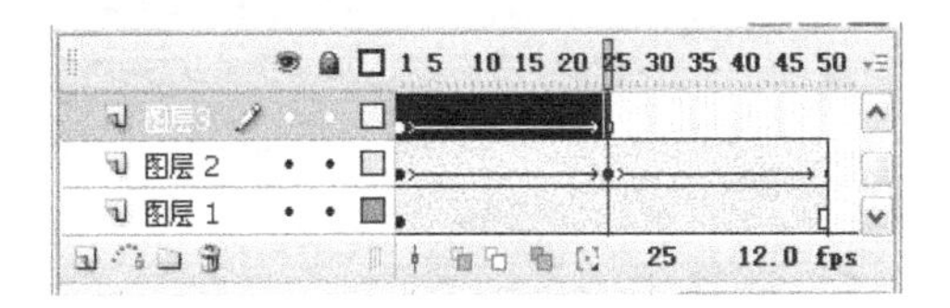

图 5-33　时间轴内删除一些帧

（10）拖曳选中的帧，移到第 26 帧到第 50 帧处，如图 5-34 所示。然后，按住【Shift】键，单击“图层 2”图层的第 26 帧和第 50 帧，选中第 26 帧和第 50 帧之间的所有帧。右击选中的帧，弹出帧快捷菜单，再单击该菜单中的“删除帧”菜单命令，将选中的帧删除，效果如图 5-35 所示。

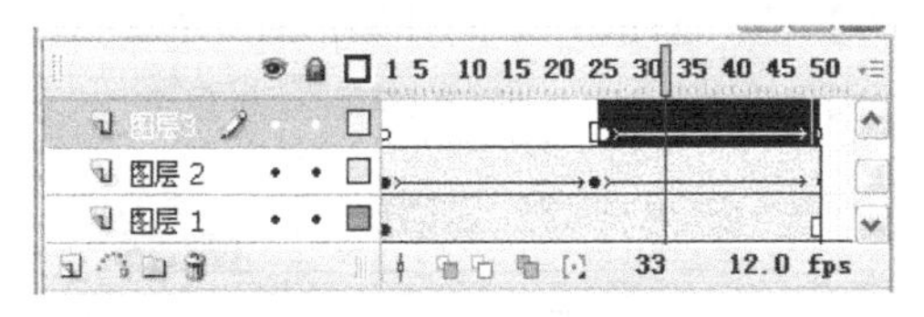

图 5-34　时间轴内移动一些帧

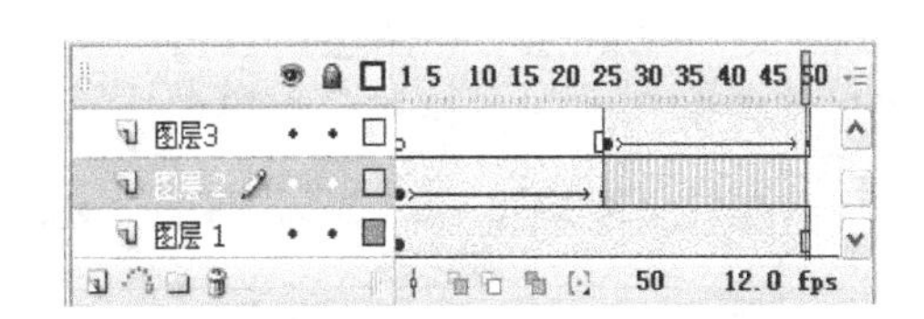

图 5-35　时间轴内删除一些帧

（11）在“图层 3”图层上边新建“图层 4”图层。右击“图层 1”图层第 1 帧，打开帧快捷菜单，再选择该菜单中的“复制帧”菜单命令，将该帧复制到剪贴板中。右击“图层 4”图层第 51 帧，打开帧快捷菜单，再选择该菜单中的“粘贴帧”菜单命令，将剪贴板中的“图层 1”图层第 1 帧的内容粘贴到“图层 4”图层第 51 帧内。

（12）按照上述方法，创建“图层 4”图层第 51 帧到第 100 帧“宝宝 3”图像翻页动画。再创建“图层 5”图层第 51 帧到第 100 帧“宝宝 4”图像的翻页动画。

然后，将“图层 4”图层的第 51 帧到第 75 帧动画删除，将原来的第 76 帧到第 100 帧动画移回到原来位置。将“图层 5”图层的第 76 帧到第 100 帧动画删除。

（13）选中“图层 3”图层的第 100 帧，按【F5】键，使“图层 3”图层第 50 帧到第 100 帧内容一样。再使“图层 3”图层第 50 帧不具有动画属性。

（14）在“图层 1”图层下边新建一个“背景”图层。选中该图层的第 51 帧，按【F7】键，创建一个关键帧。将“库”面板内的“宝宝 5”图像拖曳到舞台工作区内，调整该图像宽为 190 像素，高为 170 像素，X 为 200 像素，Y 为 160 像素。

（15）选中“背景”图层第 100 帧，按【F5】键，使该图层第 51 帧到第 100 帧内容一样。

至此，整个“翻页画册”影片剪辑元件制作完毕，“翻页画册”影片剪辑元件的时间轴

如图 5-36 所示。

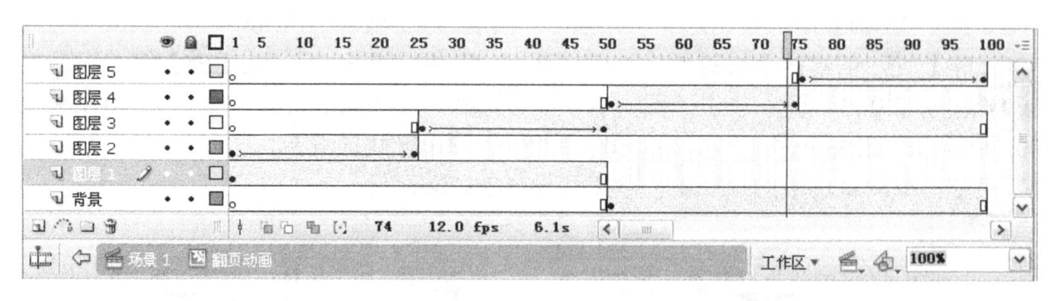

图 5-36 “翻页画册”影片剪辑元件的时间轴

6. 制作主场景动画

参考【任务 15】“名花图像浏览”动画中创建按钮的方法，创建“按钮 1”至“按钮 4”按钮元件，方法简述如下。

（1）创建并进入“按钮 1”按钮元件的编辑状态，选中“图层 1”图层“弹起”帧，将“库”面板内的“摆动模拟指针表”影片剪辑元件拖曳到舞台工作区内的中间，调整它的宽为 76 像素，高为 60 像素。按住【Ctrl】键，单击选中“图层 1”图层“指针经过”帧和“按下”帧，按【F6】键，创建两个关键帧，如图 5-37 左图所示。

（2）选中“图层 1”图层“点击”帧，按【F6】键，创建一个关键帧。在“摆动模拟指针表”影片剪辑实例处绘制一幅黑色矩形，如图 5-37 右图所示，用来确定鼠标响应区域。

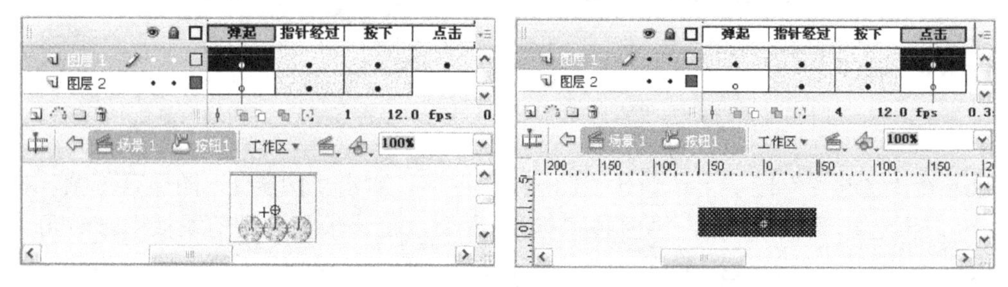

图 5-37 “按钮 1”按钮元件的编辑状态

（3）在“图层 1”图层下边创建一个“图层 2”图层。选中该图层“指针经过”帧，将“库”面板中的“摆动模拟指针表”影片剪辑元件拖曳到舞台工作区内，适当调整第 2 个“摆动模拟指针表”影片剪辑实例的大小。

（4）单击选中“图层 1”图层“弹起”帧，单击选中该帧内的“摆动模拟指针表”影片剪辑实例，在其“属性”面板的“实例行为”下拉列表框中选择“图形”选项，在“图形选项”下拉列表框中选择“循环”选项，在“第一帧”文本框内输入 1。

（5）按照上述方法，制作其他 3 个按钮，分别添加“彩球和自转彩珠环”、“彩球跷跷板”和“翻页画册”影片剪辑元件实例。

（6）选中主场景“图层 2”图层第 1 帧，将“库”面板内的“按钮 1”至“按钮 4”按钮元件拖曳到下边框架内，适当调整这 4 个按钮实例的大小和位置。

（7）双击“按钮 1”按钮实例，进入它的编辑状态，选中“图层 2”图层“按下”帧内的第 2 个“摆动模拟指针表”影片剪辑实例，适当调整该实例的大小。

（8）将“图层 2”图层“按下”帧复制粘贴到“指针经过”帧，然后回到主场景。

（9）按照上述方法调整其他 3 个按钮中第 2 个影片剪辑实例的大小和位置。

至此整个动画制作完毕。

课后习题 5-1

1．制作一个“摆动的自转七彩环”动画，该动画播放后，两个自转的光环上下摆动，其中的 3 幅画面如图 5-38 所示。

图 5-38 “摆动的自转七彩环”动画的 3 幅画面

2．制作一个“摆动的模拟指针钟”动画。该动画播放后，两个模拟指针钟来回摆动，同时两个模拟指针钟的两个铅笔状的长针和短针在一个色盘中像钟表的分针和时针一样转动。时针转 1 圈，分针转 12 圈。该动画播放后的两幅图像如图 5-39 所示。

图 5-39 “模拟指针钟”动画播放后的两幅画面

3．修改【任务 23】“翻页画册”影片剪辑元件，使它可以翻 5 页（需 11 幅图像）图像。

4．制作另一个“翻页画册”动画，该动画播放后的两幅画面如图 5-40 所示。可以看到，左边一页慢慢向左翻开，同时右边一页慢慢向右翻开，中间一页不动，当翻页翻到背面后，背面的图像与正面的图像不一样。

图 5-40 “翻页画册”动画播放后的两幅画面

5. 制作一个“动画翻页画册”动画，该动画播放后，动画翻页画册第 1 个动画画面慢慢从左向右翻开，接着第 2 个动画画面慢慢从左向右翻开，当翻页翻到背面后，背面动画画面与正面动画画面不一样。在翻页中动画画面一直变化。

5.2 引导层动画 1——【任务 24】海底世界

任务描述

“海底世界”动画播放后的一幅画面如图 5-41 所示。可以看到，在蓝色的海洋中，一些颜色不同、大小不同的小鱼以各种不同的姿态来回游动，水中还有飘动的水草，13 个透明气泡沿着不同的曲线轨迹，从上向下飘动。

图 5-41 “海底世界”动画播放后的一幅画面

知识链接

1. 引导层

可以在引导层内创建图形等，这可以在绘制图形时起到辅助作用，以及起到运动路径的引导作用。引导层中的图形只能在舞台工作区内看到，在输出的动画中不会出现的。另外，还可以把多个普通图层关联到一个引导层上。在时间轴窗口中，引导层名字的左边有图标（运动引导层）或图标（普通引导层）。它们代表了不同的引导层，不同的引导层有不同的作用。

（1）运动引导层：它可以引导对象沿辅助线移动，产生引导动作动画。单击时间轴左下角的“添加运动引导层”按钮，即可在选中图层的上边增加一个运动引导层。

（2）普通引导层：它只起到辅助绘图的作用。创建普通引导层的方法是创建一个普通图层，将鼠标指针移到该图层名字处，单击鼠标右键，打开图层快捷菜单，如图 5-42 所示，再选择快捷菜单中的“引导层”菜单命令，其结果如图 5-43 所示。

2. 引导动画的制作方法

（1）按照上述方法建立沿直线移动的动作动画，例如圆球从左移到右边的动画。

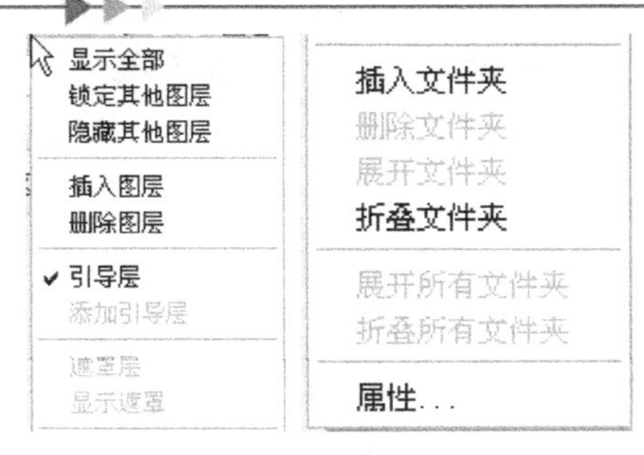

图 5-42　图层快捷菜单

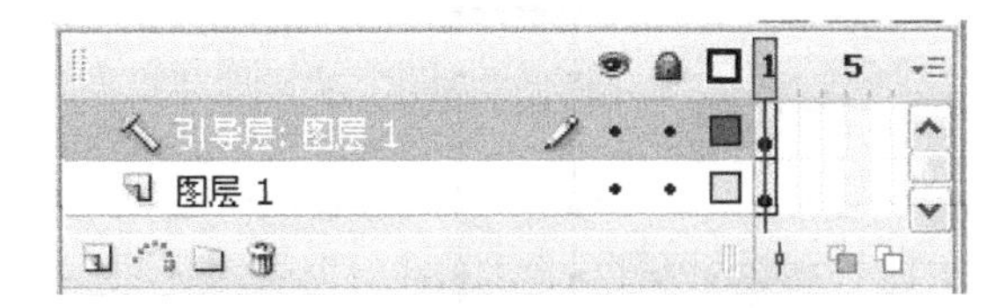

图 5-43　创建普通引导层

（2）单击时间轴左下角的“添加运动引导层”按钮，则选中图层（此处是“图层 1”图层）的上边会增加一个引导层（也叫导向图层），同时选中的图层自动成为与引导层相关联的被引导层。关联的图层名字向右缩进，表示它是关联的图层。此外，还可以通过选择“插入”→“时间轴”→“运动引导层”菜单命令，来增加一个引导层。

（3）选中引导层，在舞台工作区内绘制路径曲线（辅助线），如图 5-44 所示。选中引导层的第 30 帧，按【F5】键，创建一个普通帧。

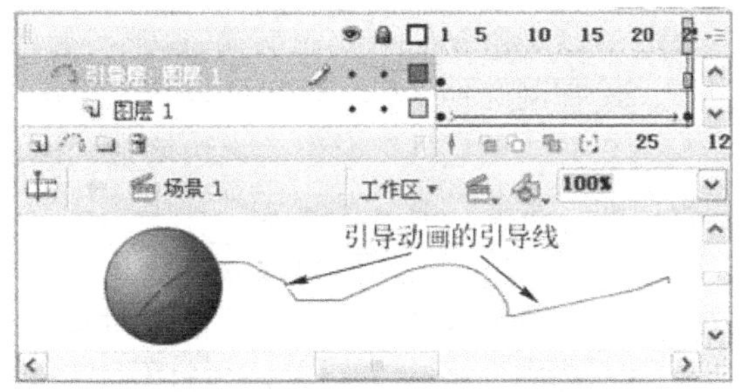

图 5-44　导向动作动画的时间轴和舞台工作区

（4）选中“图层 1”图层第 1 帧，选中“属性”面板的“贴紧”复选框，拖曳对象（圆球）到辅助线起始端或线上，使对象的中心十字与辅助线重合。再选中终止帧，拖曳圆球到辅助线终止端或线上，使对象的中心十字与辅助线重合。

（5）按【Enter】键，播放动画，可以看到小球沿辅助线移动。按【Ctrl+Enter】组合键，播放动画，此时辅助线不会显示出来。

操作步骤

1. 制作“水草”影片剪辑元件

（1）新建一个名称为“【任务 24】海底世界.fla”的 Flash 文档。设置舞台工作区的宽为 630 像素，高为 300 像素，背景色为白色。

（2）打开“游鱼.fla”Flash 文档，打开它的“库”面板，将“库”面板内的“Fish Movie Clip”影片剪辑元件复制粘贴到“【任务 24】海底世界.fla”动画的“库”面板中。双击“Fish Movie Clip”影片剪辑元件，进入它的编辑状态，其内是一条小鱼来回移动的动画，共有 110 帧。调整该动画，使它的总帧数为 110 帧。

（3）创建并进入“水草”影片剪辑元件的编辑状态，选中“图层 1”图层第 1 帧，在舞台工作区内绘制一幅水草图形，如图 5-45（a）所示。

（4）选中“图层 1”图层第 5 帧，按【F6】键，单击工具箱中的“任意变形工具”按钮，单击“选项”栏中的“封套”按钮，此时的图形周围出现许多控制柄，如图 5-45（b）所示。拖曳调整这些控制柄，来调整图形的形状，效果如图 5-45（c）所示。

（5）选中“图层 1”图层第 10 帧，按【F6】键，调整该帧水草形状，如图 5-46（a）所示。选中“图层 1”图层第 15 帧，按【F6】键，调整该帧水草形状，如图 5-46（b）所示。

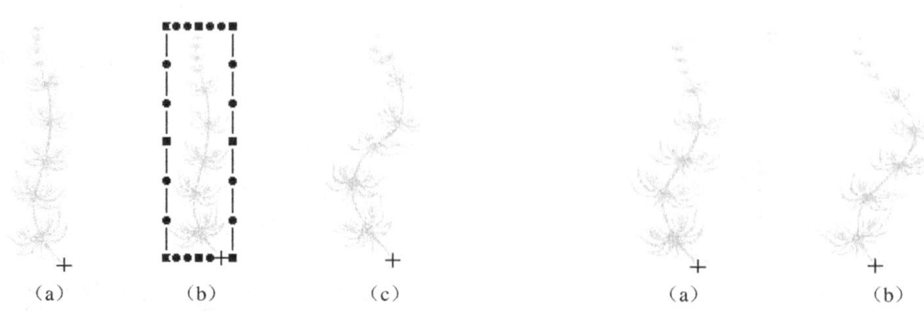

图 5-45 “水草”影片剪辑元件　　　　图 5-46 水图形

（6）选中“图层 1”图层第 20 帧，按【F5】键，创建一个普通帧，然后，回到主场景。

2．制作游鱼和水草动画

（1）选中“图层 1”图层第 1 帧，导入一幅“水底 3.jpg”图像，调整该图像的大小和位置，使它刚好将舞台工作区完全覆盖。

（2）在“图层 1”图层的上边增加“图层 2”图层，选中该图层第 1 帧，8 次将“库”面板内的“水草”影片剪辑元件拖曳到舞台工作区中。适当调整它们的大小和位置。

（3）9 次将“库”面板内的“Fish Movie Clip”影片剪辑元件拖曳到舞台工作区中，在舞台工作区内形成 9 个小鱼的影片剪辑实例。调整它们的大小与位置。

（4）选中一条小鱼对象，再打开“属性”面板，在该面板的“颜色”下拉列表框种选择“高级”选项，再单击“设置”按钮，弹出“高级效果”对话框，利用该对话框调整小鱼的颜色。单击“确定”按钮，再调整小鱼的位置，调整其他 8 条小鱼的颜色。

（5）选中左边的一条小鱼对象，打开它的“属性”面板。再选择“属性”面板的 “实例行为”下拉列表框中的“图形”选项，将选中的影片剪辑实例转换为图形实例。然后，在“图形选项”下拉列表框中选择“循环”选项，在“第一帧”文本框内输入 10，表示该实例从给定的数字所指示的帧开始播放。“属性”面板设置如图 5-47 所示。

图 5-47 “属性”面板设置

（6）按照上述方法，分别将其他小鱼影片剪辑实例进行处理，要求“第一帧”文本框内输入 110 以内不一样的数字。然后，按住【Ctrl】键，单击选中“图层 1”和“图层 2”图层的第 110 帧，按【F5】键，使这两个图层所有帧的内容一样。

3．制作“气泡”影片剪辑实例

（1）设置舞台工作区的背景色为浅蓝色，隐藏“图层 1”和“图层 2”图层。

（2）创建并进入“气泡”影片剪辑元件的编辑状态，在舞台工作区内绘制一个无轮廓线的圆形，圆形的填充为放射状白色、白色、白色（Alpha 为 15%）、白色（Alpha 为 5%）、白色（Alpha 为 5%）、白色（Alpha 为 15%）、白色（Alpha 为 92%）。“颜色”面板设置如图 5-48 所示，绘制的气泡图形如图 5-49 所示，然后回到主场景。

（3）在主场景“图层 2”图层之上添加“图层 3”图层，隐藏“图层 1”和“图层 2”图层，选中“图层 3”图层第 1 帧，使用工具箱内的“选择工具”，13 次将“库”面板内的“气泡”影片剪辑元件拖曳到舞台工作区的下边。

（4）拖曳选中 13 个“气泡”影片剪辑实例，打开“对齐”面板，单击“底对齐”按钮和“水平平均间隔”按钮，使选中的对象水平等间距且底部对齐，如图 5-50 所示。

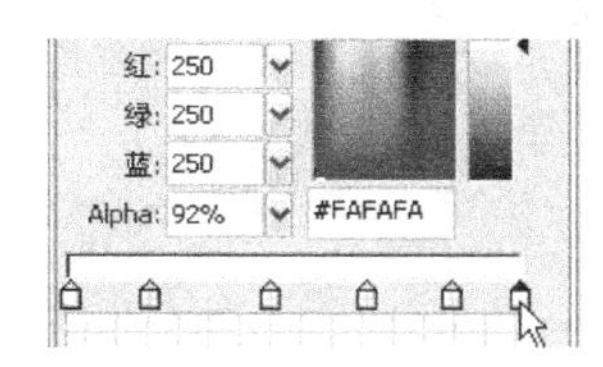

图 5-48 “颜色”面板设置

图 5-49 气泡

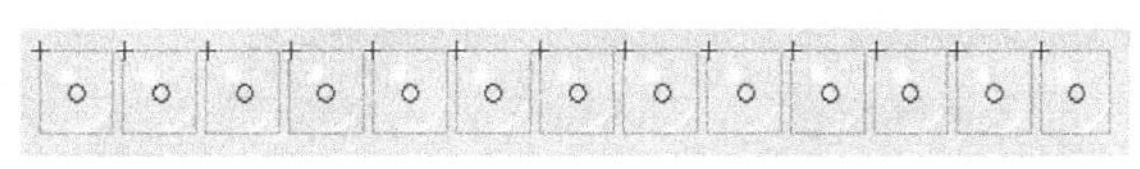

图 5-50 一排“气泡”影片剪辑实例

（5）选中“图层 3”图层第 1 帧，选择“修改”→“时间轴”→“分散到图层”菜单命令，将“图层 3”图层第 1 帧内的 13 个对象分配到不同图层第 1 帧中，原来的“图层 3”图层第 1 帧清空。将“图层 3”图层删除，将各图层的名称分别更改为“气泡 1”……“气泡 13”。

4．制作“气泡”上升动画

（1）按住【Shift】键，单击选中“气泡 1”和“气泡 13”图层第 1 帧，选中“气泡 1”到“气泡 13”图层之间所有图层。右击选中的帧，打开帧快捷菜单，选择该菜单中的“创建补间动画”菜单命令。选中“气泡 1”到“气泡 13”图层之间所有图层的第 110 帧，按【F6】键，创建 13 个图层的动画。

（2）隐藏“气泡 1”和“气泡 12”图层，选中“气泡 13”图层，单击时间轴左下角的“添加运动引导层”按钮，在选中图层上边增加一个“引导图层”运动引导层。

（3）选中“引导图层”第 1 帧，使用工具箱内的“铅笔工具”，在其工具箱的“选项”栏的下拉列表框菜单中选中“平滑”菜单选项，在舞台工作区内从“气泡 13”图层内的“气泡”影片剪辑实例处向左上脚绘制一条细曲线，如图 5-51 所示。

（4）使用“选择工具”，将“气泡 13”图层第 1 帧内的“气泡”影片剪辑实例移到引导线起点处或附近的引导线之上，如图 5-51 所示。将“气泡 13”图层第 110 帧内的“气泡”影片剪辑实例移到引导线终点处或附近的引导线之上，如图 5-52 所示。

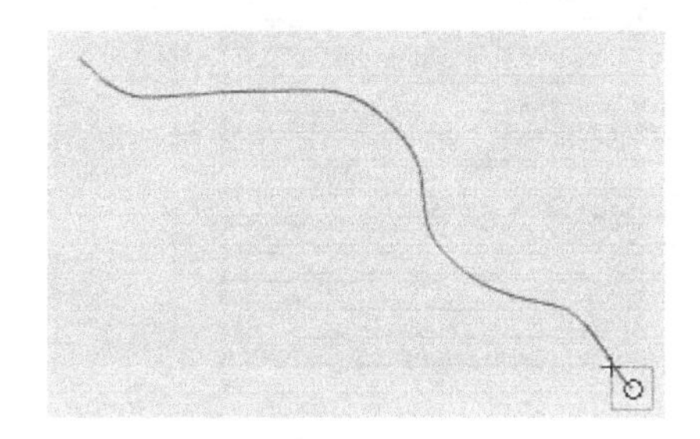

图 5-51 “气泡 13”图层第 1 帧画面

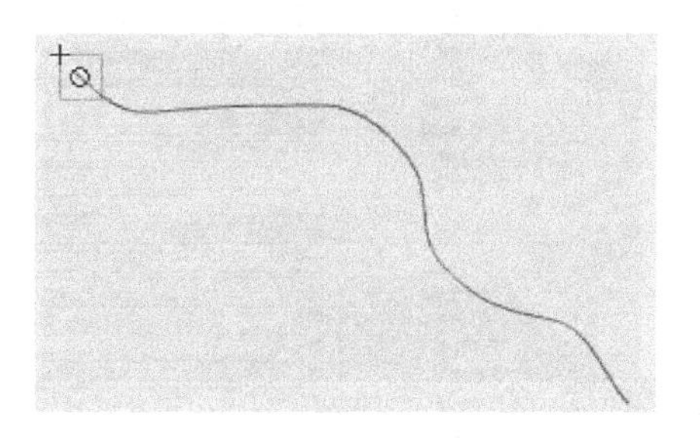

图 5-52 “气泡 13”图层第 110 帧画面

（5）将“气泡 13”图层隐藏，将“气泡 12”图层向右上方拖曳，使“气泡 12”图层向右缩进，成为“引导图层”的被引导图层。按照上述方法，选中“引导图层”的引导图层，从“气泡 12”图层内的“气泡”影片剪辑实例处向左上角绘制第 2 条细曲线。

（6）使用“选择工具”，将“气泡 12”图层第 1 帧内的“气泡”影片剪辑实例移到引导线的点处附近的引导线之上，如图 5-53 所示。将“气泡 12”图层第 110 帧内的“气泡”影片剪辑实例移到引导线终点或附近的引导线之上，如图 5-54 所示。

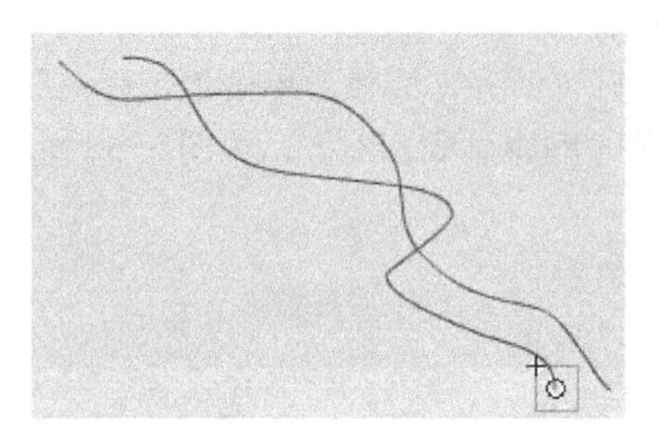
图 5-53 “气泡 12”图层第 1 帧画面

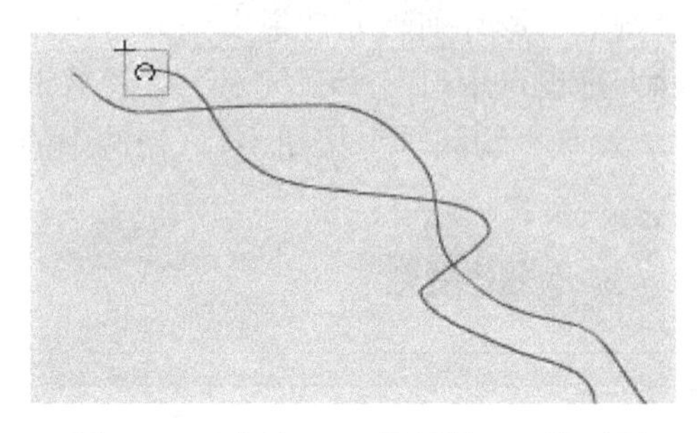
图 5-54 “气泡 12”图层第 110 帧画面

（7）按照上述方法，依次制作“气泡 11”图层、“气泡 10”图层……“气泡 1”图层沿着第 3、4……13 条细引导线移动的引导线动画。各引导线的起点和终点均不一样。

（8）显示所有图层，此时的舞台工作区如图 5-55 所示。

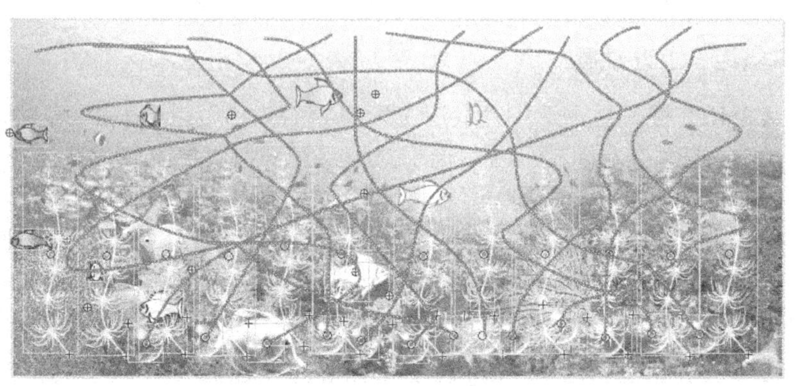
图 5-55 “海底世界”影片的时间轴

至此，“海底世界”动画制作完毕，该动画的时间轴如图 5-56 所示。

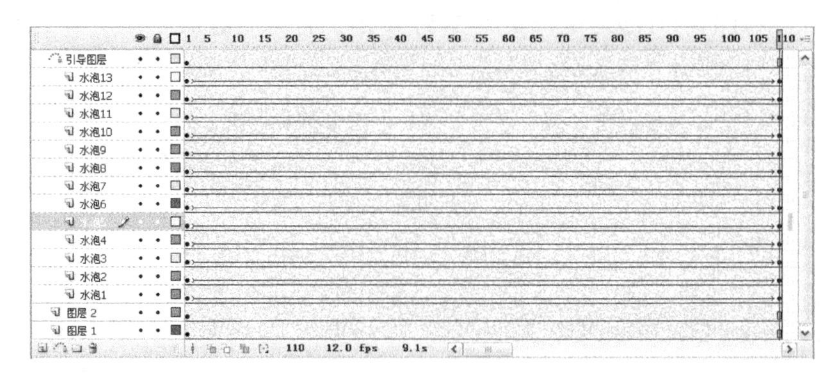

图 5-56 “海底世界”动画的时间轴

课后习题 5-2

1．制作一个“人和大自然”动画，动画播放后的两幅画面如图 5-57 所示。在森林中一个运动员从左向右奔跑，一只小狐狸随着人也从左向右奔跑，一只鸟在空中从右向左飞翔，周而复始，不断进行。

图 5-57　“人和自然”动画播放后的两幅画面

2．制作一个“我也要救灾”动画，该动画播放后的 3 幅画面如图 5-58 所示。可以看到，在一幅儿童图像之上“我”、“也”、“要”、“救”和“灾”5 个文字旋转着并沿着 5 条不同的曲线轨迹，依次从上向下移动到下边，排成倾斜的一排。

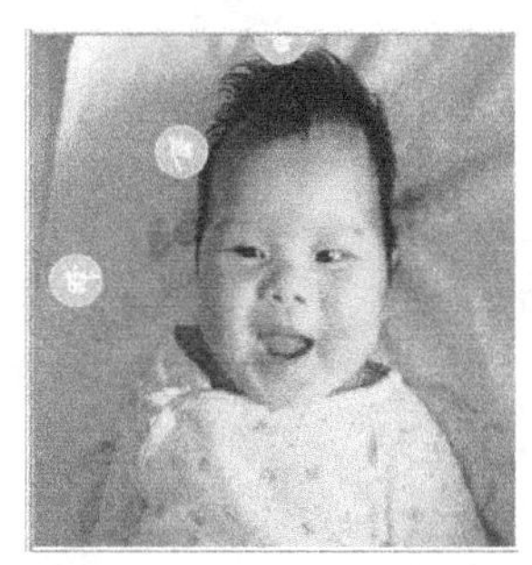
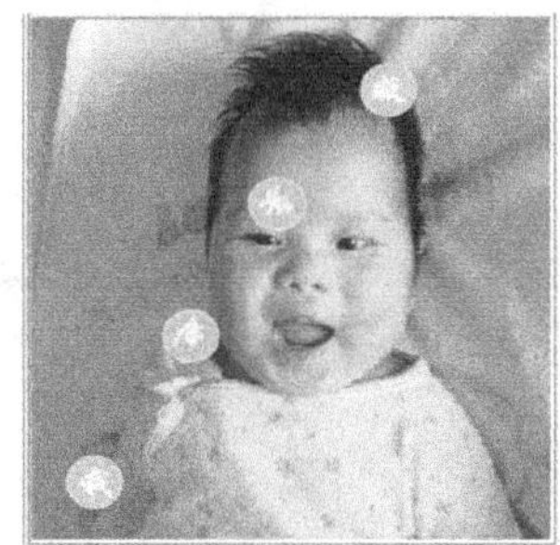
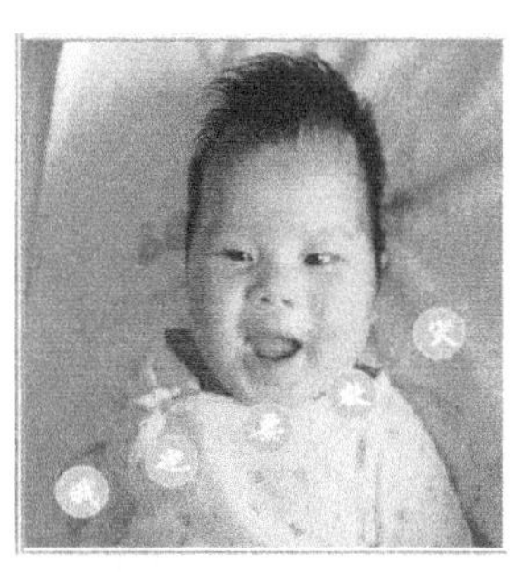

图 5-58　“我也要救灾”动画播放后的 3 幅画面

5.3　引导层动画 2——【任务 25】玩具小火车

任务描述

“玩具小火车”动画播放后的两幅画面如图 5-59 所示。可以看到，一列精致的玩具小火车（1 辆黑色火车头、4 辆黄色车厢），沿着木地板上的椭圆形轨道不断循环行驶。轨道内有 1 个模拟的椭圆形湖泊，湖水不断缓慢旋转。玩具小火车在行使时，出站很缓慢。

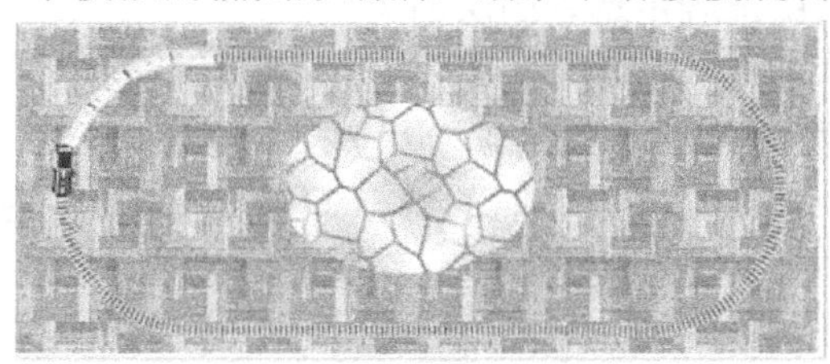
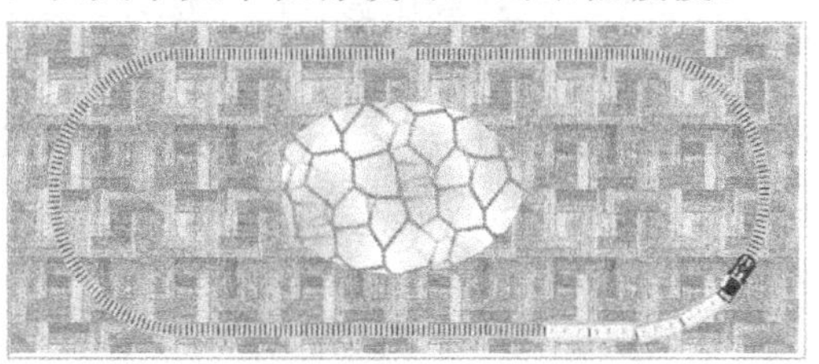

图 5-59　“玩具小火车”动画播放后的两幅画面

知识链接

1．引导层与普通图层的关联及图层属性

（1）引导层与普通图层的关联：其方法是把一个图层控制区域内的普通图层拖曳到运动引导层或普通引导层的右下边，如图 5-60 所示（如果原来的引导层是普通引导层，与普通图层关联后会自动变为运动引导层）。一个引导层可以与多个普通图层关联。如果要断开图层与引导层的关联，可用鼠标把一个图层控制区域内的已关联的图层拖曳到运动引导层的下边。此时，如果运动引导层没有与它相关联的图层，则该运动引导层会自动变为普通引导层。

（2）引导层转换为普通图层：选中引导层，再选择图层快捷菜单中的“引导层”菜单命令，使它左边的对钩消失，这时它就转换为普通图层了。

2．设置图层的属性

选中一个图层，选择图层快捷菜单中的“属性”菜单命令或选择“修改”→“时间轴”→“图层属性”菜单命令，打开“图层属性”对话框，如图 5-61 所示。其中各选项的作用如下。

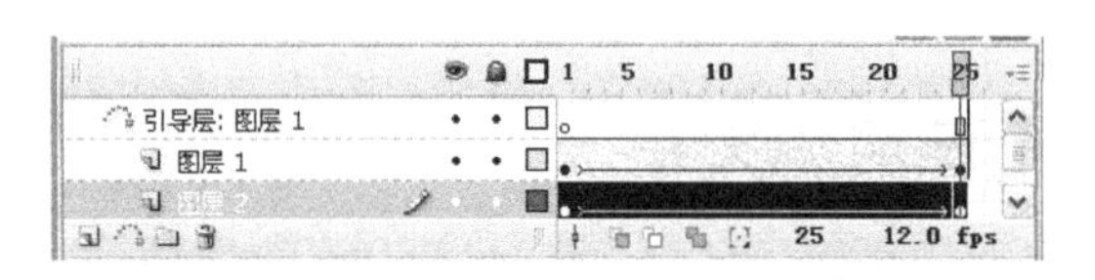

图 5-60　两个普通图层与引导层关联

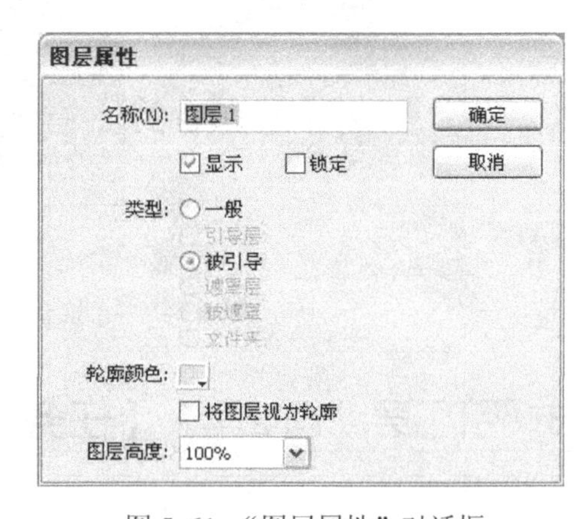

图 5-61　“图层属性”对话框

（1）“名称”文本框：给选定的图层命名。

（2）“显示”复选框：选中它后，表示该层处于显示状态，否则处于隐藏状态。

（3）“锁定”复选框：选中它后，表示该层处于锁定状态，否则处于解锁状态。

（4）“类型”栏：利用该栏的单选项，可以用来确定选定图层的类型。

（5）“轮廓颜色”按钮：单击它会打开颜色板，用调色板可以设定在以轮廓线显示图层对象时，轮廓线的颜色。它仅在“轮廓线方式查看图层”复选框被选中时有效。

（6）“将图层视为轮廓”复选框：选中它后，将以轮廓线方式显示该图层内的对象。

（7）“图层高度”下拉列表框：用于选择一种百分数，在时间轴窗口中可以改变图层帧单元格的高度，它在观察声波图形时非常有用。

操作步骤

1．制作轨迹和轨道

（1）新建一个名称为“【任务 25】玩具小火车.fla”的 Flash 文档。设置舞台工作区的宽为 600 像素，高为 300 像素，背景色为浅蓝色。

（2）将“图层 1”图层的名称改为“轨基”，选中“轨基”图层第 1 帧。使用工具箱内的“椭圆工具”，设置线为黑色，设置无填充色。按住【Shift】键，在舞台工作区中绘制出一个圆形，然后再复制一个圆形，如图 5-62 所示。

（3）使用工具箱内的“选择工具”，单击舞台工作区的空白处，拖曳如图 5-3 所示矩形，选中两个圆形图形的各半个圆形图形，如图 5-63 所示。

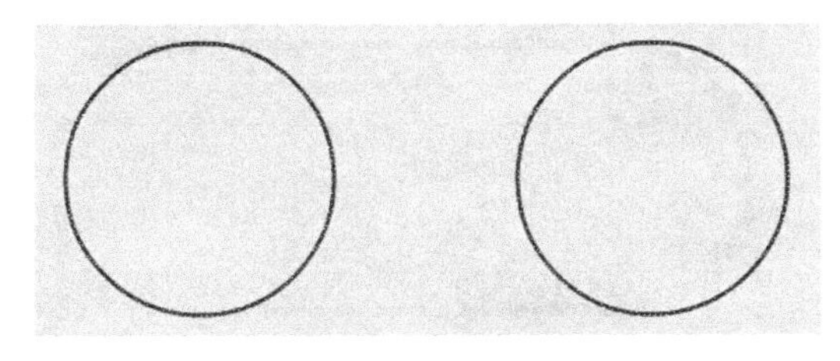

图 5-62　绘制两个圆形

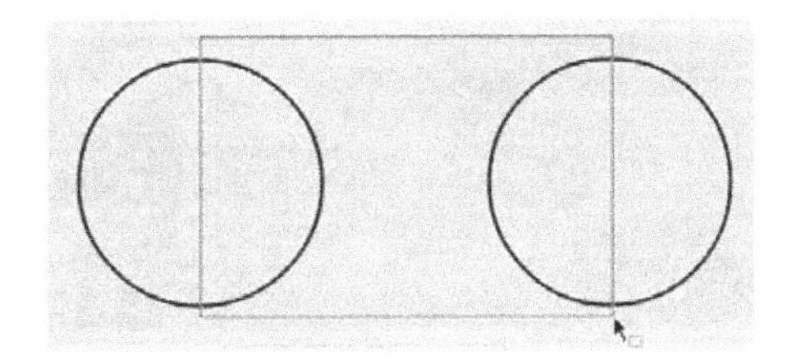

图 5-63　圆形的两个缺口

（4）按【Delete】键，删除选中的两个半圆图形，使用工具箱内的“钢笔工具”，绘制两条直线，将两个半圆图形连接到一起。然后，使用工具箱内的“橡皮擦工具”，将曲线擦除一个小口，形成轨道曲线，如图 5-64 所示。

（5）单击主要工具栏内的“紧贴至对象”按钮，使该按钮呈弹起状。使用工具箱内的“选择工具”，单击舞台工作区的空白处，拖曳如图 5-64 所示曲线和直线接头处，使它们无缝连接。选中“轨基”图层的第 200 帧，按【F5】键。

图 5-64　轨道曲线

小提示

一定要将两条线对象连接成为一条线对象，是否连接成为一条线对象的标志是：单击两条线对象中的任何一条线对象，都可以将另外一条线对象选中，选中的线对象上边会蒙上一层白点。另外，在调整线条形状和位置时，可以将舞台工作区的显示比例放大，这样有利于线的调整。

（6）在“轨基”图层之上新建一个名称改为“轨道”的图层。将“轨基”图层第 1 帧中的轨道曲线复制粘贴到“轨道”图层第 1 帧。“轨道”图层第 1 帧到第 200 帧内容一样。

（7）在“轨道”图层之上新建一个名称为“火车头”的图层。选中“火车头”图层，单击时间轴左下角的“添加运动引导层”按钮，在“火车头”图层上边会增加一个名称为“引导层：火车头”的引导图层。

（8）将“轨基”图层第 1 帧中的 8 字线复制粘贴到“引导层：火车头”图层的第 1 帧。“引导层：火车头”图层第 1 帧到第 200 帧内容一样。

（9）选中“轨基”图层第 1 帧，选中该图层中的轨道曲线，将线条加粗为 10 个点，颜色调整为灰色，如图 5-65 所示。选中“轨道”图层第 1 帧，选中该图层中的轨道曲线，利用线的“属性”面板，设置笔触高度为 10 个点，颜色为黑色，笔触样式为“斑马线”，将“轨道”图层第 1 帧中的轨道曲线的颜色改为黑色，笔触改为 10 个点粗的斑马线，如图 5-66 所示。

图 5-65 “轨基”图层图形

图 5-66 “轨基”和“轨道”图层图形

2．制作火车头动画和背景图像

（1）将“火车头”和“车厢”两幅图像（如图 5-67 所示）导入“库”面板内。如果图像有背景色，可以将图像打碎，再删除背景色。也可以创建“火车头”和“车厢”图形元件，在这两个图形元件内分别绘制“火车头”和“车厢”图形。

（2）将“轨基”和“轨道”图层隐藏。选中“火车头”图层第 1 帧，将“库”面板中的火车头拖曳到舞台工作区中，调整它的大小和位置。使用工具箱内的“选择工具”，移动火车头与引导线重合，火车头的中心点标记应在引导线上，如图 5-68 所示。

（3）创建“火车头”图层中的第 1 帧到第 200 帧的运动动画。选中“火车头”图层第 200 帧，使用工具箱内的“选择工具”，移动火车头的中心点标记应与引导线重合，如图 5-69 所示。如果需要，可以将火车头图像旋转一定角度，使之与引导线曲线的切线方向一致。

图 5-67 火车头和车厢

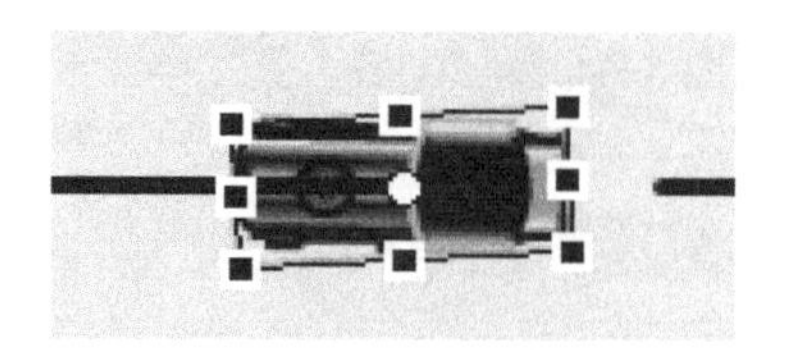

图 5-68 第 1 帧火车头位置

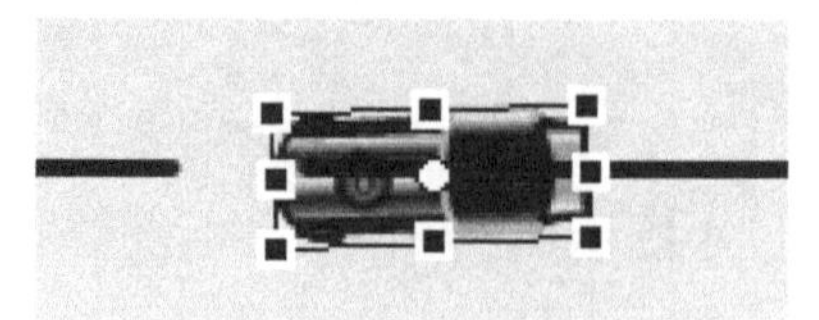

图 5-69 第 200 帧火车头位置

（4）选中“火车头”图层第 1 帧，选中其“属性”面板的“对齐”和“调整到路径”复选框。选中“调整到路径”复选框后，可以使玩具小火车在行驶中，沿着轨道自动旋转，

调整方向；在“缓动”数字框内输入–40，表示开始行驶慢，以后做加速运动。此时的“属性”面板如图 5-70 所示。

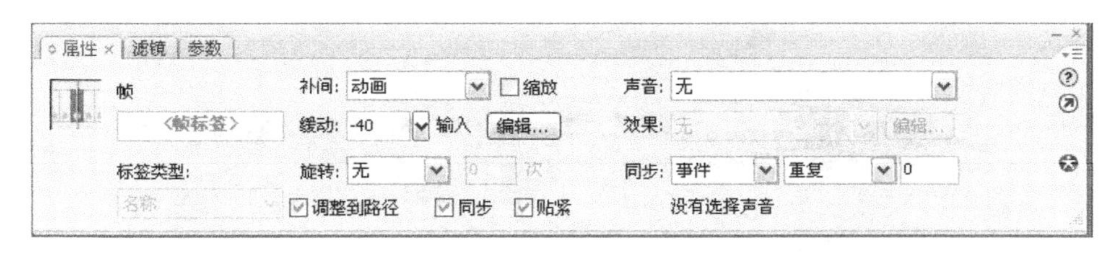

图 5-70　动画帧的“属性”面板

（5）在“轨基”图层下边创建一个名称为“背景图”的图层，选中“背景图”图层第 1 帧，绘制一幅与舞台工作区一样大小并填充“木地板”图像的矩形。

（6）创建一个“湖”影片剪辑元件，在其“图层 1”图层的第 1 帧绘制一幅填充“湖水”图像的圆形图形，再制作“图层 1”图层第 1 帧到第 280 帧圆形图形自转一圈的动画。在“图层 1”图层之上添加“图层 2”图层，选中“图层 2”图层第 1 帧，绘制一幅比圆形图形小的椭圆图形，在设置“图层 1”图层为遮罩层，“图层 2”图层为被遮罩层。然后，回到主场景。

（7）选中“背景图”图层第 1 帧，将“库”面板内的“湖”影片剪辑元件拖曳到舞台工作区内的正中间，形成一个“湖”影片剪辑实例。

至此，玩具小火车头沿轨道运动的动画制作完毕，它的时间轴如图 5-71 所示（删除一些帧）。

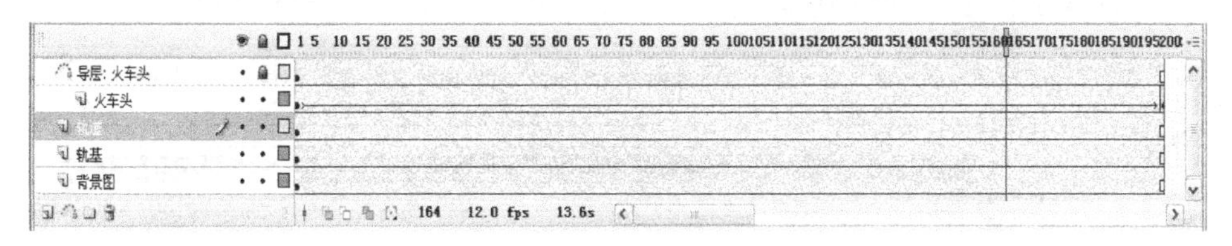

图 5-71　“火车头”动画的时间轴

3．制作车厢动画

（1）隐藏“背景图”图层。使用工具箱内的“选择工具”，选中“火车头”图层第 1 帧，移动火车头水平向左一定距离，如图 5-72 所示。其目的是为了添加车厢动画。

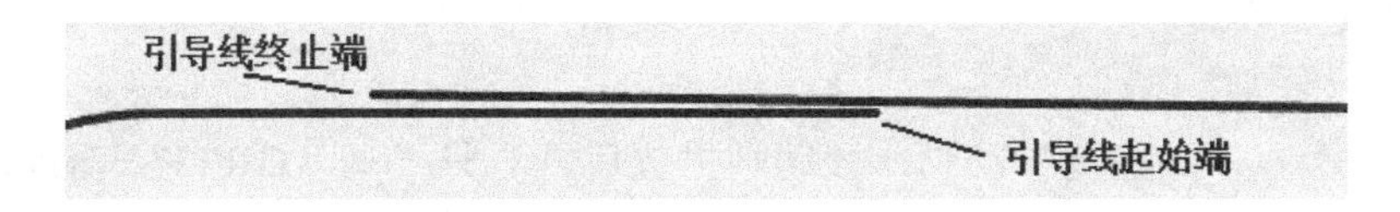

图 5-72　调整引导线

（2）选中“火车头”图层，在该图层的下边添加一个名称为“车厢 1”的图层，在该图层制作“车厢 1”图像沿引导线移动的动画。

（3）按照上述方法，添加“车厢 2”、“车厢 3”、“车厢 4”图层，分别创建它们沿引导线移动的动画。

（4）为了使火车头和车厢在从第 200 帧回到第 1 帧时没有跳跃，有连贯性，将“引导层：火车头”图层第 1 帧内的曲线终止端水平向左移动一段距离，如图 5-73 所示。

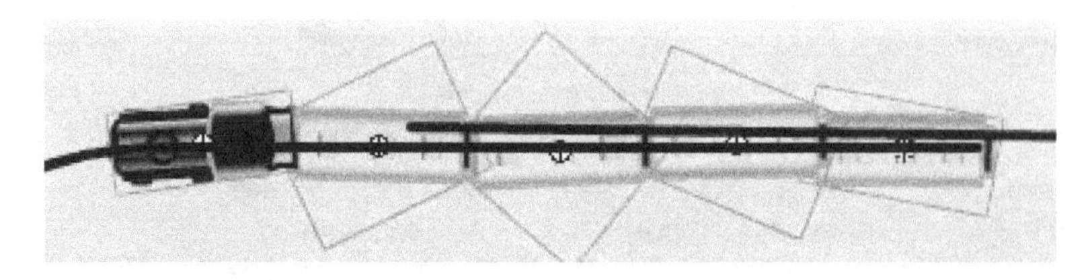

图 5-73　第 1 帧火车头和车厢的位置

（5）调整“车厢 1”、“车厢 2”、“车厢 3”、“车厢 4”图层第 1 帧内火车头和各车厢的位置如图 5-73 所示，调整“车厢 1”、“车厢 2”、“车厢 3”、“车厢 4”图层第 200 帧内火车头和各车厢的位置如图 5-74 所示。

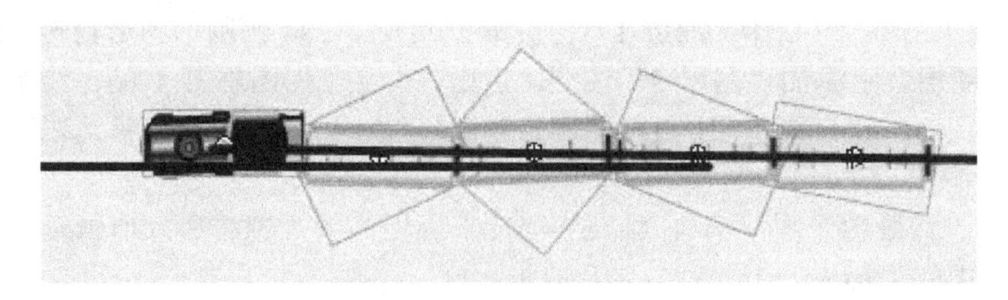

图 5-74　第 200 帧火车头和车厢的位置

至此，“玩具小火车”动画制作完毕。该动画的时间轴如图 5-75 所示。

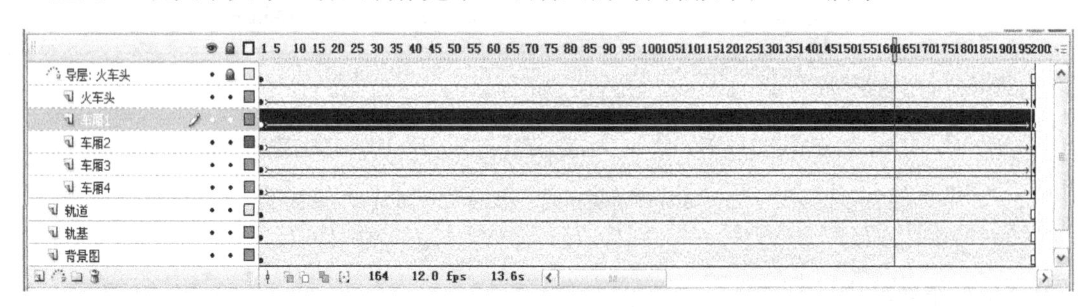

图 5-75　“玩具小火车”动画的时间轴

课后习题 5-3

1．制作一个“云中飞鸟”动画，该动画播放后，4 只飞鸟（GIF 格式动画）沿着不同的曲线在蓝天白云中飞翔，时而隐藏到白云中，时而又从白云中飞出。

2．制作一个“香山枫叶”动画，在一幅香山枫叶图像之上，一些枫叶不断地飘落下来。

3．制作一个“卫星围绕星球转”动画，该动画播放后，一个卫星围绕一个自转的星球转圈。自转的星球是一个 GIF 格式的动画。

4．参考【任务 25】“玩具小火车”动画的制作方法，制作另外一个“玩具小火车”动

画，该动画播放后，小火车沿着 8 字形轨道移动。动画播放后的两幅画面如图 5-76 所示。

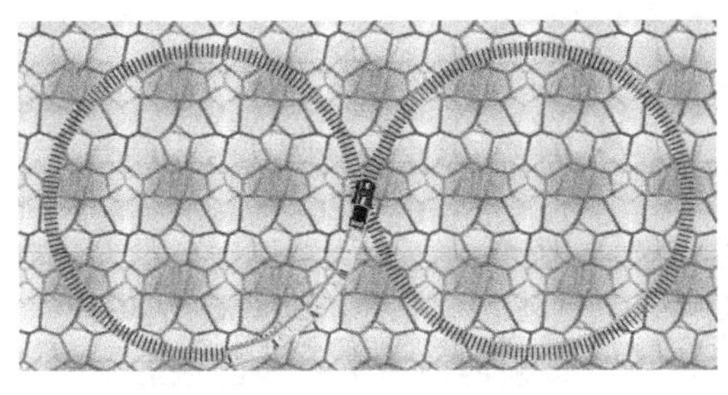
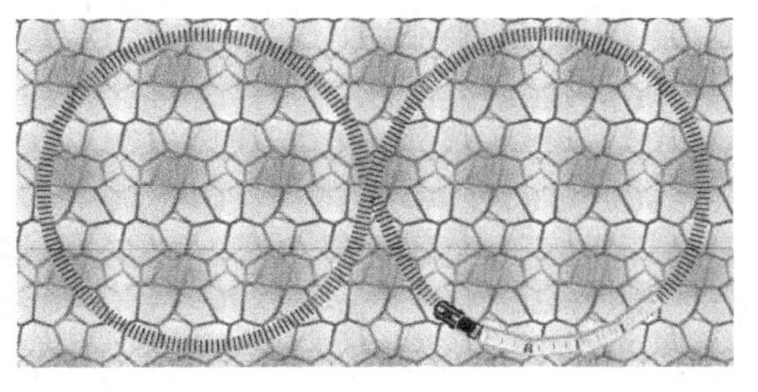

图 5-76　“玩具小火车”动画播放后的两幅画面

5.4　形状动画 1——【任务 26】彩球弹性撞击

任务描述

“彩球弹性撞击”动画播放后的两幅画面如图 5-77 所示。可以看到，在左边、右边和下边各有一个绿色渐变弹性面。一个彩球在 3 个绿色渐变弹性面之间撞击，彩球撞击到绿色渐变弹性面时，彩球的移动和绿色渐变弹性面的起伏动作协调连贯。另外，在画面内的上边，红色“彩”和“球”文字分别变形成“撞”和“击”文字，接着又变形为原来的“彩”和“球”文字。

图 5-77　“彩球弹性撞击”动画播放后的两幅画面

知识链接

1．形状动画的基本制作方法

形状动画也称为变形动画，它是由一种形状对象逐渐变为另外一种形状对象。Flash CS3 可以将图形、分离的文字、分离后的点阵图和由点阵图转换的矢量图形进行变形。Flash CS3 不能将实例、未分离的文字、点阵图像和群组对象进行变形。

在形状动画中，对象位置和颜色的变换是在两个对象之间发生的，而在动作动画中，变化的是同一个对象的位置和颜色属性。

下面通过制作一个彩球变化为五角星的形状动画来介绍形状动画的制作方法。

（1）选中在时间轴内一个空白关键帧作为动画的开始帧。然后，在舞台工作区内创建一个符合要求的对象，作为形状动画的初始对象。此处绘制一个红色立体彩球。

（2）选中形状动画的第 1 个关键帧，再选中“属性”面板的“补间”下拉列表框中的“形状”选项，此时该面板如图 5-78 所示。

（3）单击形状动画的终止帧，按【F6】键，创建动画的终止帧为关键帧。此时，在时间轴上，从第 1 帧到终止帧之间会出现一个指向右边的箭头，帧单元格的背景为浅绿色。

（4）在舞台工作区内绘制一个红色五角星，再将该帧内原有的对象红色立体彩球删除。注意：一定先创建新对象，再删除原对象；关键帧内创建的对象必须是图形、打碎的文字或打碎的点阵图像。

2．形状动画关键帧的“属性”面板

形状动画关键帧的“属性”面板如图 5-78 所示，该“属性”面板中各选项的作用如下。

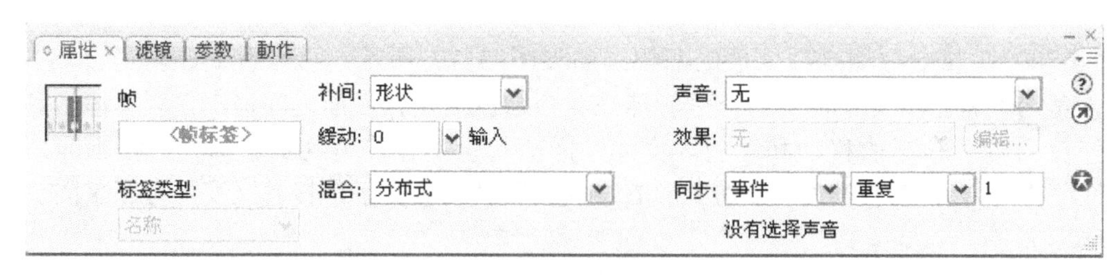

图 5-78　形状动画关键帧的“属性”面板

（1）“缓动”文本框：用于设置动画的加速度。

（2）“混合”下拉列表框：该下拉列标框内各选项的作用如下。

◎“角形”选项：选择它后，创建的过渡帧中的图形更多地保留了原来图形的尖角或直线的特征。如果关键帧中图形没有尖角，则与选择“分布式”的效果一样。

◎“分布式”选项：选择它后，可使形状动画过程中创建的中间过渡帧的图形较平滑。

 操作步骤

1．制作弹性矩形和背景图像

（1）新建一个名称为“【任务 26】彩球弹性撞击.fla”的 Flash 文档。设置舞台工作区的宽为 400 像素，高为 300 像素，背景色为黄色。在舞台工作区中，显示标尺，创建 3 条水平参考线和 3 条垂直参考线，如图 5-79 所示。

图 5-79　3 条水平参考线和 3 条垂直参考线

（2）选中“图层 1”图层第 1 帧，绘制一个绿色渐变填充的矩形，如图 5-80 所示。

（3）使用工具箱中的“选择工具” ，单击选中“图层 1”图层第 1 帧，单击矩形

外部，在不选中矩形的情况下，向上拖曳矩形的上边缘，使矩形上边缘凸起，如图5-81所示。

（4）在“图层1”图层之上添加“图层2”和“图层3”图层。将“图层1”图层第1帧复制粘贴到“图层2”和“图层3”图层第1帧。

（5）将“图层2”图层第1帧内的绿色矩形顺时针旋转90度，移到舞台工作区内的左上角；将“图层3”图层第1帧内的绿色矩形逆时针旋转90度，移到舞台工作区内的右上角。

（6）在“图层1”图层之下添加“背景”图层，选中“背景”图层第1帧，导入一幅风景图像，调整该图像的大小和位置，使它刚好将整个舞台工作区覆盖。然后，隐藏该图层。

2．制作弹性矩形动画

（1）隐藏辅助线。使用工具箱中的“选择工具”，单击选中“图层1”图层第15帧，按【F6】键，创建一个关键帧。选中该图层第15帧关键帧，在其“属性”面板的“补间”下拉列表框中选择“形状”选项，设置该关键帧具有变形动画属性。

（2）按住【Ctrl】键，单击选中“图层1”图层第30帧和第45帧，按【F6】键，创建两个关键帧。单击选中“图层1”图层第30帧，单击矩形外部，在不选中矩形的情况下，向下拖曳矩形的上边缘，使矩形上边缘凹下，如图5-82所示。

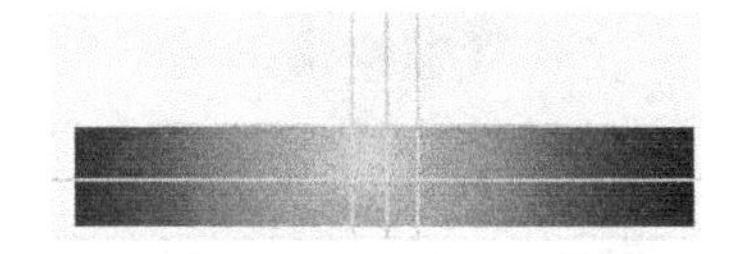

图5-80　矩形

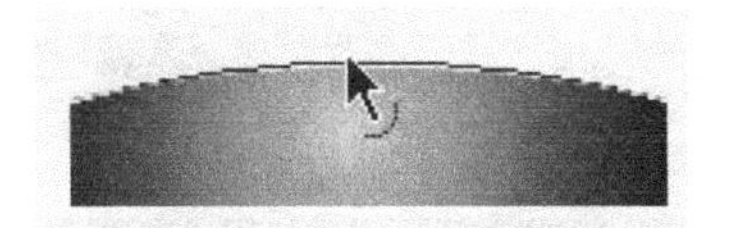

图5-81　上边缘凸起

图5-82　上边缘凹下

（3）选中“图层1”图层第135帧，按【F5】键，使“图层1”图层第45帧到第135帧内容一样。右击“图层1”图层第45帧，打开帧快捷菜单，选择该菜单内的“删除补间”菜单命令，取消“图层1”图层第45帧到第135帧的虚线。

（4）按住【Ctrl】键，单击选中“图层2”图层第60帧、第75帧和第90帧，按【F6】键，创建3个关键帧。选中“图层2”图层第60帧，在其“属性”面板的“补间”下拉列表框中选择“形状”选项；选中“图层2”图层第75帧，在其“属性”面板的“补间”下拉列表框中选择“形状”选项，设置这两个关键帧具有变形动画属性。将“图层2”图层第75帧内的矩形右边缘调整地向左凹。

（5）按照上述方法，制作“图层3”图层第105帧到第120帧，再到第135帧的形状动画。将“图层3”图层第120帧内的矩形左边缘调整地向右凹。

3．制作彩球撞击动画

（1）打开【任务6】“彩球跳跃.fla”动画，将该动画“库”面板内的“彩球”影片剪辑元件复制粘贴到“【任务26】彩球弹性撞击.fla”Flash文档内的“库”面板中。

（2）在“【任务26】彩球弹性撞击.fla”Flash文档内的“图层3”图层之上创建一个“图层4”图层，选中“图层4”图层第1帧。将“库”面板内的“彩球”影片剪辑元件拖曳到舞台工作区中，调整“彩球”影片剪辑实例的大小（宽和高均为50像素）和位置，如图5-83所示。

（3）在“图层 4”图层制作一个第 1 帧到第 135 帧的彩球移动动画。同时选中该图层第 15、30、45、60、75、90、105、120 和 135 帧，按【F6】键，使选中的帧成为关键帧。选中该图层第 15 帧，将该帧彩球移到下边凸起的绿色渐变矩形的顶部偏右一些，如图 5-84 所示。选中该图层第 30 帧，将该帧彩球移到下边凹下的绿色渐变矩形的下凹处，如图 5-85 所示。

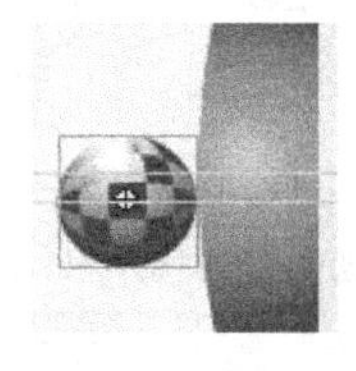
图 5-83　第 1 帧彩球位置

图 5-84　第 15 帧彩球位置

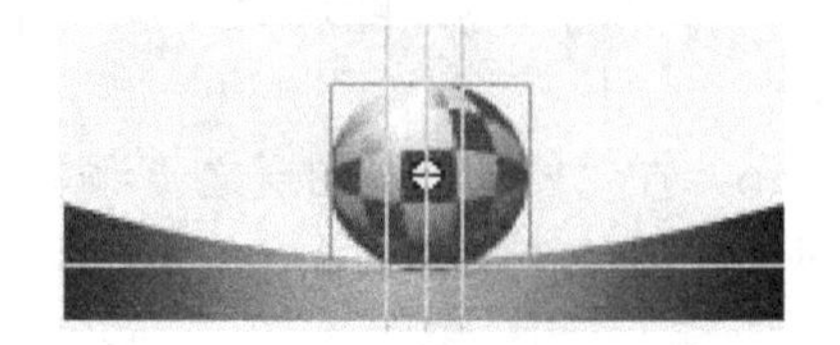
图 5-85　第 30 帧彩球位置

（4）选中“图层 4”图层第 45 帧，将该帧彩球移到下边凸起的绿色渐变矩形的顶部偏左一些，如图 5-86 所示。选中该图层第 60 帧，将该帧彩球移到左边凸起的绿色渐变矩形的顶部偏下一些，如图 5-87 所示。选中该图层第 75，将该帧彩球移到左边左凹的绿色渐变矩形的左凹处，如图 5-88 所示。

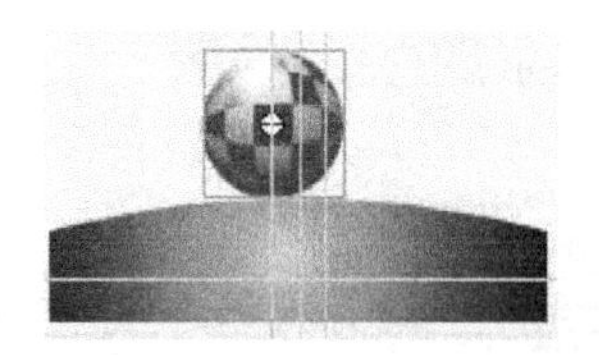
图 5-86　第 45 帧彩球位置

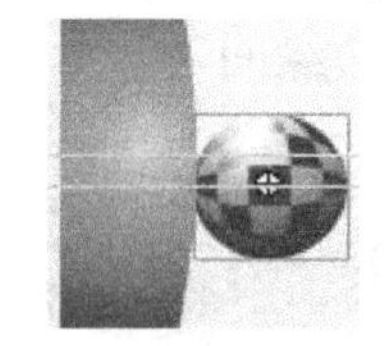
图 5-87　第 60 帧彩球位置

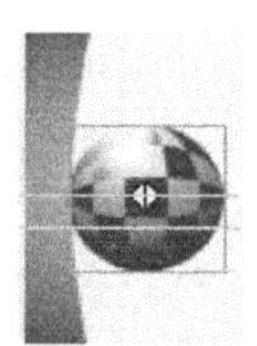
图 5-88　第 75 帧彩球位置

（5）将“图层 4”图层第 90、105、120、135 帧内的彩球分别调整到如图 5-89、图 5-90、图 5-91 和图 5-83 所示的位置。

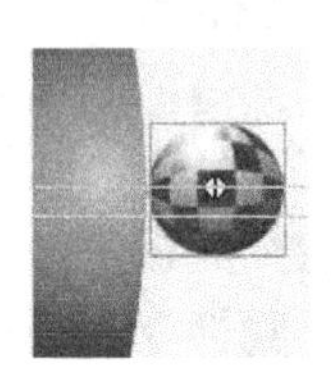
图 5-89　第 90 帧彩球位置

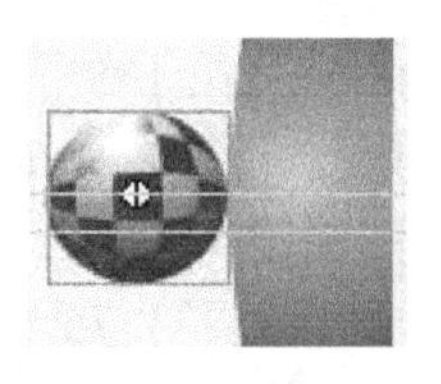
图 5-90　第 105 帧彩球位置

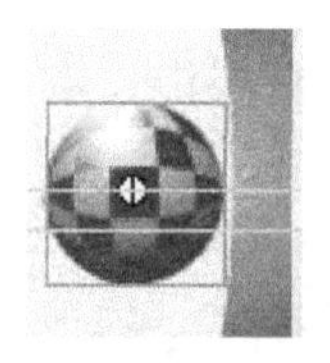
图 5-91　第 120 帧彩球位置

4. 制作文字变形动画

（1）在“图层 4”图层之上添加一个“图层 5”图层，选中“图层 5”图层第 1 帧，输入一个华文行楷字体、字体大小为 90 号、颜色为红色的“彩”字，如图 5-92 左图所示。

（2）使用工具箱中的“选择工具”，选中“彩”字，选择“修改”→“分离”菜单命令，将文字打碎，如图 5-92 右图所示。

（3）在“图层 5”图层之上添加一个“图层 6”图层，选中“图层 6”图层第 1 帧，输入一个华文行楷字体、字体大小为 90 号、颜色为红色的“球”字。使用工具箱中的“选择工具”，选中“彩”字，选择“修改”→“分离”菜单命令，将文字打碎，如图 5-93 所示。

（4）选中“图层 3”和“图层 4”图层第 1 帧，在其“属性”面板的“补间”下拉列表框中选择“形状”选项，使“图层 3”和“图层 4”图层第 1 帧具有形状动画的属性。选中“图层 3”和“图层 4”图层第 120 帧，按【F6】键，创建“图层 3”和“图层 4”图层第 1 帧到第 120 帧的形状动画。再选中“图层 3”和“图层 4”图层第 80 帧，按【F6】键，创建两个关键帧。

（5）选中“图层 5”图层第 80 帧，输入一个华文行楷字体、字体大小为 90 号、颜色为蓝色的“撞”字，然后打碎该文字，如图 5-94 所示；再选中该帧内打碎的“彩”字，按【Delete】键，删除“彩”字。选中“图层 6”图层第 80 帧，输入一个华文行楷字体、字体大小为 90 号、颜色为蓝色的“击”字，然后打碎该文字，如图 5-95 所示；再选中该帧内打碎的“球”字，按【Delete】键，删除“球”字。

图 5-92　打碎的文字

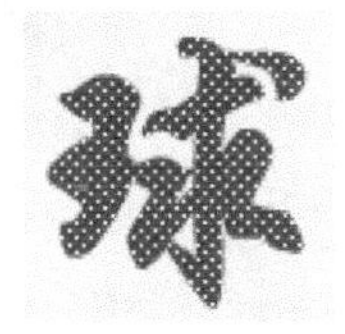

图 5-93　打碎的文字

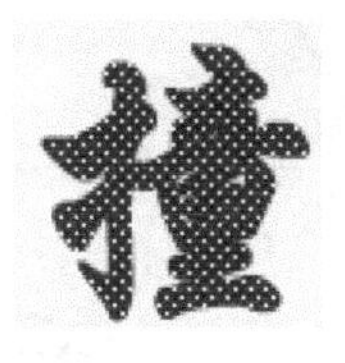

图 5-95　打碎的文字

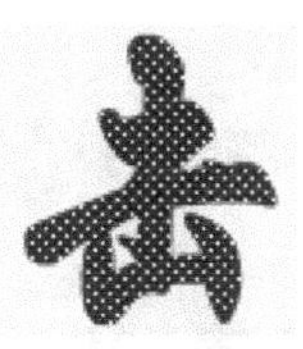

图 5-95　打碎的文字

小提示

如果先删除“图层 5”图层第 80 帧“彩”字，则会因为“图层 5”图层第 80 帧内没有任何对象，使变形动画破坏（水平直线箭头会变为虚线），再输入“撞”字并打碎文字，则在移动打碎的“撞”字后，变形动画会自动恢复。

（6）将“背景”图层恢复显示。至此，该动画制作完毕，动画的时间轴如图 5-96 所示。

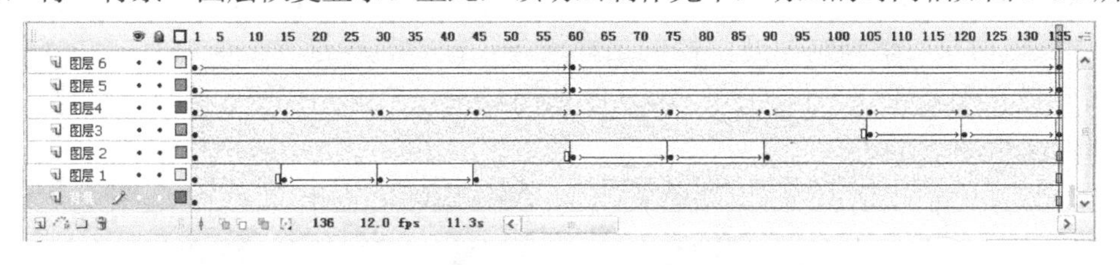

图 5-96　“彩球弹性撞击”动画的时间轴

课后习题 5-4

1．制作一个“弹跳彩球和字母变换”动画，该播放后的 3 幅画面如图 5-97 所示。可以看到，有一个彩色地面一起一伏地来回运动，同时一个彩球上下跳跃，彩球的跳跃与弹性地面的起伏动作连贯协调。同时，在画面内的上边，红色“彩”和“球”字变形成一个彩球，接着又变回为原来的文字。

2．制作一个“字母变换”动画，该动画播放后所有帧的画面如图 5-98 所示。屏幕上一个红字母“X”逐渐变形为蓝字母“Y”，接着蓝字母“Y”再逐渐变形为红字母“Z”。

3．制作一个“Flash CS3 文字变化”动画，该动画播放后，绿色文字“中文 Flash CS3”逐渐变为红色，同时出现文字逐渐由小变大的变形动画。该动画所有帧的画面如图 5-99 所示。

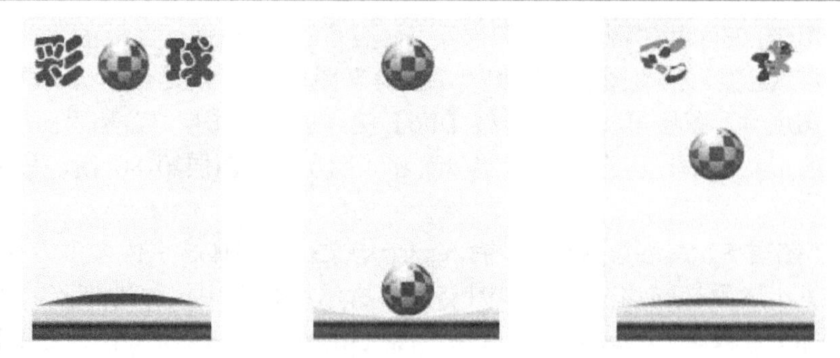

图 5-97 “弹跳彩球和字母变换”动画播放后的 3 幅画面

图 5-98 字母变换”动画的全部帧画面

图 5-99 “Flash CS3 文字变化”动画的全部帧画面

5.5 形状动画 2——【任务 27】动画画面开关门式切换

任务描述

“动画画面开关门式切换”动画播放后的两幅画面如图 5-100 所示。可以看到，一个“图像渐隐渐显切换”动画画面开门似的逐渐消失，同时将背景“小溪流水”动画画面显示出来；接着另一个“图像错位切换”动画像关门似的逐渐显示出来，渐渐将背景“小溪流水”动画画面遮挡。

图 5-100 “动画画面开关门式切换”动画播放后的两幅画面

知识链接

1．添加形状提示的方法

为了使形状动画中间过程不一样，可使用形状提示，来控制特殊的变形过程。形状提

示就是在形状的初始图形与结束图形上，分别指定一些形状的关键点，并使这些关键点在起始帧中和结束帧中一一对应，这样 Flash 就会根据这些关键点的对应关系来计算形状变化的过程。

（1）选中时间轴上第 1 帧单元格，再选择“修改”→“形状”→“添加形状提示”菜单命令，或按【Ctrl+Shift+H】组合键，即可在第 1 帧圆形中加入一个形状提示标记“a”。再重复上述过程，可以继续增加“b”～“z”25 个形状提示标记（分别用 26 个英文小写字母表示）。

（2）添加形状提示标记“a”～“e”5 个形状提示标记，用鼠标拖曳这些形状提示标记，分别放置在第 1 帧图形的一些位置处，如图 5-101 所示。

（3）选中终止帧单元格，会看到终止帧五角星中也有“a”到“e”形状提示标记（几个形状提示标记重叠）。用鼠标拖曳这些形状提示标记，分别放置在五角星的适当位置，如图 5-102 所示。如果没有形状提示标记显示，可单击“视图”→“显示形状提示”菜单命令。

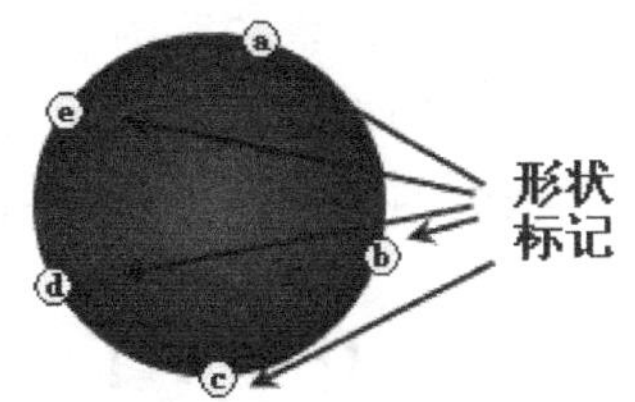
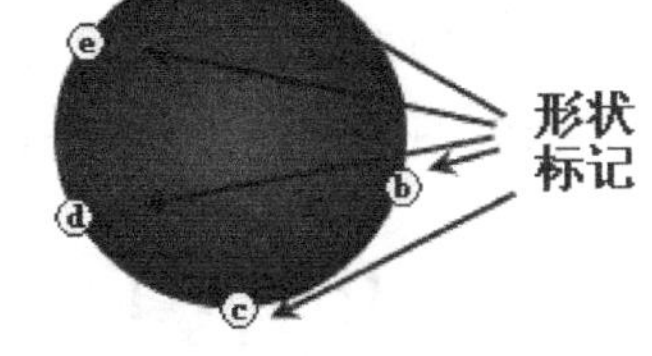

图 5-101　第 1 帧圆球形状提示标记

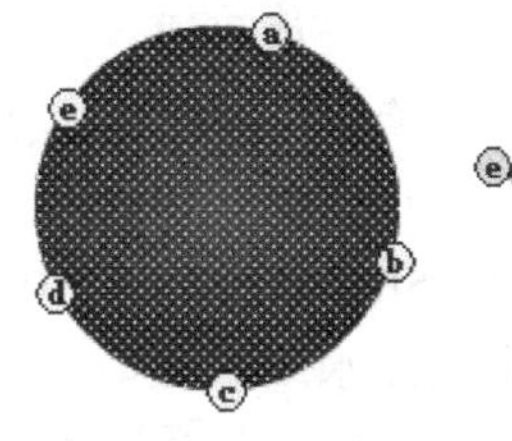

图 5-102　起始帧和终止帧的形状提示标记

（4）最多可添加 26 个形状提示标记。起始帧的形状提示标记用黄色圆圈表示，终止帧的形状提示标记用绿色圆圈表示。如果形状提示标记的位置不在曲线上，则会显示红色。

2．添加形状提示的原则

为了获得更好的形状效果，通常应注意以下几个原则。

（1）如果过渡比较复杂，可以在中间增加一个或多个关键帧。

（2）起始关键帧与终止关键帧中形状提示标记的顺序最好一致。例如，在一条线上添加 3 个形状提示标记，应依次为“a”、“b”和“c”。这样无论这条线如何变形，这 3 个点在线上始终会保持“a”、“b”和“c”的顺序。

（3）最好使各形状关键点沿逆时针方向排列，并且从图形的左上角开始。

（4）形状提示标记不一定越多越好，重要的是放置的位置合适。这可以通过实验来决定。

操作步骤

1．制作 3 个影片剪辑元件

（1）新建一个名称为“【任务 27】动画画面开关门式切换.fla”的 Flash 文档。设置舞台工作区的宽为 500 像素，高为 400 像素，背景色为白色。

（2）创建并进入“图像渐隐渐显切换”影片剪辑元件的编辑状态，按照【任务 2】“图像逐渐显示切换”动画的制作方法制作一个“图像渐隐渐显切换”动画。该动画播放后的 3

幅画面如图 5-103 所示。该动画“图层 1”图层第 1 帧加载一幅长城图像，如图 5-103（a）所示；“图层 2”图层第 1 帧加载一幅建筑图像，如图 5-103（c）所示。创建“图层 2”图层第 1 帧到第 100 帧的动画，将“图层 2”图层第 1 帧图像的 Alpha 值调整为 0。

（a）

（b）

（c）

图 5-103　3 幅画面

（3）打开“【任务 20】风景如画.fla”Flash 文档，将该动画“场景 2”场景内的动画的所有帧复制到剪贴板内。切换到“【任务 27】动画画面开关门式切换.fla”Flash 文档，创建并进入“图像错位切换”影片剪辑元件的编辑状态，将剪贴板内的动画帧粘贴到当前的时间轴内。调整画面大小为宽 500 像素，高 400 像素。

（4）创建并进入“小溪流水”影片剪辑元件的编辑状态，按照【任务 21】“照亮小溪流水”动画的制作方法制作一个“小溪流水”动画。该动画播放后的一幅画面如图 5-104 所示。

图 5-104　“小溪流水”动画画面

2．开门式图像切换

（1）选中“场景 1”场景“图层 1”图层第 1 帧，将“库”面板内的“小溪流水”影片剪辑元件拖曳到到舞台工作区内，调整该实例的大小和位置，使它刚好将整个舞台工作区覆盖。

（2）在“图层 1”图层之上添加“图层 2”图层。选中该图层第 1 帧，将“库”面板内

的“图像渐隐渐显切换”影片剪辑元件拖曳到舞台工作区内，调整该实例的大小和位置，使它刚好将“小溪流水”影片剪辑完全覆盖。

（3）在“图层 2”图层之上创建一个“图层 3”图层，选中该图层第 1 帧，再绘制一幅黑色、无轮廓线的矩形，将整个动画画面遮罩住，如图 5-105 所示。

（4）选中“图层 3”图层第 1 帧，在其“属性”面板的“补间”下拉列表框中选择“形状”选项，即设置了变形动画方式。选中“图层 3”图层第 100 帧，再按【F6】键，在第 1 帧到第 80 帧之间创建一个变形动画。

（5）选中“图层 3”图层的第 100 帧，此时选中矩形，再将矩形缩小为一条位于动画画面左边的细长矩形，其宽度为 10 像素。

（6）选中“图层 3”图层第 1 帧，选择“视图”→“显示形状提示”菜单命令，显示形状提示标记。选择“修改”→“形状”→“添加形状提示”菜单命令，再按【Ctrl+Shift+H】组合键，产生两个形状指示标记。将这两个形状指示标记移到黑色矩形的两个顶点，如图 5-105 所示。选中“图层 3”图层第 100 帧，调整形状指示标记的位置，如图 5-106 所示。

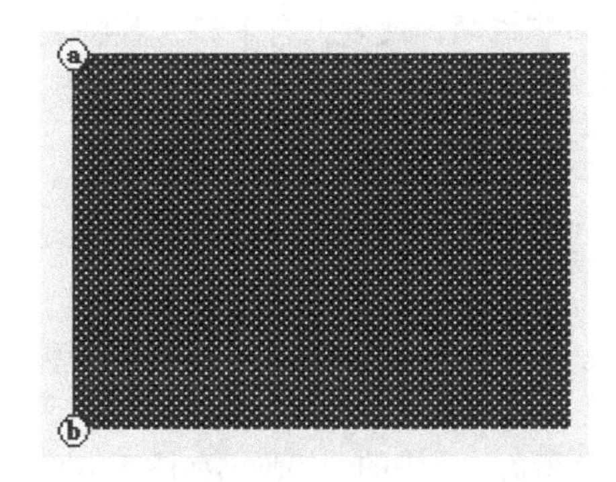

图 5-105　第 1 帧矩形和形状指示标记

图 5-106　第 100 帧矩形和形状指示标记

（7）选中“图层 1”和“图层 2”图层第 100 帧，按【F5】键。再将“图层 3”图层设置成遮罩图层，使“图层 2”图层成为被遮罩图层。此时的时间轴如图 5-107 所示。

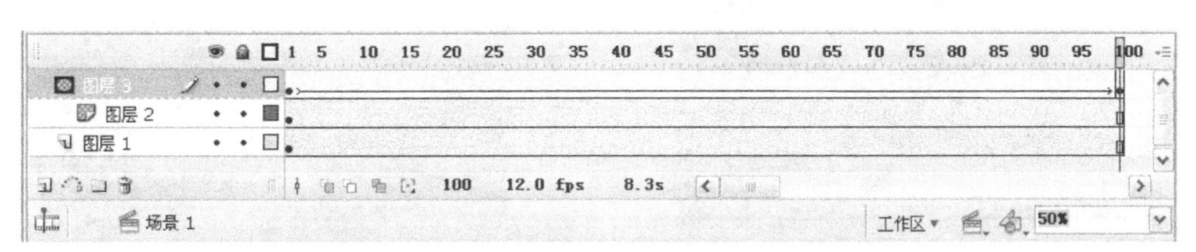

图 5-107　“开门式的动画切换”动画的时间轴

3. 关门式图像切换

（1）按住【Shift】键，单击“图层 1”图层第 100 帧和“图层 3”图层第 1 帧，选中所有帧。右击选中的帧，打开帧快捷菜单，选择该菜单内的“复制帧”菜单命令。

（2）选择“插入”→“场景”菜单命令，进入“场景 2”场景，将场景 1 内的动画粘贴到“场景 2”场景。因为粘贴后图层的名称会发生变化，所以按照“场景 1”场景内动画图层的命名，修改“场景 2”场景内图层的命名。再将“图层 1”图层锁定。

（3）按住【Shift】键，单击“图层 3”图层第 100 帧和“图层 3”图层第 1 帧，选中“图层 3”图层内的所有帧。右击选中的帧，打开帧快捷菜单，选择该菜单内的“翻转帧”菜单命令，使第 1 帧和第 100 帧内容互换。

（4）选中“图层 2”图层第 1 帧内的实例对象，按【Delete】键，将该实例对象删除。再将“库”面板内的“图像错位切换”影片剪辑元件拖曳到到舞台内，调整该实例的大小和位置，使它刚好将“图层 1”图层第 1 帧内的“小溪流水”影片剪辑完全覆盖。

（5）按照前述方法，重新设置“图层 3”图层第 1 帧和第 100 帧的形状提示，第 1 帧形状提示的位置与“场景 1”场景第 100 帧的形状提示位置一样；第 100 帧形状提示位置与“场景 1”场景第 1 帧的形状提示位置一样。再将“图层 3”和“图层 2”图层锁定。

小提示

如果不添加变形的形状标示，则矩形的变化只是从大变小，没有开门或关门效果。如果要在不添加形状标示的情况下仍然获得开门或关门效果，可以使用工具箱中的选择工具，选中关键帧，单击舞台工作区外部，不选中黑色矩形，将鼠标指针移到矩形的右上角，当鼠标指针右下方出现一个小直角形后，垂直向下拖动，使右上角下移。再将鼠标指针移到矩形的右下角，垂直向上拖动，使右下角上移，形成一个梯形形状。

课后习题 5-5

1．制作一个“双开门图像切换”动画，其显示效果是第 1 幅风景图像显示后，以双开门方式逐渐消失，同时将第 2 幅图像逐渐显示出来。其中的一幅画面如图 5-108 所示。

2．制作一个“双关门式图像切换”动画，其显示效果是第 1 幅风景图像显示后，第 2 幅图像以双关门方式逐渐显示，同时将第 1 幅图像逐渐覆盖。其中的一幅画面如图 5-109 所示。

图 5-108 “双开门图像切换”动画画面

图 5-109 “双关门图像切换”动画画面

3．制作一个“冲浪”动画，该动画播放后的两幅画面如图 5-110 所示。可以看到，一个小孩脚踏滑板在波浪起伏的海中滑行。

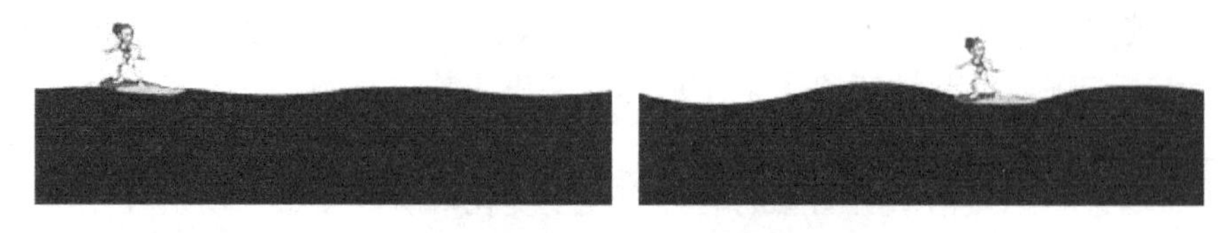

图 5-110 “冲浪”动画的两幅画面

5.6　图层文件夹——【任务 28】文字围绕自转地球

任务描述

“文字围绕自转地球”动画播放后的两幅画面如图 5-111 所示。可以看到，在黑色背景之上，一个红色半透明的地球不断自转，同时一个发黄光的红色自转“世界人民万众一心保护地球保护我们生存环境”文字环围绕自转的红色地球不断转圈运动，同时文字环还不断地上下摆动。另外，还有许多闪烁的星星。

图 5-111　“文字围绕自转地球”动画播放后的两幅画面

知识链接

当一个 Flash 影片的图层较多时，会给阅读、调整和修改 Flash 影片等带来不便。图层文件夹就是用来解决该问题的。可以将同一类型的图层放置到一个图层文件夹中，形成图层文件夹结构。例如，有一个 Flash 影片的时间轴如图 5-112 所示，插入图层文件夹的操作方法如下。

单击选中“图层 3”图层，单击时间轴的“插入图层文件夹”按钮，即可在“图层 3”图层之上插入一个名字为“文件夹 1”的图层文件夹，如图 5-113 所示。双击图层文件夹的名称，使黑底色变为白底色，然后即可输入新的图层文件夹的名字。编辑图层文件夹的方法如下。

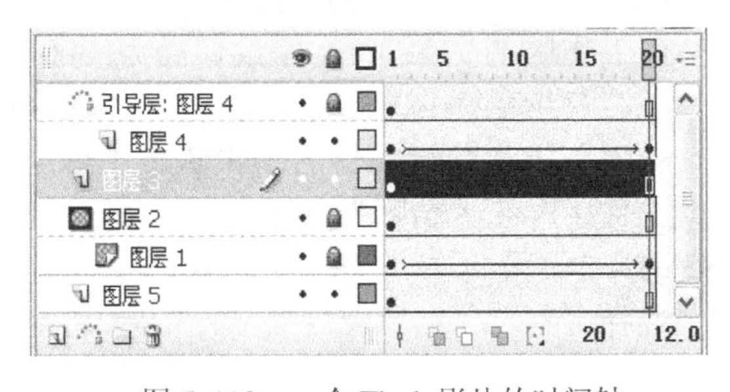

图 5-112　一个 Flash 影片的时间轴

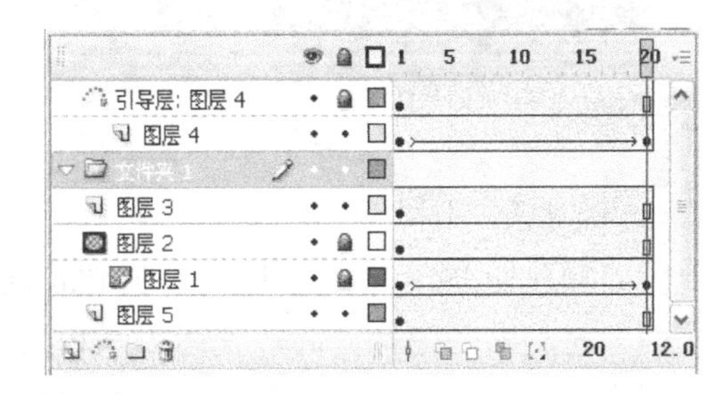

图 5-113　插入一个图层文件夹

（1）按住【Ctrl】键，单击要放入图层文件夹的各个图层，选中这些图层，如图 5-114 所示。

（2）用鼠标拖曳选中的所有图层，移到“文件夹 1”图层文件夹中，选中的所有图层会自动向右缩进，如图 5-115 所示，表示被拖曳的图层已经放置到“文件夹 1”图层文件夹中。

（3）单击“文件夹 1”图层文件夹左边的箭头按钮▽，可以将“文件夹 1”图层文件夹收缩，不显示该图层文件夹内的图层，如图 5-116 所示。单击“文件夹 1”图层文件夹左边的箭头按钮▷，可以将“文件夹 1”图层文件夹展开，如图 5-115 所示。

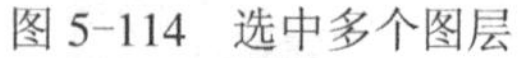
图 5-114　选中多个图层

图 5-115　图层文件夹展开

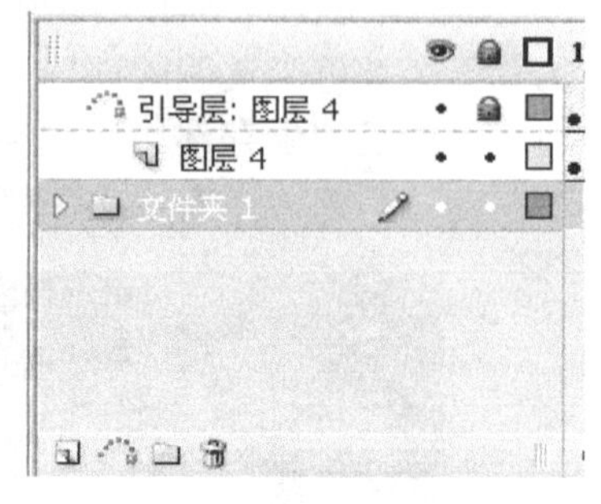

图 5-116　图层文件夹收缩

 操作步骤

1．制作“立体地球展开图”影片剪辑元件

（1）选择 Windows XP 桌面内的“程序”→“设置”→“控制面板”菜单命令，打开“控制面板”对话框，双击“日期和时间”图标，打开 Windows 中的“时间和日期属性”对话框，单击“时区”标签，如图 5-117 所示。

图 5-117　“时间和日期 属性”对话框

（2）按住【Alt+PrintScreen】组合键，将“时间和日期属性”对话框复制到剪贴板中。然后可以粘贴到 Flash CS3 或 Photoshop 等图像处理软件中。

（3）新建一个名称为“【任务 28】文字围绕自转地球.fla”的 Flash 文档。设置舞台工作区的宽为 440 像素，高为 300 像素，背景色为白色。创建并进入“地球展开图”影片剪辑元件的编辑状态。单击主工具栏内的“粘贴”按钮，将剪贴板内的“时间和日期 属性”对话框粘贴到 Flash CS3 的舞台工作区内。

（4）将粘贴的图像分离，使用工具箱内的“选择工具”和“橡皮擦工具”将多余的图像删除，获得地球展开图，如图 5-118 所示。

（5）使用工具箱内的“套索工具”，单击选项栏的“魔术棒”选项，单击地球展开图中的蓝色部分，按【Delete】键，删除蓝色图像，再用“橡皮擦工具”擦除多余内容，效果如图 5-119 所示。

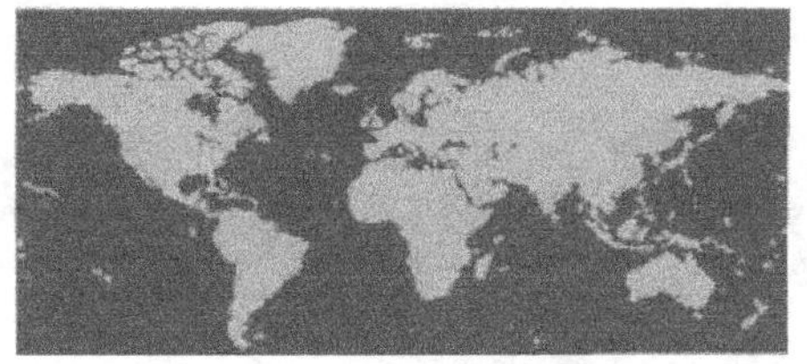

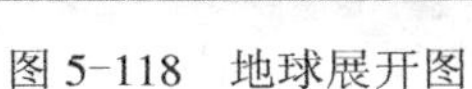

图 5-118 地球展开图

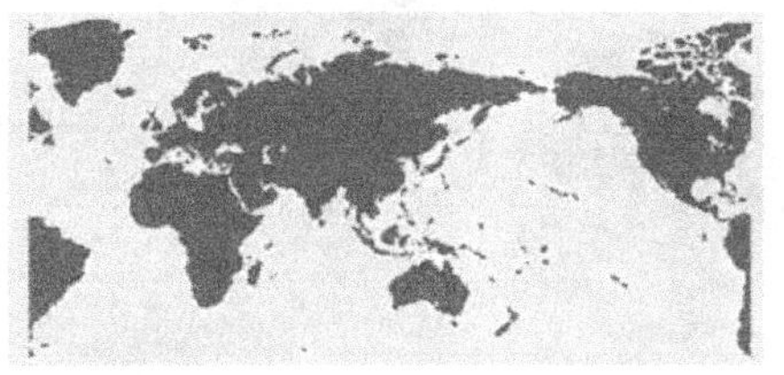

图 5-119 修整后的地球展开图

（6）将图 5-119 所示地球展开图复制一份，水平移到原图像的右边，拼接在一起，如图 5-120 左图所示。然后，回到主场景。

（7）创建并进入“立体地球展开图”影片剪辑元件的编辑状态。将“库”面板内的“地球展开图”影片剪辑元件拖曳到舞台工作区内的正中间，形成一个实例。

（8）使用“斜角”滤镜，将“地球展开图”影片剪辑实例立体化，如图 5-121 所示。“斜角”滤镜设置如图 5-122 所示。然后，回到主场景。

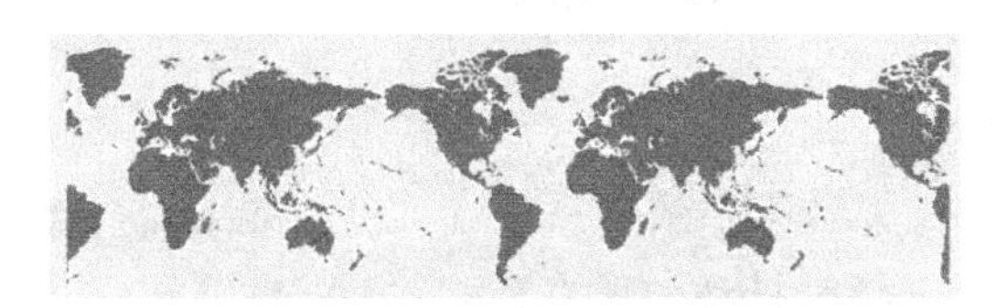

图 5-120 复制一份地球展开图

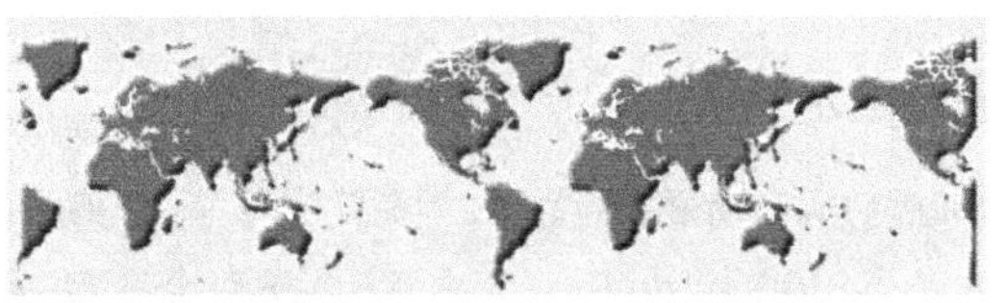

图 5-121 立体化后的地球展开图

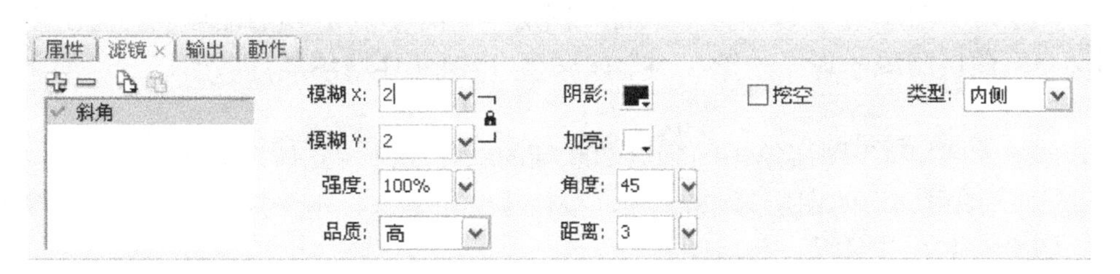

图 5-122 “斜角”滤镜设置

2. 制作“自转地球”影片剪辑元件

（1）创建并进入“自转地球”影片剪辑元件的编辑窗口。在“图层 1”图层的第 1 帧绘制一个蓝色的圆形，如图 5-123 左图所示利用它的“属性”面板设置它的大小（宽和高均为 190 像素）和位置（X 和 Y 均为–95 像素），如图 5-123 右图所示。这个圆形将作为遮罩图形。单击选中“图层 1”图层的第 200 帧，按【F5】键，使第 1 帧到第 200 帧的内容一样。

（2）在“图层 1”图层的下边添加一个名称为“图层 2”的图层。将“图层 1”图层第 1 帧的图形复制粘贴到“图层 2”图层第 1 帧。然后，将“图层 2”图层第 1 帧的圆形填充由白色（红=0，绿=0，蓝=0，Alpha=70%）到蓝色的（红=255，绿=0，蓝=0，Alpha=90%）放射状渐变透明色，绘制一个红色透明球，这个红色透明球将作为透明地球的主体。单击选中“图层 1”图层的第 200 帧，按【F5】键，使第 1 帧到第 200 帧的内容一样。

（3）在“图层 2”图层之上添加“图层 3”的图层。然后，将“库”面板中的“立体地球展开图”影片剪辑元件拖曳到舞台工作区中，调整该实例的位置，如图 5-124 所示。

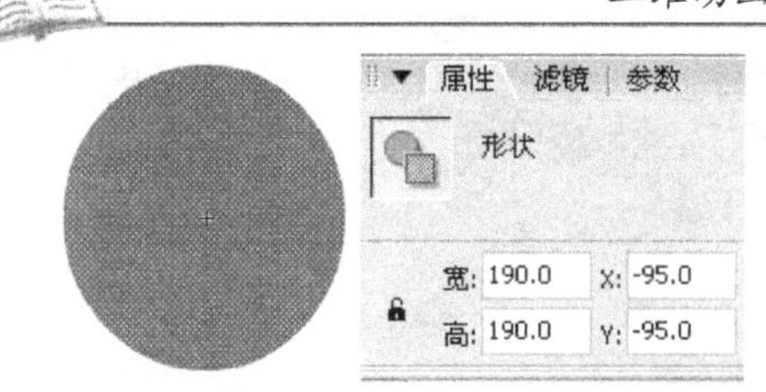

图 5-123　圆形和它的属性设置

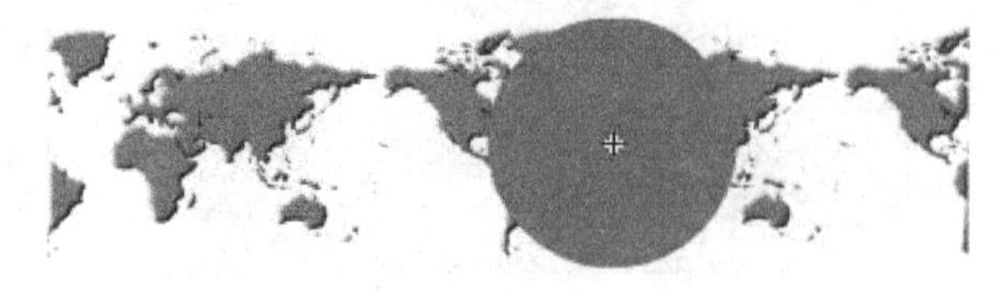

图 5-124　“图层 3”图层第 1 帧立体地球展开图的位置

图 5-125　“图层 3”图层第 200 帧立体地球展开图的位置

（4）创建“图层 3”图层第 1 帧到第 200 帧的动作动画，立体地球展开图从左向右水平移动。选中“图层 3”图层第 200 帧，单击选中第 200 帧的立体地球展开图，按住【Shift】键，水平向右拖曳立体地球展开图到合适的位置，如图 5-125 所示。

小提示

在 Flash 动画播放时，播放完了第 200 帧，就又从第 1 帧开始播放，因此第 1 帧的画面应该是第 200 帧的下一个画面，否则会出现地球自转时抖动的现象。

（5）在“图层 2”图层下边添加“图层 4”图层。将“图层 3”图层第 1 帧的内容复制粘贴到“图层 4”图层第 1 帧。然后，将“图层 4”图层第 1 帧的地球展开图水平颠倒。将“图层 3”图层隐藏，调整“图层 4”图层第 1 帧立体地球展开图的位置，如图 5-126 左图所示。

（6）创建“图层 4”图层第 1 帧到第 200 帧的动作动画（立体地球展开图从左向右水平移动）。选中“图层 4”的图层第 200 帧，按住【Shift】键，水平拖曳调整立体地球展开图的位置，如图 5-126 右图所示。

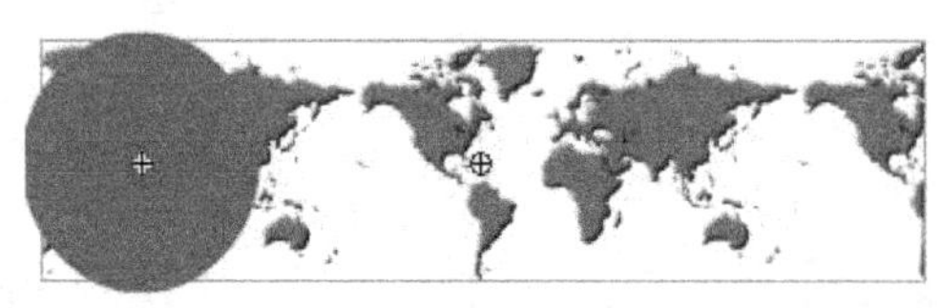
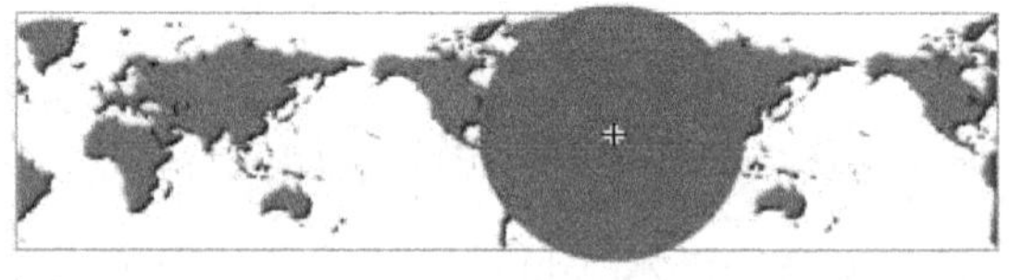

图 5-126　“图层 4”图层第 1 帧和第 200 帧立体地球展开图的位置

（7）将所有图层显示出来。右击“图层 1”图层，弹出层快捷菜单，单击该菜单中的“遮罩层”菜单命令，将“图层 1”图层设置为遮罩图层，“图层 3”图层成为被遮罩图层。然后，向右上方拖曳“图层 2”图层和“图层 4”图层，使这两个图层也成为“图层 1”图层的被遮罩图层。至此，“自转地球”影片剪辑元件制作完毕，它的时间轴如图 5-127 所示。

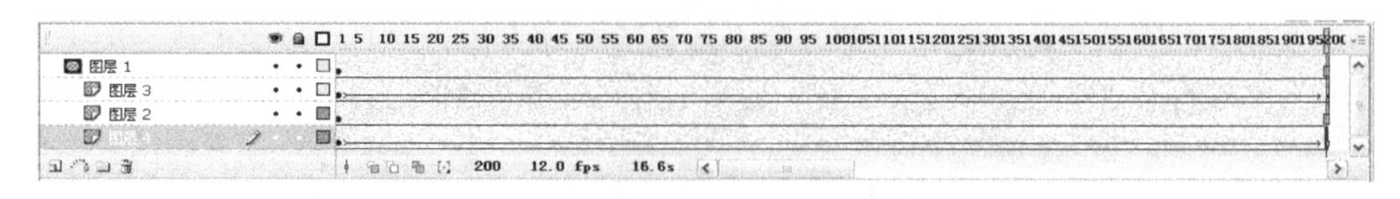

图 5-127　“自转地球”影片剪辑元件的时间轴

（8）单击元件编辑窗口中的按钮，回到主场景。

3. 制作“发光自转文字”影片剪辑元件

（1）打开【任务 13】“保护自然”动画，将该动画“库”面板内的“转圈文字”影片剪辑元件复制粘贴到“【任务 28】文字围绕自转地球.fla”Flash 文档的“库”面板内。

（2）创建并进入“发光自转文字”影片剪辑元件的编辑状态，将“库”面板内的“转圈文字”影片剪辑元件拖曳到舞台工作区内的正中间，形成一个实例。

（3）在“图层 1”图层下边添加一个“图层 2”图层，选中“图层 2”图层第 1 帧，单击工具箱中的“椭圆工具”按钮。在它的“属性”面板中设置填充色为黄色，没有轮廓线。然后，按住【Shift】键，同时在舞台工作区内拖曳鼠标，绘制一个黄色圆形。然后，绘制一个黄色圆形轮廓线，它的直径比黄色圆形图形的直径小约 50 像素。

（4）使用工具箱内的“选择工具”，单击选中黄色圆形轮廓线内的图形，按【Delete】键，删除选中的图形，制作出一个黄色圆环图形，如图 5-128 所示。

（5）选中黄色圆环图形，选择“修改”→“转换为元件”菜单命令，打开“转换为元件”对话框，选中该对话框内的“影片剪辑”单选钮，在“名称”文本框内输入“圆形”，再单击“确定”按钮，即可将选中的图形转换为“圆形”影片剪辑实例，其目的是为了可以使用滤镜。

（6）单击“滤镜”面板内的按钮，弹出滤镜菜单，选择该菜单中的“模糊”菜单命令，按照图 5-129 所示进行设置，使复制的黄色圆形模糊，形成圆环光芒，如图 5-130 所示。

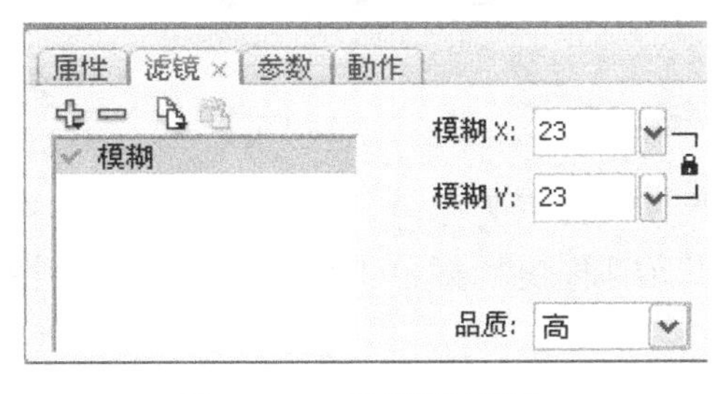

图 5-128　圆环图形　　图 5-129　“滤镜”面板　　图 5-130　圆环光芒图形

（7）在“图层 2”图层下边添加一个“图层 3”图层，将“图层 2”图层第 1 帧复制粘贴到“图层 3”图层第 1 帧。选中“图层 3”图层第 1 帧内的圆环图形，再单击“滤镜”面板内的按钮，打开滤镜菜单，选择该菜单中的“模糊”菜单命令，按照图 5-131 所示进行设置，使复制的黄色圆形模糊，形成圆环光芒，如图 5-132 所示。

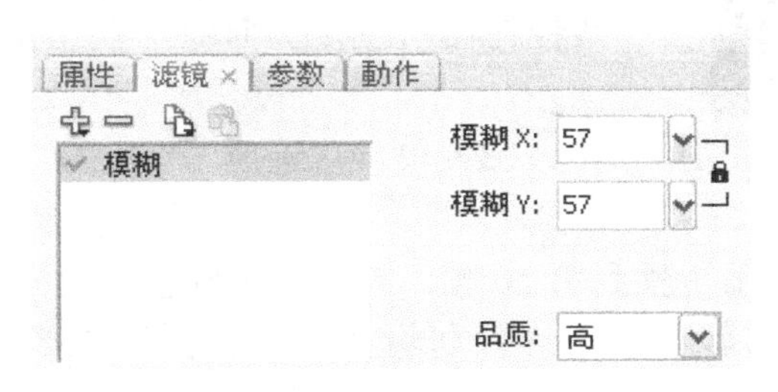

图 5-131　“滤镜”面板

图 5-132　圆环光芒图形

（8）将圆环光芒图形拖曳到“转圈文字”影片剪辑实例之上，形成发光的转圈文字，如图 5-133 所示。然后，单击元件编辑窗口中的⇦按钮，回到主场景。

4. 制作“星星”影片剪辑元件

（1）创建并进入“星星”影片剪辑元件的编辑状态，单击工具箱中的“多角星形工具”按钮⬡。单击它“属性”面板中的“选项”按钮，打开“工具设置”对话框，该对话框中各项参数的设置如图 5-134 所示。

（2）设置填充色为黄色，没有轮廓线。在舞台工作区内拖曳鼠标，绘制一个没有轮廓线、黄色的“星星”图形，如图 5-135 所示。

（3）创建“图层 1”图层第 1 帧到第 50 帧“星星”图形的顺时针自转一圈，同时逐渐变大的动画。再将“图层 1”图层第 1 帧复制粘贴到“图层 1”图层第 100 帧。然后，回到主场景。

图 5-133　发光的转圈文字

图 5-134　“工具设置”对话框

图 5-135　“星星”图形

5. 制作主场景动画

（1）将舞台工作区的背景色设置为黑色。选中“图层 1”图层第 1 帧将“库”面板中的“自转地球”影片剪辑元件拖曳到舞台工作区内。选中“图层 1”图的第 80 帧，按【F5】键。

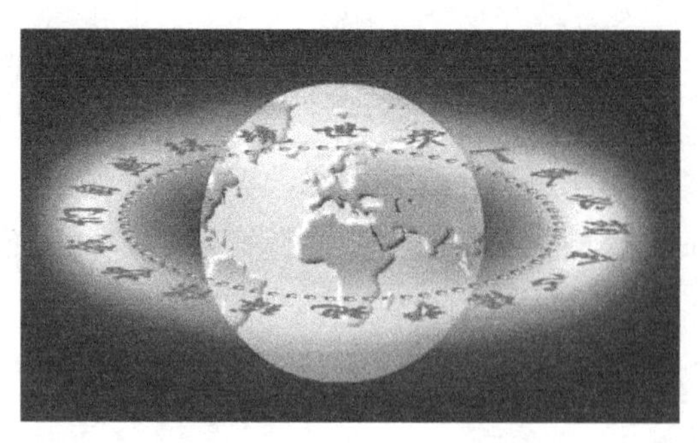

图 5-136 “自转地球”和“自转文字”影片剪辑实例

（2）在“图层 1”图层上边添加一个“图层 2”图层，单击选中“图层 2”图层第 1 帧，将“库”面板中的“自转文字”影片剪辑元件拖曳到舞台工作区中。使用工具栏中的“任意变形工具”，单击选中“发光自转文字”影片剪辑实例，拖曳控制柄，在垂直方向将它调小，如图 5-136 所示。

（3）单击“选项”栏中的“旋转与倾斜”按钮，用鼠标拖曳控制柄，调整它的倾斜角度，如图 5-137 所示。再创建第 1 帧到第 50 帧，再到第 100 帧的动画。第 100 帧与第 1 帧画面一样。调整第 50 帧“自转文字”影片剪辑实例，如图 5-138 所示。

（4）将舞台工作区的背景色设置为白色。在“图层 2”图层上边增加“图层 3”图层。将“图层 1”图层第 1 帧复制粘贴到“图层 3”图层第 1 帧。

图 5-137　第 1 帧和第 100 帧画面　　　　图 5-138　第 50 帧画面

（5）在“图层 3”图层上边增加“图层 4”图层。选中“图层 4”图层第 1 帧，绘制一幅黑色矩形，再将该矩形旋转一定角度，如图 5-139 所示。

（6）制作“图层 4”图层第 1 帧到第 100 帧的动作动画。第 1 帧和第 100 帧的画面一样，如图 5-139 所示。选中“图层 4”图层第 50 帧，按【F6】键，创建关键帧。旋转第 50 帧内黑色矩形，如图 5-140 所示。

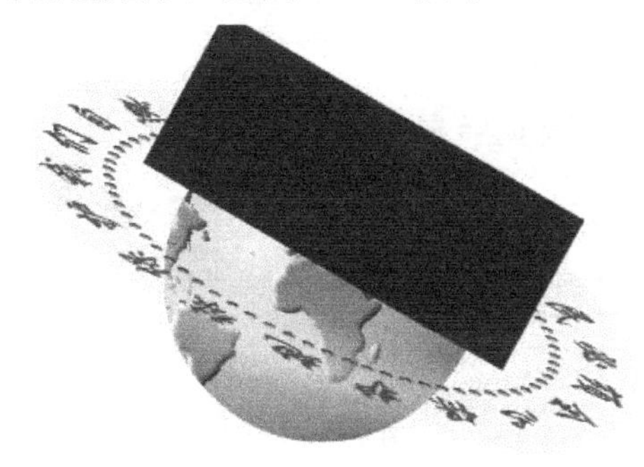

图 5-139　第 1 帧和第 100 帧画面

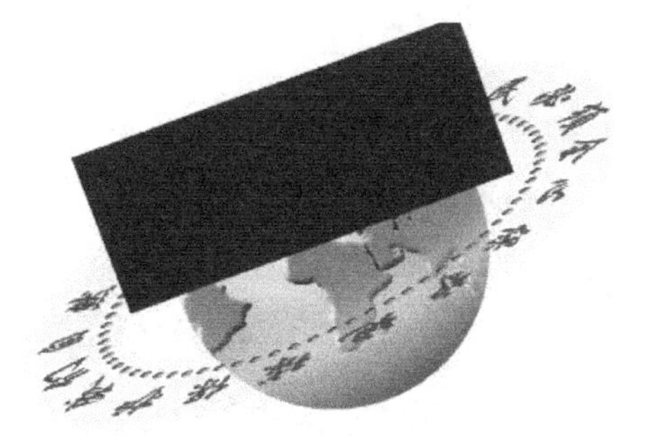

图 5-140　第 50 帧画面

（7）将“图层 4”图层设置成遮罩图层，“图层 3”图层成为“图层 4”图层的被遮罩图层。

（8）将舞台工作区的背景色设置为黑色。在“图层 4”图层上边添加一个“图层 5”图层，选中该图层第 1 帧，将“库”面板中的“星星”影片剪辑元件拖曳到舞台工作区中。再复制几个“星星”影片剪辑实例。调整这些影片剪辑实例的大小。

至此，整个动画制作完毕，该动画的时间轴如图 5-141 所示。

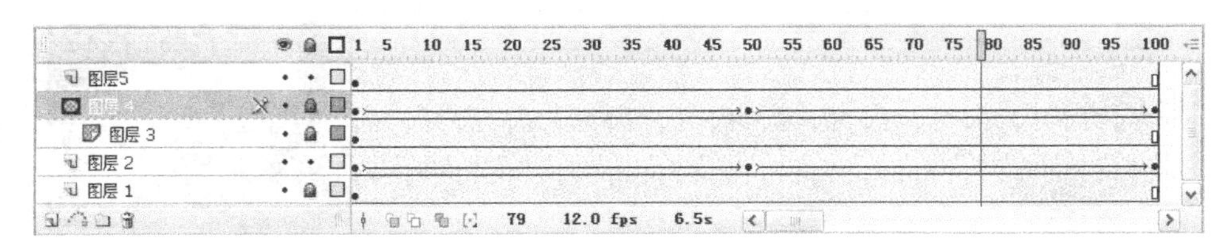

图 5-141　“文字围绕自转地球”动画时间轴

6. 整理“库”面板内的元件

（1）单击“库”面板内的“新建文件夹”按钮，在“库”面板内创建一个新的文件

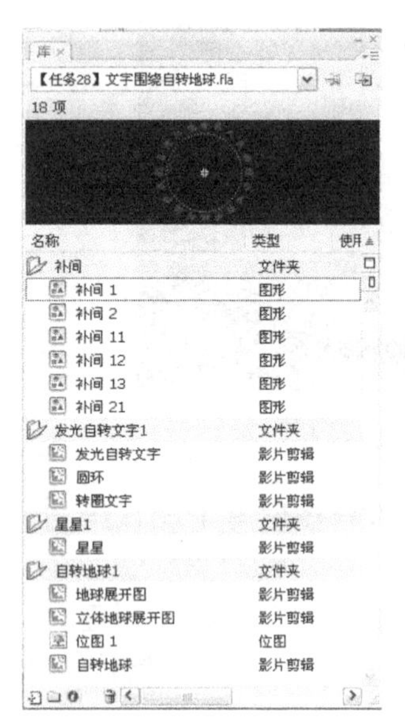

图 5-142 “库”面板

夹，将该文件夹的名称改为“补间”。按住【Ctrl】键，单击选中各补间元件，再将它们拖曳到“补间”文件夹之上，即可将选中的元件放置到“补间”文件夹内。

（2）按照上述方法，在“库”面板内创建“发光自转文字1”文件夹，将所有与“发光自转文字”有关的元件放置到“发光自转文字 1”文件夹内。在“库”面板内创建“星星 1”文件夹，将“星星”影片剪辑元件放置到“星星 1”文件夹内。在“库”面板内创建“自转地球 1”文件夹，将所有与“自转地球”有关的元件放置到“自转地球 1”文件夹内。

此时的“库”面板如图 5-142 所示。

（3）选中“图层 4”图层，单击时间轴内的“插入图层文件夹”按钮，在“图层 4”图层之上创建一个图层文件夹，将该图层文件夹的名称改为“文字围绕自转地球”。

（4）按住【Ctrl】键，单击选中“图层 1”图层到“图层 4”图层，拖曳它们到“文字围绕自转地球”图层文件夹之上，如图 5-143 所示。

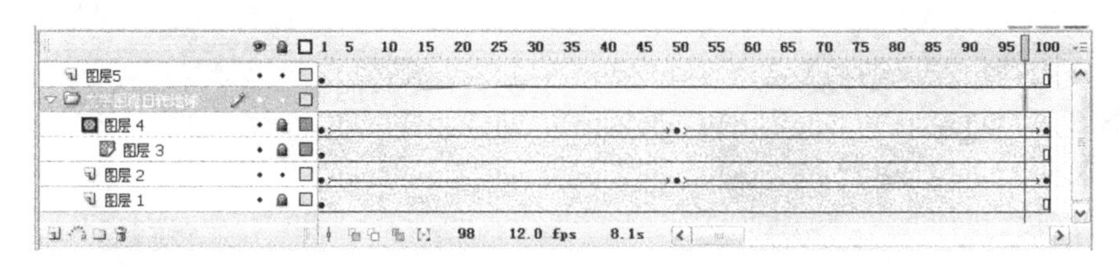

图 5-143 “文字围绕自转地球”动画的时间轴

课后习题 5-6

1．将【任务 23】“动作动画集锦.fla”的 Flash 文档“库”面板内的元件进行分类整理。

2．仿照【任务 28】“文字围绕自转地球”动画的制作方法，制作一个“星球光环”动画。该动画播放后，一个不断旋转的光环围绕自转地球转动，其中的两幅画面如图 5-144 所示。

3．制作一个“透明星球”动画，该动画播放后的一幅画面如图 5-145 所示。

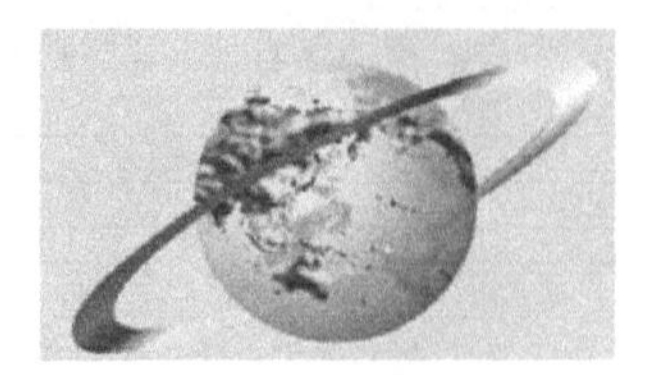

图 5-144 “星球光环”动画播放后的两幅画面

图 5-145 “透明星球”动画画面

4．制作一个“卫星绕地球转”动画，该动画播放后一个球形卫星围绕着自转地球转。

5．制作一个“卷轴式图像切换”动画，该动画播放后，可以看到，一幅卷轴图像从右向左滚动，将一幅风景图像逐渐展开。同时也逐渐地将原有的风景图像覆盖。

第6章

交互式动画和 ActionScript 程序设计

知识要点：

1. 了解交互式动画就是用户可以参与控制的动画，用户可以通过鼠标操作或按键盘按键等操作，使动画画面产生跳转变化或者执行一些动作脚本（也称为程序）。动作脚本是可以在动画运行过程中起计算和控制作用的程序，它是使用 ActionScript 编程语言编写的。

2. 了解“动作”面板的特点和基本使用方法。了解各种事件的名称和含义。掌握动作脚本在“动作”面板中的编写方法。

3. 了解 ActionScript 2.0 的基本语法、常量、变量、注释、运算符、表达式、条件语句、循环语句、部分全局函数，掌握程序设计的基本方法和基本技巧。

4. 初步掌握 ActionScript 2.0 类中的数学（Math）对象的基本使用方法。

6.1 “动作”面板和事件——【任务 29】荷叶水珠

任务描述

“荷叶水珠”动画播放后，显示一幅荷叶图像，图像之上有多个透明的水珠，如图 6-1 左图所示。将鼠标指针移到水珠之上后，水珠会变小、晃动，再低落下去，如图 6-1 右图所示。

图 6-1 “荷叶水珠”动画播放后的两幅画面

知识链接

1．“动作”面板特点

“动作”面板有 3 种：帧的“动作—帧”面板、按钮的“动作—按钮”面板和影片剪辑实例的“动作—影片剪辑”面板。以后称“动作”面板就是指这 3 种面板。“动作”面板是用于编写 ActionScript 程序的。单击“动作”面板内的“脚本助手”按钮，即可进入“标准”模式。

“动作”面板有 3 个区域：命令列表区、程序编辑区和位置列表区。下面以按钮的“动作—按钮”面板为例（参见图 6-2），介绍其中一些选项的作用。

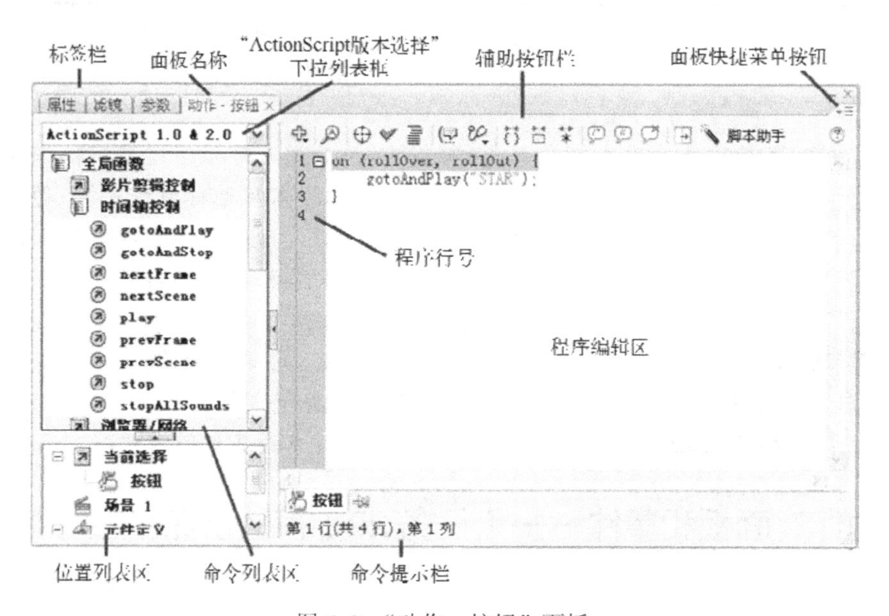

图 6-2 “动作—按钮”面板

（1）“标签”栏：单击它可以使“动作”面板收缩或展开。

（2）位置列表区：它也称为脚本导航器，它给出了当前选择的关键帧、按钮或影片剪辑实例的有关信息（所在图层、关键帧名称、按钮和影片剪辑元件名称及实例名称等）。单击选中该列表区中的帧、按钮或实例对象，可在程序编辑区内显示相应的脚本程序。

（3）“ActionScript 版本选择”下拉列表框：用于选择 ActionScript 的版本，本书一般情况均选择“ActionScript 1.0&2.0”版本。

（4）命令列表区：在选择区内有 12 个文件夹和一个索引文件夹，单击可以展开文件夹。文件夹内有下一级的文件夹或命令，双击命令或用鼠标拖曳命令到程序编辑区内，都可以在程序区内导入相应的命令。这里所说的命令是指程序中的运算符号、函数、语句和属性等的统称。可以通过单击面板中间的、（或）按钮来控制是否显示命令列表区。也可以用鼠标拖曳面板中间的竖条来调整命令列表区的大小。

右击“命令列表区”内的命令，打开命令快捷菜单，选择该菜单中的“查看帮助”菜单命令，可以打开该命令的帮助信息；选择命令快捷菜单中的“添加到脚本”菜单命令，可

将右击的命令添加到程序编辑区内，双击命令也可以将命令添加到程序编辑区内。

（5）程序编辑区：用来编写 ActionScript 程序的区域。在程序编辑区内，选中一段程序，右击选中的程序，会弹出一个快捷菜单，利用快捷菜单命令可以编辑（复制、粘贴、删除等）程序，添加和编辑程序的注释等。

（6）命令提示栏：用来显示程序编辑区内当前命令（选中的命令）和它所在的行号。

（7）辅助按钮栏：有一些按钮，它们的作用如下。

◎“将新项目添加到脚本中”按钮：单击它，可以打开如图 6-3 所示的菜单，再选择该菜单命令，可将相应的命令添加到程序编辑区内。

图 6-3　命令菜单

◎“删除所选动作”按钮：单击它，可以删除选中的语句行内容。

◎“语法检查”按钮：单击它，可以检查程序是否存在语法错误。如果不正确，则会显示相应的提示信息。

◎“自动套用格式”按钮：单击它，可以使程序中的命令按设置的格式重新调整。例如，使程序中应该缩进的命令自动缩进。

◎“查找”按钮：单击它，可以打开“查找和替换”对话框，如图 6-4 所示。在“查找内容”文本框内输入要查找的字符串，再单击“查找下一个”按钮，即可选中程序中要查找的字符串。单击选中“区分大小写”复选框，则在查找时区分大小写。如果在“替换为”文本框内输入要替换的字符串，再单击“替换”按钮，可以替换刚刚找到的字符串，单击“全部替换”按钮，即可进行所有查找到的字符串的替换。

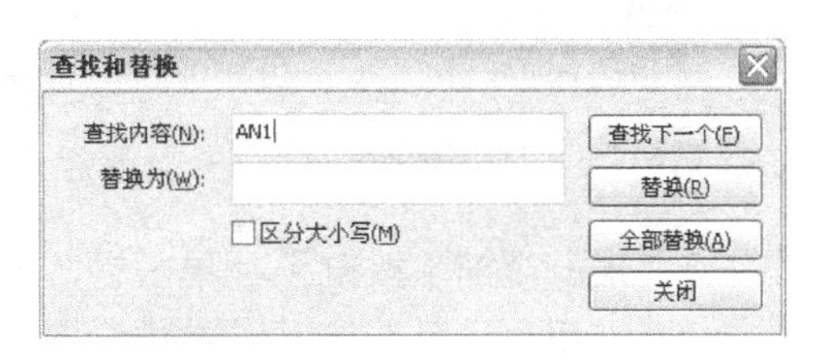

图 6-4　“查找和替换”对话框

◎“插入目标路径”按钮：单击它，可以打开“插入目标路径”对话框，如图 6-5 所示。在该对话框中可以选择路径的方式、路径的符号和对象的路径。

◎“显示代码提示”按钮：在当前命令没有设置好参数时，单击它会打开一个参数（代码）提示列表框，供用户选择参数。参数（代码）提示列表框根据光标定位的位置不同而不同，如图 6-6 所示。

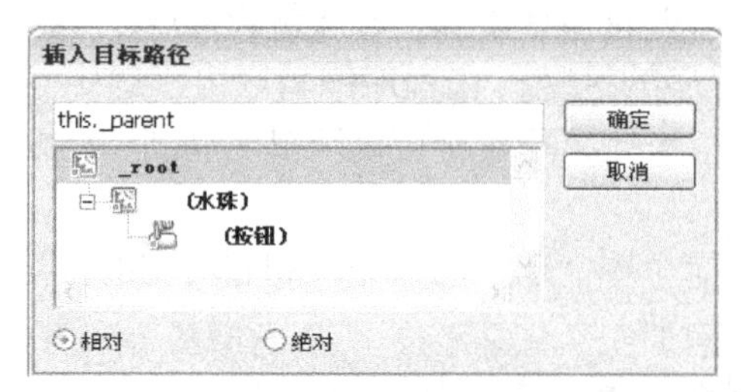

图 6-5 “插入目标路径”对话框

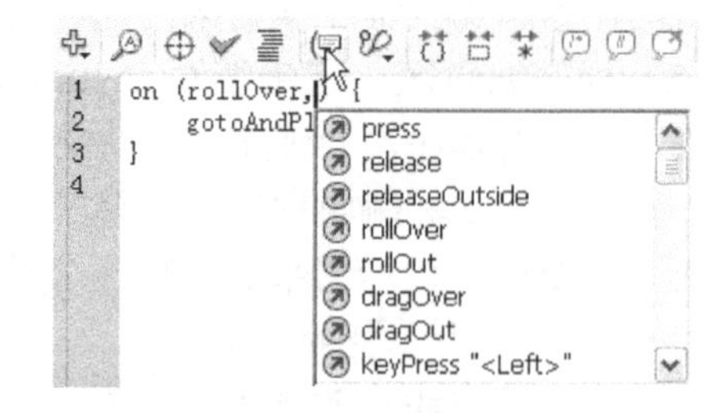

图 6-6 代码提示

◎ “调试选项”按钮：单击它，可以打开一个用于调试程序的菜单，如图 6-7 所示。选择“切换断点”菜单命令，可以将选中的命令行（没有设置为断点）设置为断点（该行左边会显示一个红点），运行程序后会在该行暂停。另外，选择“切换断点”菜单命令，还可以将选中的断点行设置的断点删除。单击“移除所有断点”菜单命令，可以将设置的所有断点删除。

◎ “帮助”按钮：选中程序中的关键字，然后单击该按钮，可打开显示相应帮助的“帮助”面板。

◎ “脚本助手”按钮：单击它，可以使程序编辑区进入具有脚本帮助的程序输入状态。如果“脚本助手”按钮处于弹起的状态，程序编辑区进入不具有脚本帮助的程序输入状态，可以直接输入程序。

◎ “折叠成对大括号”按钮：将光标定位在大括号内，单击该按钮，即可将大括号内的程序折叠，如图 6-8 左图所示。单击折叠程序左边的⊞图标，可以展开折叠的程序。

◎ “折叠所选”按钮：选中一段程序，如图 6-8 左图所示，再单击该按钮，即可将选中的程序折叠，如图 6-8 右图所示。单击折叠程序左边的⊞图标，可以展开折叠的程序。

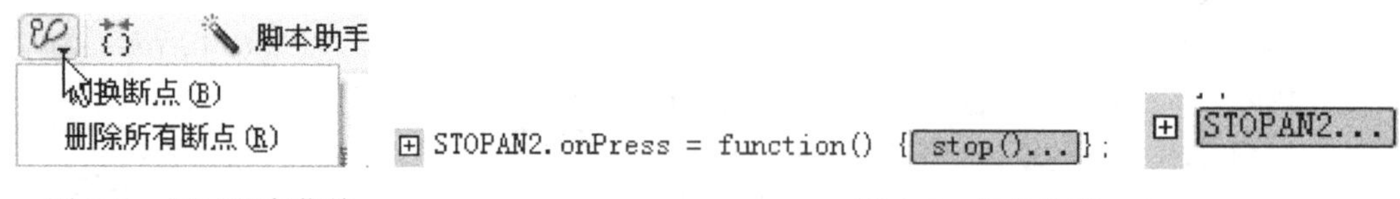

图 6-7 调试程序菜单

图 6-8 折叠程序

◎ “展开全部”按钮：单击它，可展开所有折叠的程序。

◎ “应用块注释”按钮：单击它，可给选中的程序添加注释。

（8）“面板快捷菜单”按钮：单击它，可以打开“动作”面板的快捷菜单。其中一些菜单命令的作用与辅助按钮栏按钮的作用一样，其他菜单命令的作用如下。

◎ “首选项”：单击它，可打开“首选参数”（ActionScript）对话框，如图 6-9 所示。利用它可以进行动作脚本的默认状态和参数的设置。

◎ “转到行”：单击它，可打开“转到行”对话框，如图 6-10 所示。在“行号”文本框内输入程序编辑区中的行号，单击“确定”按钮，该行即被选中。

◎ “导入脚本”：单击它，可打开“打开”对话框。利用该对话框，可以从外部导入一个“*.as”的脚本程序文件，它是一个文本文件。

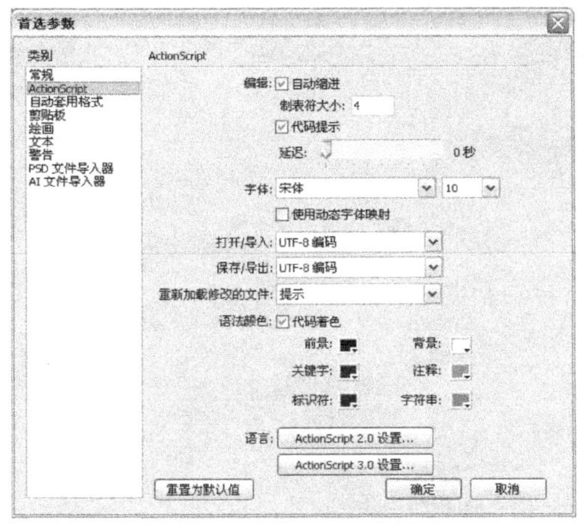

图 6-9 “首选参数”（ActionScript）对话框

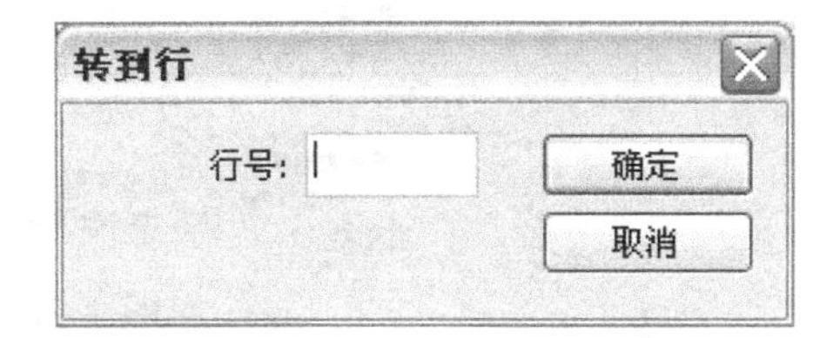

图 6-10 “转到行”对话框

◎“导出脚本”：单击它，可打开“另存为”对话框。利用该对话框，将当前程序编辑区中的程序作为一个“*.as”的脚本程序文件保存。

◎“打印”：单击它，可打开“打开”对话框，将当前程序编辑区中的程序打印出来。

◎“Esc 快捷键”：单击选中它，可使命令列表区内各命令右边显示它的快捷键。

2. 帧的事件与动作

交互式动画的一个行为包含了两个内容，一个是事件，另一个是事件产生时所执行的动作。事件是触发动作的信号，动作是事件的结果。播放指针到达某个指定的关键帧、用户单击按钮或影片剪辑元件、用户按下了键盘按键等操作，都可以触发事件。可以认为动作是由一系列的语句组成的程序。最简单的动作是使播放的动画停止播放，使停止播放的动画重新播放等。

事件的设置与动作的设计是通过“动作”面板来完成的。帧事件就是当动画或影片剪辑播放到某一帧时的事件。

注意

只有关键帧才能设置事件。例如，如果要求上述动画播放到第 30 帧时停止播放，那么就可以在第 30 帧创建一个关键帧，再设置一个帧事件，它的响应动作是停止动画的播放。操作方法如下。

（1）在时间轴中，单击选中第 30 帧单元格，按【F6】键，将该帧设置为关键帧。

（2）选中该关键帧单元格，选择“窗口”→“动作”菜单命令，打开“动作—帧”面板。

（3）将“动作—帧”面板左边“命令列表区”的“全局函数”→“时间轴控制”目录下的“stop();”命令选项拖曳到右边程序编辑区内。也可以单击按钮，打开一个菜单，再选择“全局函数”→“时间轴控制”→“stop();”菜单命令。此时，“动作—帧”面板如图 6-11 所示。

3. 按钮和按键的事件与动作

单击选中舞台工作区内的一个按钮实例，“动作”面板即可变为“动作—按钮”面板。

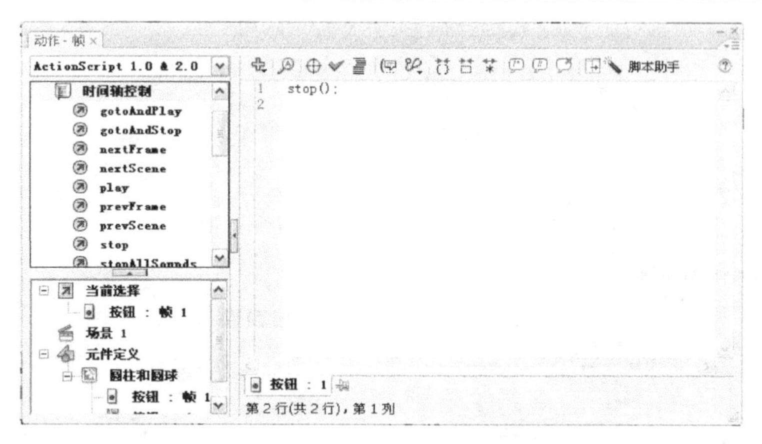

图 6-11 “动作—帧”面板

将“动作—按钮”面板左边“命令列表区”的“全局函数”→“影片剪辑控制”目录下的 on 命令拖曳到右边程序编辑区内。这时程序编辑区内会弹出如图 6-6 所示的参数（代码）提示列表框。双击其中的选项，可以在 on 命令的括号内加入按钮事件与按键事件命令。例如，双击 press 命令后，程序编辑区内的程序如图 6-12 所示。在 press 命令右边输入英文字符“,”后，可打开如图 6-6 所示的参数（代码）提示列表框，双击其中的 keyPress "<Down>"命令，即可再加入按键事件命令。此时，程序编辑区内的程序如图 6-13 所示。可见该按钮可以响应两个或多个事件命令。参数（代码）提示列表框内按钮事件与按键事件的含义如下。

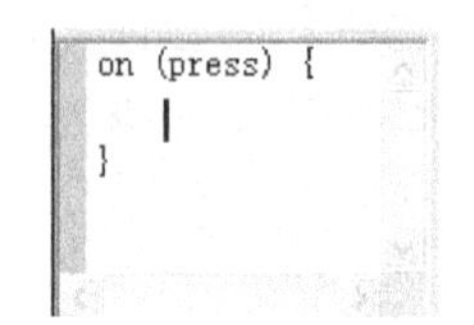

图 6-12　双击 press 命令效果

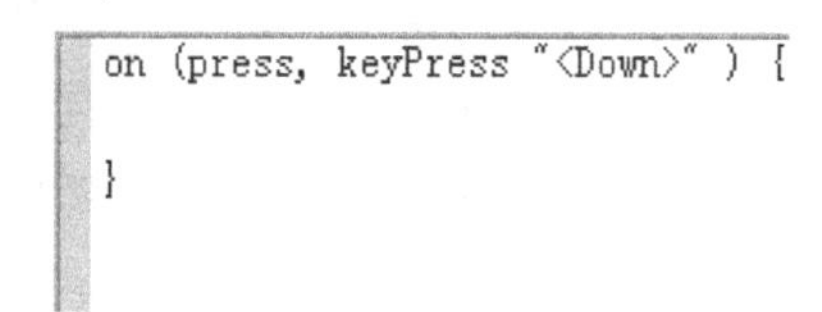

图 6-13　加入按键命令效果

（1）press（按）：当鼠标指针移到按钮之上，单击鼠标左键时触发事件。

（2）release（释放）：当鼠标指针移到按钮之上，单击后松开鼠标左键时触发事件。

（3）releaseOutside（外部释放）：当鼠标指针移到按钮之上，单击鼠标左键，不松开鼠标左键，将鼠标指针移出按钮范围，再松开鼠标左键时触发事件。

（4）rollOver（滑过）：当鼠标指针由按钮外面，移到按钮内部时触发事件。

（5）rollOut（滑离）：当鼠标指针由按钮内部，移到按钮外边时触发事件。

（6）dragOver（拖过）：当鼠标指针移到按钮之上，单击鼠标左键，不松开鼠标左键，然后将鼠标指针拖曳出按钮范围，接着再拖曳回按钮之上时触发事件。

（7）dragOut（拖离）：当鼠标指针移到按钮之上，单击鼠标左键，不松开鼠标左键，然后把鼠标指针拖曳出按钮范围时触发事件。

（8）keyPress "<按键名称>"（按键）：当键盘的指定按键被按下时，触发事件。

在 on 括号内输入多个事件命令，事件命令之间用逗号分隔，这样在这几个事件中的任意一个发生时都会产生事件，触发动作的执行。动作脚本程序写在大括号内。

单击“脚本助手”按钮 脚本助手，使程序编辑区进入具有脚本帮助的程序输入状态。在

具有脚本帮助的状态下，程序编辑区内增加了一个参数设置区，用于设置语句的参数。用鼠标将“动作—按钮”面板左边“命令列表区”的“全局函数”→“影片剪辑控制”目录下的 on 命令拖曳到右边程序编辑区内后，“动作—按钮”面板如图 6-14 所示。选中一条语句后，参数设置区内会显示出相关的参数选项，可以方便地选择一个或多个按钮事件。这对于初学者非常适用。

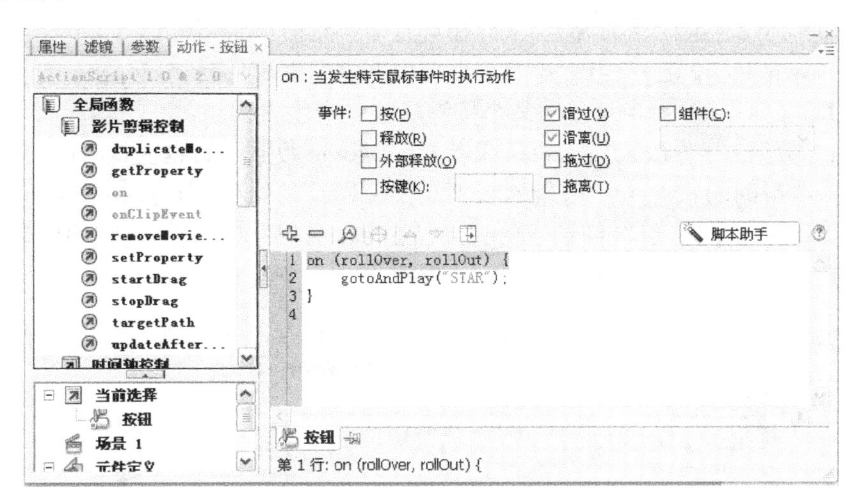

图 6-14　“动作—按钮”面板

4．影片剪辑元件的事件与动作

在舞台中的影片剪辑实例是可以通过鼠标、键盘和帧等的触发而产生事件的，并通过事件来执行一系列动作（程序）。选中舞台工作区内的影片剪辑实例，打开“动作—影片剪辑”面板。这个面板与“动作—帧”面板和“动作—按钮”面板的使用方法基本一样。

用鼠标将“动作—影片剪辑”面板左边命令列表区内“全局函数”→“影片剪辑控制”目录下的“onClipEvent”命令拖曳到右边程序编辑区内。这时面板右边程序编辑区内会弹出有影片剪辑实例事件命令的参数（代码）提示列表框，如图 6-15 所示。双击该菜单中的选项，可以在 onClipEvent 命令的括号内加入影片剪辑实例事件命令。例如，双击 load 命令后，程序编辑区内的程序如图 6-16 所示。在 press 命令右边输入英文字符“,”后，单击辅助按钮栏内的“显示代码提示”按钮，可弹出如图 6-15 所示的有影片剪辑实例事件命令的参数（代码）提示列表框，双击其内的 keyDown 命令，可再加入相应的事件命令，如图 6-17 所示。可见影片剪辑实例可以响应两个或多个事件命令。

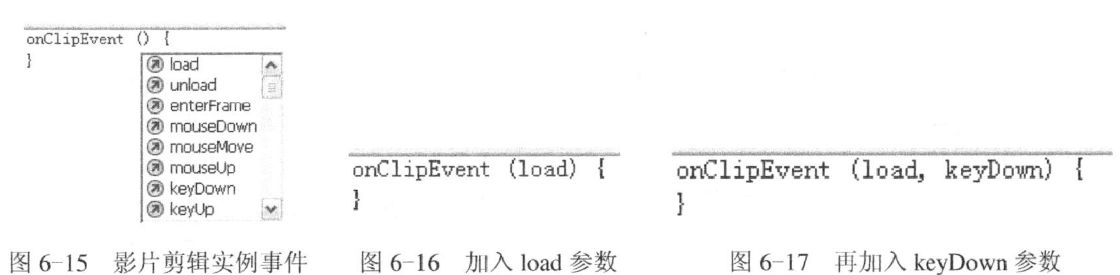

图 6-15　影片剪辑实例事件　　图 6-16　加入 load 参数　　图 6-17　再加入 keyDown 参数

影片剪辑实例事件（“onClipEvent()”句柄）可以设置以下 9 种不同的事件。

（1）load（加载）：当影片剪辑元件下载到舞台中时产生事件。

（2）enterFrame（进入帧）：当导入帧时产生事件。

（3）unload（卸载）：当影片剪辑元件从舞台中被卸载时产生事件。

（4）mouseDown（鼠标按下）：当鼠标左键按下时产生事件。

（5）mouseUp（鼠标弹起）：当鼠标左键释放时产生事件。

（6）mouseMove（鼠标移动）：当鼠标在舞台中移动时产生事件。

（7）keyDown（向下键）：当键盘的某个键按下时产生事件。

（8）keyUp（向上键）：当键盘的某个按键释放时产生事件。

（9）data（数据）：当 LoadVariables 或者 LoadMovie 收到了数据变量时产生事件。

在具有脚本帮助的状态下，用鼠标将“动作—影片剪辑”面板左边命令列表区内“全局函数”→“影片剪辑控制”目录下的 onClipEvent 命令拖曳到右边程序编辑区内，“动作—影片剪辑”面板如图 6-18 所示。可以方便地选择一个或多个影片剪辑事件。

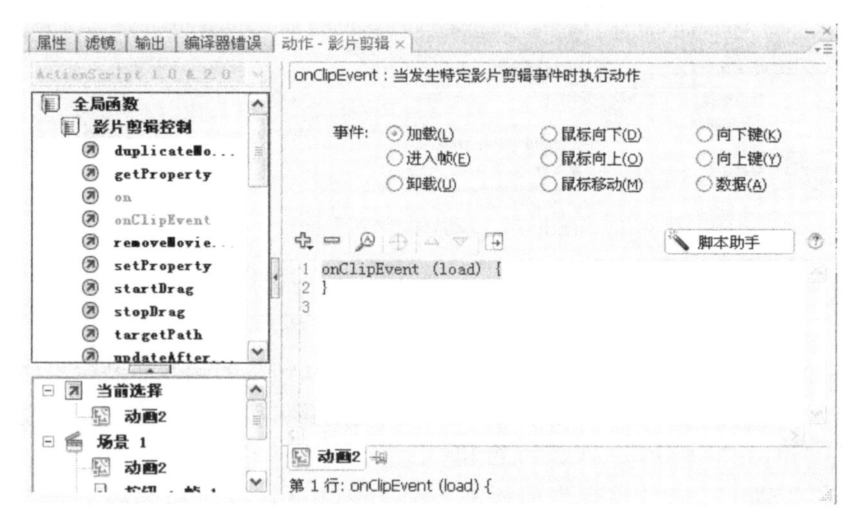

图 6-18 “动作—影片剪辑”面板

操作步骤

1. 制作“水珠图形”图形元件

（1）新建一个名称为“【任务 29】荷叶水珠.fla”的 Flash 文档。设置舞台工作区的宽为 500 像素，高为 400 像素，背景色为黄色。

（2）创建并进入“按钮”按钮元件的编辑状态，单击选中“点击”帧，绘制一个椭圆形图形，用来确定按钮的响应区域。其他帧为空帧，不加入任何对象，如图 6-19 所示。

图 6-19 “按钮”按钮元件的编辑状态

（3）创建并进入“水珠图形”按钮元件的编辑状态，绘制一个无轮廓线的椭圆图形，它的“颜色”面板设置如图 6-20 所示。在“类型”下拉列表框内选择“放射状”选项，设置为放射状

填充；3 个关键点颜色分别设置为白色（红、绿、蓝均为 255，Alpha 为 100%）、白色（红、绿、蓝均为 255，Alpha 为 100%）、白色（红、绿、蓝均为 255，Alpha 为 0%）。

（4）将白色椭圆图形逆时针旋转约 20 度，使用工具箱内的“渐变变形工具”，单击白色椭圆图形内部，调整填充效果。复制一份白色椭圆图形，将复制的白色椭圆图形移到原白色椭圆图形的右边。然后，再将复制的白色椭圆图形放大约 20 个像素。

（5）再将“颜色”面板设置为如图 6-20 右图所示。在“类型”下拉列表框内选择“放射状”选项，设置为放射状填充；4 个关键点颜色分别设置为黑色（红、绿、蓝均为 0，Alpha 为 100%）、黑色（红、绿、蓝均为 0，Alpha 为 100%）、黑色（红、绿、蓝均为 0，Alpha 为 0%）、黑色（红、绿、蓝均为 0，Alpha 为 0%）。

（6）使用工具箱内的“颜料桶工具”，单击白色椭圆图形内部，填充设置的放射状黑色。使用工具箱内的“渐变变形工具”，单击黑色椭圆图形内部，调整填充效果。

（7）使用工具箱内的“选择工具”，将白色椭圆图形移到黑色椭圆图形之上，拖曳选中两个椭圆图形，将它们组成组合。然后，回到主场景。

2．制作“水珠”影片剪辑元件和动画

（1）创建并进入“水珠”影片剪辑元件的编辑状态，将“图层 1”图层名称改为“水珠滴落”，选中该图层第 1 帧，将“库”面板内的“水珠图形”图形元件拖曳到舞台工作区内的中心处，形成一个实例，调整它的大小（宽为 30 像素，高为 35 像素），如图 6-21 所示。

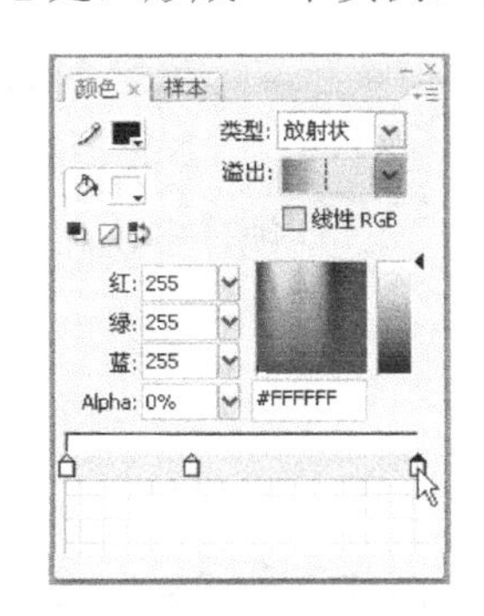

图 6-20 “颜色”面板设置

图 6-21 “水珠图形”图形实例

（2）创建“水珠滴落”图层第 1 帧到第 16 帧的动作动画，将第 16 帧内的“水珠图形”图形实例调小一些（宽为 20 像素，高为 21 像素）。

（3）按住【Ctrl】键，单击选中第 17、18、19、20、21、22 帧，将第 18 帧“水珠图形”图形实例调圆一些，稍倾斜一些，位置稍移动一些。再将第 18 帧复制粘贴到第 20 帧。

（4）创建“水珠滴落”图层第 21 帧到第 80 帧的动作动画，将第 80 帧的“水珠图形”图形实例垂直移到下边一段距离（Y 值约为 340 像素）。

（5）在“水珠滴落”图层之上添加一个名称为“按钮”的图层。单击选中“按钮”图层第 1 帧，将“库”面板内的“按钮”按钮元件拖曳到舞台工作区内的中心处，形成“按钮”按钮实例（呈浅蓝色），调整它的大小和位置与“水珠图形”图形实例一样。

（6）按住【Ctrl】键，单击选中“按钮”图层的第 2、16 帧，按【F7】键，创建两个空关键帧。按“按钮”图层的第 80 帧，按【F5】键，创建一个普通帧。

（7）单击选中“按钮”图层的第 16 帧，在其“属性”面板的“帧标签”文本框内输入

"STAR"，为第 16 帧标签命名"STAR"。

（8）单击选中"按钮"按钮实例，打开它的"动作—按钮"面板，在该面板的程序编辑区中输入如下程序，或者按照图 6-14 所示进行设置。

```
on (rollOver, rollOut) {
    gotoAndPlay("STAR");
}
```

（9）单击选中"按钮"图层第 1 帧，在"动作—帧"面板的程序编辑区中输入。

```
stop();    //暂停播放
```

其中，"//暂停播放"是程序注释，程序运行时不执行，只起到解释程序的作用。

（10）"水珠"影片剪辑元件的时间轴如图 6-22 所示。然后，回到主场景。

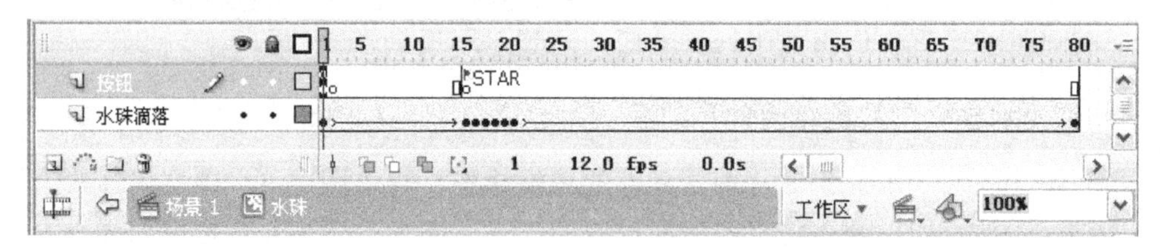

图 6-22 "水珠"影片剪辑元件的时间轴

（11）单击选中主场景"图层 1"图层第 1 帧，导入一幅"荷花 2.jpg"图像，调整该图像的大小和位置，使该图像刚好将舞台工作区覆盖。

（12）在"图层 1"图层之上添加"图层 2"图层，选中该图层第 1 帧，多次将"库"面板内的"水珠"影片剪辑元件拖曳到舞台工作区内，排列好。

课后习题 6-1

1．"鼠标触发的圆柱和圆球"动画播放后，屏幕上显示 24 个圆柱体和 24 个圆球，每个圆球的下面有一个阴影，如图 6-23（a）所示。将鼠标指针移到圆柱体顶部之后，圆柱体会自动向上伸长，圆球快速垂直向上跳跃，阴影会随之在圆柱体顶部扩展，如图 6-23（b）所示。如果将鼠标指针迅速在圆柱体顶部移动，会同时有多个圆柱体自动向上伸长，同时有多个圆球快速垂直向上跳跃，多个阴影随之变化，如图 6-23（c）所示。

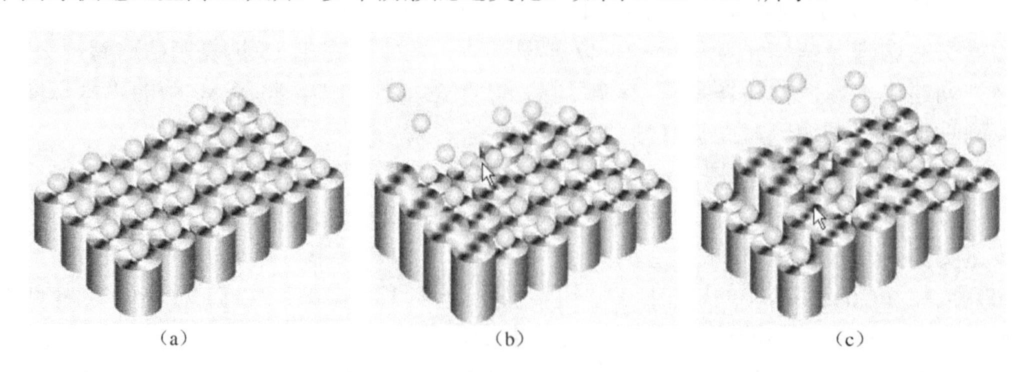

（a）　（b）　（c）

图 6-23 "鼠标触发的圆柱和圆球"动画播放后的 3 幅画面

2．“按钮控制自转地球”动画播放后，显示一个透明地球画面和两个按钮，如图 6-24 左图所示。单击“停止”按钮，可看到自转地球停止自转，回到原始状态，如图 6-24 右图所示。单击“播放”按钮，可看到自转地球从头开始自转。

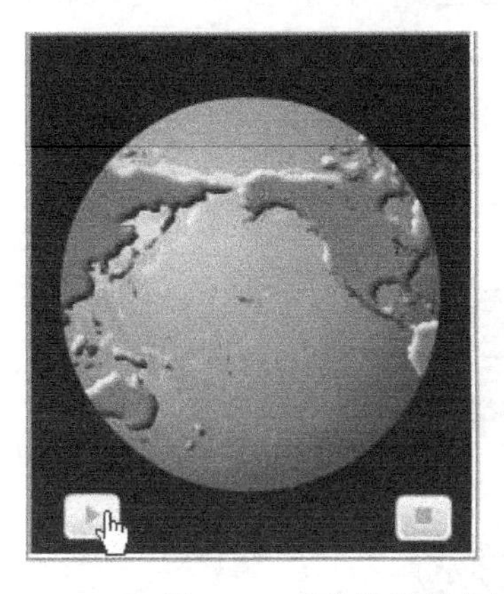

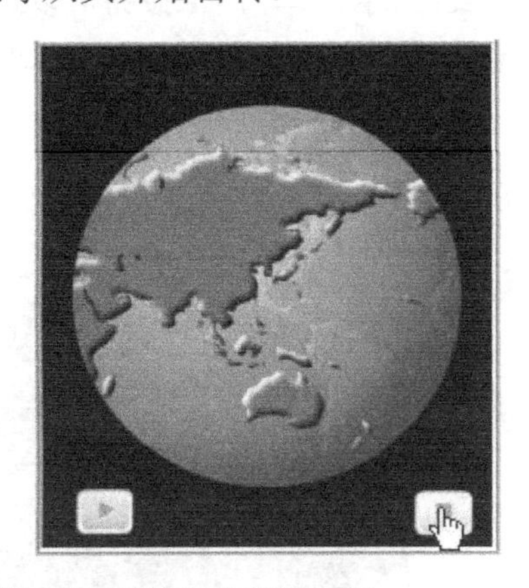

图 6-24 “按钮控制自转地球”动画播放后的两幅画面

6.2 “时间轴控制”全局函数——【任务 30】图像浏览器 1

任务描述

“图像浏览器 1”动画可以用来浏览“世界名花”和“世界风景”两组图像，每组图像有 8 幅。“图像浏览器”动画播放后显示“世界名花”这一组图像，如图 6-25 所示；单击按钮可以切换到显示“世界风景”这一组图像，如图 6-26 所示。

图 6-25 “图像浏览器 1”动画播放后的画面 1

单击右边的小图像，会在框架内显示相应的大图像。单击画面中的“下一幅”按钮，可以在框架内显示下一幅图像；单击“上一幅”按钮，可以在框架内显示上一幅图像；单击“第 1 幅”按钮，可以在框架内显示第 1 幅图像；单击“最后一幅”按钮，可以在框架内显示最后一幅图像。在显示第 1 幅图像时，单击“上一幅”按钮，还显示第 1 幅图像；在显示第 8 幅图像时，单击“下一幅”按钮，还显示第 8 幅图像。单击按钮可以切换到显示“世界风景”这一组图像，同时下边的标题显示为立体红色文字“世界风景”，如图 6-26 所示。单击按钮可以切换到显示“世界名花”这一组图像，同时下边的标题显示为立体红色文字“世界名花”，如图 6-25 所示。

图 6-26 “图像浏览器 1”动画播放后的画面 2

知识链接

1.“时间轴控制”全局函数

函数是完成一些特定任务的程序，通过定义函数，就可以在程序中通过调用这些函数来完成具体的任务。函数有利于程序的模块化。Flash CS3 提供了大量的函数，这些函数可以从“动作”面板命令列表区的“全局函数”目录下找到。对于 ActionScript 2.0 版本，“时间轴控制”函数是全局函数中的一类，它由 9 个函数组成，在“全局函数”→“时间轴控制”目录下可以找到。该函数的功能如表 6-1 所示。

表 6-1 “时间轴控制”函数的格式和功能

序　号	格　式	功　能
1	stop()	暂停当前动画的播放，使播放头停止在当前帧
2	play()	如果当前动画暂停播放，则从播放头暂停处继续播放动画
3	gotoAndPlay（[scene,] frame）	使播放头跳转到指定场景内的指定帧，并从该帧开始播放动画，参数 scene 是设置开始播放的场景，如果省略 scene 参数，则默认当前场景；参数 frame 是指定播放的帧号。帧号可以是帧的序号，也可以是帧的标签（帧的“属性”面板的“帧标签”文本框中的名称）
4	gotoAndStop（[scene,] frame）	使播放头跳转到指定场景内的指定帧，并停止在该帧上
5	nextFrame()	使播放头跳转到当前帧的下一帧，并停在该帧
6	prevFrame()	使播放头跳转到当前帧的前一帧，并停在该帧
7	nextScene()	使播放头跳转到当前场景的下一个场景的第 1 帧，并停在该帧
8	prevScene()	使播放头跳转到当前场景的前一个场景的第 1 帧，并停在该帧
9	stopAllSounds ()	关闭目前播放的 Flash 动画（无论正在播放几个 Flash 动画）内所有正在播放的声音

2. 点操作符和_root、_parent、this 关键字

（1）点操作符：在 ActionScript 中，点操作符“.”通常被用来指定一个对象或与影片剪辑实例有关系的属性和方法。它也通常被用于标志一个影片剪辑实例或者变量的目标地址。点操作符的左边是对象或者影片剪辑实例的名称，点操作符的右边是它们的属性或者方法。例如，在主场景的舞台工作区中放入一个影片剪辑实例 A，影片剪辑实例 A 中有影片剪辑实例 B。如果在主场景中指示影片剪辑实例 A，则路径可写成 A；如果在主场景指示影片剪辑实例 B，路径可以写成 A.B（使用了点运算符连接两个影片剪辑实例）；如果在影片剪辑实例 A 中指示影片剪辑实例 B，路径可写成 B。

（2）_root 关键字：指主场景。使用它来创建绝对路径。在动画的任何位置都可以利用这个关键字来指示主场景中的某个对象。例如，在主场景第 1 帧定义并赋值了一个变量 A，然后在任何的影片剪辑元件中，都可以采用“_root .A”来使用这个变量。又如，在主场景的舞台工作区中加入一个影片剪辑实例，实例名称为“对象 1”，而且这个影片剪辑元件内时间轴上的第 1 帧定义了一个变量 B，那么可以采用“_root .对象 1.B”来使用这个变量。如果影片剪辑实例或变量 ab1 位于影片剪辑实例 B 的舞台工作区中，在任何地方调用影片剪辑实例或变量 ab1 时，都可以使用_root . A . B . ab1。

这里要特别说明一下，在主场景中，如果舞台工作区中的某个影片剪辑实例上加有程序命令“onMovieClip()”，那么在调用主场景某帧中的变量时，应使用_root 。

（3）_parent 关键字：指父一级对象。它指定的是一种相对路径。当把新建的一个影片剪辑实例放入到另一个影片剪辑实例的舞台工作区时，被放入的影片剪辑实例就是子，承载对象的影片剪辑实例就是父。例如，前面提到的影片剪辑实例 A 中有影片剪辑实例 B，那么 A 就相对于 B 来说是父，B 相对于 A 来说是子。如果在影片剪辑实例 B 中调用影片剪辑实例 A 的 ab1 变量或实例对象，可使用_parent.ab1。

在编辑影片剪辑实例 B 时，如果想从第 1 帧开始播放影片剪辑实例 A，则使用的命令是“_parent . gotoAnd Play（1）”。

（4）this 关键字：指示当前影片剪辑实例和变量。它指定的是一种相对路径。例如，“this.ab1”就是指当前影片剪辑实例内的影片剪辑实例或变量 ab1。在影片剪辑实例 A 中，如果想调用影片剪辑实例 B 本身的语句或者变量、属性等，可以使用“this”。

操作步骤

1. 创建背景画面和按钮

（1）新建一个名称为“【任务 30】图像浏览器 1.fla”的 Flash 文档。设置舞台工作区的宽为 670 像素，高为 380 像素，背景色为黄色。导入 8 幅大小一样的大风景图像（宽为 400 像素，高为 300 像素）“图像 1.jpg”……“图像 8.jpg”到“库”面板中，再导入 8 幅大小一样的小风景图像（宽为 100 像素，高为 75 像素）“TU1.jpg”……“TU8.jpg”到“库”面板中，它们的内容分别与相应的大图像一样。

（2）将“图层 1”图层的名称改为“框架”，选中“框架”图层的第 1 帧，导入一幅框架图像，如图 6-27 所示。然后，输入红色文字“图像浏览器”，给文字添加斜角滤镜，使文字呈立体状，如图 6-27 所示。

（3）在“框架”图层上边添加一个“按钮和文本”图层。选中“按钮和文本”图层第 1 帧，选择“窗口”→“公用库”→“按钮”菜单命令，打开“库-Buttons.fla”面板（按钮公用库），如图 6-28 所示。将“库-Buttons.fla”面板中的 6 个按钮拖曳到舞台工作区中，根据要求水平翻转 3 个按钮。

图 6-27　框架图像和标题文字

图 6-28　“库-Buttons.fla”面板

（4）选中“按钮和文本”图层第 1 帧，在下面按钮之间创建红色立体文字“世界名花”，如图 6-29 所示。然后，选中“框架”图层和“按钮和文本”图层第 2 帧，按【F6】键。选中“按钮和文本”图层第 2 帧，将文字“世界名花”改为“世界风景”。

图 6-29　框架图像、按钮和标题文字

（5）创建并进入“图像 11”影片剪辑元件的编辑状态，将“库”面板内的第 1 幅小图像“杜鹃花-1.jpg”拖曳到舞台工作区内的正中间。然后回到主场景。按照相同的方法，再创建“图像 12”……“图像 18”影片剪辑元件，在其内分别导入“库”面板内的“桂花-1.jpg”、“荷花-1.jpg”、“菊花-1.jpg”、“兰花-1.jpg”、“梅花-1.jpg”、“牡丹-1.jpg”和“水仙-1.jpg”小图像。

（6）创建并进入“图像按钮 11”按钮元件的编辑状态，选中“弹起”帧，将“库”面板内的“图像 11”影片剪辑元件拖曳到舞台工作区内的正中间。按住【Ctrl】键，单击选中其他 3 个帧，按【F6】键，创建 3 个与“弹起”帧内容一样的关键帧。选中“弹起”帧，单击该帧内的图像，在其“属性”面板的“颜色”下拉列表框内选择“Alpha”，将该图像的 Alpha 值调整为 34%，使图像半透明。然后，回到主场景。

（7）按照上述方法，制作“图像按钮 12”……“图像按钮 18”按钮元件，其内的影片剪辑元件分别为“图像 2”……“图像 8”。

（8）选中“按钮和文本”图层第 1 帧，依次将“图像按钮 11”……“图像按钮 18”按钮元件分别拖曳到框架内的右下边，排成 2 列、4 行。

（9）按照上述方法，制作“图像按钮 21”……“图像按钮 28”按钮，其内的影片剪辑元件分别是“图像 21”……“图像 28”影片剪辑元件。各影片剪辑元件内的导入图像分别是“TU1.jpg” ……“TU8.jpg”。

（10）选中“按钮和文本”图层第 2 帧，依次将“图像按钮 21”……“图像按钮 28”按钮元件分别拖曳到框架内的右下边，排成 2 列、4 行。

2．制作按钮控制浏览图像的程序

（1）创建并进入“图像 D1”影片剪辑元件的编辑状态，选中“图层 1”图层第 1 帧，将“库”面板内的“杜鹃花-2.jpg”大图像拖曳到舞台工作区内的正中间，再打开“动作—帧”面板，在程序编辑区内输入“stop();”程序。

（2）选中“图层 1”图层第 2 帧，将“库”面板内的“桂花-2.jpg”大图像拖曳到舞台工作区内的正中间。采用相同的方法分别在“图层 1”图层第 3 帧到第 8 帧加入“荷花-2.jpg”、“菊花-2.jpg”、“兰花-2.jpg”、“梅花-2.jpg”、“牡丹-2.jpg”和“水仙-21.jpg”大图像。然后，回到主场景。

（3）创建并进入“图像 D2”影片剪辑元件的编辑状态，选中“图层 1”图层第 1 帧，将“库”面板内的“图 1.jpg”大图像拖曳到舞台工作区内的正中间，再打开“动作—帧”面板，在程序编辑区内输入“stop();”程序。采用相同的方法分别在“图层 1”图层第 2 帧到第 8 帧加入“图 2.jpg”……“图 8.jpg”大图像。然后，回到主场景。

（4）在“按钮和文本”图层上边添加一个“图像”图层。选中“图像”图层第 1 帧，将“库”面板中的“图像 D1”影片剪辑元件拖曳到舞台工作区中，并调整它的位置。选中“图像”图层第 2 帧，将“库”面板中的“图像 D2”影片剪辑元件拖曳到舞台工作区中，并调整它的位置。

（5）选中“按钮和文本”图层第 1 帧中的第 1 个按钮，在其“属性”面板的“实例名称”文本框内输入实例名称“AN1A”。再依次给框架内下边的其他按钮实例分别命名为“AN1B”、“AN1C”、“AN1D”、“D11”和“D12”；依次给框架内右边的 8 个图像按钮实例分别命名为“AN11”……“AN18”。

（6）选中“按钮和文本”图层第 2 帧中的第 1 个按钮，在其“属性”面板的“实例名称”文本框内输入实例名称“AN2A”。再依次给框架内下边的其他按钮实例分别命名为“AN2B”、“AN2C”、“AN2D”、“D21”和“D22”；依次给框架内右边的 8 个图像按钮实例分别命名为“AN21”……“AN28”。

（7）选中“图像”图层第 1 帧内的“图像 D1”影片剪辑实例，在其“属性”面板内给该实例命名为“TU1”。选中“图像”图层第 2 帧内的“图像 D2”影片剪辑实例，在其“属性”面板内给该实例命名为“TU2”。

（8）选中“图像”图层第 1 帧，打开“动作—帧”面板，在程序编辑区内输入如下程序。

```
stop();
AN1A.onPress=function(){
```

```
 _root.TU1.gotoAndStop (1); //转至 TU1 第 1 帧停止
}
AN1B.onPress=function(){
  _root.TU1.prevFrame(); //转至 TU1 上一帧
}
AN1C.onPress=function(){
  _root.TU1.nextFrame(); //转至 TU1 后一帧
}
AN1D.onPress=function(){
 _root.TU1.gotoAndStop(10); //转至 TU1 最后一帧停止
}
AN11.onPress=function(){
 _root.TU1.gotoAndStop (1); //转至 TU1 第 1 帧停止
}
AN12.onPress=function(){
 _root.TU1.gotoAndStop (2); //转至 TU1 第 2 帧停止
}
AN13.onPress=function(){
 _root.TU1.gotoAndStop (3); //转至 TU1 第 3 帧停止
}
AN14.onPress=function(){
 _root.TU1.gotoAndStop (4); //转至 TU1 第 4 帧停止
}
AN15.onPress=function(){
 _root.TU1.gotoAndStop (5); //转至 TU1 第 5 帧停止
}
AN16.onPress=function(){
 _root.TU1.gotoAndStop (6); //转至 TU1 第 6 帧停止
}
AN17.onPress=function(){
 _root.TU1.gotoAndStop (7);   //转至 TU1 第 7 帧停止
}
AN18.onPress=function(){
 _root.TU1.gotoAndStop (8);   //转至 TU1 第 8 帧停止
}
D11.onPress=function(){
 gotoAndStop(1); //转至主场景第 1 帧停止
}
D12.onPress=function(){
 gotoAndStop(2); //转至主场景第 2 帧停止
}
```

（9）选中“图像”图层第 2 帧，打开“动作—帧”面板，在程序编辑区内输入如下程序。

```
stop();
AN2A.onPress=function(){
```

```
_ root.TU2.gotoAndStop (1);
}
AN2B.onPress=function(){
   _root.TU2.prevFrame();
}
AN2C.onPress=function(){
   _root.TU2.nextFrame();
}
AN2D.onPress=function(){
  _root.TU2.gotoAndStop(10);
}
AN21.onPress=function(){
   _root.TU2.gotoAndStop (1);
}
AN22.onPress=function(){
  _root.TU2.gotoAndStop (2);
}
AN23.onPress=function(){
   _root.TU2.gotoAndStop (3);
}
AN24.onPress=function(){
   _root.TU2.gotoAndStop (4);
}
AN25.onPress=function(){
   _root.TU2.gotoAndStop (5);
}
AN26.onPress=function(){
   _root.TU2.gotoAndStop (6);
}
AN27.onPress=function(){
   _root.TU2.gotoAndStop (7);
}
AN28.onPress=function(){
   _root.TU2.gotoAndStop (8);
}
D21.onPress=function(){
     gotoAndStop(1);
}
D22.onPress=function(){
     gotoAndStop(2);
}
```

（10）最后，将“库”面板内的元件归类存放在相应的文件夹中，如图 6-30 所示。至此，整个动画制作完毕。

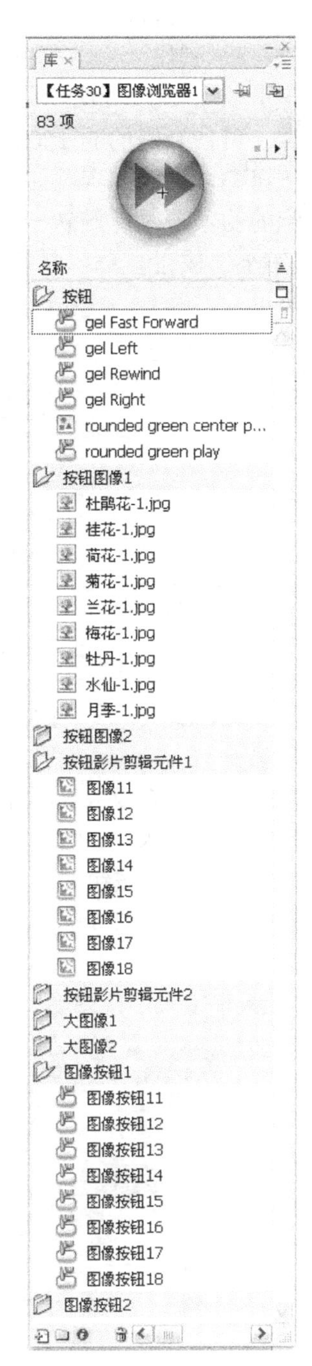

图 6-30 “库”面板

课后习题 6-2

1．制作一个“按钮控制动画播放”动画，该动画播放后，显示两个动画和两个按钮，单击按钮 A 后，动画 A 播放，动画 B 关闭；单击按钮 B 后，动画 B 播放，动画 A 关闭。

2．制作一个“多个动画浏览”动画，该动画播放后，可以通过单击按钮来控制播放不同的 6 个动画。

3．制作一个“变换奔跑的豹子”动画，该动画播放后一幅画面如图 6-31 左图所示。单击按钮，可使奔跑的豹子向上移；单击按钮，可使奔跑的豹子向下移；单击按钮，可使奔跑的豹子向左移；单击按钮，可使奔跑的豹子向右移；单击“顺时针旋转”按钮，可看到奔跑的豹子顺时针旋转一定角度；单击“逆时针旋转”按钮，可看到奔跑的豹子逆时针旋转一定角度；单击“放大”按钮，可看到奔跑的豹子变大；单击“缩小”按钮，可看到奔跑的豹子变小。该动画播放后的另一幅画面如图 6-31 右图所示。

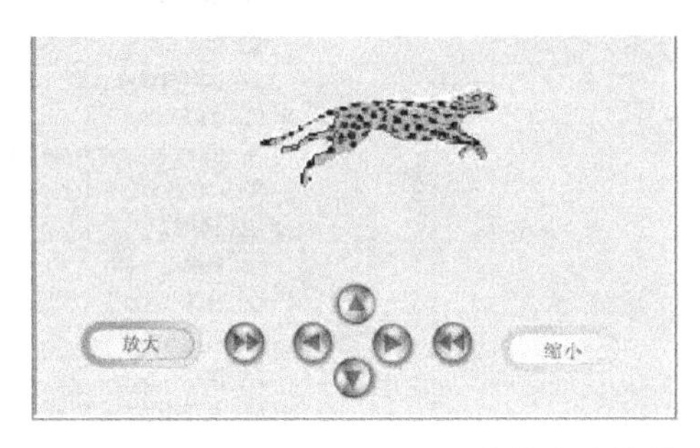

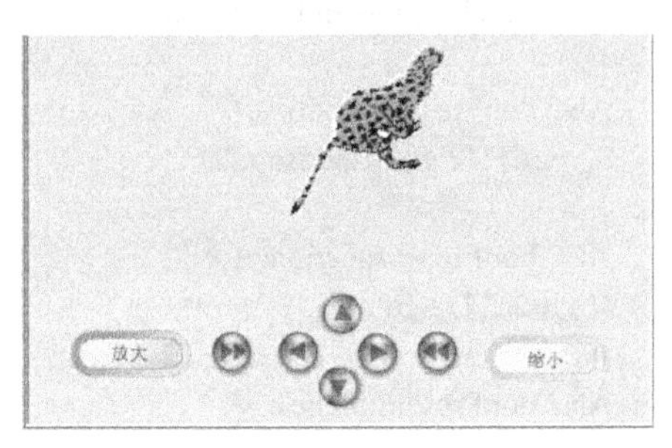

图 6-31 “变换奔跑的豹子”动画播放后的两幅画面

4．制作一个“宝宝世界网页”网页动画，该动画播放后的画面如图 6-32 左图所示。上边是 Banner，其下边是导航栏，再下面是 3 幅宝宝照片图像、两幅卡通娃娃图像、“Happy”变色文字动画和一个卡通娃娃翻页画册动画。单击导航栏内的“球球”按钮，可切换到“球球”页面，如图 6-32 右图所示；单击“明明”按钮，可切换到“明明”页面；单击“天天”按钮，可切换到“天天”页面；单击“首页”按钮，可切换到“宝宝世界”网页的首页，如图 6-32 左图所示。“球球”页面内有一个“球球图像浏览器”动画和几幅“球球”宝贝照片图像；“明明”页面内有几幅“明明”宝贝照片图像；“天天”页面内有几幅“天天”宝贝照片图像。

图 6-32 “宝宝世界”动画播放后的两幅画面

“球球图像浏览器”动画与【任务 30】“图像浏览器”动画相似，单击文字按钮可以在图像框内显示相应的球球照片图像。另外，单击画面按钮，可以显示下一幅图像；单击按钮，可以显示上一幅图像；单击按钮，可以显示第 1 幅图像；单击按钮，可以显示最后一幅（第 8 幅）图像。在显示第 1 幅图像时，单击按钮，还显示第 1 幅图像，在

显示第 8 幅图像时，单击按钮▶，还显示第 8 幅图像。

6.3　ActionScript 基本语法——【任务 31】图像浏览器 2

任务描述

“图像浏览器 2”动画的播放效果与“图像浏览器 1”动画的播放效果基本一样，其中的两幅画面如图 6-33 所示。可以看到，它增加了一个文本框，用来显示正在显示的图像编号，在显示第 1 幅图像时，单击“上一幅”按钮，显示第 8 幅图像，文本框内的图像编号为 8；在显示第 8 幅图像时，单击“下一幅”按钮，显示第 1 幅图像，文本框内的图像编号为 1。

图 6-33　“图像浏览器 2”动画播放后的两幅画面

知识链接

ActionScript 编程语言与 Java 语言基本一样，也具有语法规则，其结构与 JavaScript 语言结构基本相同。

1. 常量、变量和注释

（1）常量：它是程序运行中不改变的量。常量有 3 种，它们的特点如下。

◎ 数值型：就是具体的数值。例如，2010、18 和 6.8 等。

◎ 字符串型：用引号括起来的一串字符。例如，“Flash CS3”和“奥运北京 2008”等。

◎ 逻辑型：用于判断条件是否成立。True 或“1”表示真（成立）；False 或“0”表示假（不成立）。

（2）变量：它可以赋值一个数值、字符串、布尔值和对象等，而且还可以为变量赋一个 Null 值，即空值。数值型变量都是双精度浮点型。不必明确地指出或定义变量的类型，Flash 会在变量赋值时自动决定变量的类型。在表达式中，Flash 会根据表达式的需要自动改变数据的类型。

◎ 变量的命名规则：变量的开头字符必须是字母、下画线或美元符号，后续字符可以是字母、数字等，但不能是空格、句号、保留字（关键字，它是 ActionScript 语言保留的一些标示符，如 play、stop、int 等）和逻辑常量等字符。

注意

Flash CS3 和 Flash 8 一样，区分变量名和命令中的大小写。

◎ 变量的作用范围和赋值：变量分为全局变量和局部变量，全局变量可以在时间轴的所有帧中共享，而局部变量只在一段程序（大括号内的程序）内起作用。如果使用了全局变量，一些外部的函数将有可能通过函数改变变量的值。可以使用 var 命令定义局部变量，如 var ab1=“奥运北京”。可以在使用 set variable 命令或者使用赋值号“=”运算符给变量赋值时，定义一个全局变量，如 BT=2008。

◎ 测试变量的值：可以通过“动作”面板的命令列表区内的“全局函数”→“其他函数”目录中的 trace 函数，将变量的值传递给“输出”窗口，在该窗口中显示变量的值。该函数的格式是 trace（表达式）。其中的表达式可以是常量、变量、函数和表达式。例如，在某动画的第 1 帧中加入如下程序。

```
n="ABCDEF";
trace(n);
trace("ABCDEFGHIJK");
trace("ABCDEFGHIJK"+n);
```

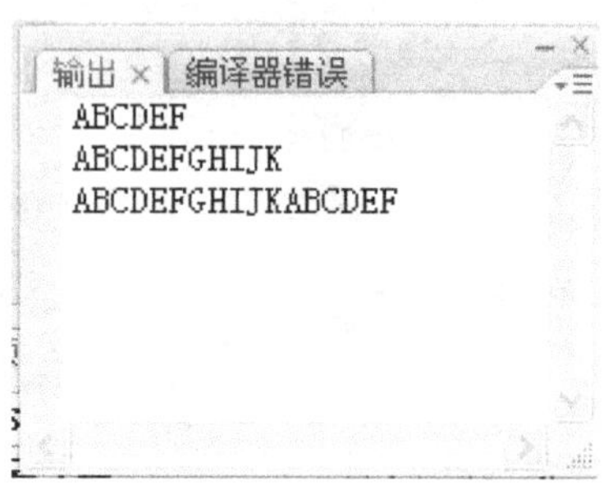

图 6-34 “输出”面板

运行程序，“输出”面板的显示如图 6-34 所示。

（3）注释：为了帮助阅读程序，可在脚本程序中加入注释内容。注释语句在程序运行中是不执行的。

◎ 单行注释符号“//”：用于注释一行语句。在要注释的语句右边加入注释符号“//”，在“//”注释符号的右边加入注释内容，构成注释语句。

◎ 多行注释符号“/*”和“*/”：如果要加多行注释内容，可在开始处加入“/*”注释符号，在结束处加入“*/”注释符号，构成注释语句。

2．运算符和表达式

运算符是能够提供对常量与变量进行运算的元件。表达式是用运算符将常量、变量和函数以一定的运算规则组织在一起的式子。表达式可分为 3 种：算术表达式、字符串表达式和逻辑表达式。在 Flash CS3 的表达式中，同级运算按照从左到右的顺序进行。

使用运算符可以在“动作”面板的程序编辑区内直接输入。也可以在“动作”面板的命令列表区的“运算符”目录下找到。也可以单击“动作”面板内辅助按钮栏中的“将新项目添加到脚本中”按钮，弹出命令菜单，在该菜单的“运算符”目录中找到。常用的运算符及含义如表 6-2 所示。

3．文本类型

文本有静态文本、动态文本和输入文本 3 种类型。利用文本的“属性”面板的“文本类型”下拉列表框 动态文本 ，可以选择文本的类型。选择“动态文本”选项时的“属性”面板如图 6-35 所示，选择“输入文本”选项时的“属性”面板如图 6-36 所示。

表 6-2　普通运算符和字符串运算符

运算符	名　称	使 用 方 法	运算符	名　称	使 用 方 法
!	逻辑非	a=!true; //a 的值为 false	?:	条件判断	【格式】变量=表达式 1?: 表达式 2,表达式 3 【功能】如果表达式 1 成立，则将表达式 2 的值赋给变量，否则将表达式 3 的值赋给变量
%	取模	a=21%5;//a=1	*	乘号	6*8//其值为 48
+	加号	a= “abc” +5; //a 的值为 abc5	_	减号	9-6/其值为 3
++	自加	y++相当于 y=y+1	--	自减	y--相当于 y=y-1
/	除	9/3;//其值为 3	>	大于	a>1;//当 a=3 时，其值为 true
<>	不等于	a<>5;// a=5 时，其值为 false	<	小于	a<1;//当 a=6 时，其值为 false
<=	小于等于	a<=3;// a=1 时，其值为 true	=	等于	判断左右的表达式是否相等 a=6; //当 a=6 时，a 的值为 true
>=	大于等于	a>2;//当 a 为 4 时，其值 true	&& and	逻辑与	只当 a 和 b 都为 0 时，a && b 的值为 false; a and b 的值为 ture
!=	不等于	为判断左右的表达式是否不相等，a!=true //a 的值为 false	|| or	逻辑或	当 a 和 b 中一个不为 0 时，a || b 的值为 1，a or b 的值为 true;
===	全等	判断左右表达式和数据类型是否相等	!==	不全等	判断左右的表达式和数据类型是否不相等
“”	定义字符串	“abcde”	add 或+	字符串连接	a=”ab”add　”cd”;//a　的 值 为 “abcd”

图 6-35　选择“动态文本”选项时的“属性”面板

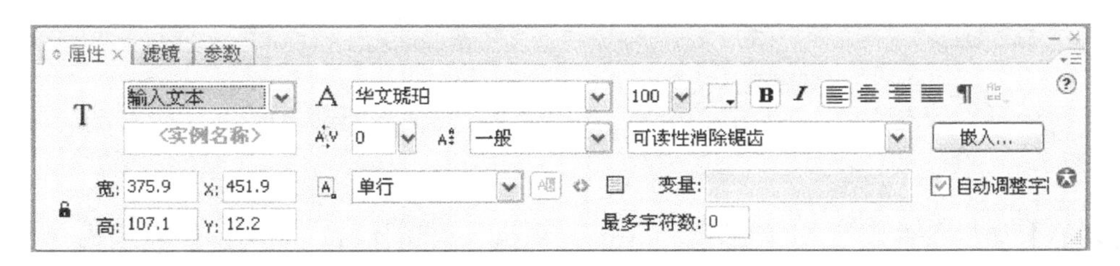

图 6-36　选择“输入文本”选项时的“属性”面板

文本“属性”面板中一些前面没有介绍过的部分选项的作用。

（1）“线条类型”列表框 单行 ：对于动态文本，其中有 3 个选项：“单行”（动画播放后，只可以输入一行字符）、“多行”（动画播放后，输入字符时可以自动换行的多行）和“多行不换行”（动画播放后，不能够自动换行的多行）。对于输入文本，其中有 4 个选项，增加了“密码”选项。选择了“密码”选项后，输入的字符用字符“*”代替。

（2）“在文本周围显示边框”按钮 ：选中后，文本周围有矩形边框线。

（3）“可选”按钮：单击它后，允许用拖曳选择文本，以进行复制、剪贴等编辑。该按钮只有在动态和静态文本状态下有效。

（4）“最多字符数”文本框：只在输入文本状态下有效，可输入文本中允许的最多文字数量。如果是 0，则表示输入的文本没有限制。

（5）“实例名称”：用于输入文本框的实例名称。

（6）“变量”文本框：用于输入文本框的变量名称。

（7）“嵌入”按钮：单击它后，会弹出“字符嵌入”对话框，如图 6-37 所示。利用该对话框可以设置只允许输入、输出和嵌入哪些字符。按住【Ctrl】键，同时单击列表框中的选项，可以同时选中多个选项。单击“不嵌入”按钮，可以取消选择的选项。

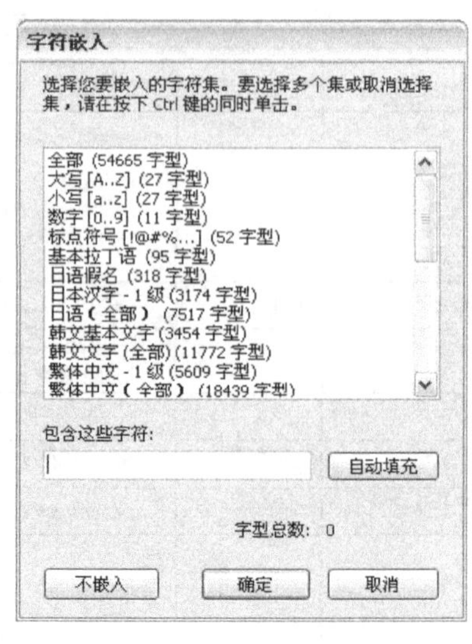

图 6-37 “字符嵌入”对话框

4. if 语句

【格式 1】

```
if （条件表达式） {
    语句体}
```

【功能】如果条件表达式的值为 true，则执行语句体；如果条件表达式的值为 false，则跳到 if 语句，继续执行后面的语句。

【格式 2】

```
if （条件表达式） {
    语句体 1
} else {
    语句体 2
}
```

【功能】如果条件表达式的值为 true，则执行语句体 1；否则执行语句体 2。

【格式 3】

```
if （条件表达式 1） {
        语句体 1
} else if （条件表达式 2） {
        语句体 2
}
```

【功能】如果条件表达式 1 的值为 true，则执行语句体 1。如果条件表达式 1 的值为 false，则判断条件表达式 2 的值。如果其值为 true，则执行语句体 2；如果其值为 false，则退出 if 语句，继续执行 if 后面的语句。

操作步骤

（1）打开“【任务 30】图像浏览器 1.fla”Flash 文档，以名称“【任务 31】图像浏览器 2.fla”保存。此时“图像浏览器 2”动画的时间轴如图 6-38 左图所示。

（2）选中“按钮和文本”图层第 1 帧，选中下边按钮之间的文本框，在它的“属性”

面板的“文本类型”下拉列表框中选择“动态文本”选项，在“变量”文本框中输入“n1”，为该动态文本框变量命名为“n1”，其他设置如图 6-35 所示。

（3）选中“按钮和文本”和“按钮和文本”图层的第 1 帧和第 2 帧，将它们水平拖曳到第 2 帧和第 3 帧处。选中“框架”图层第 3 帧，按【F5】键，创建一个普通帧。此时“图像浏览器 2”动画的时间轴如图 6-38 右图所示。

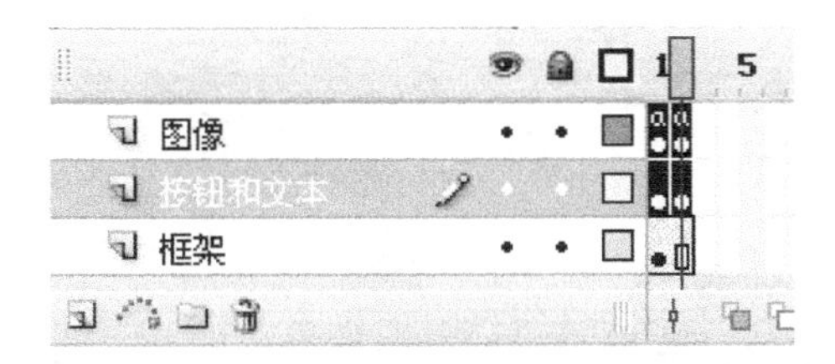

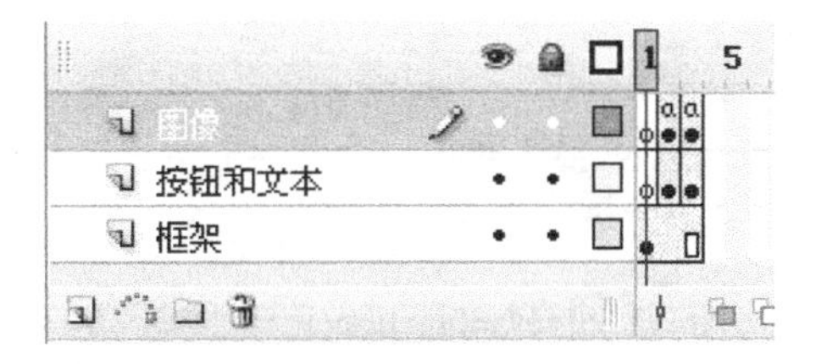

图 6-38　原来动画的时间轴和修改后的动画的时间轴

（4）选中“图像”图层第 1 帧，打开“动作—帧”面板，在程序编辑区内输入如下程序。

```
n1=0;
n 2=0;
```

这段程序是初始化程序，用来定义变量 n1 和 n2，并给两个变量分别赋值 0。

（5）选中“图像”图层第 2 帧，打开“动作—帧”面板，将其内的程序修改如下。

```
stop();
AN1A.onPress=function(){
      _root.TU1.gotoAndStop (1);   //转至 TU1 起始帧停止
      n1=1;
}
AN1B.onPress=function(){
   if (n1>1){
        _root.TU1.prevFrame();   //转至 TU1 上一帧播放
        n1--;
   } else {
        _root.TU1.gotoAndStop(8); //转至 TU1 最后一帧停止
         n1=8;
    }
}
AN1C.onPress=function(){
      if (n1<8){
            _root.TU1.nextFrame();   //转至 TU1 后一帧播放
            n1++;
      }    else {
            _root.TU.gotoAndStop(1); //转至 TU1 起始帧停止
             n1=1;
            }
}
AN1D.onPress=function(){
```

```
        _root.TU1.gotoAndStop(10);   //转至 TU1 最后一帧停止
        n1=8;
    }
    AN11.onPress=function(){
        _root.TU1.gotoAndStop (1);   //转至 TU1 第 1 帧停止
        n1=1;
    }
    AN12.onPress=function(){
      _root.TU1.gotoAndStop (2);   //转至 TU1 第 2 帧停止
      n1=2;
    }
    AN13.onPress=function(){
       _root.TU1.gotoAndStop (3);   //转至 TU1 第 3 帧停止
       n=13;
    }
    AN14.onPress=function(){
       _root.TU1.gotoAndStop (4);   //转至 TU1 第 4 帧停止
       n1=4;
    }
    AN15.onPress=function(){
       _root.TU1.gotoAndStop (5);   //转至 TU1 第 5 帧停止
       n1=5;
    }
    AN16.onPress=function(){
        _root.TU1.gotoAndStop (6);   //转至 TU1 第 6 帧停止
       n=16;
    }
    AN17.onPress=function(){
       _root.TU1.gotoAndStop (7);   //转至 TU1 第 7 帧停止
       n=7;
    }
    AN18.onPress=function(){
       _root.TU1.gotoAndStop (8);   //转至 TU1 第 8 帧停止
       n1=8;
    }
    D11.onPress=function(){
        gotoAndStop(2); //转至主场景第 2 帧停止
        n1=1;
    }
    D12.onPress=function(){
       gotoAndStop(3); //转至主场景第 3 帧停止
       n1=1;
    }
```

（6）选中“图像”图层第 3 帧，打开“动作—帧”面板，将其内的程序进行修改。这由读者自行完成。

课后习题 6-3

1．修改【任务 31】“图像浏览器 2”动画，使该动画播放后，在显示第 1 幅图像时，单击“上一幅”按钮，仍然显示第 1 幅图像，文本框内的图像编号为 1；在显示第 8 幅图像时，单击“下一幅”按钮，仍然显示第 8 幅图像，文本框内的图像编号为 8。

2．修改【任务 29】“荷叶水珠”动画，使该动画播放后，增加一个动态文本框，其内显示鼠标指针经过水珠的次数。

3．修改【任务 23】“动作动画集锦”动画，使该动画播放后，在上边的框架内增加一个动态文本框，单击下边边框内的按钮时，会在上边的框架内展示动画的同时，还在增加的动态文本框中显示该动画的名称。

4．修改【任务 25】“玩具小火车”动画，使该动画播放后，增加一个动态文本框，其内显示小火车转圈的次数。

5．修改【任务 26】“彩球弹性撞击”动画，使该动画播放后，增加一个动态文本框，其内显示彩球撞击的次数。

6．修改【任务 4】“3 场景动画”动画，使该动画播放后，可以显示场景的名称。

6.4 “影片剪辑控制”全局函数——【任务 32】星星跟我行

任务描述

“星星跟我行”动画播放后的两幅画面如图 6-39 所示。可以看到，一些不同亮度、透明度和大小的星星，跟随着鼠标指针的移动而移动，星星本身再转一圈后向下移动，同时逐渐由白色变为蓝色。

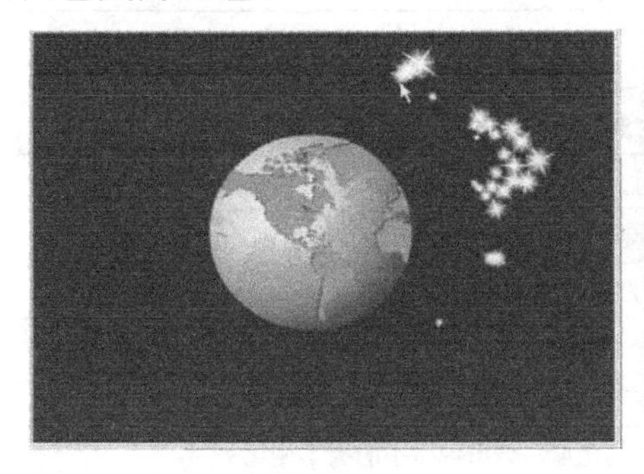

图 6-39 “星星跟我行”动画播放后的两幅画面

知识链接

1．“影片剪辑控制”全局函数

“影片剪辑控制”全局函数的格式与功能如表 6-3 所示。

表 6-3 “影片剪辑控制”全局函数的格式与功能

序　号	格　式	功　能
1	duplicateMovieClip（target,newname,depth）	复制一个影片剪辑实例对象到舞台工作区指定层，并给它赋予一个新的名称。target 给出要复制的影片剪辑元件的目标路径。newname 给出新的影片剪辑实例的名称。depth 给出新的影片剪辑元件所在层的号（参见下面的小提示）
2	removeMovieClip（target）	该函数用于删除指定的对象，其中参数 target 是对象的目标地址路径
3	On(mouseEvent)	用于设置鼠标和按键事件处理程序。mouseEvent 参数是鼠标和按键事件的名称
4	On(ClipEvent)	用于设置影片剪辑事件处理程序。ClipEvent 参数是影片剪辑事件的名称
5	startDrag（target [,lock [,left , top , right, bottom]]）	该函数用于设置鼠标可以拖曳舞台工作区的影片剪辑实例。target 是要拖曳的对象，lock 参数是是否以锁定中心拖曳，参数 left（左边）、top（顶部）、right（右边）和 bottom（底部）是拖曳的范围。在[ ]中的参数是可选项
6	stopDrag()	stopDrag 函数没有参数，其功能是用来停止鼠标拖曳影片的剪辑实例
7	getProperty（my_mc, property）	用于得到影片剪辑实例属性的值。括号内的参数 my_mc 是舞台工作区中的影片剪辑实例的名称，参数 property 是影片剪辑实例的属性名称，参见表 6-4
8	setProperty（target,property,value/expression）	用于设置影片剪辑实例（target）的属性。target 给出了影片剪辑实例在舞台中的路径和名称；Property 是影片剪辑实例的属性，参见表 6-4；value 是影片剪辑实例属性的值；expression 是一个表达式，其值是影片剪辑实例属性的值

表 6-4　影片剪辑实例的属性表

属性名称	定　义
_alpha	透明度，以百分比的形式表示，100%为不透明，0%为透明
_currentframe	当前影片剪辑实例所播放的帧号
_droptarget	返回最后一次拖曳影片剪辑实例的名称
_focusrect	当使用【Tab】键切换焦点时，按钮实例是否显示黄色的外框。默认显示是黄色外框，当设置为 0 时，将以按钮元件的“弹起”状态来显示
_framesloaded	返回通过网络下载完成的帧的数目。在预下载时使用它
_height	影片剪辑实例的高度，以像素为单位
_highquality	影片的视觉质量设置：1 为低，2 为高，3 为最好
_name	返回影片剪辑实例的名称
_quality	返回当前影片的播放质量
_rotation	影片剪辑实例相对于垂直方向旋转的角度，会出现微小的大小变化
_soundbuftime	Flash 中的声音在播放之前要经过预下载然后播放，该属性说明预下载的时间
_target	用于指定影片剪辑实例精确的字符串，在使用 TellTarget 时常用到
_totalframes	返回影片或者影片剪辑实例在时间轴上所有帧的数量
_url	返回该.swf 文件的完整路径名称
_visible	设置影片剪辑实例是否显示：true 为显示，false 为隐藏
_width	影片剪辑实例的宽度，以像素为单位
_x	影片剪辑实例的中心点与其所在舞台的左上角之间的水平距离。影片剪辑实例在移动时，会动态地改变这个值，单位是像素。需要配合“信息”面板来使用

续表

属性名称	定　义
_xmouse	返回鼠标指针相对于舞台水平的位置
_xscale	影片剪辑元件实例相对于其父类实际宽度的百分比
_y	影片剪辑实例的中心点与其所在舞台的左上角之间的垂直距离。影片剪辑实例在移动时，会动态地改变这个值，单位是像素。需要配合“信息”面板来使用
_ymouse	返回鼠标指针相对于舞台垂直的位置
_yscale	影片剪辑实例相对于其父类实际高度的百分比

小提示

Flash CS3 层次结构的底层是场景，一个影片可有多个场景，每个场景都是一个独立的动画，可以设置场景内动画的播放顺序；每个场景的结构都是一样的；每个舞台工作区可以由许多图层（Layer）组成；每个图层中的关键帧可以由许多层（Level）组成，层类似于在制作动画时的图层，但它与图层并不是一个概念；每个层的上面可以放置不同的影片剪辑元件。层是有严格顺序的，底下的层是“层 0”，其上面的层是“层 1”，依次向上，如图 6-40 所示。

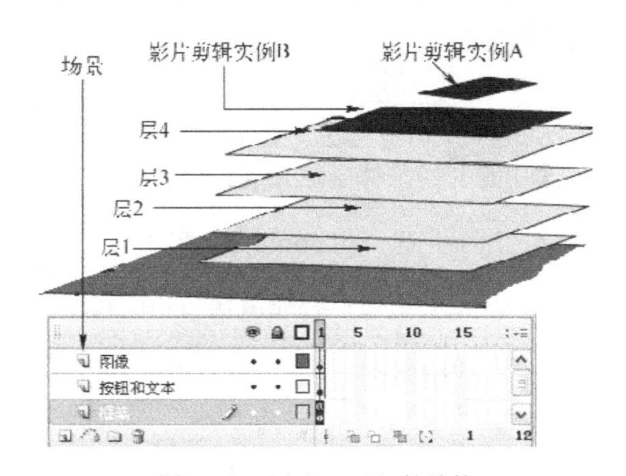

图 6-40　层（Level）的结构

在每个层上最多只能放置一个实例对象，如果将实例对象放置到有对象的层上，原有对象会被新的对象所替换。每个影片剪辑元件的舞台工作区，也都是由场景和层组成的。

各个场景之间是无法实现实例对象的互相调用的，所以在制作交互动画时，尽量使用一个独立的场景进行编程。

2．for 循环语句

（1）【格式】for （init; condition; next） {

语句体;}

（2）【功能】for 括号内由 3 部分组成，每部分都是表达式，分别用分号隔开，其含义如下。

init 用于初始化一个变量，它可以是一个表达式，也可以是用逗号分隔的多个表达式。init 总是只执行一次，即第一次执行 for 语句时最先执行它。condition 用于 for 语句的条件测试，它可以是一个条件表达式，当表达式的值为 false 时结束循环。在每次执行完语句体时执行 next，它可以是一个表达式，一般用于计数循环。举例如下。

```
var sum=0;
   var x;
for (x=1;x<=200;x++){
       sum=sum+x;
```

```
}
trace(sum);//该程序用于计算 1～200 的和
```

3．while 循环语句

（1）while 循环语句。

【格式】while（条件表达式）{
语句体
}

【功能】当条件表达式的值为 true 时，执行语句体，再返回 while 语句；否则执行语句体后退出循环。

（2）do while 循环语句

【格式】do {
语句体
}while（条件表达式）

【功能】当条件表达式的值为 true 时，执行语句体，再返回 do 语句，否则退出循环。

4．break 语句和 continue 语句

（1）break 语句：它经常在循环语句中使用，用于强制退出循环，举例如下。

```
var count=0;
while(count<200){
   count++;
   if (count=66){
   break;}
}//结束循环，本程序运行后，count 的值为 66
```

（2）continue 语句：强制循环回到开始处，举例如下。

```
var sum=0;
var x=0
while(x<=200){
   x++;
   if ((x%7)==0){
       continue;
   }
   sum=sum+x;
}//计算 200 以内的不能被 7 整除的数的和
```

5．getTimer 函数

【格式】getTimer();

【功能】返回影片播放后所经过的时间，单位为毫秒。

操作步骤

1．创建 3 个影片剪辑元件

（1）新建一个名称为"【任务 32】星星跟我行.fla"的 Flash 文档。设置舞台工作区的宽为 550 像素，高为 400 像素，背景色为黑色。

（2）创建并进入"星星"影片剪辑元件编辑状态。选中"图层 1"图层第 1 帧，绘制一个放射状渐变填充的长条矩形图形，如图 6-41 所示。渐变填充色为白色（红为 255、绿为 2545、蓝为 255，Alpha 为 100%）到白色（红为 255、绿为 255、蓝为 255，Alpha 为 100%）再到金黄色（红为 255、绿为 205、蓝为 50，Alpha 为 5%），如图 6-42 所示。

图 6-41　绘制的矩形

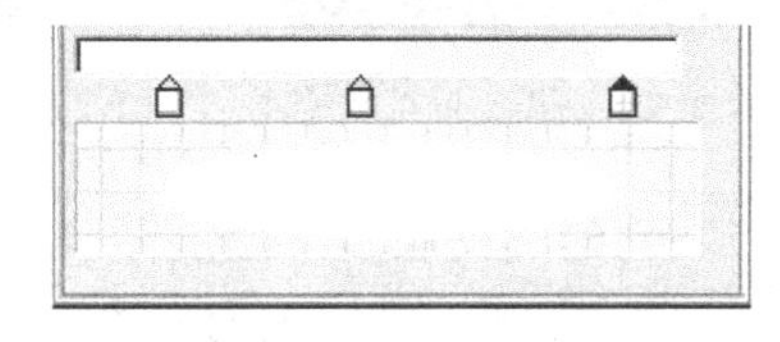

图 6-42　渐变填充色设置

（3）使用工具箱内的"选择工具"，将鼠标指针移到矩形右边边缘处，当鼠标指针右下方出现小弧线时，向右水平拖曳鼠标。

（4）使用工具箱内的"填充变形工具"，单击矩形，将鼠标指针移到控制柄处，向矩形的中心点拖曳，如图 6-43 所示。

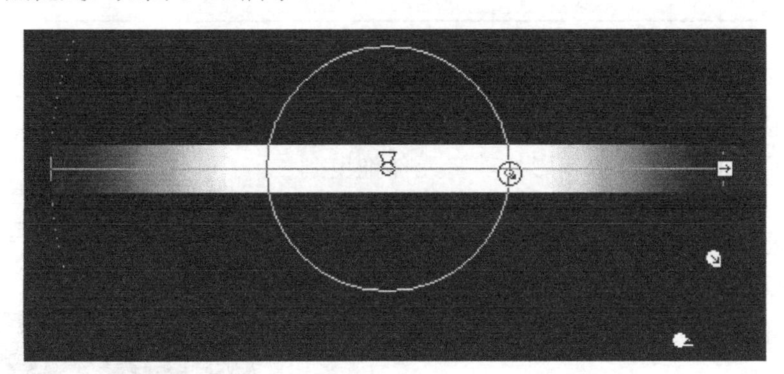

图 6-43　调整矩形图形的填充变形

（5）接着将鼠标指针移到控制柄处，水平向右拖曳，效果如图 6-44 所示。使用"选择工具"，拖曳出一个矩形，将图 6-44 所示图形中的左半边图形选中，按【Delete】键，删除选中的图形，即可将矩形图形加工成如图 6-45 所示的光线图形。

图 6-44　加工矩形图形

图 6-45　光线图形

（6）利用"变形"面板，复制 7 个光线图形，将它们组合在一起，再在它们的中间绘制一个白色的小圆形图形，将它们组成组合，形成四射的光线图形如图 6-46 所示。

（7）绘制一个放射状渐变填充的圆形图形，如图 6-47 所示。渐变填充色为白色（红、绿、蓝均为 255，Alpha 为 100%）到浅蓝色（红、绿均为 200、蓝为 255，Alpha 为 100%）。

（8）将四射的光线图形和圆形图形组合成一个星星图形，如图 6-48 所示。

图 6-46　四射的光线图形

图 6-47　圆形图形

图 6-48　星星图形

（9）创建“图层 1”图层第 1 帧到第 45 帧顺时针旋转一圈的动画，单击选中“图层 1”图层第 45 帧，将该帧内的图像调小一些，颜色改为蓝色。“星星”影片剪辑元件的时间轴如图 6-49 所示。然后，回到主场景。

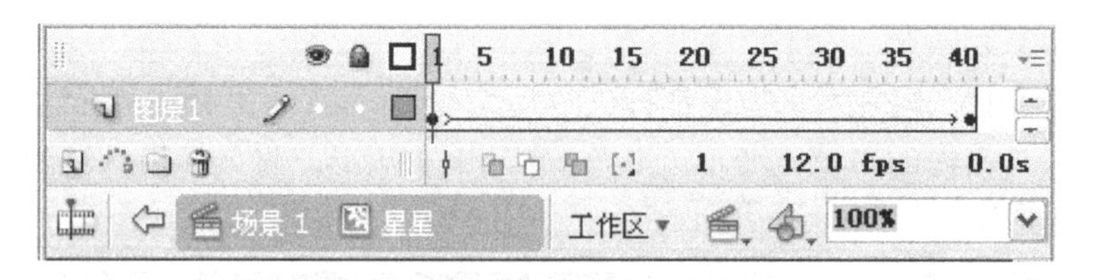

图 6-49　“星星”影片剪辑元件的时间轴

（10）创建并进入“转圈星星”影片剪辑元件的编辑状态。选中“图层 1”图层第 1 帧，将“库”面板内的“星星”影片剪辑元件拖曳到舞台工作区内，形成一个“星星”影片剪辑实例。

（11）创建第 1 帧到第 40 帧“星星”影片剪辑实例围绕如图 6-50 所示引导线移动的动画，它的时间轴和舞台工作区如图 6-50 所示。然后，回到主场景。

（12）打开“【任务 28】文字围绕自转地球.fla”的 Flash 文档，将“【任务 28】文字围绕自转地球.fla”的 Flash 文档“库”面板内的“自转地球”影片剪辑元件复制粘贴到“【任务 32】星星跟我行.fla”的 Flash 文档的“库”面板内。

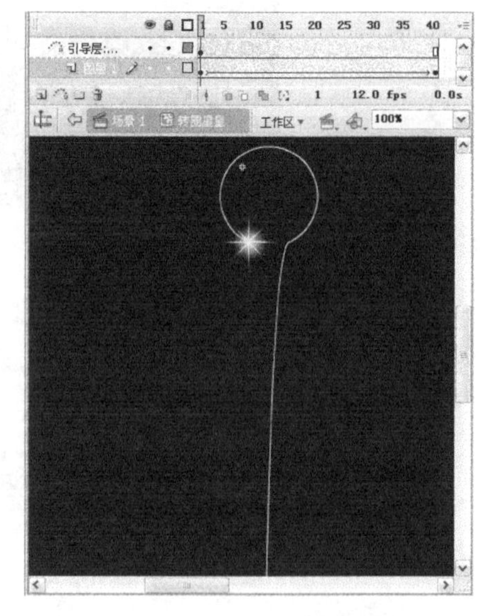

图 6-50　时间轴和舞台工作区

2．制作主场景动画

（1）选中主场景“图层 1”图层第 1 帧，将“库”面板内的“自转地球”影片剪辑元件拖曳到舞台工作区内的正中间，形成一个“自转地球”影片剪辑实例。

（2）将“库”面板内的“转圈星星”影片剪辑元件拖曳到舞台工作区外部，形成一个“转圈星星”影片剪辑实例。在它的“属性”面板内将实例命名为“XXGWX”。

（3）选中“图层 1”图层第 1 帧，在它的“动作—帧”面板程序编辑区内输入如下程序。

```
XXGWX._visible = false;      //隐藏“XXGWX”影片剪辑实例
//执行第 1 帧时产生事件，执行{}内的程序
XXGWX.onEnterFrame = function() {
        XXGWX.startDrag(true);      //允许鼠标拖曳“XXGWX”影片剪辑实例
        i++;
        if (i>30) {      //用于确定复制“XXGWX”影片剪辑实例的个数，此处为 30 个
            i = 1;
        }
      //复制“XXGWX”影片剪辑实例，其名称为“XXGWX”加变量 i 的值
      XXGWX.duplicateMovieClip("XXGWX"+i, i);
      XXGWX=_root["XXGWX"+i];  //将复制的影片剪辑实例赋给变量 XXGWX
     //使复制的影片剪辑实例 XXGWX 等比例随机缩小
       XXGWX._xscale=XXGWX._yscale=Math.random()*80+20;
      //产生延时效果，循环的终止越大，延时的时间越长
     var x;
     for (x=1;x<=10000;x++){
     }
}
```

小提示

如果“转圈星星”影片剪辑实例放置在舞台工作区内，则必须要“XXGWX._visible = false;”语句。如果不要“XXGWX.onEnterFrame = function()”和最后的“}”，则该动画不能够正常运行。使“图层 1”图层第 2 帧为普通帧后，可以恢复动画的正常运行。

课后习题 6-4

1．制作一个“跟随鼠标的气泡”动画，播放后的两幅图像如图 6-51 所示。可以看到，随着鼠标指针的移动，一些不同颜色的透明气泡也移动，同时还不断地改变大小。

2．制作一个“倒计时”动画，该动画播放后的 1 幅画面如图 6-52 所示，可以看到，数字从“6”到“1”依次变化，颜色逐渐由红色变为绿色，每更换一个数字，背景图像也更换一幅，同时指针不断旋转。

图 6-51　“跟随鼠标的气泡”动画播放后的两幅图像

图 6-52　“倒计时”动画画面

3．制作【任务 10】中的“滚动图像”动画，要求该动画用程序来完成图像的移动。

6.5 Number 函数和数学对象——【任务 33】雪花飘飘

任务描述

“雪花飘飘”动画播放后的两幅画面如图 6-53 所示。可以看到，在动画美景中，雪花飘飞，雪越下越大的美丽雪景。

图 6-53 “雪花飘飘”动画播放后的两幅画面

知识链接

1．Number 函数

Number 函数属于转换函数，它在“动作”面板命令列表区的“全局函数”→“转换函数”目录下。

【格式】Number (expression);

【功能】将 expression 的值转换为数值。如果它为逻辑值，当其值为 true 时，则返回 1，否则返回 0。如果它为字符串，则会尝试将该字符串转换为指数形式的十进制数字，如 5.125e-12。如果 expression 为未定义的变量（undefined），则返回 0（对于 Flash 6 以前版本）；或者为 NaN（对于 Flash 7 以后版本）。该参数可以是字符串、数字、逻辑值、变量或表达式。

2．数学（Math）对象

在面向对象的编程中，对象是属性和方法的集合，程序是由对象组成的。Flash CS3 中有许多类对象，其中使用较多的是数学（Math）对象。关于对象的有关知识和它的其他类对象，是第 7 章讲述的内容，此处只介绍数学（Math）对象。Math 类对象是一个顶级类对象，不必使用构造函数即可使用其方法和属性，使用此类的方法和属性可以访问和处理数学函数。

对于 ActionScript 2.0 类型，数学（Math）对象的常用方法在“动作”面板的命令列表区中的“ActionScript 2.0 类”→“核心”→“Math”→“方法”目录下。数学（Math）对象常用方法的格式和功能如表 6-5 所示。数学对象不需要实例化，其方法可以像使用一般函数那样来使用（注意前面应加“Math.”）。

表 6-5　数学（Math）对象的常用方法

格　式	功　能
Math.abs(n)	求 n 的绝对值。例如，Math.abs(-123)=123
Math.acos(n)	求 n 的反余弦值，返回弧度值。例如，Math.acos(0.5)= 1.0471975511966
Math.asin(n)	求 n 的反正弦值，返回弧度值。例如，Math.asin(0.5)= 0.523598775598299
Math.atan(n)	求 n 的反正切值，返回弧度值。例如，Math.atan(0.5)= 0.463647609000806
Math.ceil(number)	向上取整。返回大于或等于 number 的最小整数。例如，Math.ceil(18.5)=19, Math.ceil(-18.5)=-18
Math.cos(n)	返回余弦值，n 单位为弧度。例如，Math.cos(3.1415926)=-0.999999999999999
Math.exp(n)	返回自然数的乘方。例如，Math.exp(1)= 2.71828182845905
Math.floor(number)	返回小于或等于 number 的最大整数，它相当于截取最大整数。例如，Math.floor(-18.5)=-19, Math.floor(18.5)=18
Math.log(n)	返回以自然数为底的对数的值。例如，Math.log(2.718)=0.999896315
Math.max(x,y)	返回 x 和 y 中，数值大的。例如，Math.max(10,3)=10
Math.min(x,y)	返回 x 和 y 中，数值小的。例如，Math.min(10,3)=3
Math.pow(base,exponent)	返回 base 的 exponent 次方。例如，Math.pow(-1,2)=1
Math.random() random(n)	返回一个大于等于 0 而小于 1 的随机数。例如，Math.random()*501；可以产生大于等于 0 而小于 501 之间的随机数 random(n)返回一个大于等于 0 而小于 n 的随机数
Math.round(n)	四舍五入到最近整数的参数。例如，Math.round(5.3)=5, Math.round(5.6)=6
Math.sin(n)	返回正弦值，n 的单位为弧度。例如，Math.sin(1.57)=0.999999682
Math.sqrt()	返回平方根。例如，Math.sqrt（16）=4
Math.tan(n)	返回正切弧度值。例如，Math.tan(0.785)=0.999203990

操作步骤

1．创建影片剪辑元件

（1）新建一个名称为“【任务 33】雪花飘飘.fla”的 Flash 文档。设置舞台工作区的宽为 600 像素，高为 500 像素，背景色为黑色。打开“【任务 17】佳人游美景.fla”的 Flash 文档，将该文档内“库”面板中的“美景”影片剪辑元件复制粘贴到“【任务 33】雪花飘飘.fla”Flash 文档的“库”面板中。

（2）将“图层 1”图层的名称改为“背景”，选中“背景”图层第 1 帧，将“库”面板内的“美景”影片剪辑元件拖曳到舞台工作区内，调整它的大小和位置，使它刚好将舞台工作区完全覆盖。

（3）创建并进入“雪花”影片剪辑元件的编辑状态，绘制一个六瓣雪花图形，如图 6-54 所示。雪花图形的宽和高均为 50 个像素。然后，回到主场景。

（4）创建并进入“雪花飘落”影片剪辑元件的编辑状态，选中“图层 1”图层第 1 帧，将“库”面板内的“雪花”影片剪辑元件拖曳到舞台工作区内。在“图层 1”图层创建一个第 1 帧到第 120 帧的雪花沿一条从上到下的曲线引导线下移的动画。“雪花飘”影片剪辑元件的时间轴如图 6-55 所示。然后，回到主场景。

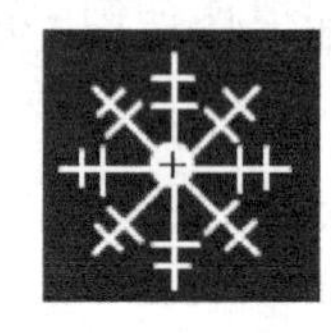

图 6-54　雪花图形

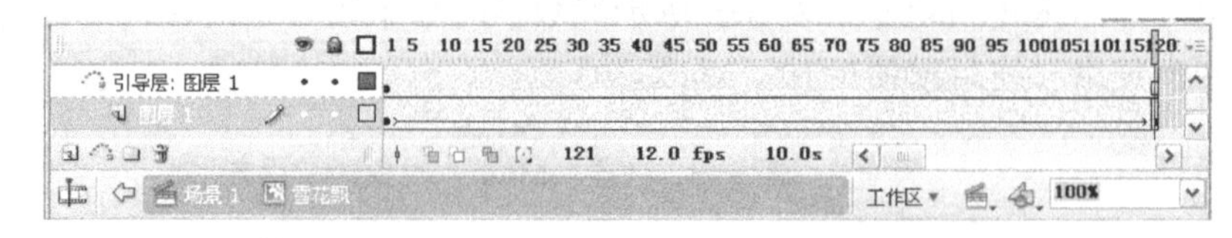

图 6-55　“雪花飘”影片剪辑元件的时间轴

2. 制作动画

（1）在“背景”图层上边创建一个“雪花飘”图层，选中该图层第 1 帧，将“库”面板内的“雪花飘”影片剪辑元件拖曳到舞台工作区外，利用“雪花飘”影片剪辑实例的“属性”面板调整它的宽和高均为 8 个像素，将该实例命名为“xh”。

（2）同时选中“背景”和“雪花飘”图层第 3 帧，按【F5】键，创建普通帧。

（3）在“雪花飘”图层的上边创建一个名称为“脚本程序”的图层，选中该图层第 1 帧，在它的“动作—帧”面板内的程序编辑区内输入如下程序。

```
xhshu= 0;                 //定义雪花的数量初始值为 0
xh._visible=false;        //场景中 xh 实例的为不可见
```

（4）选中“脚本程序”图层第 2 帧，按【F7】键。弹出“动作”面板，输入如下程序。

```
xh.duplicateMovieClip("xh"+xhshu, xhshu);  //复制名称为“xh”加序号的实例
newxh = _root["xh"+xhshu];                 //将复制好的新实例 xh 的名称用 newxh 替代
newxh._x = Math.random()*600;              //赋给 newxh 实例 x 坐标一个 0～600 之间的随机数
newxh._y = Math.random()*10;               //赋给 newxh 实例 y 坐标一个 0～10 之间的随机数
newxh._rotation = Math.random()*100-50;    //赋给 newxh 实例-50～50 度之间的随机数
newxh._xscale=Math.random()*10+30;         //赋给 newxh 实例宽度比 30～40 之间的随机数
newxh._yscale=Math.random()*10+30;         //赋给 newxh 实例高度比 30～40 之间的随机数
newxh._alpha = Math.random()*50+50;        //赋给 newxh 实例透明度 50～100 之间的随机数
xhshu++;  //变量 xhshu 的值自动加 1，即雪花数量加上 1
```

（5）选中“脚本程序”图层第 3 帧，按【F7】键。弹出“动作”面板，输入如下程序。

```
gotoAndPlay(2);   //跳转到第 2 帧
```

课后习题 6-5

1. 制作一个“连续整数的和与积”动画，该动画播放后的两幅画面如图 6-56 所示。在“起始数”文本框中输入一个自然数，在“终止数”文本框中输入一个自然数。然后，单击“求和”按钮，可显示连续整数的和；单击“求积”按钮，可显示连续整数的积。

2. 制作一个“三角函数值”动画，该动画播放后的画面如图 6-57 所示（无数字）。在输入文本框内输入数，再单击函数符号按钮，可在右边的文本框内显示运算结果。例如，输入 30 后，单击“SIN”按钮后的显示效果如图 6-57 左图所示，单击“COS”按钮后的显示效果如图 6-57 右图所示。

(a)

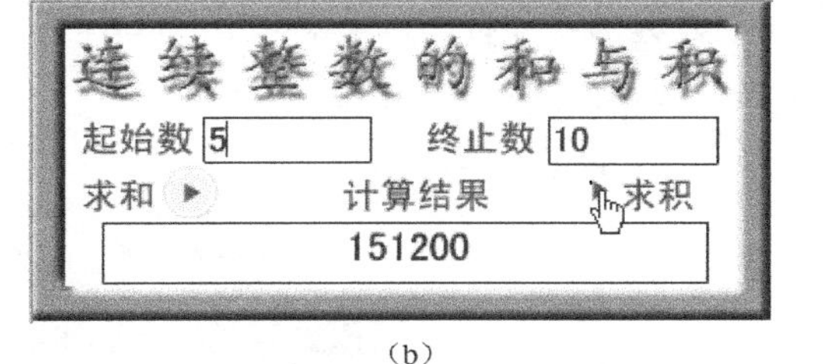

(b)

图 6-56 “连续整数的和与积”动画播放后的两幅画面

图 6-57 “求三角函数的值”动画播放后的两幅画面

3．制作一个“2 位数加减练习”动画，该动画运行后的两幅画面如图 6-58 所示。在等号按钮右边的输入文本框内输入计算结果，再单击“加法”或“减法”按钮，可显示下一道题目（产生新的 2 位随机整数），同时在下边重新显示做过的题目数和做对的题目数。

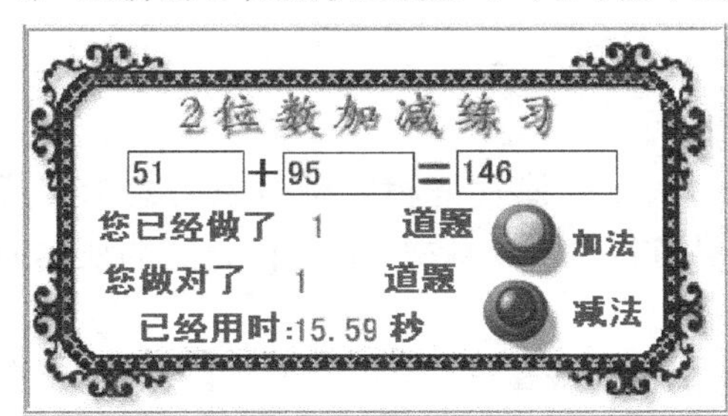

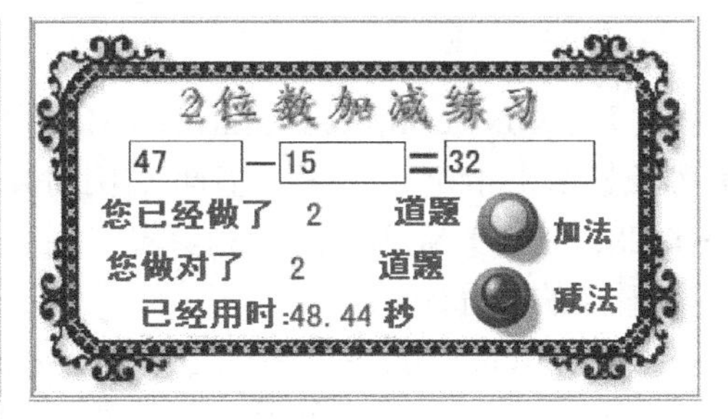

图 6-58 “2 位数加减练习”动画播放后的两幅画面

单击“加法”按钮后，显示的题目是加法题目，运算符号会随之改为“+”，如图 6-58 左图所示（等号“=”按钮右边还没有输入数据）。单击“减法”按钮后，显示的题目是减法题目，运算符号会随之改为“-”，如图 6-58 右图所示（等号“=”按钮右边还没有输入数据）。如果单击等号按钮，可以在右边的文本框内显示计算的结果，但是不算做对了题目。3 个文本框都是输入文本框。可以在左边的两个文本框内输入数值，来自己出题。在做题的过程中，一直显示做题所用的时间（单位为秒）。

6.6 setMask 和加载文件函数——【任务 34】图像浏览器 3

任务描述

“图像浏览器 3”动画播放后的画面如图 6-59 所示，可以看到，该动画的播放效果与

“图像浏览器 2”动画的播放效果基本一样，只是显示的 8 幅图像是外部图像，显示方式是从中间向四周以圆形形状逐渐展开。

图 6-59 “图像浏览器 3”动画播放后的画面

知识链接

1. setMask 函数

【格式】myMovieClip.setMask(maskMovieClip)

【功能】用来指定一个影片剪辑实例对象为另一个影片剪辑实例对象的遮罩。其中，myMovieClip 是作为被遮罩的影片剪辑实例对象的名称，maskMovieClip 是作为遮罩的影片剪辑实例对象的名称。

【说明】setMask 方法可以指定一个包含多个帧和多重图层的影片剪辑实例对象作为遮罩。在时间轴上面，利用遮罩图层可以对多个图层进行遮罩效果，但是无法使用 setMask 方法对多个图层进行遮罩效果。如果在作为遮罩的影片剪辑实例对象中有文字，它们仍然会显示出来，不产生遮罩效果。如果要取消遮罩效果，可以再使用一次 setMask 方法，括号中的参数为 null。关于影片剪辑实例对象的其他一些方法，将在第 7 章介绍。

2. loadMovie 函数

【格式】loadMovie("url",target [, method])

【功能】用来从当前播放的影片外部加载 SWF 影片到指定的位置。

【参数】url 是被加载的外部 SWF 文件或 JPEG 文件的绝对或相对的 url 路径，相对路径必须相对于级别 0 处的 SWF 文件。绝对 url 必须包括协议引用，如 http://或 file:///。通常需要将被加载的影片与被加载的外部文件放到同一个文件夹中。

参数 target 是可选参数，用来指定目标影片剪辑实例的路径。目标影片剪辑实例将替换为加载的 SWF 文件或图像。被加载的影片将继承被替换掉的影片剪辑元件实例的属性。

method 可选参数，用来指定用于发送变量的 HTTP 方法。该参数必须是字符串 GET 或 POST。如果没有要发送的变量，则省略此参数。GET 方法将变量追加到 url 的末尾，它用于发送少量的变量。POST 方法在单独的 HTTP 标头中发送变量，它用于发送大量的变量。

例如，loadMovie（"外部图像 1.swf", mySWF）；。其中，"外部图像 1.swf"是要加载的外部影片，mySWF 是要被外部加载影片所替换的影片剪辑实例名。

3．loadMovieNum 函数

【格式】loadMovieNum（"url" [,level, method]）

【功能】用来加载外部 SWF 影片到目前正在播放的 SWF 影片中，位置在当前 SWF 影片内的左上角。

【参数】参数 level 是可选参数，用来指定播放的影片中，外部影片将加载到播放影片的哪个层。参数 method 也是可选参数，指定发送变量传送的方式（GET 或 POST）。

4．unloadMovie 函数

【格式】unloadMovieNum（target）

【功能】用来删除加载的外部 SWF。参数 target 是 SWF 影片载入时指定的目标路径。

5．unloadMovieNum 函数

【格式】unloadMovieNum（level）

【功能】该函数用来删除加载的外部 SWF。参数 level 是 SWF 影片载入时指定的层号。

操作步骤

1．制作影片剪辑和界面

（1）新建一个名称为"【任务 34】图像浏览器 3.fla"的 Flash 文档。设置舞台工作区的宽为 670 像素，高为 380 像素，背景色为黄色。在该 Flash 文档内创建"框架"、"按钮和文本"、"图像"、"遮罩"和"脚本程序和遮罩图形"图层。然后，打开"【任务 31】图像浏览器 2.fla"Flash 文档。

（2）将"【任务 31】图像浏览器 2.fla"Flash 文档内"框架"图层第 1 帧复制粘贴到"【任务 34】图像浏览器 3.fla"的 Flash 文档内"框架"图层第 1 帧；将"【任务 31】图像浏览器 2.fla"Flash 文档内"按钮和文本"图层第 2 帧复制粘贴到"【任务 34】图像浏览器 3.fla"的 Flash 文档内"按钮和文本"图层第 1 帧。同时，"【任务 31】图像浏览器 2.fla"Flash 文档"库"面板内有关的按钮、按钮图像、按钮中的影片剪辑元件和框架图像元件也复制粘贴到"【任务 34】图像浏览器 3.fla"的 Flash 文档内的"库"面板中。

（3）创建并进入"图像 D1"影片剪辑元件编辑窗口，在"图像 D1"影片剪辑元件编辑窗口内不绘制和导入任何内容。然后，回到主场景，创建一个空的"图像 D1"影片剪辑元件。它是用于为加载的外部图像定位的。

（4）创建并进入"圆遮罩"影片剪辑元件的编辑状态，绘制一幅白色圆形，它的宽为 30 像素，高为 30 像素。然后，回到主场景。这个影片剪辑元件是用于制作遮罩的。

（5）选中"图像"图层第 1 帧，将"库"面板内的"图像 D1"影片剪辑元件拖曳到框

架内放置图像的白色框内左上角，“图像 D1”影片剪辑实例是一个很小的圆，如图 6-60 所示。这是因为“图像”影片剪辑元件是一个空元件，所以它形成的实例也是空的，动画播放时它不会显示出来，只是用来给调进的外部图像定位。然后，将该实例命名为“TU1”。

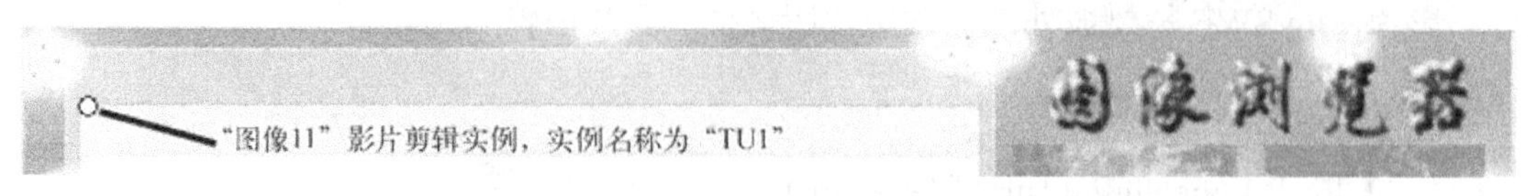

图 6-60 “图像 D1”影片剪辑实例“TU1”的位置

（6）选中“遮罩”图层第 1 帧，绘制一个黑色矩形，将框架图形内部宽为 400 像素，高为 300 像素的区域完全覆盖。然后，将该图层设置为遮罩图层，“图像”图层就成为被遮罩图层。

（7）在“遮罩”图层之上创建“脚本程序和遮罩图形”图层。选中该图层的第 2、3 和 4 帧，按【F7】键，创建 3 个空关键帧。选中“脚本程序和遮罩图形”图层的第 3 帧，将“库”面板中的“圆遮罩”影片剪辑元件拖曳到舞台工作区内框架的外边。然后，将该实例命名为“WW”。

（8）选中“框架”、“按钮和文本”、“图像”和“遮罩”图层第 4 帧，按【F5】键，使这 4 个图层各帧的内容一样。

2．设计程序

（1）在“【任务 34】图像浏览器 3.fla”Flash 文档所在目录下创建一个“TU”文件夹，其内保存“图像 1.jpg”……“图像 8.jpg”8 幅大小均为 400 像素宽，300 像素高的图像。

（2）选中“脚本程序和遮罩图形”图层第 1 帧，在它的“动作—帧”面板程序编辑区内输入如下程序。

```
n1=1;                                     //用于显示图像的序号
x1=245;                                   //用于给用于遮罩的“WW”实例的起始水平位置
y1=180;                                   //用于给用于遮罩的“WW”实例的起始垂直位置
K=0;                                      //用于确定“WW”实例变化的次数
_root.TU1.loadMovie("TU\\图像 1.jpg");    //调外部图像文件
```

（3）选中“脚本程序和遮罩图形”图层第 2 帧，在它的“动作—帧”面板程序编辑区内输入如下程序。

```
stop();
AN11.onPress=function() {
    _root.TU1.loadMovie("TU\\图像 1.jpg");  //调外部图像文件
    K=0;
    n1=1;
    gotoAndPlay(3);
}
AN12.onPress=function() {
    _root.TU1.loadMovie("TU\\图像 2.jpg");  //调外部图像文件
    K=0;
    n1=2;
```

```
        gotoAndPlay(3);
}
AN13.onPress=function() {
        _root.TU1.loadMovie("TU\\图像 3.jpg");   //调外部图像文件
        K=0;
        n1=3;
        gotoAndPlay(3);
}
AN14.onPress=function() {
        _root.TU1.loadMovie("TU\\图像 4.jpg");   //调外部图像文件
        K=0;
        n1=4;
        gotoAndPlay(3);
}
AN15.onPress=function() {
        _root.TU1.loadMovie("TU\\图像 5.jpg");   //调外部图像文件
        K=0;
        n1=5;
        gotoAndPlay(3);
}
AN16.onPress=function() {
        _root.TU1.loadMovie("TU\\图像 6.jpg");   //调外部图像文件
        K=0;
        n1=6;
        gotoAndPlay(3);
}
AN17.onPress=function() {
        _root.TU1.loadMovie("TU\\图像 7.jpg");   //调外部图像文件
        K=0;
        n1=7;
        gotoAndPlay(3);
}
AN18.onPress=function() {
        _root.TU1.loadMovie("TU\\图像 8.jpg");   //调外部图像文件
        K=0;
        n1=8;
        gotoAndPlay(3);
}
AN1A.onPress=function(){
         _root.TU1.loadMovie("TU\\图像 1.jpg");   //调外部图像文件
         n1 =1;
         K=0;
         gotoAndPlay(3);
}
AN1B.onPress=function(){
if (n1>1){
            n1 --;
```

```
        _root.TU1.loadMovie("TU\\图像"+n1+".jpg");  //调外部图像文件

    }else {
        _root.TU1.loadMovie("TU\\图像 8.jpg");  //调外部图像文件
        n1=8;
    }
    K=0;
    gotoAndPlay(3);
}
AN1C.onPress=function(){
    if (n1<8){
        n1 ++;
        _root.TU1.loadMovie("TU\\图像"+n1+".jpg");  //调外部图像文件

    }else {
        _root.TU1.loadMovie("TU\\图像 1.jpg");  //调外部图像文件
        n1 =1;
    }
    K=0;
    gotoAndPlay(3);
}
AN1D.onPress=function(){
    _root.TU1.loadMovie("TU\\图像 8.jpg");  //调外部图像文件
    n1 =8;
    K=0;
    gotoAndPlay(3);
}
```

程序中的“_root.TU1.loadMovie("TU\\图像 1.jpg");”语句的作用是：将外部当前文件夹下“TU”目录中的“图像 1.jpg”图像导入，加载到“TU1”影片剪辑实例中。变量 $x1$ 和 $y1$ 是用来给“脚本程序和遮罩图形”图层第 3 帧内的圆形遮罩图形定位的，它们的值是矩形框架图形中心点的坐标值，可以利用“信息”面板来初步确定它们的值，再在运行程序后调整这两个数值。

（4）选中“脚本程序和遮罩图形”图层第 3 帧，在它的“动作—帧”面板程序编辑区内输入如下程序。

```
setProperty(_root.WW,_x,x1);           //给影片剪辑实例 WW（遮罩）定水平位置
setProperty(_root.WW,_y,y1);           //给影片剪辑实例 WW（遮罩）定垂直位置
_root.TU1.setMask(_root.WW);           //设置影片剪辑实例 WW 实例为“TU1”实例的遮罩
WW._height =WW._height+K*1.9;          //改变影片剪辑实例 WW（遮罩）的高度大小
WW._width=WW._width+K*1.9;             //改变影片剪辑实例 WW（遮罩）的宽度大小
```

程序中，setProperty 命令是用来改变实例的属性，“_x”是实例的水平坐标值，“_y”是实例的垂直坐标值，“_width”是实例的宽度，“_height”是实例的高度。变量 k 用来逐渐调整遮罩实例的大小。

（5）选中“脚本程序和遮罩图形”图层第 4 帧，在它的“动作—帧”面板程序编辑区内输入如下程序。

```
/*当变量 K 大于 200 时，遮罩已经放大到可以将被遮罩的图像完全遮盖住。此时，可以返回第 1 帧*/
if (K>200){
    gotoAndPlay(2)// /转至第 2 帧播放
}
else{
        k++;//变量 k 自动加 1
    gotoAndPlay(3);//转至第 3 帧播放
}
```

课后习题 6-6

1．修改【任务 34】“图像浏览器 3”动画，使它在每显示一幅图像时的显示方式是从中间向四周以矩形形状逐渐展开，使它可以显示外部 12 幅图像。

2．制作一个“可变探照灯”动画，该动画播放后会显示一幅很暗的图像和 5 个按钮，其上有一个圆形的探照灯光，可用鼠标拖曳探照灯光。单击左下角第 1 个按钮，可使探照灯光变小，单击左下角第 2 个按钮，可使探照灯光变大，如图 6-61 左图所示。单击“切换图像”按钮，背景图像会变为天坛图像，探照灯光变为五角星形，如图 6-61 右图所示。单击右下角第 1 个按钮，可使探照灯光变大，单击右下角第 2 个按钮，可使探照灯光变小。

图 6-61　“可变探照灯”动画播放后的两幅画面

6.7　加载外部变量函数——【任务 35】图像浏览器 4

任务描述

“图像浏览器 4”动画播放后的画面如图 6-62（左边图像框架内是一般鲜花图像，还不是芍药花图像，右边文本框内还没有文字）所示。单击“芍药花”按钮（按钮在不同状态时，文字内容不变，颜色变化），会在左边图像框架内显示芍药花图像，在右边文本框内显示介绍芍药花的文字，如图 6-62 所示。单击“梅花”按钮，会在左边图像框架内显示梅花图像，在右边文本框内显示介绍梅花的文字。可以看到，单击不同的按钮，图像和文字都随之更换了。单击右边竖排按钮中的第 1 个按钮或按光标上移键，文本框内的文字会自动向上滚动 1 行；单击第 2 个按钮或按光标上移键，文本框内的文字会自动向下滚动 1 行；单击第 3 个按钮或按【Ctrl+PageUp】组合键，文本框内的文字会自动向上滚动 8 行；单击第 4 个按钮或按【Ctrl+PageDown】组合键，文本框内的文字会自动向下滚动 8 行。该动画的制作方法如下。

图 6-62 “图像浏览器 4”动画运行后的一幅画面

知识链接

1. loadVariables 函数

【格式】loadVariables（"url",target [,level, method]）

【功能】该函数用来加载外部变量到目前正在播放的 SWF 动画中。

【参数】参数 target 是可选参数，用来指定目标影片剪辑实例的路径。目标影片剪辑实例将替换为加载的内容。被加载的影片将继承被替换掉的对象的属性。参数 method 是可选参数，指定发送变量传送的方式 GET 或 POST）。例如，

```
loadVariables（"TXT\text1.txt",_root.list,get）;
```

该语句是将该 Flash 文档所在目录下“TXT”文件夹内的“text1.txt”文本文件内容载入当前 SWF 动画内的“list”对象中，载入变量值使用 get 方式传送。

2. loadVariablesNum 函数

【格式】loadVariablesNum（"url",level [method]）

【功能】该函数用来加载外部变量到目前正在播放的 SWF 动画中。

【参数】参数 level 是可选参数，用来指定播放的影片中，外部动画将加载到播放动画的哪个层。参数 method 也是可选参数，指定发送变量传送的方式 GET 或 POST）。

例如，loadVariablesNum（”text1.txt",5,get）;//将该动画所在目录下的“text1.txt”文本文件内容载入当前 SWF 动画内第 5 层中，载入变量值使用 get 方式传送。

3. getURL 函数

【格式】getURL（"url" [, window][,variables"]）

【功能】启动一个 url 定位，经常使用它来调用一个网页，或者使用它来调用一个邮件。调用网页的格式是在双引号中加入网址，调用邮件可以在双引号中加入“mailto:”，再跟一个邮件地址，例如，“mailto:Flash@yahoo.com.cn”。

【参数】url 是设置调用的网页网址 url，参数 window 是设置浏览器网页打开的方式（指定网页文档应加载到浏览器的窗口或 HTML 框架）。这个参数可以有 4 种设置方式。

◎ _self：在当前 SWF 影片所在网页的框架，当前框架将被新的网页所替换。

◎ _blank：打开一个新的浏览器窗口，显示网页。

◎ _parent：如果浏览器中使用了框架，则在当前框架的上一级显示网页。

◎ _top：在当前窗口中打开网页，覆盖原来所有的框架内容。

4. 测试影片和发布主页

（1）选择“控制”→“测试影片”菜单命令，进入影片测试状态。选择“视图”→“下载设置”→“56k（4.7kb/s）”菜单命令，设置下载速度为 56k。然后选择“视图”→“模拟下载”菜单命令，就可以观看到影片模拟下载的效果。

（2）选择“文件”→“发布设置”菜单命令，打开“发布设置”对话框，选中“HTML”标签项，再在“HTML”标签右边的文本框中输入文件名称“预下载网页.html”，其他设置采用默认参数。

（3）单击“发布”按钮，可发布选定格式的文件。单击“确定”按钮，退出该对话框。

操作步骤

1. 准备文本素材和设计界面

（1）打开“【任务 30】图像浏览器 1.fla” Flash 文档，再以名称“【任务 35】图像浏览器 4.fla”保存。将“【任务 35】图像浏览器 4.fla” Flash 文档内各图层的第 2 帧删除，以及“库”面板内的相关元件删除。将“框架”图层的名称改为“框架和文本框”，隐藏“按钮和文本”和“图像”图层，只显示“框架和文本框”图层。

（2）打开记事本程序，输入文字，注意：在文字的一开始应加入“text1=”文字，如图 6-63 所示，“text1=”是文本框变量的名称。选择“文件”→“另存为”菜单命令，打开“另存为”对话框，在该对话框的“编码”下拉列表框内选择“UTF-8”选项，选择 Flash 文档保存目录下的“TEXT”文件夹，输入文件名称“MH1.TXT”，然后单击“保存”按钮。

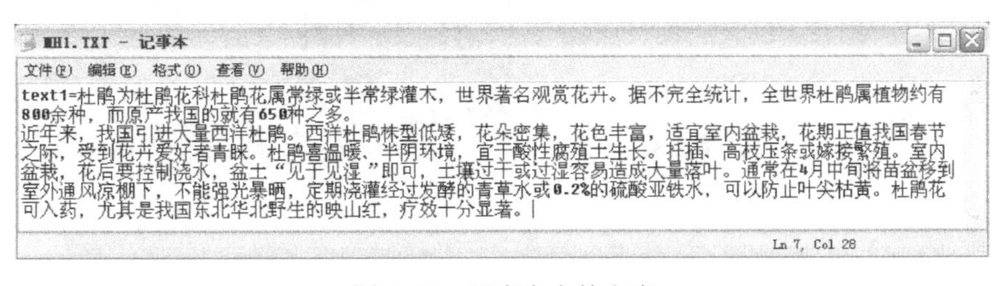

图 6-63　记事本内的文字

（3）按照上述方法，再建立“长寿花.TXT”、“倒挂金钟.TXT”、“秋海棠.TXT”、

“梅花.TXT”等 9 个文本文件。

（4）选中“框架和文本框”图层第 1 帧内的背景图像，选择“修改”→“分离”菜单命令，将背景图像打碎。再将背景图像右边部分复制一份，将复制的图像水平翻转，再将它与原图像组合在一起，形成一个组合，如图 6-64 所示。

图 6-64　加工后的背景图像

（5）绘制一幅 2pts 粗、红色轮廓线、填充黄色的矩形图形，矩形宽为 220 像素，高为 300 像素，作为文本框架。再将框架图形转换为影片剪辑元件的实例，添加“斜角”和“发光”滤镜，使框架有立体感并发黄光，这些由读者自行完成。

（6）在文本框架之上创建一个动态文本框，它的颜色为红色、字体为宋体、大小为 20 磅、加粗，“线条类型”下拉列表框中选择“多行”，加边框。单击“属性”面板内的“编辑格式选项”按钮¶，打开“格式选项”对话框，在“行距”文本框内输入 0。变量名称为“text1”，变量名文本文件内的变量名一致。

（7）选中“按钮和文本”图层第 1 帧，将按钮公用库中的两个按钮各两次拖动到文本框架的下边，将左边的两个按钮顺时针旋转 90 度，将右边的两个按钮逆时针旋转 90 度，再将它们水平排成一行，如图 6-65 所示。然后，从左到右依次给分别这 4 个按钮实例命名为“AN1”、“AN2”、“AN3”和“AN4”。各图像按钮的实例名称为“AN11”……“AN18”。

（8）选中左下边的有文字的“世界名花”的文本框，将它设置为动态文本框，它的颜色为红色、字体为华文琥珀、大小为 32，变量名称为“BIAOTI”。

图 6-65　背景图像

2. 设计程序

（1）选中“图像”图层第 1 帧，将它的“动作—帧”面板程序编辑区内的程序修改如下。

```
stop();
AN11.onPress=function(){
        _root.TU1.gotoAndStop (1);   //转至 TU1 第 1 帧停止
        loadVariablesNum("TEXT/MH1.TXT",0);
          text1.scroll=0;
         BIAOTI="杜鹃花";
}
AN12.onPress=function(){
        _root.TU1.gotoAndStop (2);   //转至 TU1 第 2 帧停止
        loadVariablesNum("TEXT/MH2.TXT",0);
          text1.scroll=0;
         BIAOTI="桂花";
}
AN13.onPress=function(){
        _root.TU1.gotoAndStop (3);   //转至 TU1 第 3 帧停止
        loadVariablesNum("TEXT/MH3.TXT",0);
          text1.scroll=0;
         BIAOTI="荷花";
}
AN14.onPress=function(){
        _root.TU1.gotoAndStop (4);   //转至 TU1 第 4 帧停止
        loadVariablesNum("TEXT/MH4.TXT",0);
          text1.scroll=0;
         BIAOTI="菊花";
}
AN15.onPress=function(){
        _root.TU1.gotoAndStop (5);   //转至 TU1 第 5 帧停止
        loadVariablesNum("TEXT/MH5.TXT",0);
          text1.scroll=0;
        BIAOTI="兰花";
}
AN16.onPress=function(){
        _root.TU1.gotoAndStop (6);   //转至 TU1 第 6 帧停止
        loadVariablesNum("TEXT/MH6.TXT",0);
          text1.scroll=0;
         BIAOTI="梅花";
}
AN17.onPress=function(){
        _root.TU1.gotoAndStop (7);   //转至 TU1 第 7 帧停止
        loadVariablesNum("TEXT/MH7.TXT",0);
          text1.scroll=0;
         BIAOTI="牡丹花";
}
AN18.onPress=function(){
        _root.TU1.gotoAndStop (8);   //转至 TU1 第 8 帧停止
        loadVariablesNum("TEXT/MH8.TXT",0);
          text1.scroll=0;
```

```
        BIAOTI="水仙花";
    }
```

（2）单击选中右下边水平按钮行中的第 1 个按钮，打开“动作—按钮”面板，双击命令列表区内“全局函数”→“影片剪辑控制”目录内的“on”函数，使它出现在程序编辑区内。单击“脚本助手”按钮，按照图 6-66 所示设置事件，并输入程序。输入如下程序。

```
on (release, keyPress "<PageUp>") {
    for (x=1; x<=8; x++) {
        text1.scroll=text1.scroll+1;
    }
}
```

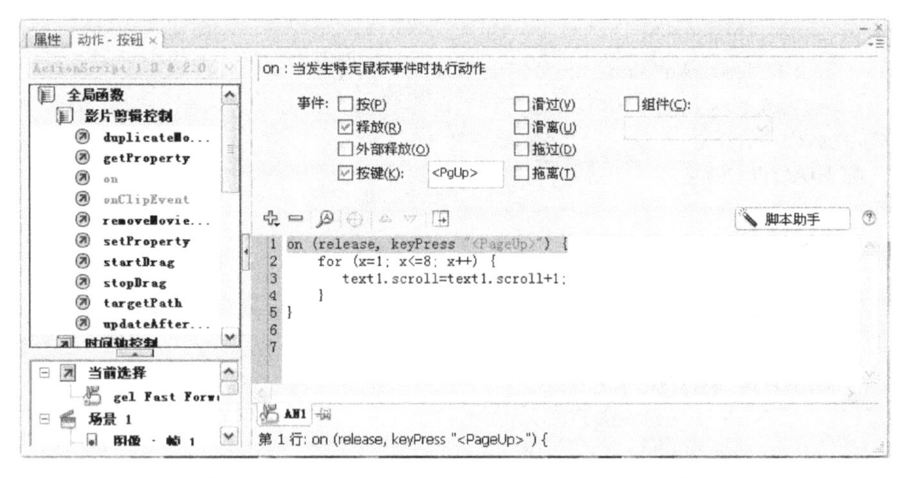

图 6-66　第 1 个按钮的“动作—按钮”面板设置

小提示

在设置按键事件时，可以单击选中“按键”复选框，再单击它右边的文本框，然后按相应的按键。例如，按光标上移键，则文本框内会显示“<上>”，在程序中会显示“<Up>”。

（3）单击选中右下边水平按钮行中的第 2 个按钮，在它的“动作—按钮”面板内程序编辑区中输入如下程序。

```
on (release, keyPress "<Up>") {
    text1.scroll=text1.scroll+1;    //文本框内的文字向上移动一行
}
```

（4）单击选中右下边水平按钮行中的第 3 个按钮，在它的“动作—按钮”面板内程序编辑区中输入如下程序。

```
on (release, keyPress "<Down>") {
    text1.scroll=text1.scroll-1;    //文本框内的文字向下移动一行
}
```

（5）单击选中右下边水平按钮行中的第 4 个按钮，在它的“动作—按钮”面板内程序编辑区中输入如下程序。

```
on (release, keyPress "<PageDown>") {
    for (x=1; x<=8; x++) {
        text1.scroll = text1.scroll-1;
    }
}
```

课后习题 6-7

1．修改【任务 35】“图像浏览器 4”动画，使它可以再介绍两种名花内容。

2．制作一个“滚动文本 1”动画，该动画播放后可以浏览关于中国传统节日的文字。

3．制作一个“欣赏 Flash 动画”动画，该动画播放后可以浏览外部 SWF 格式的 Flash 动画和该动画效果简介的文字。

4．参考【任务 35】制作一个“中国名胜”动画。

5．制作一个“北京名胜网页”动画，其主页面如图 6-67 所示。可以看到，在网页主页内的上边是 Banner，其下边是导航文字，单击导航栏内的文字按钮，可以切换到其他网页。

图 6-67　“北京名胜网页”的主页面

6．在“北京名胜网页”导航栏内增加两个按钮，单击其中一个按钮，可以弹出相应的网站的网页；单击另一个按钮，可以传送电子邮件。

第7章

面向对象的程序设计

知识要点：

1. 了解面向对象编程的基本概念，初步掌握创建对象和访问对象的方法。

2. 初步掌握键盘（Key）对象、鼠标（Mouse）对象、声音（Sound）对象、时间（Date）对象和颜色（Color）对象的基本使用方法。

3. 初步掌握面向对象程序设计的基本方法和常用技巧。

7.1 键盘和鼠标对象——【任务 36】按键控制飞鸟

任务描述

"按键控制飞鸟"动画运行后，按光标移动键可以控制飞鸟移动的方向而且画面中看不到鼠标指针。动画运行后的两幅画面如图 7-1 所示。按光标左移键，可以使飞鸟向左移动；按光标右移键，可以使飞鸟向右移动；按光标下移键，可以使飞鸟向下移动；按光标上移键，可以使飞鸟向上移动；按空格键可以逆时针旋转飞鸟。

图 7-1 "按键控制飞鸟"动画运行后的两幅画面

制作该动画主要使用了对影片剪辑实例的 enterFrame 事件（执行影片剪辑实例的帧后产生响应）来触发动作。使用键盘对象的 Key.isDown(Key.Code)方法（当键盘上的指定的按键按下时，返回 true 逻辑值），来判断用户按了哪个按键，从而产生相应的动作。本案例还采用了另外一种方法，即使用键盘侦听技术。

知识链接

1．面向对象编程的基本概念

在结构化的程序设计中，要解决某一个问题，是将问题进行分解，然后用许多功能不同的函数来实现，数据与函数是分离的。面向对象的程序设计能够有效地改进结构化程序设计中存在的问题，它采用面向对象的方法来解决问题，不再将问题分解为过程，而是将问题分解为对象，要解决问题必须首先确定这个问题是由哪些对象组成的。

对象是现实世界中可以独立存在的、可以被区分的一个实体（也可以是一些概念上的实体），它有自己的属性、作用于对象的操作（作用于对象的方法）和对象响应的动作（事件）。对象之间的相互作用通过消息传送来实现。因此面向对象编程的设计模式为“对象+消息”。

在面向对象的编程中，有几个很重要的基本概念：类、对象、属性、方法、实例和继承等。所谓“类”，可以打一个比喻，月饼模子可以看成是一个“类”，扣出的月饼是对象，每个月饼都继承了模子（类）的属性，比如模子的形状是菱形，那扣出来的月饼就是菱形。每个月饼对象都具有它自己的特有属性，例如，某个月饼的馅有蛋黄；某个月饼的馅有枣泥。通过一些方法可以改变这些属性，如把月饼切成 4 份等。

在面向对象的编程中，对象是属性和方法的集合，程序是由对象组成的。实例是类的对象，Flash 中的按钮、影片剪辑和图形实例都是类的对象。类的每个实例都继承了类的属性和方法，例如，所有影片剪辑实例都是 MovieClip 类的实例，可以将 MovieClip 类的任何方法和属性应用于影片剪辑实例。属性是对象的特性，方法是与类关联的函数，是为了完成对对象属性进行操作的函数，通过函数改变对象属性的值。面向对象的程序设计是将问题抽象成许多类，将对象的属性和方法封装成一个整体，供程序设计者使用。

2．创建对象和访问对象

（1）创建对象：可以使用 new 操作符通过 Flash 内置对象类来创建一个对象。“myDate = new date();”这条语句就是使用了 Flash 8 的日期类创建了一个新对象（也叫实例化）。这里，对象 myDate 可以使用内置对象 date()的 getDate()等方法和属性。

使用 new 操作符来创建一个对象需要使用构造函数（构造函数是一种简单的函数，它用来创建某一类型的对象）。ActionScript 的内置对象也是一种提前写好的构造函数。

（2）访问对象：可以使用点操作符来访问对象的属性，在点操作符的左边写入对象名，点操作符右边写入要使用的对象。例如下面程序中，Sound1 是对象，setVolume()是方法，通过点操作符来连接。

```
Sound1=new sound(this);      //实例化一个声音对象 Sound1
Sound1.setVolume(30);        //设置声音对象 Sound1 的音量为 30
```

3．键盘（Key）对象

键盘对象可以从“动作”面板命令列表区的“ActionScript 2.0 类”→“影片”→

"Key"目录中找到。键盘（Key）对象常用的常数如表 7-1 所示。

表 7-1　Key 对象常用的常数

Key.BACKSPACE：常量值为 8	Key.CAPSLOCK：常量值为 20	Key.TAB：常量值为 9
Key.CONTROL：常量值为 17	Key.DELETE：常量值为 46	Key.UP：常量值为 38
Key.SHIFT：常量值为 16	Key.SPACE：常量值为 32	Key.DOWN：常量值为 40
Key.ENTER：常量值为 13	Key.ESCAPE：常量值为 27	Key.END：常量值为 35
Key.HOME：常量值为 36	Key.INSERT：常量值为 45	Key.PGUP：常量值为 33
Key.LEFT：常量值为 37	Key.RIGHT：常量值为 39	Key.PGDN：常量值为 34

（1）键盘（Key）对象不需要经过 new 声明就可以使用它的方法和常数。

（2）键盘（Key）对象的常用方法及功能如表 7-2 所示。

表 7-2　Key 对象的常用方法及功能

Key 对象的常用方法	功　　能
Key.isDown(keycode)	当任意键按下时，返回 true。Keycode 是被检测的按键的按键值
Key.isToggled(keycode)	当小键盘大小写锁定键（Capslock，按键值 20）或数字锁定键（Numlock，按键值 144）按下时，返回 true
Key.getASCII()	返回最后按下键的 ASCII 码
Key.getCode()	返回最后按下键的按键值（VirtualKey 码）

4．键盘对象侦听器

键盘（Key）对象侦听器（Listener）是用来侦听键盘的敲击状态。使用它涉及 4 个方法。

（1）addListener 方法

【格式】Key.addListener(newListener);

【功能】用来注册一个侦听器（Listener）对象，以接收来自 onKeyDown 和 onKeyUp 的状态。当某个按键按下或松开时，不论输入的方式如何，它会视状况调用 addListener 内注册的对象的 onKeyDown 和 onKeyUp 两个方法。可以同时有多个对象来侦听键盘的敲击状态。参数 newListener 是一个具有 onKeyDown 和 onKeyUp 两个方法的函数对象名称。例如：

Key.addListener(myListener);　//将具有 onKeyDown 和 onKeyUp 两个方法的函数 myListener 指定为侦听键盘按键的函数对象。

（2）removeListener 方法

【格式】Key.removeListener(Listener);

【功能】用来删除参数 Listener 指定的与侦听器（Listener）关联的函数的关联，删除成功时返回 true，否则返回 false。例如：

Key.removeListener(myListener);　//删除函数 myListener

（3）onKeyDown 方法

【格式】someListener.onKeyDown = function() {…语句…}

【功能】用来产生当键盘的按键被按下时的后续动作。使用前必须先建立一个 Listener 对象，再定义一个函数给这个对象，并使用 addListener 方法注册键盘（Key）对象为 Listener。someListener 是要设置为 Listener 的对象（Object）名称。例如：

```
myListener=new Object();    //建立一个 Listener 对象
myListener. onKeyDown = function() {myval=true};    //当按键按下时，myval 的值为 true
Key.addListener(myListener);    //注册一个侦听器，建立按键与 myListener 函数对象的关联
```

（4）onKeyUp 方法

【格式】someListener.onKeyUp= function() {…语句…}

【功能】用来产生当键盘的按键被松开时的后续动作。

5．鼠标（Mouse）对象

鼠标（Mouse）对象不需要实例化。可以从“动作”面板命令列表区的“ActionScript 2.0 类”→“影片”→“mouse”目录中找到。

（1）hide 方法

【格式】Mouse.hide()

【功能】隐藏鼠标指针。

（2）show 方法

【格式】Mouse.show()

【功能】显示鼠标指针。

（3）addListener 方法

【格式】Mouse.addListener(newListener);

【功能】用来注册一个侦听器（Listener）对象，以接收来自 onMouseDown、onMouseUp 和 onMouseMove 的状态。当某个按键按下、松开或经过时，不论输入的方式如何，它会视状况调用 addListener 内注册的对象的 onMouseDown、onMouseUp 和 onMouseMove 3 个方法。可以同时有多个对象来侦听鼠标的按键状态。参数 newListener 是一个具有 onMouseDown、onMouseUp 和 onMouseMove 3 个方法的函数对象名称。例如：

```
Mouse.addListener(myListener);   //将具有 onMouseDown、onMouseUp 和 onMouseMove 3 个方法
的函数 myListener 指定为侦听鼠标的按键状态的函数。
```

（4）removeListener 方法

【格式】Mouse.removeListener(Listener);

【功能】用来删除参数 Listener 指定的与侦听器（Listener）关联的函数的关联，删除成功时返回 true，否则返回 false。例如：

```
Mouse.removeListener(myListener);   //删除函数 myListener
```

（5）onMouseDown 方法

【格式】someListener.onKeyDown = function() {…语句…}

【功能】用来产生当鼠标的按键被按下时的后续动作。使用前必须先建立一个 Listener 对象，再定义一个函数给这个对象，并使用 addListener 方法注册鼠标（Mouse）对象为 Listener。someListener 是要设置为 Listener 的对象（Object）名称。

操作步骤

1. 方法1

（1）新建一个名称为“【任务 36】按键控制飞鸟 1.fla”的 Flash 文档。设置舞台工作区的宽为 600 像素，高为 350 像素，背景色为蓝色。选中“图层 1”图层的第 1 帧，导入一幅云图图像，再将它的大小调整为刚好将舞台工作区覆盖。

（2）导入一个 GIF 格式的动画到“库”面板，该动画是一个飞鸟原地飞。将“库”面板内自动生成的影片剪辑元件名称改为“飞鸟”。

（3）在“图层 1”图层的上边添加一个名称为“图层 2”的图层，选中“图层 2”图层第 1 帧，将“库”面板中的“飞鸟”影片剪辑元件拖动到舞台工作区中，形成一个实例。

（4）选中“图层 2”图层第 1 帧，在它的“动作—帧”面板的程序编辑区中输入如下程序。

```
Mouse.hide();            //隐藏鼠标指针
```

（5）单击选中“飞鸟”影片剪辑实例，在“动作—影片剪辑”面板的程序编辑区中输入如下程序。

```
// 针对“飞鸟”影片剪辑元件的实例的事件响应
onClipEvent (enterFrame) {
   //如果按下光标右移键，则使影片剪辑实例右移 5 个像素
   if(Key.isDown(Key.RIGHT)) {
     this._x=_x+5;
   //如果按下光标下移键，则使影片剪辑实例下移 5 个像素
   } else if (Key.isDown(Key.DOWN)) {
      this._y=_y+5;
   //如果按下光标左移键，则使影片剪辑实例左移 5 个像素
   } else if (Key.isDown(Key.LEFT)) {
     this._x=_x-5;
   //如果按下光标上移键，则使影片剪辑实例上移 5 个像素
   } else if (Key.isDown(Key.UP)) {
     this._y=_y-5;
   //如果按下空格键，则使影片剪辑实例上逆时针旋转 5 度
   }else if (Key.isDown(Key.SPACE)) {
     this._rotation=_rotation-5;
   }
}
```

2. 方法2

在上边动画的基础之上，使用键盘侦听技术制作“按键控制的飞鸟”动画，方法如下。

（1）打开“【任务 36】按键控制飞鸟 1.fla”文档，以名称“【任务 36】按键控制飞鸟 2.fla”保存。选中“飞鸟”影片剪辑实例，给该实例命名为“FN”。

（2）选中“图层 2”图层的第 1 帧，打开“动作—帧”面板，输入如下程序。

```
myListener=new Object();    //建立一个 Listener 对象
myListener.onKeyDown = function() {           //当按键按下时，执行下面的程序
    //如果按下光标右移键，则使影片剪辑实例右移 5 个像素
    if(Key.isDown(Key.RIGHT)) {
        FN._x=FN._x+5;
    //如果按下光标下移键，则使影片剪辑实例下移 5 个像素
    } else if (Key.isDown(Key.DOWN)) {
        FN._y=FN._y+5;
    //如果按下光标左移键，则使影片剪辑实例左移 5 个像素
    } else if (Key.isDown(Key.LEFT)) {
        FN._x=FN._x-5;
    //如果按下光标上移键，则使影片剪辑实例上移 5 个像素
    } else if (Key.isDown(Key.UP)) {
        FN._y=FN._y-5;
    //如果按下空格键，则使影片剪辑实例上逆时针旋转 5 度
    }else if (Key.isDown(Key.SPACE)) {
       FN._rotation=FN._rotation-5;
    }
}
Key.addListener(myListener); //注册一个侦听器，建立按键与 myListener 函数对象的关联
```

课后习题 7-1

1．制作一个动画，该动画播放后，键入按键，即可显示相应的 ASCII 码和按键值。

2．制作“按键控制游鱼”动画，该动画播放后，按光标移动键可控制几条小鱼移动的方向。按光标左移键，可使小鱼向左移动；按光标右移键，可使小鱼向右移动；按光标下移键，可使小鱼向下移动；按光标上移键，可使小鱼向上移动；按空格键，可使小鱼逆时针旋转。

3．制作一个“转动眼睛的小狗”动画，运行后的两幅画面如图 7-2 所示，可以看到，可以用鼠标拖曳冒着热气的烤肉，随着鼠标的移动，小狗的眼睛也随之转圈。

图 7-2　“转动眼睛的小狗”动画播放后的两幅画面

7.2　声音对象——【任务 37】播放外部 MP3

任务描述

“播放外部 MP3”动画播放后的两幅画面如图 7-3 所示。单击左边框内的文字按钮，可

播放相应的 MP3 音乐，同时右边栏内的宝宝图像也随之改变，在右框内左下角显示动画播放的总时间，右下角显示正在播放的 MP3 音乐还剩余的时间；单击“停止”文字按钮，可以使音乐停止播放。MP3 文件应存放在当前目录下的“MP3”文件夹内。

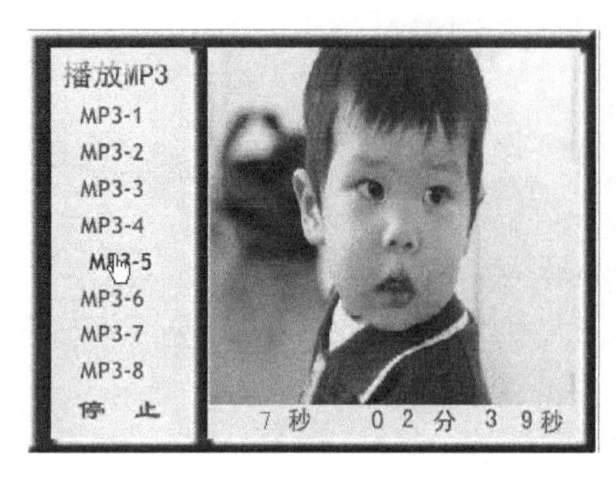

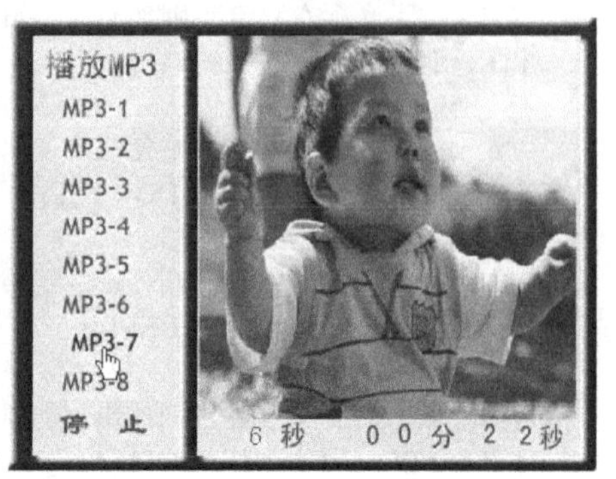

图 7-3 “播放外部 MP3”动画播放后的两幅画面

知识链接

1．声音（Sound）对象的构造函数

【格式】new Sound([target])

其中的参数 target 是 Sound 对象操作的影片剪辑实例。此参数是可选的。可采用“mySound=new Sound();”或“mySound=new Sound(target); ”命令。

【功能】使用 new 操作符实例化 sound 对象，即为指定的影片剪辑创建新的 Sound 对象。如果没有指定目标实例 target（目标），则 Sound 对象控制影片中的所有声音。如果指定 target，则只对指定的对象起作用。

【实例 1】 下面的实例创建了一个名字为“hsound1”的 Sound 对象新实例。程序中的第 2 行调用 setVolume 方法并将影片中的所有声音的音量调整为 60。

```
hsound1= new Sound();
hsound1.setVolume(60);
```

【实例 2】 下面的实例创建 Sound 对象的新实例 moviesound，将目标影片剪辑 myMovie 传递给它，然后调用 start 方法，播放 myMovie 中的所有声音。

```
moviesound = new Sound(myMovie);
moviesound.start();
```

2．声音（Sound）对象的方法和属性

（1）mySound.attachSound 方法

【格式】mySound.attachSound("idName")

【功能】将“库”面板内指定的声音元件载入场景中，也就是将“库”面板中的一个声音元件绑定，绑定后就可以用声音的其他方法来控制声音的各个属性。其中，“idName”是

指库中声音元件的链接标识符（ID）名称，它是在“链接属性”对话框“标识符”文本框中输入的。

右击“库”面板中的声音元件，打开快捷菜单，选择“链接”菜单命令，可打开如图 7-4 所示的“链接属性”对话框。在“标识符”文本框内输入元件的链接标识符名称，再选择第 1 个和第 3 个复选框，需要的话还应该在“URL”文本框内输入 URL 数据，单击“确定”按钮退出。

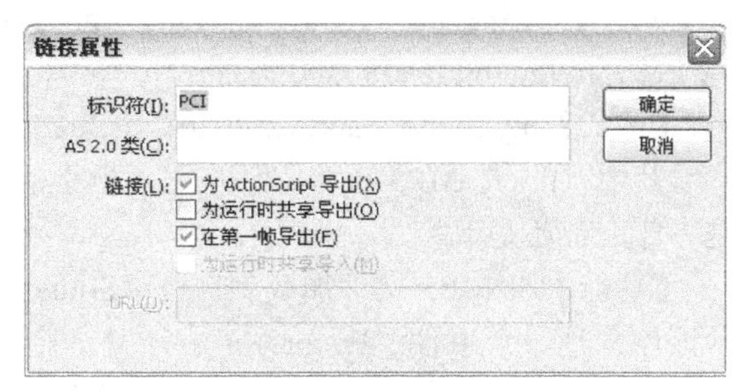

图 7-4　“链接属性”对话框

（2）start 方法

【格式】sound.start()

【功能】开始播放当前的声音对象。

（3）stop 方法

【格式】sound.stop()

【功能】停止正在播放的声音对象。

（4）setVolume 方法

【格式】sound.setVolume(n)

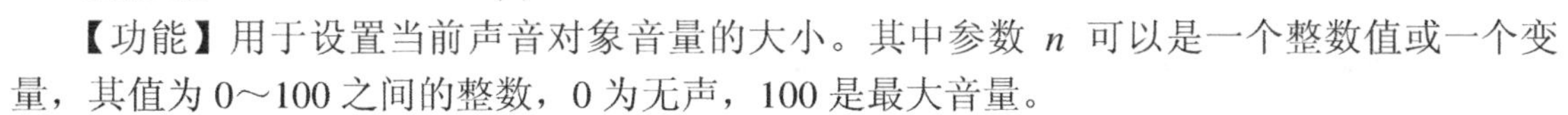

【功能】用于设置当前声音对象音量的大小。其中参数 n 可以是一个整数值或一个变量，其值为 0～100 之间的整数，0 为无声，100 是最大音量。

（5）sound.getVolume 方法

【格式】sound.getVolume()

功能：返回一个 0～100 之间的整数，该整数是当前声音对象的音量，0 是无音量，100 是最高音量。可以将 sound.getVolume()的值赋给一个变量。它的默认值是 100。

（6）mySound.setPan 方法

【格式】mySound.setPan(pan)

其中，参数 pan 是一个整数，它指定声音的左右均衡。它的有效值范围为-100～100，其中-100 表示仅使用左声道，100 表示仅使用右声道，而 0 表示在两个声道间平均地均衡声音。

【功能】用来确定声音在左右声道中如何播放。对于单声道声音，pan 确定声音通过哪个声道播放。例如，下面的例子创建一个声音（Sound）对象实例 S，并附加一个来自“库”面板的链接标识符为“S1”的声音。它还调用 setVolume 和 setPan 方法来控制“S1”声音。

```
onClipEvent(mouseDown) {
  S= new Sound(this); //创建一个声音对象 S
  S.attachSound("S1");
  S.setVolume(80);
  S.setPan(-70);
  S.start();     //开始播放声音对象
}
```

（7）mySound.getPan 方法

【格式】mySound.getPan()

【功能】这个方法返回在上一次使用 setPan 方法时设置的 pan 值，它是一个从–100～100 之间的整值，这个值代表左右声道的音量，–100～0 是左声道的值，0～100 是右声道的值（0 平衡地设置左右声道）。该面板设置控制影片中当前和将来声音的左右均衡。

此方法是用 setVolume 或 setTransform 方法累积的。

（8）mySound.loadSound 方法

【格式】mySound.loadSound("url", isStreaming)

其中，url 是 MP3 声音文件在服务器上的位置。isStreaming 是一个布尔值，它指示声音是事件声音还是流声音。

【功能】将 MP3 文件加载到声音（Sound）对象的实例中。可以使用 isStreaming 参数指示该声音是一个事件（Event）声音还是一个流（Streaming）声音。事件声音在完全加载后才能播放；流声音在下载的同时播放。当接收的数据足以启动解压缩程序时，播放开始。与事件声音一样，流声音仅存在于虚拟内存中，不能将其下载到硬盘。例如，下面的实例是加载事件声音。

```
S1.loadSound("http://serverpath:port/mp3filename",false);
```

例如，下面的实例是加载流声音。

```
s.loadSound("http://serverpath:port/mp3filename",true);
```

（9）mySound.setTransform 方法

【格式】mySound.setTransform(soundTransformObject)

其中，参数 soundTransformObject 是一个使用 Object 对象创建的声音变化对象的名称。

【功能】用来设置声音对象的变化值，其中 mySound 是一个使用声音对象创建的对象名称。

其中属性有：ll（控制左声道进入左扬声器音量）、lr（控制右声道进入左扬声器音量）、rr（控制右声道进入右扬声器音量）、rl（控制左声道进入右扬声器音量）。它们取值为–100～100。

通过下面的公式可以计算左右音量的大小：左输出=左输入*ll+右输入*lr ，右输出=右输入*rr+左输入*rl。如果不指定这几个属性，系统默认为：ll=100，lr=0，rr=100，rl=0。

可以首先使用 Object 对象创建一个声音变化对象，然后再通过这个声音变化对象设置声音对象 mySound 的 4 个属性。例如：

```
mySound.attachSound（"thisSong"）;//利用 attachSound 方法绑定一个声音
myTransformObject=new Object（）;//构造一个声音变化对象 myTransformObject
myTransformObject.ll=50;
myTransformObject.lr=50;
myTransformObject.rr=50;
myTransformObject.rl=50;
//将立体声音的左右输入平均分配给扬声器，形成单声道
mySound.setTransform（myTransformObject）;
//将声音变化对象 myTransformObject 传递给 setTransform 方法
```

（10）mySound.getTransform 方法

【格式】mySound.getTransform();

【功能】返回最后一次 mySound.setTransform 方法所设置的声音对象的变化值。

（11）Sound.getBytesLoaded 方法

【格式】Sound.getBytesLoaded()

【功能】返回指示所加载字节数的整数。返回为指定声音（Sound）对象加载（进入流）的字节数。可以比较 getBytesLoaded 的值与 getBytesTotal 的值，以确定已加载声音的百分比。

（12）Sound.getBytesTotal 方法

【格式】Sound.getBytesTotal()

【功能】返回一个整数，以字节为单位指示指定声音（Sound）对象的总大小。

（13）duration 属性

【格式】mySound.duration

【功能】它是只读属性。给出声音的持续时间，以毫秒为单位。

（14）position 属性

【格式】mySound.position

【功能】它是只读属性。给出声音已播放的毫秒数。如果声音是循环的，则在每次循环开始时，位置将被重置为 0。

操作步骤

1. 制作界面

（1）新建一个名称为“【任务 37】播放外部 MP3.fla”的 Flash 文档。设置舞台工作区的宽为 40 像素，高为 300 像素，背景色为蓝色。

（2）将主场景内“图层 1”图层的名称改为“框架和背景”，选中该图层第 1 帧，绘制一幅立体框架图像，使它刚好将整个舞台工作区覆盖，再制作“播放 MP3”红色立体标题文字。

（3）创建并进入“图像”影片剪辑元件编辑状态，选中第 2 帧到第 9 帧，按【F7】键，创建 8 个空关键帧。在各帧舞台工作区内放置一幅“库”面板中的图像，9 幅图像的大小和位置一样。然后，回到主场景。

（4）在“框架和背景”图层的上边增加一个“图像”图层。选中该图层第 1 帧，将“库”面板内的“图像”影片剪辑元件拖曳到舞台工作区内框架的右框中，调整它们的大小和位置。然后，在其“属性”面板内将实例命名为“TU”。

（5）在“图像”图层的上边增加一个“遮罩”图层。选中该图层第 1 帧，绘制一幅黑色矩形，将右框内部完全覆盖。然后设置“遮罩”图层为遮罩层，“图像”图层为被遮罩层。

（6）制作 9 个文字按钮。在“框架和背景”图层的上边增加一个“按钮”图层。选中该图层第 1 帧，将“库”面板内的 9 个按钮依次拖曳到舞台工作区内，均匀地排成一列。然后，利用“属性”面板分别给按钮实例命名为“AN1”……“AN9”。

（7）在“按钮”图层的上边增加一个“时间”图层，选中“时间”图层第 1 帧，在框架的右框下边创建 5 个动态文本框，颜色为红色、字体为黑体、加粗，相应的变量名称分别为“TIME1”、“M1”、“M2”、“S1”和“S2”（从左到右）。再输入“分”和“秒”红色、黑体、加粗的文字。

2．程序设计

（1）创建并进入“Action”影片剪辑元件编辑状态，在这舞台工作区中不放置任何对象。选中“图层 1”图层第 1 帧，在它的“动作—帧”面板程序编辑区内输入如下程序。

```
var m;  //定义一个变量 m
mydate = new Date();            //实例化一个 mydate 日期对象
//计算音乐播放的剩余时间，赋给变量 m
m=Math.floor((_root.mySound1.duration-_root.mySound1.position)/1000);
//计算秒的个位和十位数字，分别赋给变量 S1 和 S2
_root.S2=Math.floor(Math.floor(m%60)%10);
_root.S1=Math.floor(Math.floor(m%60)/10);
//计算分的个位和十位数字，分别赋给变量 M1 和 M2
_root.M2=Math.floor(Math.floor(m/60)%10);
_root.M1=Math.floor(Math.floor(m/60)/10);
_root.TIME1=Math.floor(getTimer()/1000);
```

程序中的 getTimer()函数的功能是：返回影片播放后所经过的时间，单位为毫秒。

（2）选中“图层 1”图层第 2 帧，按【F5】键，为的是让程序可以不断执行“图层 1”图层第 1 帧的脚本程序。从而动态地更新时钟数据。然后，回到主场景。

（3）选中“时间”图层第 1 帧，将“库”面板中的“Action”影片剪辑元件拖曳到舞台工作区中，形成一个白色小圆圈。它的作用是不断刷新时间，起到显示音乐播放剩余时间的作用。

（4）选中“按钮”图层第 1 帧，在“动作—帧”面板程序编辑区内输入如下程序。

```
mySound1 = new Sound();    //实例化一个 mySound1 声音对象
AN1.onPress = function() {
    _root.mySound1.stop();      //停止播放音乐
    _root.mySound1.loadSound("MP3/MP3-1.mp3",true); //加载外部 MP3 音乐
    TU.gotoAndStop(2);
    _root.mySound1.start();    //开始播放音乐
};
AN2.onPress = function() {
    _root.mySound1.stop();     //停止播放音乐
    _root.mySound1.loadSound("MP3/MP3-2.mp3", true ); //加载外部 MP3 音乐
    TU.gotoAndStop(3);
  _root.mySound1.start();    //开始播放音乐
};
AN3.onPress = function() {
    _root.mySound1.stop();     //停止播放音乐
```

```
        _root.mySound1.loadSound("MP3/MP3-3.mp3", true); //加载外部 MP3 音乐
        TU.gotoAndStop(4);
        _root.mySound1.start();     //开始播放音乐
};
AN4.onPress = function() {
        _root.mySound1.stop();     //停止播放音乐
        _root.mySound1.loadSound("MP3/MP3-4.mp3", true); //加载外部 MP3 音乐
        TU.gotoAndStop(5);
        _root.mySound1.start();     //开始播放音乐
};
AN5.onPress = function() {
        _root.mySound1.stop();     //停止播放音乐
        _root.mySound1.loadSound("MP3/MP3-5.mp3", true); //加载外部 MP3 音乐
  TU.gotoAndStop(6);
        _root.mySound1.start();     //开始播放音乐
};
AN6.onPress = function() {
        _root.mySound1.stop();     //停止播放音乐
  _root.mySound1.loadSound("MP3/MP3-6.mp3", true); //加载外部 MP3 音乐
        TU.gotoAndStop(7);
        _root.mySound1.start();     //开始播放音乐
};
AN7.onPress = function() {
        _root.mySound1.stop();     //停止播放音乐
        _root.mySound1.loadSound("MP3/MP3-7.mp3", true); //加载外部 MP3 音乐
        TU.gotoAndStop(8);
        _root.mySound1.start();     //开始播放音乐
};
AN8.onPress = function() {
        _root.mySound1.stop();     //停止播放音乐
_root.mySound1.loadSound("MP3/MP3-8.mp3", true); //加载外部 MP3 音乐
        TU.gotoAndStop(9);
        _root.mySound1.start();     //开始播放音乐
};
AN9.onPress = function() {
        _root.mySound1.stop();     //停止播放音乐
        TU.gotoAndStop(1);
};
```

课后习题 7-2

1. 修改【任务 37】“播放外部 MP3”动画，使该动画增加播放音乐的个数。
2. 参考【任务 37】“播放外部 MP3”动画的设计方法，设计一个“播放 MP3”动画。

3．给【任务 36】“按键控制飞鸟”动画添加 MP3 背景音乐，用一个按钮来控制背景音乐是否播放，用另一个按钮来控制背景音乐的声音大小。

7.3 时间对象——【任务 38】荧光数字表

任务描述

“荧光数字表”动画播放后的两幅画面如图 7-5 所示。可以看到它是一个荧光数字表，两组荧光点每隔 1 秒闪动一次，喇叭响一声。同时还有“上午”和“下午”的文字显示和图像切换。

图 7-5 “荧光数字表”动画播放后显示的两幅画面

知识链接

1．时间（Date）对象实例化的格式

时间（Date）对象是将计算机系统的时间添加到对象实例中。时间对象可以从“动作”面板命令列表区的“ActionScript 2.0 类”→“核心”→“Date”目录中找到。时间（Date）对象实例化的格式如下。

```
myDate=new date();
```

2．时间对象的常用方法

时间对象的常用方法如表 7-3 所示。

表 7-3 Date 对象的常用方法

方法或属性	功　能
getDate()	获取当前日期
getDay()	获取当前星期，从 0 到 6，0 代表星期一，1 代表星期二等
getFullYear()	获取当前年份（4 位数字，如 2002）
getHours()	获取当前小时数（24 小时制，0～23）
getMilliseconds()	获取当前毫秒数（0～999）
getMinutes()	获取当前分钟数（0～99）

续表

方法或属性	功　能
getMonth()	获取当前月份，0 代表一月，1 代表二月等
getSeconds()	获取当前秒数，值为 0～59
getTime()	根据系统日期，返回距离 1970 年 1 月 1 日 0 点的秒数
getTimer()	返回自 SWF 文件开始播放时起已经过的毫秒数
getYear()	获取当前缩写年份（用年份减去 1900，得到两位年数）
new Date()	实例化一个日期对象。new 操作符的实例化过程
setDate()	设置当前日期
setFullYear()	设置当前年份（4 位数字）
setHours()	设置当前小时数（24 小时制，0～23）
setMilliseconds()	设置当前毫秒数
setMinutes()	设置当前分钟数
setMonth()	设置当前月份（0-Jan,1-Feb...）
setSeconds()	设置当前秒数

操作步骤

1．制作“数字表”影片剪辑元件

（1）新建一个名称为“【任务 38】荧光数字表.fla”的 Flash 文档。设置舞台工作区的宽为 400 像素，高为 220 像素，背景色为黑色。

（2）创建“点”的图形元件，如图 7-6（a）所示；创建“线”的图形元件，如图 7-6（b）所示。创建并进入“点闪”影片剪辑元件，其内水平放置两个“库”面板中的“点”图形元件实例，在“图层 1”图层第 1 帧的“动作—帧”面板程序编辑区内输入“stop();”语句，选中“图层 1”图层第 2 帧，按【F7】键。然后，回到主场景。

（3）创建“表盘”图形元件，在“图层 1”图层第 1 帧的舞台工作区内，绘制一幅宽 570 像素，高 120 像素的黑色矩形图形。然后，回到主场景。

（4）创建“单个数字”影片剪辑元件，它的时间轴如图 7-7 所示，“背景”图层第 1 帧的图形比较暗，如图 7-8（a）所示；“7 段”图层各帧的图形分别是“0”……“9”7 段荧光数字图形，它们是由“线”图形元件实例组成的，例如，“8”的 7 段荧光数字图形如图 7-8（b）所示。

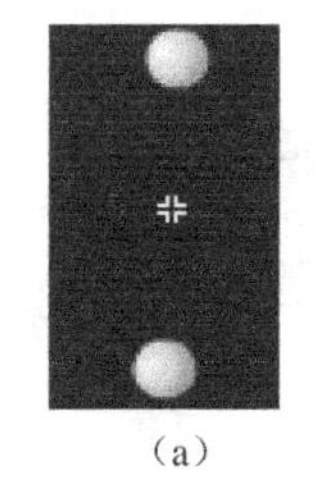

（a）

（b）

图 7-6　点和线

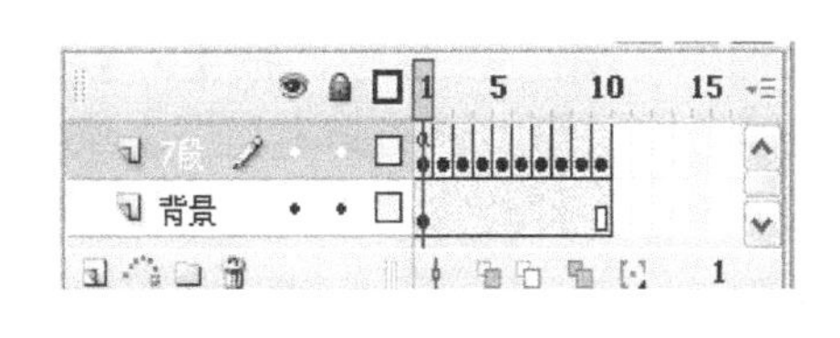

图 7-7　影片剪辑元件时间轴

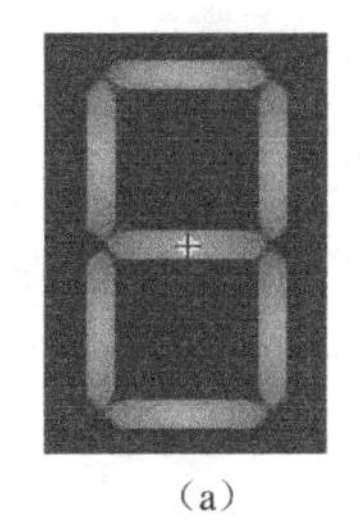

（a）

（b）

图 7-8　单个数字图形

（5）将两幅娃娃图像导入“库”面板内，创建“卡通儿童 1”和“卡通儿童 2”两个影片剪辑元件，其内分别放置两幅娃娃图像，大小分别调整宽和高均为 60 像素。

（6）创建并进入“数字表”影片剪辑元件的编辑状态，将“图层 1”图层的名字改为“表盘”。选中该图层第 1 帧，将“库”面板内的“表盘”图形元件拖曳到舞台工作区内，调整大小和位置。

（7）在“表盘”图层之上添加“数字”图层，选中“数字”图层第 1 帧，6 次将“库”面板内的“单个数字”影片剪辑元件拖曳到舞台工作区内，再将“库”面板内的“点闪”影片剪辑元件拖曳到舞台内，调整它们的大小、位置和倾斜，效果如图 7-9 所示。

（8）从左到右分别给“单个数字”影片剪辑元件实例命名为“H2”、“H1”、“M2”、“M1”、“S2”和“S1”。给“点闪”影片剪辑元件命名为“DS”。然后，回到主场景。

图 7-9 “数字表”影片剪辑元件

2. 制作动画

（1）将主场景的“图层 1”图层的名称改为“日期时间”，选中主场景内“日期时间”图层第 1 帧，将“库”面板中的“数字表”影片剪辑元件拖曳到舞台工作区中。弹出“属性”面板，为“数字表”影片剪辑实例命名“VIEW”。

（2）选中“日期时间”图层第 1 帧，创建 4 个动态文本框，变量名分别设置为“DATE1”、“SXW”、“WEEK1”和“TIME1”，分别用来显示日期、上午或下午、星期和时间。设置文本框颜色为红色，字体为黑体，大小约为 30 磅左右，加粗。

（3）在“日期时间”图层之上添加“图像”图层，选中该图层第 1 帧，将“库”面板内的“卡通儿童 1”和“卡通儿童 2”影片剪辑元件拖曳到舞台工作区的右边，分别给两个实例命名为“ETDH1”、“ETDH2”。然后，调整它们的大小和位置一样，将它们移到“数字表”影片剪辑实例的右边。

（4）导入一个“秒声”MP3 音乐到“库”面板中。右击“库”面板中的声音元件，打开它的快捷菜单，选择“链接”菜单命令，可打开“链接属性”对话框。在“标识符”文本框内输入元件的链接标识符名称“sound1”，再选中第 1 和第 3 个复选框，单击“确定”按钮退出。

（5）选中“日期时间”和“图像”图层第 2 帧，按【F5】键，创建一个普通帧，为的是让程序可以不断执行“日期时间”图层第 1 帧的脚本程序。然后，回到主场景。

（6）选中“日期时间”图层第 1 帧，打开它的“动作—帧”面板，在其程序编辑区内输入如下程序。

```
mySound1 = new Sound();              //创建一个 mySound1 声音对象
mydate = new Date();                 //创建一个 mydate 日期对象
myyear = mydate.getFullYear();       //获取年份，存储在变量 myyear 中
```

```
mymonth = mydate.getMonth()+1;        //获取月份，存储在变量 mymonth 中
myday = mydate.getDate();             //获取日子，存储在变量 mydate 中
myhour = mydate.getHours();           //获取小时，存储在变量 myhour 中
myminute = mydate.getMinutes();       //获取分钟，存储在变量 myminute 中
mysec = mydate.getSeconds();          //获取秒，存储在变量 mysec 中
myarray = new Array("日", "一", "二", "三", "四", "五", "六"); //定义数组
myweek = myarray[mydate.getDay()];//获取星期，存储在变量 myweek 中
DATE1=myyear+"年"+mymonth+"月"+myday +"日";//获取日期存储在变量 DATE1 中
WEEK1="星期"+myweek;                  //显示星期
TIME1=myhour +":"+myminute +":"+mysec;//显示时间
//上下午图像和文字切换
if (myhour >12) {
    _root.SXW="下 午";
   setProperty(_root.ETDH2, _visible, 1); //显示实例“ETDH2”
    setProperty(_root.ETDH1, _visible, 0); //隐藏实例“ETDH1”
hour= hour-12;//将 24 小时制转换为 12 小时制
}else{
    _root.SXW="上 午";
setProperty(_root.ETDH1, _visible, 1); //显示实例“ETDH1”
    setProperty(_root.ETDH2, _visible, 0); //隐藏实例“ETDH2”
}
//下面两行脚本程序是控制数码钟的秒
_root.VIEW.S1.gotoAndStop(Math.floor(mysec%10)+1);
_root.VIEW.S2.gotoAndStop(Math.floor(mysec/10+1));
// 下面两行脚本程序是控制数码钟的分
_root.VIEW.M1.gotoAndStop(Math.floor(myminute%10)+1);
_root.VIEW.M2.gotoAndStop(Math.floor(myminute/10+1));
// 下面两行脚本程序控制数码钟的小时
_root.VIEW.H1.gotoAndStop(Math.floor(myhour%10)+1);
_root.VIEW.H2.gotoAndStop(Math.floor(myhour/10)+1);
//每秒小点闪一次
if (miao<>mydate.getSeconds()) {
    _root.VIEW.DS.play();
    miao=mydate.getSeconds()
    _root.mySound1.attachSound("sound1");
    _root.mySound1.start();          //开始播放音乐
}
```

（7）上述程序解释如下。

◎ myyear=mydate.getFullYear()语句：获得系统的年份数，其值赋给变量“myyear”。

◎ mymonth=mydate.getMonth()+1 语句：获得当前系统月份数，其值赋给变量“mymonth”。月份数的范围是 0～11，0 对应一月、1 对应二月、2 对应三月，以此类推，11 对应十二月。所以在获得系统的月份后，还应该加 1，即得到当前月份。

◎ myday=mydate.getDate()语句：获得当前系统的日期数，其值赋给变量“myday”。其值的范围是 1～31，随系统大月或者小月而改变。

◎ myhour=mydate.getHours()语句：获得当前系统的小时数，值赋给变量 myhour。

◎ myminute=mydate.getMinutes()语句：获得系统分数，其值赋给变量 myminute。

◎ mysec=mydate.getSeconds()语句：获得系统的秒数，其值赋给变量 second。

◎ myarray=new Array("日", "一", "二", "三", "四", "五", "六")语句：它定义了一个数组对象实例 myArray。当使用 myArray 数组时，myArray[0]的值是文字“日”，myArray[1]的值是文字“一”，myArray[2]的值是文字“二”……myArray[6]的值是文字“六”。

◎ myweek=myarray[mydate.getDay()]语句：获得当前系统的星期数，数范围是 0～6，0 对应星期日、1 对应星期一、2 对应星期二、3 对应星期三、4 对应星期四、5 对应星期五、6 对应星期六。通过 ydate.getDay()”的值确定了数组的值，赋给变量 myweek。

◎ _root.view.H1.gotoAndStop(Math.floor(hour%10)+1);语句：是将小时的个位取出，然后控制影片剪辑元件播放哪一帧，假如是 14 点，则 14 与 10 取余，结果为 4，4 加 1（因为影片剪辑元件的第 1 帧是从 0 开始），然后影片剪辑实例“H1”停止在第 5 帧，这一帧的数码字显示 4。

◎ _root.view.H2.gotoAndStop(Math.floor(hour/10)+1);语句：将小时的十位取出，控制影片剪辑元件播放哪一帧，假如是 14 点，则用 14 除以 10 再取整，结果为 1，再加 1，然后影片剪辑实例“H2”播放并停止在第 2 帧，这一帧的数码显示 1。

其他的数码字，如秒、分钟的原理都与小时类似。

课后习题 7-3

1．修改【任务 38】“荧光数字表”动画，使该动画播放时，具有定时功能，荧光数字改为红色的荧光色。

2．制作一个“定时数字表”动画，该动画播放后会显示一个数字表，数字表显示计算机系统当前的年、月、日、星期、小时、分钟和秒的数值，同时显示一只会动的小狐狸，如图 7-10（a）所示。在下边一行，还可以输入定时的时间（小时和分钟），当时间到了定时时间时，小狐狸会水平来回移动一分钟，如图 7-10（b）所示。

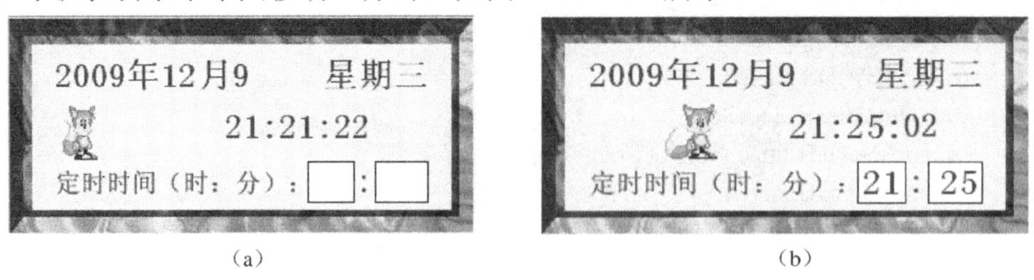

（a）　　（b）

图 7-10 “定时数字表”动画播放后显示的两幅画面

7.4 颜色对象——【任务 39】RGB 调色板

任务描述

“RGB 调色板”动画播放后的两幅画面如图 7-11 所示。拖曳滑槽中的滑块，可改变上

边图像中卡通人物动画背景的颜色，同时在 3 个滑槽右边显示相应的 R、G、B 数值（在 0～255 之间）。

图 7-11 “RGB 调色板”动画播放后显示的两幅画面

知识链接

颜色（Color）对象可以从“动作”面板命令列表区的“ActionScript 2.0 类”→“影片”→“Color”目录中找到。

1．颜色（Color）对象实例化的格式

【格式】myColor=new Color(target);

【功能】实例化一个颜色对象 target。参数 target 是用来指定影片剪辑实例的颜色名称。例如，在舞台中创建了一个红色方块的影片剪辑实例，并命名为“S1”。然后使用“myColor=new Color（S1）；”语句实例化一个 myColor 对象实例。通过这个实例的一些属性可以得到“S1”影片剪辑实例中红色方块的颜色值。

2．颜色对象常用的方法

（1）getRGB 方法

【格式】myColor.getRGB();

【功能】获得颜色对象 myColor 的颜色值。

（2）setRGB 方法

【格式】myColor.setRGB(0xRRGGBB);

【功能】通过括号中的十六进制数来设置影片剪辑实例对象的颜色。RR、GG、BB 取值在 00～ff 之间。例如，myColor.setRGB(0xFF0000);//将影片剪辑实例设置为红色。

（3）setTransform 方法

【格式】myColor.getTransform(colorTransformObject);

【功能】指定颜色变化值给特定的影片剪辑实例。参数 colorTransformObject 是以 Object 对象建立的颜色值的对象所应有的参数。这些参数及含义如下。

参数 ra：红色颜色元素的百分比，取值范围是-100～100。
参数 rb：红色颜色元素的值，取值范围是-255～255。
参数 ga：绿色颜色元素的百分比，取值范围是-100～100。
参数 gb：绿色颜色元素的值，取值范围是-255～255。
参数 ba：蓝色颜色元素的百分比，取值范围是-100～100。
参数 bb：蓝色颜色元素的值，取值范围是-255～255。
参数 aa：Alpha 的百分比，取值范围是-100～100。
参数 ab：Alpha 的值，取值范围是-255～255。

（4）getTransform 方法

【格式】myColor.getTransform;

【功能】获得颜色对象 myColor 的颜色变化值。

操作步骤

1．制作背景画面

（1）将舞台工作区的大小调整为 360 像素宽，320 像素高，背景为白色。将“图层 1”图层的名称改为“背景”。

图 7-12　舞台工作区内的画面

（2）创建一个“框架”影片剪辑元件，其内导入一幅框架图像。选中“背景”图层第 1 帧，将“库”面板内的“框架”影片剪辑元件拖曳到舞台工作区内，适当调整该实例的大小和位置，调整该实例的颜色。

（3）绘制一幅黑色矩形，如图 7-12 所示。将该矩形图形转换为“矩形”影片剪辑元件的实例，给该实例命名为“beijing”。调整该实例大小和位置，与框架内框一致。

（4）导入一个 GIF 格式卡通儿童动画到“库”面板内，在“库”面板内会自动生成一个影片剪辑元件，将该元件的名称改为“儿童”。

（5）在“背景”图层之上添加一个“动画”图层。选中该图层第 1 帧，将“库”面板内的“儿童”影片剪辑元件拖曳到舞台工作区内“矩形”影片剪辑实例的中间，如图 7-12 所示。

（6）在框架图像右边输入文字“RGB”和“调色板”，该文字添加发光滤镜效果。

2．制作滑块和程序

（1）创建一个名称为“滑块”的按钮元件，在其“点击”帧内绘制一个红色矩形图形。创建并进入“滑块 1”影片剪辑元件的编辑状态，绘制一个棕色的矩形图形。再将“库”面板内的“滑块”按钮元件拖曳到舞台工作区内，调整它的大小和位置，使它与绘制的棕色矩形图形完全重合。然后，回到主场景。

（2）在“动画”图层之上添加一个新图层，命名为“滑槽”。选中“滑槽”图层第 1 帧，绘制一条棕色、5 个 pts 的水平直线，直线的长度为 260 像素。再复制两条这样的直线，使它们均匀排列，如图 7-12 所示。利用“属性”面板，将 3 条棕色水平直线的大小和坐标位置调整如图 7-13 所示。注意：相邻两条线之间的间距为 32 像素。

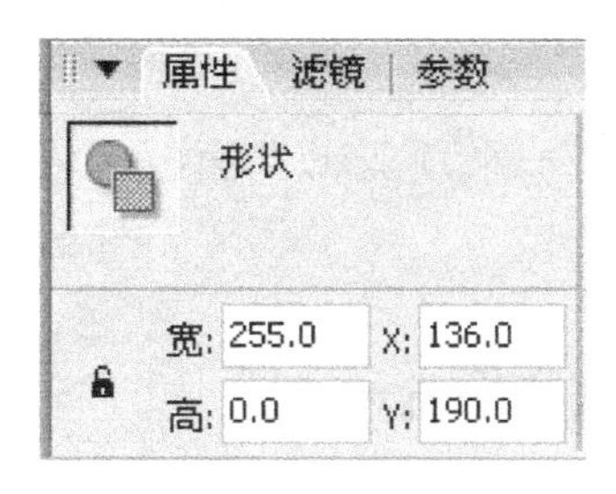

图 7-13　3 条棕色水平直线的大小和坐标位置的调整

（3）在 3 条水平直线的右边分别输入红色“R”、绿色“G”和蓝色“B”字母，在 3 个字母的右边分别创建 3 个动态文本框，它们的变量名称分别为“R”、“G”、“B”。在“R”、“G”、“B”文字的右边，输入竖排文字“调色板”，并添加斜角和发光滤镜处理。

（4）在“滑槽”图层的上边创建一个“滑块”图层，单击选中“滑块”图层第 1 帧，3 次将“库”面板内的“滑块 1”影片剪辑元件拖曳到舞台工作区内 3 条棕色水平直线的上边。利用“属性”面板，分别将这些影片剪辑实例的名称命名为“hk1”、“hk2”和“hk3”，将它们的大小和坐标位置分别调整到各自滑槽的左边。

（5）单击选中“滑块”图层第 1 帧，打开它的“动作—帧”面板，输入如下程序。

```
xcolor=new Color("beijing"); //给影片剪辑实例 xiaoyuan 定义名字为 xcolor 的颜色对象
R=_root.hk1._x-13;   //将滑块“hk1”影片剪辑实例的水平坐标值减 13 后赋给变量 R
G=_root.hk2._x-13;   //将滑块“hk2”影片剪辑实例水平坐标值减 13 后赋给变量 G
B=_root.hk3._x-13;   //将滑块“hk3”影片剪辑实例的水平坐标值减 13 后赋给变量 B
//将 R、G、B 的值和 Alpha 的值组合在一起赋给变量 x1
x1={ra:'100', rb:R, ga:'100', gb:G, ba:'100', bb:B, aa:'100', ab:'255'};
xcolor.setTransform(x1);         //将 R、G、B 颜色值赋给 xcolor 颜色对象
beijing= xcolor.getTransform(); //用 xcolor 颜色对象的颜色赋给“beijing”影片剪辑实例
```

说明：将滑块“hk1”影片剪辑实例的水平坐标值减 13 后赋给变量 R 的原因是，允许拖曳“hk1”实例的范围的左上角水平坐标值为 13。

（6）单击选中“hk1”影片剪辑实例，打开它的“动作—影片剪辑”面板，输入如下程序。

```
on (press) {
    startDrag(_root.hk1,true,13,222,268,222);     //允许在一定范围拖曳“hk1”实例
}
on (release){
    stopDrag();
}
```

（7）单击选中“hk2”影片剪辑实例，打开它的“动作—影片剪辑”面板，输入如下程序。

```
on (press) {
    startDrag(__root.hk2,true,13,254,268,254);    //允许在一定范围拖曳"hk2"实例
}
on (release) {
    stopDrag();
}
```

（8）单击选中“hk3”影片剪辑实例，打开它的“动作—影片剪辑”面板，输入如下程序。

```
on (press) {
     startDrag(root.hk3,true,13,286,268,286);   //允许在一定范围拖曳"hk3"实例
}
on (release) {
     stopDrag();
}
```

（9）按住【Ctrl】键，单击选中所有图层的第 2 帧，按【F5】键，目的是使动画可以不断执行第 1 帧内的程序。

课后习题 7-4

1．制作一个“改变颜色”动画，动画运行后，单击按钮，可以改变椭圆的颜色，要求每单击一次，椭圆颜色就发生一种新的变化。

2．制作一个“变色小狗 1”动画，该动画运行后的一幅画面如图 7-14 所示。单击小狗图像左边的色块，可将小狗图像（不包括背景色）的颜色改变为相应的颜色。例如，单击蓝色色块，小狗图像的颜色就变为蓝色。

3．在“变色小狗 1”动画的基础之上制作“变色小狗 2”动画，使该动画添加 3 组滑块，如图 7-15 所示。单击小狗图像左边的色块，可在单击的瞬间将小狗图像（不包括背景色）的颜色改变为相应的颜色。用鼠标拖曳小狗图像右边的 3 组滑块，可以调整小狗图像的颜色，同时还会显示出调整的 R、G、B 的数值（在 0～255 之间）。

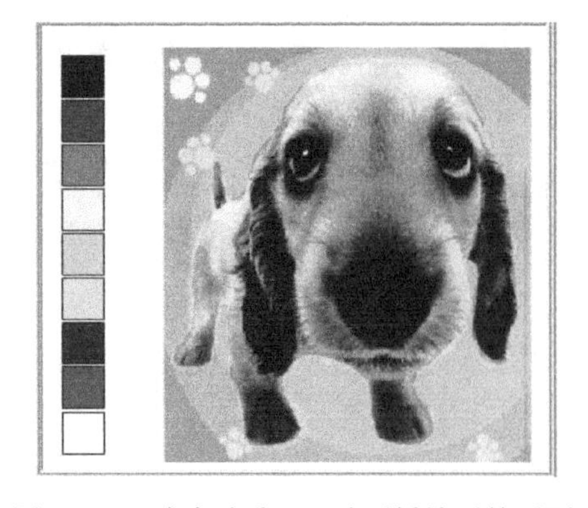

图 7-14 “变色小狗 1”动画播放后的画面

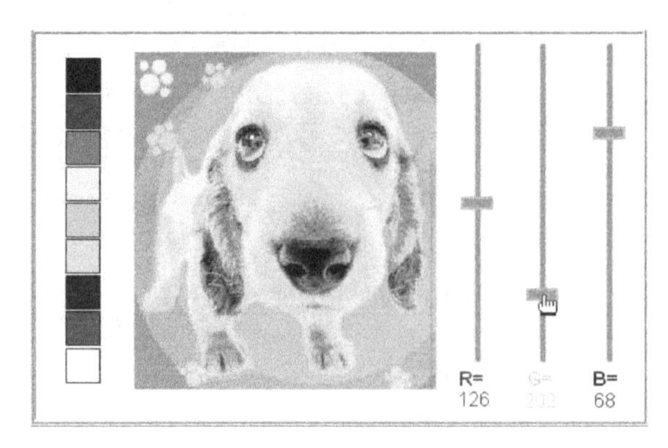

图 7-15 “变色小狗 2”动画播放后的一幅画面

第 8 章

组件和模板

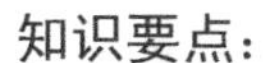

知识要点：

1. 了解组件的概念，了解 Flash 的几种组件的名称。

2. 初步掌握“User Interface”类组件中的 Label（标签）、CheckBox（复选框）、ComboBox（下拉列表框）、List（列表框）、Button（按钮）、RadioButton（单选按钮，也称为单选项）和 UIScrollPane（滚动窗格）组件的基本使用方法，以及基本参数的设置方法。

3. 初步掌握“User Interface”类组件中“FLVPlayback”组件和 DateChooser（日历）组件的基本使用方法。

4. 了解 Flash 模板，初步掌握“照片幻灯片放映”模板的使用方法。

8.1 UIScrollBar 组件——【任务 40】图像浏览器 5

任务描述

“图像浏览器 5”动画播放后的一幅画面如图 8-1 所示。可以看到，拖曳滚动条内的滑块、单击滚动条内的按钮或者拖曳文字，都可以浏览文本框中的文本，还可以在文本框中输入、删除、剪切、复制、粘贴文本。其他与【任务 35】“图像浏览器 4”动画效果一样。

图 8-1 “图像浏览器 5”动画播放后的两幅画面

知识链接

1．组件简介

组件是一些复杂的并带有可定义参数的影片剪辑元件。在使用组件创建影片时，可以直接定义参数，也可以通过 ActionScript 的方法定义组件的参数。每个组件都有自己的预定义参数（不同组件的参数会不一样），还有属于组件的属性、方法和事件，它们被称为应用程序接口 API。组件可以使程序设计与软件界面设计分开，提高了工作效率。

可以分别将这些组件加入到 Flash 的交互动画中，也可以将多个组件一起使用，来创作完整的应用程序或者 Web 表单的用户界面，还能够使用几种方法自定义组件的外观。这些常用的组件不仅减少了开发者的开发时间，提高了工作效率，而且能给 Flash 作品带来更加统一的标准化界面。同时用户也可以制作一些组件供自己使用，或者发布出去以方便其他用户。

Flash CS3 拥有一个“组件”面板，内置了“User Interface”和“Video”等几类组件。例如，“User Interface”类组件中有 Label（标签）、CheckBox（复选框）、ComboBox（下拉列表框）、List（列表框）、Button（按钮）、RadioButton（单选按钮，也叫单选项）和 UIScrollPane（滚动窗格）等；“User Interface”类组件中有“FLVPlayback”等组件。此外，还可以使用外部组件。

2．UIScrollBar（滚动条）组件参数

（1）_targetInstanceName 参数：用于设置组件实例要控制的文本框的实例名称。

（2）horizontal 参数：用于设置“UIScrollBar”组件实例是垂直方向摆放还是水平方向摆放。其值为 true 时，是垂直方向摆放；其值为 false 时，是水平方向摆放。

操作步骤

（1）打开“【任务 35】图像浏览器 4.fla”Flash 文档，再以名称“【任务 40】图像浏览器 5.fla”保存。在“框架和文本框”图层第 1 帧内创建一个动态文本框，选择“文本”→“可滚动”菜单命令，使创建的文本框成为可以用鼠标拖曳滚动文字的文本框。

（2）单击工具箱内的“文字工具”按钮 T，单击动态文本框内部，此时动态文本框右下角有一个黑色实心正方形控制柄，如图 8-2 所示（还没有输入文字）。拖曳该控制柄，可以随意调整文本框的宽度和高度，在文本框中输入文字以后，仍然可以拖曳该控制柄来调整动态文本框的宽度和高度。然后，在动态文本框的“属性”面板内设置它的实例名称为“GDTXT1”。

（3）选择“窗口”→“组件”菜单命令，打开“组件”面板，如图 8-3 所示。选中“框架和文本框”图层第 1 帧，将“组件”面板中的 UIScrollBar（滚动条）组件拖曳到舞台工作区内动态文本框右边，它会自动移到动态文本框的右边，调整 UIScrollBar（滚动条）组件实例的高度，使它的高度与动态文本框的高度一样，如图 8-4 所示。

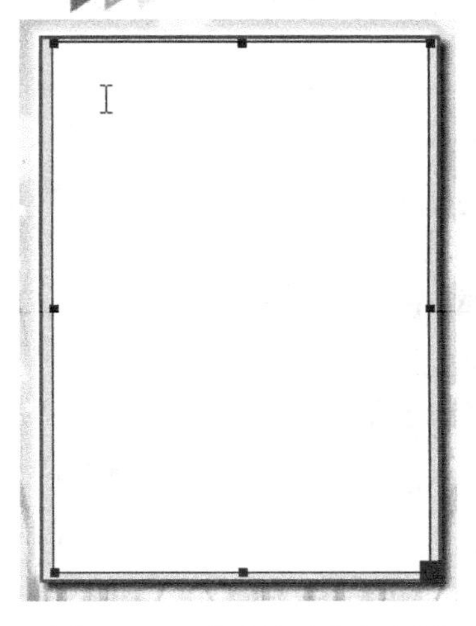

图 8-2　可滚动的动态文本框

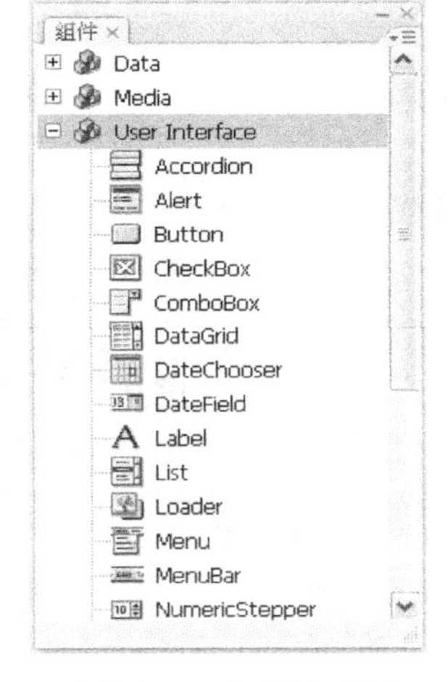

图 8-3　“组件”面板

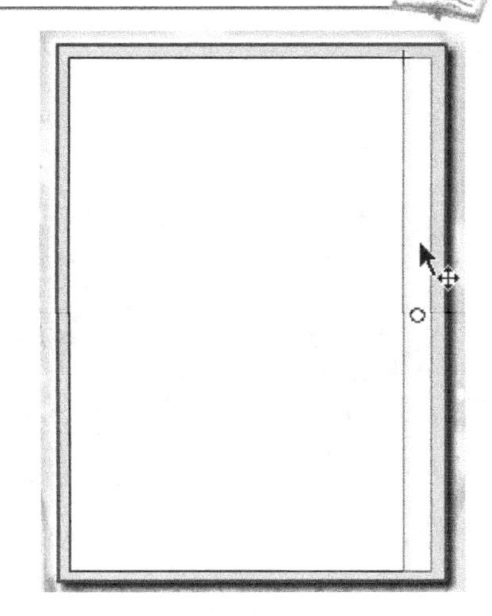

图 8-4　添加 UIScrollBar 组件实例

（4）在该动态文本框内输入“世界名花”、“桂花”、“荷花”等文字，输入的文字一定要超出该动态文本框可以显示的范围，如图 8-5 所示。

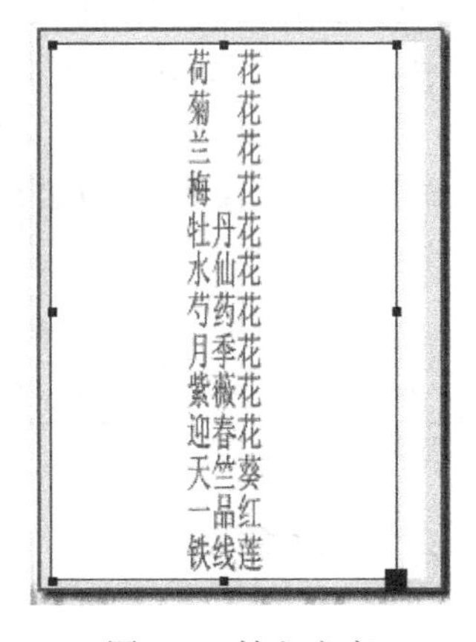

图 8-5　输入文字

（5）单击选择 UIScrollBar（滚动条）组件实例，选择“窗口”→“组件检查器”菜单命令，打开“组件检查器”面板。在“组件检查器”面板中，主要有两列内容，其中“名称”列的内容是参数名称，“数值”列的内容是参数值。设置 _targetInstanceName 参数值为“GDTXT1”，用来确定 UIScrollBar（滚动条）组件实例与要控制的动态文本框的连接；设置 horizontal 参数值为“false”，表示滚动条水平方向摆放，设置如图 8-6 所示，它的“参数”面板如图 8-7 所示。

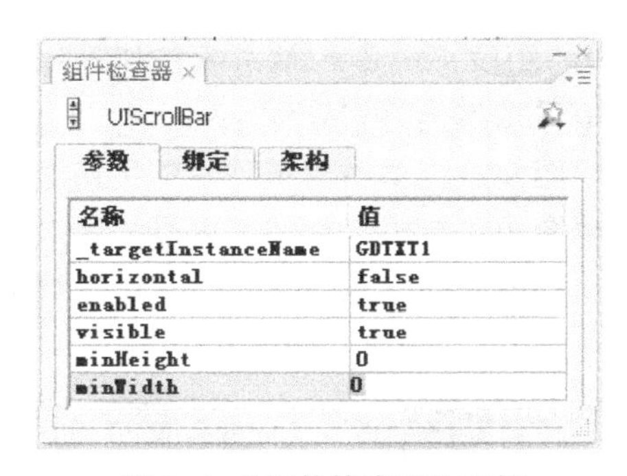

图 8-6　“组件检查器”面板

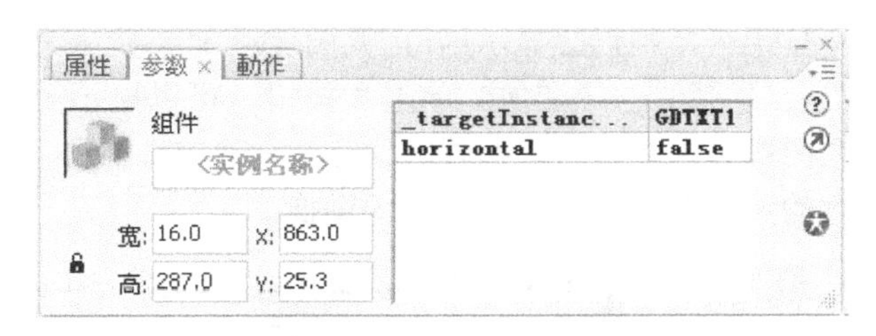

图 8-7　“参数”面板

课后习题 8-1

1．制作一个“滚动文本”动画，该动画播放后的画面如图 8-8 左图所示。拖曳滚动条内的滑块、单击滚动条内的按钮或者拖曳文字，可以浏览文本框中的文本，还可以在文本框中输入、剪切、复制和粘贴文本。单击下边 4 个按钮，可以切换滚动文字的内容，如图 8-8

右图所示。

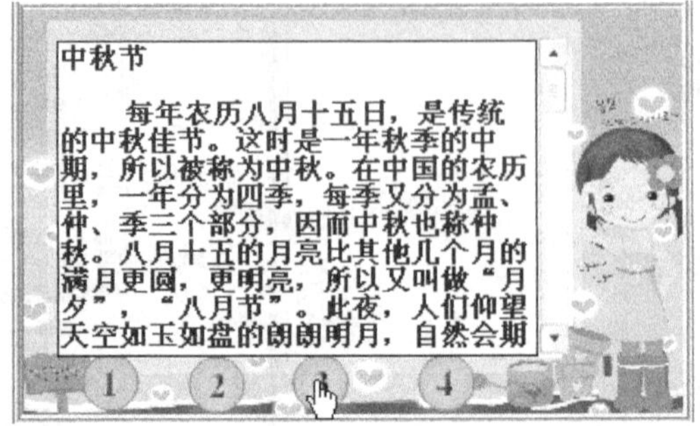

图 8-8 “滚动文本”动画播放后的两幅画面

2．修改“滚动文本”动画，使它可以滚动浏览 10 个外部文本文件的内容。添加 4 个按钮，单击“下一个”按钮，可以在框架内显示下一个文本文件的内容；单击“上一个”按钮，可以在框架内显示上一个文本文件的内容；单击“第 1 个”按钮，可以在框架内显示第 1 个文本文件内容；单击“最后一个”按钮，可以在框架内显示最后一个文本文件内容。在显示第 1 个文本文件内容时，单击“上一个”按钮，还显示第 1 个文本文件内容，在显示第 10 个文本文件内容时，单击“下一个”按钮，还显示第 10 个文本文件内容。

8.2 ScrollPane 等组件——【任务 41】滚动浏览图像

任务描述

“滚动浏览图像”动画播放后的两幅画面如图 8-9 所示。该动画浏览的是“PIC1”文件夹内的“TU1.jpg”……“TU7.jpg”7 幅大幅图像，只显示大幅图像的局部，可以拖曳垂直和水平的滚动条来浏览整幅的图像，也可以拖曳框架中的图像来浏览。单击◂按钮，可显示上一幅图像；单击▸按钮，可显示下一幅图像。如果显示第 1 幅图像时，单击“上一幅”按钮◂，则仍会显示第 1 幅图像；如果显示第 7 幅图像时，单击“下一幅”按钮▸，则仍会显示第 7 幅图像。单击◂◂按钮，可以显示第 1 幅图像；单击▸▸按钮，可以显示最后一幅图像。在显示图像的同时，还在一个文本框中显示正在展示的图像的编号。单击左边框架内的图像名称，会显示相应的图像。

图 8-9 “滚动浏览图像”动画播放后的两幅画面

选中“可以拖曳”单选项，即可以拖曳图像；选中“不可拖曳”单选项，则不可以拖曳图像。同时在图像下边还会显示相应的提示文字。

知识链接

1．ScrollPane（滚动窗格）组件参数

（1）contentPath 参数：用来指示要加载到滚动窗格中的内容。该值可以是本地 SWF 或 JPEG 文件的相对路径，或 Internet 上文件的相对或绝对路径，也可以是设置为“库”面板中的影片剪辑元件的链接标识符。

（2）hLineScrollSize 参数：用于设置单击水平滚动条箭头按钮时，图像水平移动的像素数。

（3）vLineScrollSize 参数：用于设置单击垂直滚动条箭头按钮时，图像垂直移动的像素数。

（4）hPageScrollSize 参数：用于设置单击滚动条的水平滑槽时，图像水平移动的像素数。

（5）vPageScrollSize 参数：用于设置单击滚动条的垂直滑槽时，图像垂直移动的像素数。

（6）hScrollPolicy 参数：单击该参数取值栏，其右边会显示一个箭头按钮，单击该按钮，可以在“auto”、“on”和“off”3 个选项中选择一个选项，如图 8-10 所示。

如果选择“auto”选项，则可以根据影片剪辑元件是否超出“ScrollPane”组件实例滚动窗口来决定是否要水平滚动条；如果选择“on”选项，则不管影片剪辑元件是否超出“ScrollPane”组件滚动窗口都显示水平滚动条；如果选择“off”选项，则不管影片剪辑元件是否超出“ScrollPane”组件滚动窗口都不显示水平滚动条。

（7）vScrollPolicy 参数：也有“auto”、“on”和“off”3 个选项，其作用与 hScrollPolicy 参数基本一样，只是它用于控制垂直滚动条何时显示。

（8）ScrollDrag 参数：单击该参数取值栏，其右边会显示一个箭头按钮，单击该按钮，可以在“false”和“true”两个选项中选择一个选项，如图 8-11 所示。选择“false”选项，则表示框架中的图像不可被拖曳；选择“true”选项，则表示框架中的图像可以被拖曳。

（9）enabled 参数：也有“false”和“true”两个选项。选择“false”选项，则滚动条无效；选择“true”选项，则滚动条有效。此处选择“true”选项。

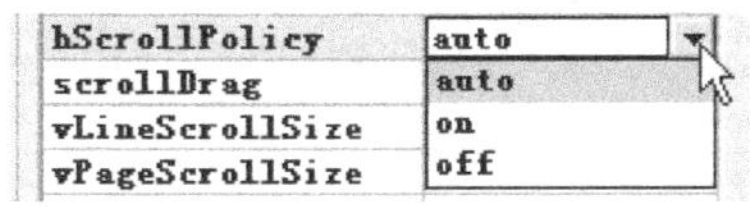

图 8-10　hScrollPolicy 参数选择

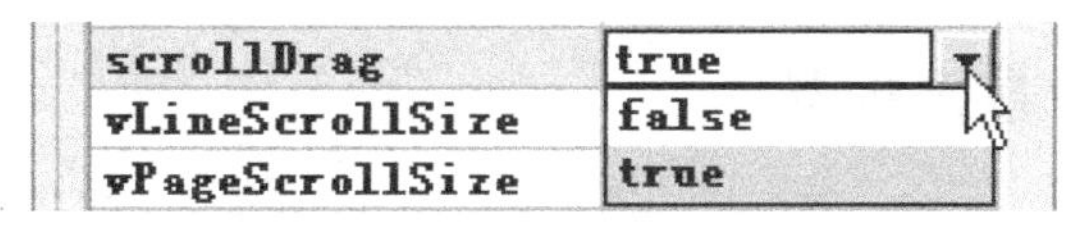

图 8-11　scrollDrag 参数选择

（10）visible 参数：也有“false”和“true”两个选项。选择“false”选项，则滚动条隐藏；选择“true”选项，则滚动条可以显示。此处选择“true”选项。

2．RadioButton（单选按钮）组件参数

（1）data 参数：可赋给文字或其他字符，该数据可以返给 Flash 系统，这里利用这个参

数保存操作提示信息。

（2）groupName 参数：用于输入单选按组的名称，一组单选按钮的组名称应该一样，在相同组的单选按钮中只可以有一个单选按钮被选中。这一项实际上决定了将这个单选按钮分到哪个组中，假如需要两组单选按钮，两组的单选按钮互相作用、互不干扰，那么就需要设置两个组内的单选按钮具有不同的“groupName”参数值。

（3）label 参数：用于确定单选按钮旁边的标题文字。单击“label”参数的数值部分，同时该项进入可以编辑状态，然后输入文字，这个文字会出现在“RadioButton”组件在舞台工作区实例的标题上。

（4）labelPlacement 参数：用于确定单选按钮旁边文字的位置。选择“right”选项，表示文字在单选按钮的右边；选择“left”选项，表示文字在单选按钮的左边；选择“top”选项，表示文字在单选按钮的上边；选择“bottom”选项，表示文字在单选按钮的下边。

（5）selected 参数：用于确定单选按钮的初始状态。选择“false”选项，表示单选按钮的初始状态为没有选中；选择“true”选项，表示单选按钮的初始状态为选中。

3. CheckBox（复选框）组件参数

CheckBox（复选框）组件“参数”面板如图 8-12 所示。舞台工作区中的 CheckBox 组件实例如图 8-13 所示。CheckBox（复选框）组件参数含义如下。

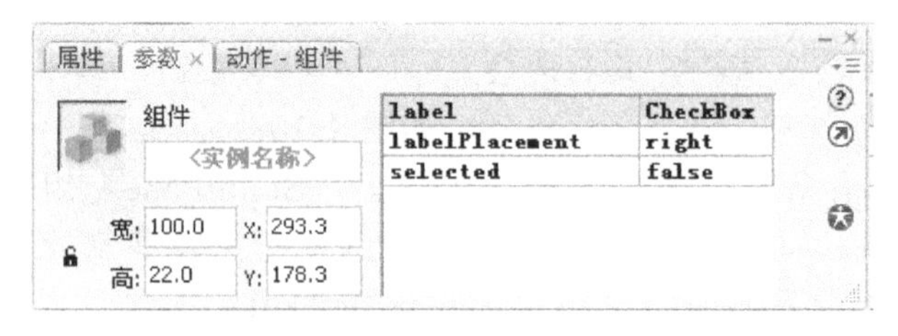

图 8-12　CheckBox 组件的“参数”面板

图 8-13　CheckBox 组件实例

（1）label 参数：用来修改 CheckBox 组件实例标签的名称，例如，改为“复选框”。

（2）labelPlacement 参数：打开它的下拉列表框，利用它可以选择组件实例标签名称所处的位置。它有“right”、“left”、“top”和“bottom”4 个选项，分别用来设置组件实例标签名称在复选框的左边、右边、上边或下边。

（3）selected 参数：打开它的列表框，它有两个选项，用来设置复选框的初始状态。选择 true 选项，则初始状态为选中；选择 false 选项，则初始状态为没选中。

操作步骤

1. 准备素材和设计界面

（1）在“PIC1”文件夹内保存“TU1.jpg”……“TU7.jpg”7 幅图像。

（2）新建一个名称为“【任务 41】滚动浏览图像.fla”的 Flash 文档。设置舞台工作区的宽为 460 像素，高为 280 像素，背景色为黄色。

（3）将“图层 1”图层的名称改为“界面”，选中“界面”图层的第 1 帧，绘制一幅立体金黄色框架，制作立体金黄色标题文字“图像浏览器”。

（4）参考【任务 15】“名花图像浏览”动画的制作方法，制作“按钮 1”……“按钮 7”按钮元件，其内分别输入的文字是“拉斯维加斯”……“四川九寨沟”。将“库”面板内的 7 个按钮依次拖曳到左边框架内，均匀地排成一列。然后，利用“属性”面板分别给按钮实例命名为“AN11”……“AN17”。

（5）选择“窗口”→“公用库”→“按钮”菜单命令，打开“库-Buttons.fla”面板，将“库-Buttons.fla”面板中的两个按钮两次拖曳到左边框架内的下边，根据要求水平翻转两个按钮。

（6）使用工具箱内的“文本工具” T ，在其“属性”面板的“文本类型”下拉列表框中选择“动态文本”选项，设置字体为“宋体”、颜色为红色、字大小为 20 磅、加粗，单击“在文本周围显示边框”按钮 ▤，在“变量”文本框中输入变量的名称 N。在按钮的中间拖曳鼠标，创建一个动态文本框。再在右边框架下边的框内创建一个动态文本框，在“属性”面板的“变量”文本框中输入变量的名称“TEXT1”。

2．建立“ScrollPane”组件和元件的链接

（1）选中“界面”图层第 1 帧。选择“窗口”→“组件”菜单命令，打开“组件”面板，将“组件”面板中的“ScrollPane”（滚动窗格）组件拖曳到右边框架内，调整它的大小和位置，如图 8-14 所示。然后在“属性”面板内设置该实例的名称为“INTU”。

（2）两次将 RadioButton（单选按钮）组件从“组件”面板中拖曳到舞台工作区中，将两个实例的名称分别命名为“te1”和“te2”。选中左边的组件实例（te1），其“参数”面板设置如图 8-15 所示；选右边的组件实例（te2），其“参数”面板设置如图 8-16 所示。

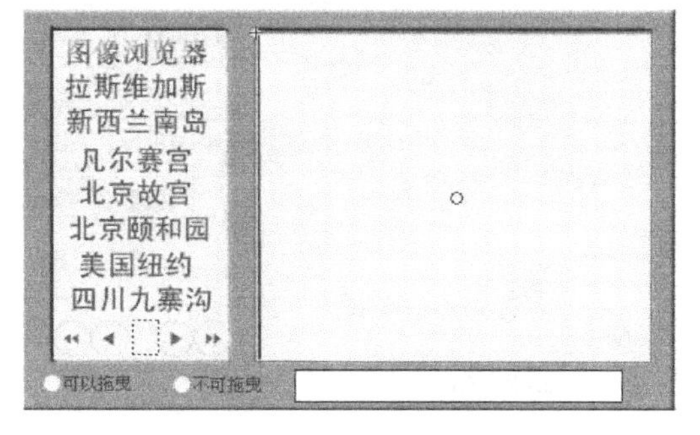

图 8-14 “ScrollPane”组件实例

（3）在“te1”组件实例的“data”参数项中输入“可以用鼠标拖曳图像浏览！”，“label”参数值为“可以拖曳”；在“te2”组件实例的“data”参数项中输入“不可以用鼠标拖曳图像浏览！”，“label”参数值为“不可拖曳”。两个 RadioButton 组件实例的“groupName”参数值均为“NUM”，表示它们是一个单选按钮组。两个 RadioButton 组件实例的“labelPlacement”参数都选择“right”选项。第 1 个“RadioButton”组件实例的“selected”参数为“true”，第 2 个“RadioButton”组件实例的“selected”参数为“false”。

属性 | 参数
组件 te1
宽: 70.0 X: 459.9
高: 22.0 Y: 251.8

data	可以用鼠标拖曳图像浏览！
groupName	NUM
label	可以拖曳
labelPlacement	right
selected	true

图 8-15　第 1 个 RadioButton 实例“参数”面板

data	不可以用鼠标拖曳图像浏览！
groupName	NUM
label	不可拖曳
labelPlacement	right
selected	false

图 8-16　第 2 个 RadioButton 实例参数设置

（4）将“风景 1.jpg”图像导入“库”面板内。创建并进入“图像 1”影片剪辑元件的

编辑状态，将“库”面板内的“风景 1.jpg”图像拖曳到舞台工作区内，使图像左上角与舞台工作区中心（十字线注册点）对齐。然后，回到主场景。

（5）右击“库”面板内“图像 1”影片剪辑元件，打开它的快捷菜单，选择该菜单内的“链接”菜单命令，打开“链接属性”对话框，选中“为 ActionScript 导出”复选框，同时“在第一帧导出”复选框也被选中，如图 8-17 所示。在“标识符”文本框中输入这个元件的标识符名称，它是在 ActionScript 中调用这个元件的名字，也是建立组件和这个元件链接的名字。在此输入“PHOTO1”。然后，单击“确定”按钮。

图 8-17 “链接属性”对话框

（6）打开“组件检查器”面板。在“组件检查器”面板内“contentPath”参数的设定值中，输入“库”面板中“图像”动画剪辑元件的标识符名称“PHOTO1”，建立该组件与“图像 1”动画剪辑元件的链接。

（7）设置 ScrollDrag 参数的值为“true”，表示框架中的图像可以被鼠标拖曳。设置好的“参数”面板如图 8-18 所示。也可以用“组件检查器”面板来设置。

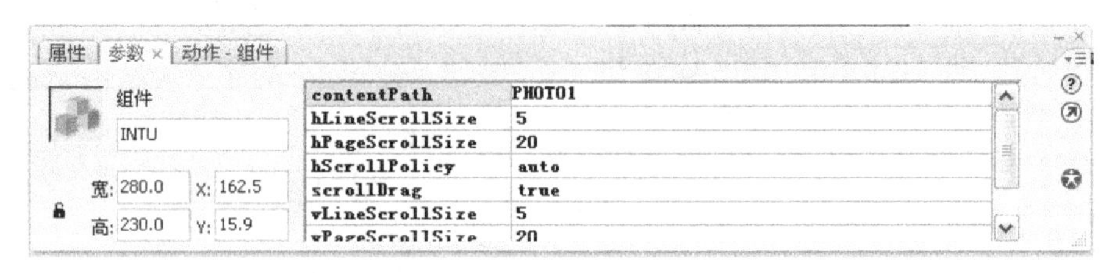

图 8-18 “参数”面板设置

3. 程序设计

（1）在“界面”图层之上添加“程序”图层，选中“程序”图层第 1 帧，在“动作—帧”面板程序编辑区内输入如下程序。

```
N=1;
```

（2）选中“程序”图层第 2 帧，在“动作—帧”面板程序编辑区内输入如下程序。

```
if (te1.selected) {
    INTU.scrollDrag=true
    TEXT1=te1.data
}else{
     INTU.scrollDrag=false
    TEXT1=te2.data
}
AN1.onPress=function(){
    INTU.contentPath="PIC1/TU1.jpg";  //调外部图像文件“TU1.jpg”
    N=1;
}
```

```
AN2.onPress=function(){
        if (N>1){
            N--;
        }
        INTU.contentPath="PIC1/TU"+N+".jpg";  //调外部图像文件
}
AN3.onPress=function(){
      if (N<6){
          N++;
      }
      INTU.contentPath="PIC1/TU"+N+".jpg";  //调外部图像文件
}
AN4.onPress=function(){
       INTU.contentPath="PIC1/TU6.jpg";  //调外部图像文件“TU6.jpg”
       N=6;
}
AN11.onPress=function(){
      INTU.contentPath="PIC1/TU1.jpg";  //调外部图像文件“TU1.jpg”
      N=1;
}
AN12.onPress=function(){
      INTU.contentPath="PIC1/TU2.jpg";  //调外部图像文件“TU2.jpg”
      N=2;
}
AN13.onPress=function(){
      INTU.contentPath="PIC1/TU3.jpg";  //调外部图像文件“TU3.jpg”
      N=3;
}
AN14.onPress=function(){
       INTU.contentPath="PIC1/TU4.jpg";  //调外部图像文件“TU4.jpg”
       N=4;
}
AN15.onPress=function(){
       INTU.contentPath="PIC1/TU5.jpg";  //调外部图像文件“TU5.jpg”
       N=5;
}
AN16.onPress=function(){
       INTU.contentPath="PIC1/TU6.jpg";  //调外部图像文件“TU6.jpg”
       N=6;
}
```

程序中，前 5 条语句的含义是：如果“te1”单选按钮被选中，则其 selected 属性值为 true，执行下边两条语句，使“ScrollPane”组件实例“INTU”可以被拖曳移动，使动态文本框“wenben”内显示“te1”实例的“data”属性值；如果“te1”单选按钮没被选中（“te2”单选按钮被选中），则其 selected 属性值为 false，执行 else 下边两条语句，使“ScrollPane”组件实例“INTU”不可以被拖曳移动，使动态文本框“wenben”内显示“te2”实例的“data”属性值。

“INTU.contentPath="PICTU /宝宝 1.jpg";”语句用来将“PICTU/宝宝 1.jpg”图像赋给 ScrollPane 组件实例“INTU”。“INTU.contentPath="PICTU / 宝宝"+N+".jpg";”语句用来调外部“PICTU”文件夹下的“宝宝 1.jpg”……“宝宝 8.jpg”中的一个图像文件（决定于 *N* 的值）。

（3）选中“程序”图层第 3 帧，在“动作—帧”面板程序编辑区内输入如下程序。

```
gotoAndPlay(2);  //转至第 2 帧播放
```

课后习题 8-2

1．修改【任务 41】“滚动浏览图像”动画，使它可以浏览外部 10 幅风景图像。

2．设计一个“滚动浏览 SWF”动画，使它可以浏览外部 10 个 SWF 格式动画。

3．参考【任务 41】“滚动浏览图像”动画的制作方法，制作另一个“滚动浏览图像”动画，它的图像框呈菱形，有两个复选框。单击选中“滚动”复选框后，可以利用滚动条滚动浏览图像；单击选中“拖曳”复选框后，可以使用鼠标拖曳浏览图像。

8.3 Label 和 Button 组件——【任务 42】加减运算练习

任务描述

“加减运算练习”动画播放后的两幅画面如图 8-19 所示（文本框内还没有数值）。单击选择“加法”或“减法”单选按钮，选定进行加法或减法计算，同时左下边的标题文字会随之改变，提示计算的类型。单击“出题”按钮，可随机出题目。在右边的文本框内输入计算结果后，单击“判断”按钮，可根据输入的计算结果判分（做对加 10 分）或给出“错误！”提示信息。加法和减法题是两位数运算。该动画的制作方法如下。

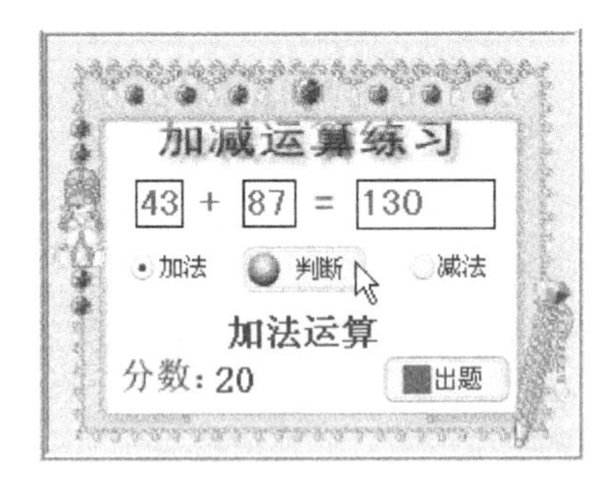

图 8-19 “加减运算练习”动画播放后的两幅画面

知识链接

1．Label（标签）组件参数

Label（标签）组件“参数”面板如图 8-20 所示。舞台工作区中的 Label（标签）组件

实例如图 8-21 所示。Label（标签）组件参数的含义如下。

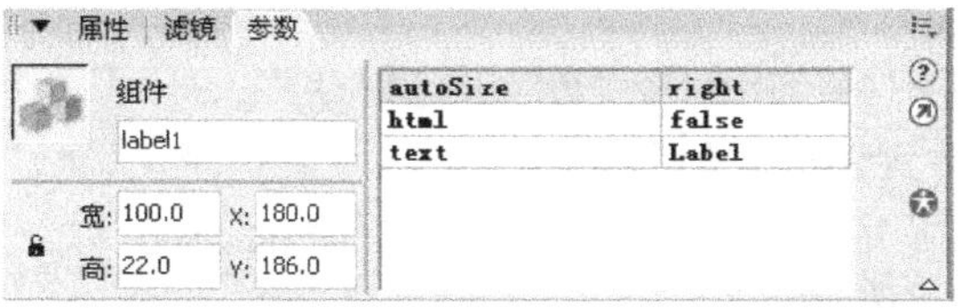

图 8-20　Label（标签）组件的“参数”面板

图 8-21　Label 组件实例

（1）autoSize 参数：用于设置标签文字相对于 Label（标签）组件实例外框（也叫文本框）的位置。它有 4 个值，none（不调整标签文字的位置），left（标签文字与文本框的左边和底边对齐），center（标签文字在文本框内居中），right（标签文字与文本框的右边和底边对齐）

（2）html 参数：用于指示标签是（true）否（false）采用 HTML 格式。参数值为 true，则不能使用样式来设置标签格式，但可以使用 font 标记将文本格式设置为 HTML。默认值为 false。

（3）text 参数：用于设置标签的文本内容，默认值是 Label。

2. 更改 Label 标签实例的外观

可以设置 Label 标签组件实例的样式属性，来更改标签实例的外观。举例如下（设舞台工作区内有一个名称为 Label1 的组件实例）。

```
label1.setSize(80,20);                      //设置标签文本框宽 80 个像素，高 20 个像素
label1.setStyle("fontWeight","bold");       //设置标签文字字体为粗体
label1.setStyle("fontSize",26);             //设置标签文字大小为 26 磅
label1.setStyle("color", 0xff0000);         //设置标签文字颜色为红色
label1.setStyle("fontFamily", "隶书");      //设置标签文字字体为隶书
label1.setStyle("color","red");             //设置标签文字颜色为红色
label1.setStyle("embedFonts",false);        //指定字体不是嵌入字体
label1.text="标签实例外观的改变";           //设置标签文字内容为“标签实例外观的改变”
```

注意

Label 组件实例中的所有文本必须采用相同的样式。例如，对同一标签内的单词设置 color 样式时，不能将一个单词设置为 blue，而将另一个单词设置为 red。

embedFonts 样式是一个逻辑值，它指在 fontFamily 样式中指定的字体是否为嵌入字体。如果 fontFamily 引用了嵌入字体，则此样式必须设置为 true，否则，将不使用该嵌入字体。如果此样式设置为 true，并且 fontFamily 不引用嵌入字体，则不会显示任何文本。

Color 样式用来设置标签文字的颜色，它可以用 0xRRGGBB（RR、GG、BB 分别是两位十六进制数，分别表示红、绿和蓝色成分多少）或者颜色的英文表示颜色。例如，red 表示红色、green 表示绿色、blue 表示蓝色、black 表示黑色、white 表示白色、yellow 表示黄色、cyan 表示青色。其中，“0x”是数字 0 和英文小写字母“x”。

3. Button（按钮）组件参数

Button（按钮）组件实例的参数除了有“属性”面板内的 5 个外，在“组件检查器”面

板内还有另外 3 个附加的参数（visible、minHeight 和 minWidth，后两个参数一般不用设置）。Button 组件实例主要参数的含义如下。

（1）icon 参数：为按钮添加自定义图标，该值是“库”面板中元件的标识符名称。

（2）label 参数：用于修改按钮组件实例标签的名称，例如，改为“停止”。

（3）labelPlacement 参数：用来确定按钮标题文字在按钮图标的相对位置，它有“right”、“left”、“top”和“bottom”4 个选项。

（4）selected 参数：用于确定按钮的默认状态。当该值选择“false”选项时，表示按钮为按下状态；选择“true”选项时，表示按钮为释放状态。

（5）toggle 参数：用于确定按钮为普通按钮还是切换按钮。当该值选择“false”选项时，表示按钮为普通按钮；选择“true”选项时，表示按钮为切换按钮。对于切换按钮，单击该按钮后，该按钮就处于按下状态；再单击该按钮后，该按钮才返回弹起状态。

（6）visible 参数：用于设置标签对象是（true）否（false）可见。默认值为 true。

操作步骤

（1）新建一个名称为“【任务 42】加减运算练习.fla”的 Flash 文档。设置舞台工作区的宽为 260 像素，高为 200 像素，背景色为白色。选中“图层 1”图层第 1 帧，导入一幅框架图像，使它与舞台工作区大小一样。创建红色立体文字“加减运算练习”。然后，将这个图层锁住，使其不能被编辑修改。

（2）在“图层 1”图层之上添加一个“图层 2”图层。选中该图层第 1 帧，在标题的下边从左到右创建 3 个输入文本框。设置 3 个输入文本框都有边框，文本都靠左对齐显示，都为单行文本框，黑体、18 号大小、蓝色。设置第 1 个输入文本框的变量名称为“SHU1”，第 1 个输入文本框的变量名称为“SHU2”，第 3 个输入文本框的变量名称为“JSJG”。

还在第 2 个输入文本框的右边输入 18 号、黑体、蓝色的“=”；在第 1 个输入文本框的右边创建一个动态文本框，输入 18、黑体、蓝色的“+”，设置变量名称为“FH”；在第 5 行输入 18 号、宋体、红色文字“分数：”。

（3）打开“组件”面板。将“组件”面板中的“RadioButton”组件两次拖动到舞台工作区中，形成组件实例。然后，利用“属性”面板，将这两个“RadioButton”组件实例的名称分别命名为“te1”和“te2”。

（4）打开“组件检查器”面板。将第 1 个“te1”组件实例的“组件检查器”面板设置为如图 8-22 所示；第 2 个“te2”组件实例的“组件检查器”面板设置为如图 8-23 所示。

（5）将“组件”面板中的“Button”组件拖动到舞台工作区中右下角，形成一个实例，如图 8-24 所示。给该实例命名为“AN1”。单击选中舞台工作区中的“Button”组件实例，在“组件检查器”面板中设置它的参数，如图 8-25（a）所示。“icon”参数设置为“shaph2”，在这个组件的“label”参数设置为“出题”，它是按钮上的标题文字。

（6）将“组件”面板中的“Button”组件拖动到舞台工作区内中间，形成一个实例，给该实例命名为“AN2”。选中该实例，在“组件检查器”面板中设置它的参数，如图 8-25（b）所示。“icon”参数设置为“shaph1”；“label”参数设置为“判断”。

（7）选择“插入”→“新建元件”菜单命令，打开“创建新元件”对话框，单击“高级”按钮，展开“创建新元件”对话框。在其“名称”文本框中输入这个元件的名称“图像

1”，选中“影片剪辑”单选钮，选中“为 ActionScript 导出”和“在第一帧导出”复选框，在“链接”栏的“标识符”文本框中输入“shaph1”。然后，单击“确定”按钮，进入一个名称为“shaph1”的影片剪辑元件编辑状态，在舞台工作区中心点偏下一点处绘制一个立体灰色球，然后回到主场景。这个“shaph1”名称是“Button”组件实例的“组件检查器”面板内“icon”参数的值，即建立按钮和链接标识符名称为“shaph1”的按钮图标的链接。

图 8-22　“组件检查器”面板

图 8-23　“组件检查器”面板

图 8-24　“Button”组件实例

按照上述方法，再创建名称“图像 2”的影片剪辑元件，其内绘制一个正方形，它的标识符为“shaph2”，建立该按钮和标识符名称为“shaph2”的按钮图标的链接。

（8）将“组件”面板中的“Label”标签组件拖动到舞台工作区内的中间偏下处，形成一个组件实例，调整它的大小和位置。将该组件实例的名称命名为“Label1”。选中“Label1”标签组件实例，在它的“组件检查器”面板内进行设置，如图 8-26 所示。

（a）

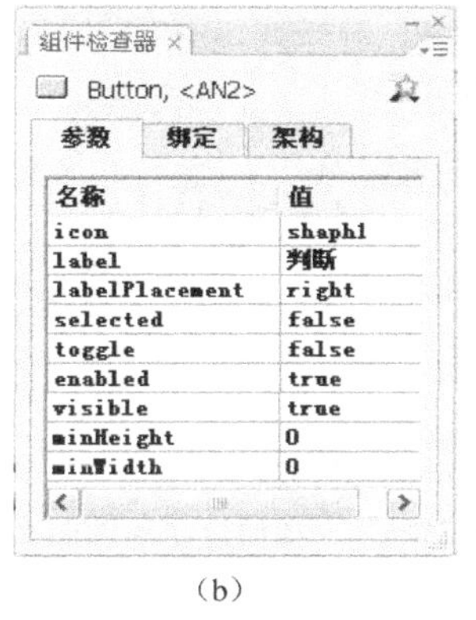

（b）

图 8-25　“Button”组件实例的“组件检查器”面板

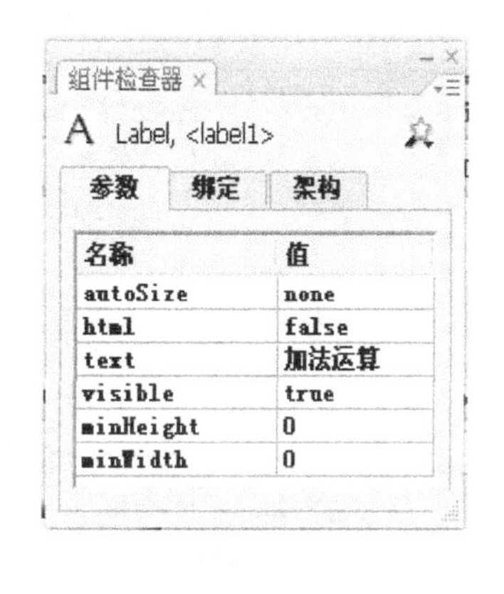

图 8-26　“组件检查器”面板

（9）选中“图层 2”图层的第 1 帧，在它的“动作—帧”面板内输入如下的程序。

```
label1.setSize(100,20);     //设置标签文本框宽 100 个像素，高 20 个像素
label1.setStyle("fontWeight","bold");//设置标签文字字体为粗体
label1.setStyle("fontSize",18);           //设置标签文字大小为 26 磅
label1.setStyle("color","red");           //设置标签文字颜色为红色
label1.setStyle("fontFamily", "宋体");    //设置标签文字字体为隶书
label1.text="加减运算";                   //设置标签文字内容为“加减运算”
label2.setSize(100,20);                   //设置标签文本框宽 100 个像素，高 20 个像素
label2.setStyle("fontWeight","bold");     //设置标签文字字体为粗体
```

```
label2.setStyle("fontSize",18);              //设置标签文字大小为 26 磅
label2.setStyle("color","red");              //设置标签文字颜色为红色
label2.setStyle("fontFamily", "宋体");       //设置标签文字字体为隶书
label2.text="0";        //设置标签文字内容为“0”
FS=0;                   //变量 FS 用来保存分数
JSJG1=0;                //变量 JSJG1 用来保存计算结果
AN1.onRelease=function(){
  SHU1=random(89)+10; //变量 SHU1 用来存储一个随机的两位自然数
  SHU2=random(89)+10; //变量 SHU2 用来存储一个随机的两位自然数
  JSJG="";
   if (te1.selected){
     FH="+";
  }
  if (te2.selected){
     FH="-";
  }
}
AN2.onRelease=function(){
     //判断加法运算
     if (te1.selected){
        JSJG1=Number(SHU1)+ Number(SHU2) ;
        label1.text=te1.data;//将“te1”单选钮按钮实例的 data 属性值赋给 text 属性
         if (Number(JSJG)==JSJG1){
                FS=FS+10;           //做对了加 10 分
              label2.text=FS   //显示成绩
         } else{
                label2.text="错误！"   //显示错误信息
         }
     }
       //判断减法运算
     if (te2.selected){
        JSJG1=Number(SHU1)-Number(SHU2) ;
        label1.text=te2.data;  //将“te2”单选钮按钮实例的 data 属性值赋给 text 属性
         if (Number(JSJG)==JSJG1){
                FS=FS+10;           //做对了加 10 分
              label2.text=FS   //显示成绩
         } else{
              label2.text="错误！"   //显示错误信息
         }
  }
}
```

上边的单击按钮事件这段程序也可以采用 addEventListener 方法来侦听事件。以按钮实例 AN2 为例的程序如下。最后一行代码是当鼠标单击按钮实例 AN2 后，执行函数 JJYS。

```
//定义一个函数 JJYS
function JJYS(evendobj){
```

```
//判断加法运算
if (te1.selected){
   JSJG1=Number(SHU1)+ Number(SHU2) ;
   label1.text=te1.data;   //将“te1”单选钮按钮的 data 属性值赋给 text 属性
     if (Number(JSJG)==JSJG1){
            FS=FS+10;           //做对了加 10 分
         label2.text=FS   //显示成绩
     } else{
            label2.text="错误！"   //显示错误信息
     }
}
AN2.addEventListener("click",JJYS)
```

课后习题 8-3

1．修改【任务 42】“加减运算”动画为“四则运算”动画，乘法题是两位数乘以 1 位数，除法题是两位数除以 1 位数。

2．制作一个“加减运算”动画，该动画播放后的两幅画面如图 8-27 所示。在第 1 个输入文本框中输入一个数（如 123456），在第 2 个文本框中输入一个数（如 654321 或 2），再单击“加”、“减”、“乘”或“除”单选按钮，选定运算的类型，然后单击“计算”按钮，计算结果会在第 3 个文本框中显示出来。

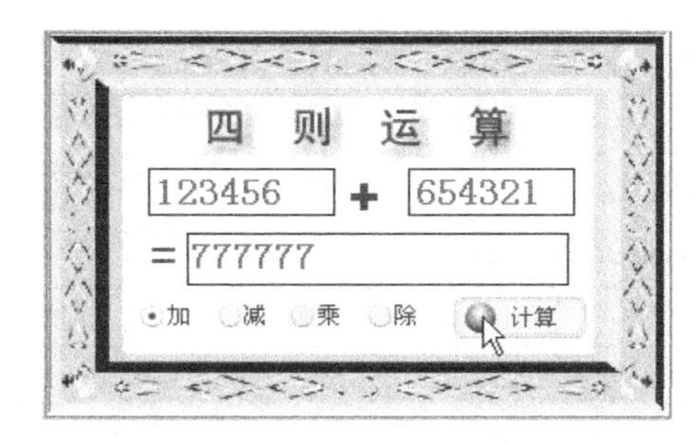

图 8-27 “加减运算”动画播放后的两幅画面

8.4 ComboBox 和 List 组件——【任务 43】列表浏览鲜花图像

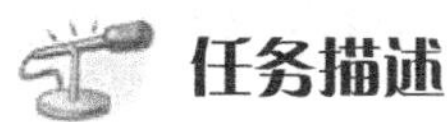

任务描述

“列表浏览鲜花图像”动画播放后的两幅画面如图 8-28 所示。单击上边的下拉列表框中的一个选项或单击列表框中的选项，则与选项对应的鲜花图像会显示在右边的图像框中，同时相应的文字会显示在文本框中，拖曳滚动条的滑块、拖曳图像或单击滑槽内的按钮，可以调整图像的显示部分。另外，在选择下拉列表框中的选项后，列表中的当前选项（绿色）会随之改变；单击选中列表中的选项后，下拉列表框中的当前选项也会随之改变。显示的图像在该程序所在目录下的“TU1”文件夹中。

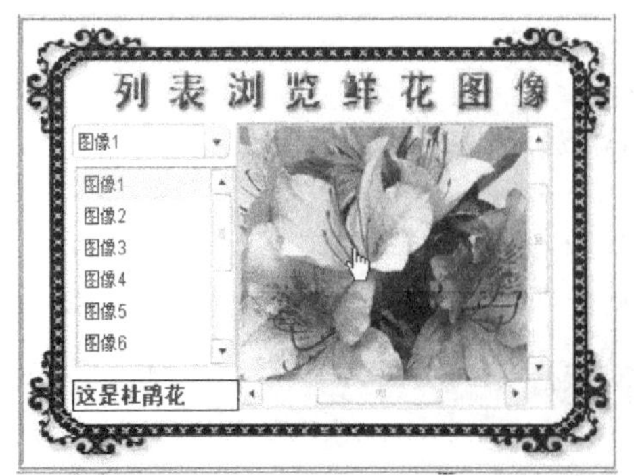

图 8-28 “列表浏览鲜花图像”动画播放后的两幅画面

知识链接

1. ComboBox（组合框）组件参数

（1）ComboBox（组合框）组件实例的常用方法如表 8-1 所示。

表 8-1 ComboBox（组合框）组件实例的常用方法和属性

ComboBox.addItem()	向组合框的下拉列表的结尾处添加选项
ComboBox.addItemAt()	向组合框的下拉列表的结尾处添加选项的索引
ComboBox.change	当组件的值因用户操作而发生化时产生事件。也就是，当ComboBox.selectedIndex 或 ComboBox.selectedItem属性因用户交互操作而改变时，向所有已注册的侦听器发送
ComboBox.open()	当组合框的下拉列表打开时产生事件
ComboBox.close()	当组合框的下拉列表完全回缩时产生事件
ComboBox.itemRollOut	当组合框的下拉列表指针滑离下拉列表选项时产生事件
ComboBox. itemRollOver	当组合框的下拉列表指针滑过下拉列表选项时产生事件
selectedIndex	属性，下拉列表中所选项的索引号。默认值为 0
selectedItem	属性，下拉列表中所选项目的值

（2）ComboBox 组件实例的“组件检查器”面板内的一些参数的作用如下。

◎ data 参数：用于将数据值与 ComboBox 组件中的每个选项相关联。它是一个数组。

◎ editable 参数：设置 ComboBox 组件实例是可编辑的（true）还是只可以选择的（false）。默认值为 false。ComboBox 组件实例可编辑时，可以在其内修改数据。

◎ label 参数：利用该参数可以设置组合框（下拉列表框）内各选项的值。

◎ rowCount 参数：用来设置下拉列表框下拉后最多可以显示的选项个数。

◎ restrict 参数：用于指示用户可在组合框的文本字段中输入的字符集。

◎ enabled 参数：是一个布尔值，它指示组件是（true）否（false）可接收焦点和输入。

◎ visible 参数：是一个布尔值，它指示对象是（true）否（false）可见。

2. List（列表框）组件参数

（1）List（列表框）组件实例参数的作用：List（列表框）组件是一个可滚动的单选或

多选列表框。列表框还可以显示图形及其他组件。List（列表框）组件实例的一些参数、方法和属性与 ComboBox（组合框）组件实例基本一样。该组件实例的“组件检查器”面板中的一些特有参数的作用如下。

◎ multipleSelection 参数：是一个逻辑值，它指示是（true）否（false）可以选择多个值。

◎ rowHeight 参数：用于指示每行的高度，以像素为单位。默认值是 20。设置字体不会更改行的高度。

（2）“List”（列表框）组件外观的设置：“List”（列表框）组件外观的改变可以通过样式来完成，这与“Label”（标签）组件外观的改变方法相似。其组件外观设置的参数的作用如下。

◎ backgroundColor：用于设置列表的背景颜色，默认的颜色为白色。

◎ borderStyle：用于设置边框样式。

◎ backgroundDisabledColor：用于设置当组件的 enabled 属性设置为“false”时的背景颜色，默认值为 0xDDDDDD（中度灰）。

◎ color：用于设置文本颜色。

◎ disabledColor：用于设置文本禁用时的颜色。

◎ fontFamily：用于设置文本的字体名称，默认值为“_sans”。

◎ fontSize：用于设置文本的字体的大小，默认值为“10”。

◎ fontStyle：用于设置文本的字体的样式，“normal”或“italic”，默认值为“normal”。

3. TextInput（输入文本框）和 TextArea（多行文本框）组件参数

（1）TextInput（输入文本框）组件：它是一个文本输入组件，用户可以利用它输入文字或密码类型的字符。主要参数及含义介绍如下。

◎ editable 参数：用于设置该组件是否可以编辑。其值为 true 时可以编辑。

◎ password 参数：用于设置输入的字符是否为密码。其值为 true 时显示密码。

◎ text 参数：设置该组件中的文字内容。

（2）TextArea（多行文本框）组件：它是一个多行文本框，主要参数及含义介绍如下。

◎ editable 参数：用于设置该组件是否可以编辑。其值为 true 时，可以编辑。

◎ html 参数：用于设置文本是否采用 HTML 格式。其值为 true 时，则可以使用 HTML 标签来设置文本格式。

◎ text 参数：设置该组件中的文字内容。

◎ wordWrap 参数：用于设置是否可以自动换行。其值为 true 时，可以换行。

操作步骤

1. 建立影片剪辑元件与“ScrollPane”组件的链接

（1）在“TU”文件夹内创建“图像 1.jpg”……“图像 12.jpg”和“鲜花 1.jpg”图像文件。

（2）新建一个名称为“【任务 43】列表浏览鲜花图像.fla”的 Flash 文档。设置舞台工作区的宽为 420 像素，高为 280 像素，背景色为白色。选中“图层 1”图层第 1 帧，导入一幅框架图像，使框架图像刚好将舞台工作区覆盖。创建红色立体文字“列表浏览鲜花图像”，再将这个图层锁住，使其不能被编辑修改。

（3）选择“插入”→“新建元件”菜单命令，打开“创建新元件”对话框。单击“高级”按钮，展开“创建新元件”对话框，其设置如图 8-29 所示。设置影片剪辑元件名称为“图像”，标识符为“TU1”，选中第 1 和第 3 个复选框。单击该对话框中的“确定”按钮，进入“图像”影片剪辑元件的编辑窗口。导入“TU”文件夹内的“鲜花 1.jpg”图像到舞台工作区中，再将该图像的左上角与舞台工作区的中心点对齐。然后，回到主场景。

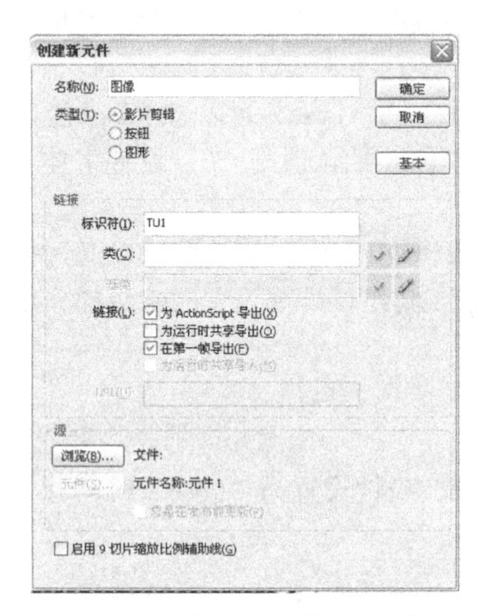

图 8-29 “创建新元件”对话框

（4）从“组件”面板中将“ScrollPane”（滚动窗格）组件拖曳到舞台工作区中。选中滚动窗格组件实例，在其“属性”面板的“实例名称”文本框中输入该实例的名称“INTU”。

（5）在“组件检查器”面板内，设置“contentPath”参数值为“库”面板中“图像”影片剪辑元件的标识符名称“TU1”，建立该组件与该影片剪辑元件的链接，设置如图 8-30 所示。

2．“ComboBox”（组合框）组件设置

（1）将“ComboBox”（组合框）组件拖曳到舞台工作区中，形成组件实例，给该实例命名为“comboBox”。然后，弹出“组件检查器”面板，如图 8-31 所示（还没有设置）。

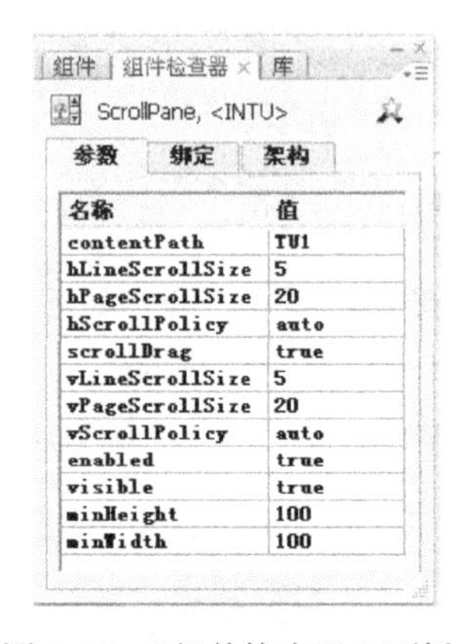

图 8-30 “组件检查器”面板

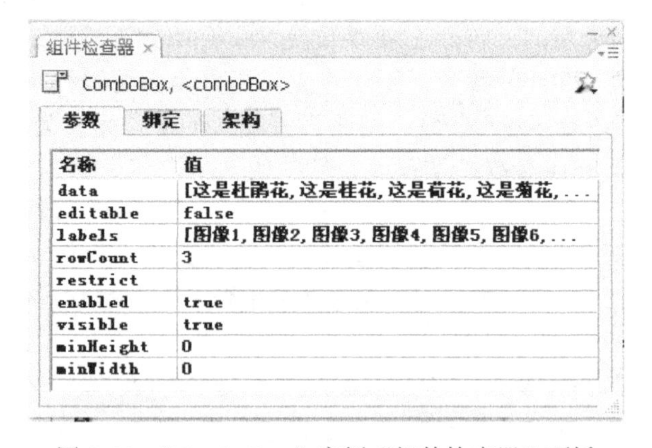

图 8-31 “ComboBox”实例“组件检查器”面板

（2）选中“comboBox”组件实例，双击它的“组件检查器”面板内的“data”参数右边的数据区，打开“值”对话框，单击该对话框内第 0 行“值”栏文本框，输入“这是杜鹃花”文字。再单击➕按钮，添加第 1 行。按照上述方法，输入其他行的文字，如图 8-32 所示。

在上述“值”对话框中，单击➖按钮，可以删除选中的选项，单击▼按钮可以将选中的选项向下移动一行，单击▲按钮可以将选中的选项向上移动一行。

（3）双击它的“组件检查器”面板内的“labels”参数右边的数据区，弹出“值”对话框。采用与上述相同的方法，给各行输入文字，如图 8-33 所示。

图 8-32 “值”对话框

图 8-33 “值”对话框

3.“List”（列表框）组件和文本框设置

（1）将“List”（列表框）组件拖曳到舞台工作区中。选中“List”（列表框）组件实例，给该实例命名为“List1”。“组件检查器”面板设置如图 8-32 所示。设置方法与“ComboBox”（组合框）组件的设置方法一样。

（2）在“List”（列表框）组件实例的下边创建一个动态文本框，设置它的大小为 26 磅，颜色为红色，变量名成为 text。

4. 程序设计

（1）选中“图层 1”图层的第 1 帧，导入一幅框架图像，调整它，使它刚好将舞台工作区覆盖。调整各组件实例和文本框的大小和位置。

（2）在“图层 1”图层之上新建“图层 2”图层，选中该图层第 1 帧，在它的“动作—帧”面板程序编辑区内输入如下程序。

```
function change1(){//定义函数 change1
     //设置 comboBox 组件实例当前的 label 参数值作为“ScrollPane”组件实例 contentPath 参数的值，从而在滚动窗格内显示链接标识符为 label 参数值的图像
    INTU.contentPath ="TU/"+comboBox.selectedItem.label+".jpg";
    //用 comboBox 组件实例当前的 data 参数值改变动态文本框 text 的内容
    text=comboBox.selectedItem.data;
    //用 comboBox 组件实例当前的索引号改变 list1 组件实例当前的索引号
    list1.selectedIndex= comboBox.selectedIndex;
}
comboBox.addEventListener("change", change1);
function change2(){//定义函数 change2
    //设置 list1 组件实例当前的 label 参数值作为“ScrollPane”组件实例 contentPath 参数的值，从而在滚动窗格内显示链接标识符为 label 参数值的图像
    INTU.contentPath ="TU/"+list1.selectedItem.label+".jpg";
    //用 list1 组件实例当前的 data 参数值改变动态文本框 text 的内容
   text=list1.selectedItem.data;
    //用 list1 组件实例当前的索引号改变 comboBox 组件实例当前的索引号
```

```
        comboBox.selectedIndex=list1.selectedIndex;
    }
    list1.addEventListener("change", change2);//侦听组件实例发生变化的事件
```

程序中，“comboBox.addEventListener("change", change1);”语句的作用是将 comboBox 组件实例的“change”事件（改变 comboBox 组件实例后产生的事件）与自定义函数 change1 绑定。addEventListener 方法用来侦听事件。当 comboBox 组件实例发生变化后，执行 change1 函数。

“list1.addEventListener("change", change2);”语句的作用是将 list1 组件实例的“change”事件（改变 list1 组件实例后产生的事件）与自定义函数 change2 绑定。

selectedItem 是 comboBox 和 list1 组件实例的属性，可以获取这两个组件实例的参数值。例如，selectedItem.label 可以获取 label 参数值，selectedItem. data 可以获取 data 参数值。

课后习题 8-4

1．修改【任务 43】“列表浏览鲜花图像”动画，使它可以浏览 16 幅图像。

2．参考【任务 43】“列表浏览鲜花图像”动画的制作方法，制作一个“列表浏览动画”动画。该动画播放后，可利用列表框和下拉列表框浏览外部的 SWF 格式动画。

3．制作一个“学生档案表”动画。这是一个供学生填写档案的表格，该调查表几乎使用了前面介绍过的所有组件。

8.5 FLVPlayback 和日历组件——【任务 44】视频播放器

任务描述

“视频播放器”动画运行后的两幅画面如图 8-34 所示。单击按钮，可开始播放视频；单击按钮，可使视频暂停播放；单击按钮，可以在播放声音和静音之间切换；拖曳左边的滑块，可调整视频进度；拖曳左边的滑块，可调整音量大小；单击按钮，可以回到第 1 帧画面；单击按钮，可以回到最后一帧画面。采用相同的方法也可以播放 MP3 音乐。

图 8-34 “视频播放器”动画播放的两幅画面

知识链接

1．FLVPlayback 组件

FLVPlayback 组件实例的“组件检查器”面板如图 8-35 所示。部分参数的含义如下。

（1）autoPlay 参数：用于设置载入外部 FLV 流媒体视频文件后一开始是否进行播放。其值为 true 时，一开始就播放；其值为 false 时，一开始为暂停。

（2）autoRewind 参数：用于设置 FLV 流媒体视频文件在完成播放后是否还自动重新播放。其值为 true 时，重新播放，播放头回到第 1 帧；其值为 false 时，不重新播放，停在最后一帧。

（3）autoSize 参数：用于设置 FLVPlayback 组件实例是否适应 FLV 流媒体视频的大小。其值为 true 时，适应 FLV 流媒体视频的大小；其值为 false 时，不适应 FLV 流媒体视频的大小。

（4）cuePoints 参数：用于设置 FLV 流媒体视频文件的视频提示点。提示点是否允许用户同步包含 Flash 影片、图形或文本的 FLV 文件中的特定点。双击该参数，可以弹出“Flash 视频提示点”对话框，如图 8-36 所示。利用该对话框可以设置 FLV 流媒体视频文件的提示。

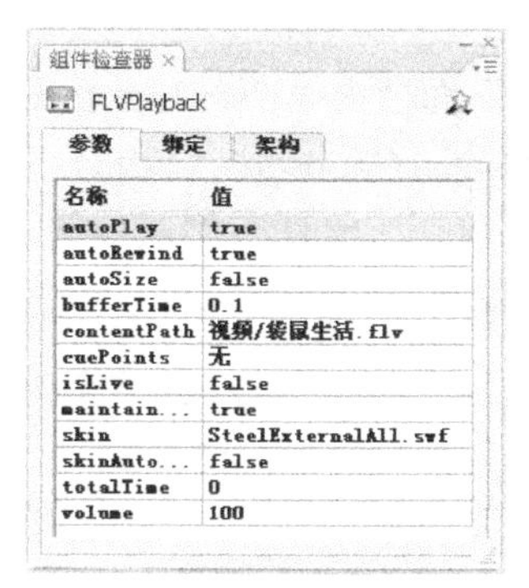

图 8-35　“组件检查器”面板

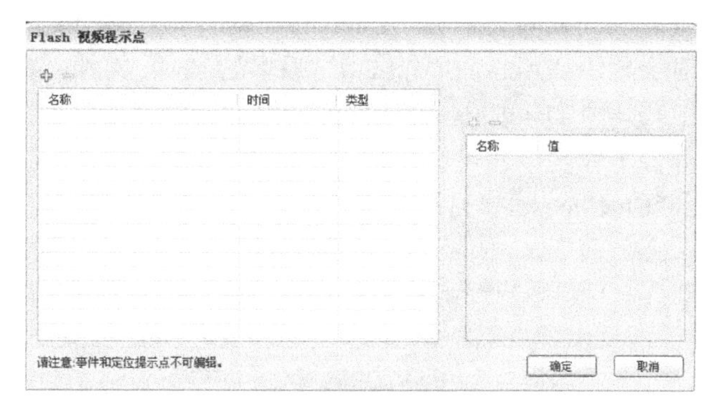

图 8-36　“Flash 视频提示点”对话框

（5）bufferTime 参数：用于设置播放 FLV 流媒体视频文件之前，在内存中缓冲 FLV 流媒体视频文件的秒数，默认值为 0.1。

（6）skin 参数：用于设置 FLVPlayback 组件实例的外观，单击该参数，可以打开“选择外观”对话框，如图 8-37 所示。利用该对话框可以选择组件的外观。

（7）skinAutoHide 参数：用于设置 FLV 视频下方控制器区域是否隐藏控制器外观。其值为 true 时，则当鼠标指针不在 FLV 视频下方时隐藏控制器；其值为 false 时，不隐藏控制器。

（8）contentPath 参数：用于指定 FLV 流媒体视频文件的 URL 地址。双击该参数，可以弹出“内容路径”对话框，如图 8-38 所示。利用它可以加载 FLV 流媒体视频文件。FLV 流媒体视频文件的 URL 地址可以是本地计算机上的路径、HTTP 路径或实时消息传输协议（RTMP）路径。

图 8-37　“选择外观”对话框

图 8-38　“内容路径”对话框

（9）valume 参数：用于设置 FLV 视频播放音量相对于最大音量的百分比，取值为 0～100。

2．DateChooser（日历）组件

在刚刚启动中文 Flash CS3 或者关闭所有 Flash 文档时，会自动弹出 Flash CS3 的“欢迎”屏幕。如果 Flash 文件设置的是“ActionScript 3.0”版本，则“组件”面板内只有“User Interface”和“Video”两类组件；如果 Flash 文件设置的是“ActionScript 2.0”版本，则“组件”面板内会增加“Data”（数据）和“Media”（多媒体）两类组件。

对于采用“ActionScript 2.0”版本的 Flash 文件，其“组件”面板内“User Interface”类组件中有一个 DateChooser（日历）组件。将“组件”面板内的 DateChooser（日历）组件拖曳到舞台工作区中，可在舞台工作区内创建一个 DateChooser（日历）组件实例，如图 8-39 所示。DateChooser（日历）组件实例的“组件检查器”面板如图 8-40 所示。

图 8-39　“DateChooser”组件实例

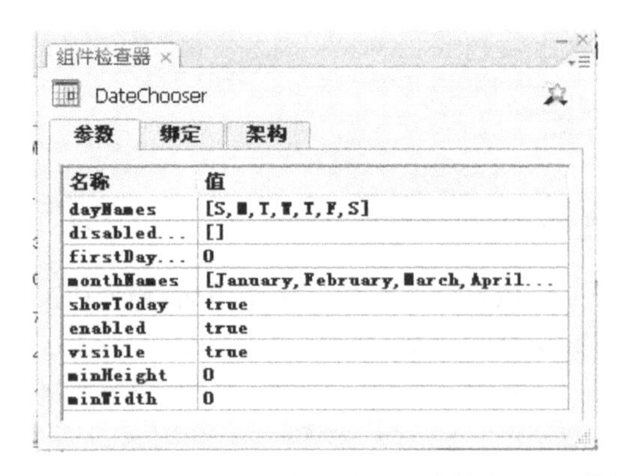

图 8-40　DateChooser 实例的“组件检查器”面板

（1）组件参数设置

◎ datNames 参数：设置一星期中每天的名称。它是一个数组，默认值为[S,M,T,W,T,F,S]，其中第 1 个 S 表示星期天，第 2 个 M 表示星期一，其他类推。

◎ disabledDays 参数：设置一星期中禁用的各天。该参数是一个数组，最多有 7 个值，默认值为[]（空数组）。

◎ firstDayOfWeek 参数：设置一星期中的哪一天（其值为 0～6，0 是 datNames 参数中

的第 1 个数值）显示在日历星期的第 1 列中。

◎ monthNames 参数：设置日历中的月份名称。它是一个数组，默认值为[January,February,March,April,May,June,July,August,September, October,November,December]。

◎ showToday 参数：设置是否要加亮显示今天的日期，其值为 true（默认值）时，为加亮显示；其值为 false 时，为不加亮显示。

（2）组件外观属性设置

DateChooser（日历）组件的外观可以使用 setStyle 方法来设置，格式如下。

【格式】组件实例的名称.SetStyle("属性","参数")

DateChooser（日历）组件的外观属性较多，常用的属性介绍如下。

◎ themeColor 属性：用于设置选择日期时发亮的颜色。其参数值包括 haloGreen、haloBlue、haloOrange 和 haloRed 等。

◎ backgroundColor 属性：用于设置组件的背景颜色，其值可使用十六进制数 0Xrrggbb。

◎ borderColor 属性：用于设置组件的边框颜色。DateChooser（日历）组件使用纯色单像素线作为其边框。

◎ headerColor 属性：用于设置组件标题的背景颜色。

◎ rollOverColor 属性：用于设置鼠标经过日期的背景颜色。

◎ selectionColor 属性：用于设置选定日期的背景颜色。

◎ todayColor 属性：用于设置当前日期的背景颜色。

◎ Color 属性：用于设置文本颜色。

◎ disabledColor 属性：用于设置组件禁用时的文本颜色。

◎ embedFonts 属性：用于设置一个逻辑值，它指示在 fontFamily 中指定的字体是否是嵌入字体。如果 fontFamily 引入了嵌入字体，则此样式不许设置为 true，否则不使用该嵌入字体。如果此样式设置为 true，并且 fontFamily 不引入嵌入字体，则不会显示任何字体。

◎ fontFamily 属性：用于设置文本的字体名称，默认“_sans”。

◎ fontSize 属性：用于设置文本的字体大小，默认 10 磅。

◎ fontStyle 属性：用于选择字体样式 nomal（正常）或 italic（斜体）。

◎ fontWeight 属性：用于选择字体 none（不加粗）或 bold（加粗）。在调用 setStyle()期间，所有组件还可以接收 nomal 值来替代 none，但随后对 getStyle()的调用将返回“none”。

◎ textDecoration 属性：用于设置文本是否要下画线。可以选择 none（不要下画线）或 underline（要下画线）。

操作步骤

（1）新建一个名称为“【任务 44】视频播放器.fla”的 Flash 文档。设置舞台工作区的宽为 420 像素，高为 280 像素，背景色为白色。选中“图层 1”图层第 1 帧，导入一幅框架图像，使它刚好将舞台工作区覆盖。

（2）选中“图层 1”图层第 1 帧，导入一幅框架图像，调整它的大小和位置，使它刚好将舞台工作区完全覆盖。

（3）在“图层 1”图层之上添加“图层 2”图层，选中“图层 2”图层第 1 帧，将“组件”面板内的 FLVPlayback 组件拖曳到舞台工作区内。调整它的大小，如图 8-41 所示。

图 8-41　FLVPlayback 组件

（4）参见第 4 章【任务 18】“星空音乐会”任务中“知识链接”内介绍的“利用 Flash Video Encoder 生成 FLV 文件”内容，将“视频”文件夹中的“袋鼠生活.avi”视频文件生成“袋鼠生活.flv”文件。

（5）单击选中 FLVPlayback 组件实例，打开“组件检查器”面板。双击“source”参数，弹出“内容路径”对话框。单击按钮，可以打开“浏览 FLV 文件”对话框，利用该对话框选择要加载的 FLV 文件“视频/袋鼠生活.flv”，再单击该对话框内的“打开”按钮，即可关闭“浏览 FLV 文件”对话框，回到“内容路径”对话框。单击“确定”按钮，关闭“内容路径”对话框。

（6）双击“组件检查器”面板内的 skin 参数，打开“选择外观”对话框。利用该对话框选择一种组件外观。单击“确定”按钮，更改了组件实例的外观，重新调整其大小和位置。

课后习题 8-5

1．修改【任务 44】“视频播放器”动画，更换播放器的外观和颜色，更换播放的视频。

2．参考【任务 44】“视频播放器”动画的制作方法，制作一个“MP3 播放器”动画。

3．制作一个“日历”动画。默认选中的是当前日期，文字颜色是红色，字体大小为 16 磅。

8.6　模板——【任务 45】中国著名湖泊展示

任务描述

“中国著名湖泊展示”动画播放后，演示窗口内显示一幅框架图像、“中国著名湖泊展示”文字和 3 个按钮，如图 8-42（a）所示。单击右下角的按钮，会显示下一幅画面，如图 8-42（b）所示，它给出了一些湖泊的名称；单击右下角的按钮，会显示下一个动画画面，即“大明湖”图像；单击右下角的按钮，会显示下一个动画画面；单击左下角的按钮，会显示前一个动画画面；单击中间的按钮，可以回到图 8-42（b）所示的画面；单击如图 8-42（b）所示的湖泊名称文字，可以跳转到相应的湖泊画面。例如，单击“千岛湖”文字，可以打开“千岛湖”动画，如图 8-42（c）所示。

（a）

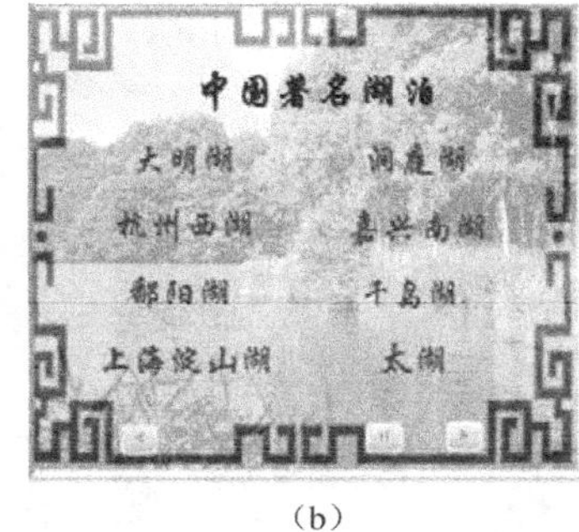

（b）

（c）

图 8-42　“中国著名湖泊展示”动画播放后的 3 幅画面

知识链接

1.“照片幻灯片放映”模板

选择“文件”→“新建”菜单命令，打开“新建文档”对话框，单击“模板”标签，切换到“从模板新建”对话框，如图 8-43 所示。选择“照片幻灯片放映”选项，单击“确定”按钮，进入相应的模板，如图 8-44 所示。

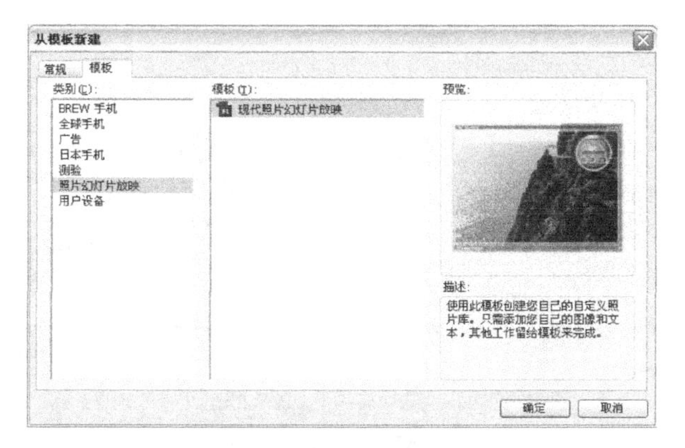

图 8-43　“从模板新建”对话框

图 8-44　“照片幻灯片放映”模板

按【Ctrl+Enter】组合键，播放该动画，可以看到该动画是一个图像浏览器（照片幻灯片放映），它有一个圆形播放器，如图 8-45 所示。将鼠标指针移到按钮之上，会在其中间的窗口内显示提示信息，单击按钮，可以显示上一幅图像；单击按钮，可以显示下一幅图像；单击按钮，切换到自动播放状态，按钮变为按钮；单击按钮，切换到按钮控制播放状态，按钮变为按钮。在播放中，圆形播放器中的 3 个小灯会从左到右依次变亮，显示出图像已经显示的时间，在画面的右上角显示图像的总数和当前播放图像的序号，在画面的左下角显示图像的名称。

这个模板程序已经设计好了，用户可以更换要浏览的图像，增加要浏览的图像，更换图像的名称等。“picture layer”图层中各帧用来保存要浏览的图像，可以更换和增加；

“transparent frame”图层第 1 帧是框架图像，“_overlay”图层第 1 帧是上边标题框架图像，“Title, Date”图层第 1 帧是左上角的标题，“Captions”图层各帧是左下角显示的图像的名称，这些都可以很方便地更换。

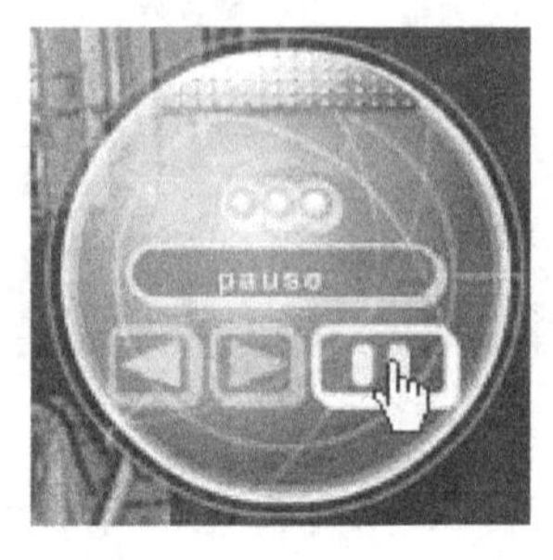

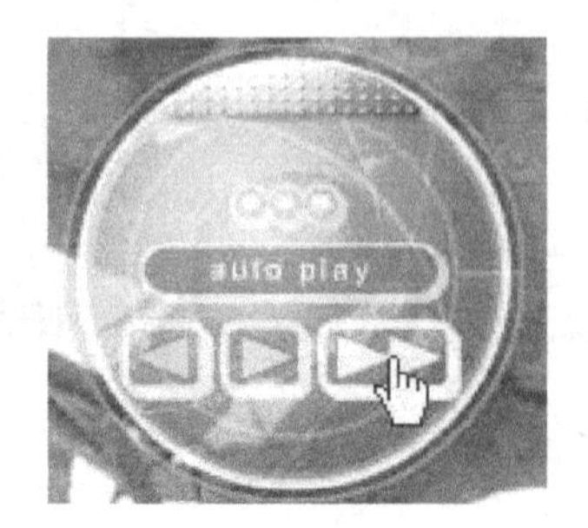

图 8-45 圆形播放器

2．“测验”模板

单击选中“从模板新建”对话框的“类别”栏中的“测验”选项，单击选中“模板”栏内的一种模板，再单击“确定”按钮，即可进入“测验”模板的编辑状态。该模板内有使用方法的提示信息。

操作步骤

1．准备工作

（1）选择“文件”→“新建”菜单命令，打开“新建文档”对话框，在该对话框内选择“Flash 幻灯片演示文稿”选项，如图 8-46 所示。然后，单击“确定”按钮，关闭该对话框，创建一个新的幻灯片应用程序。图中，左边一栏是“屏幕轮廓”栏，如图 8-47 所示。

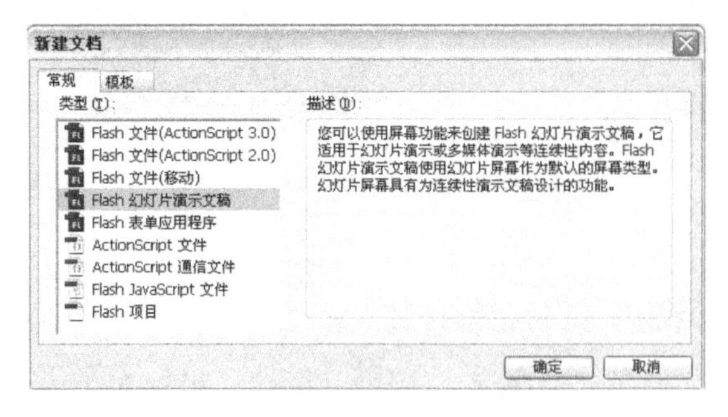

图 8-46 “新建文档”对话框

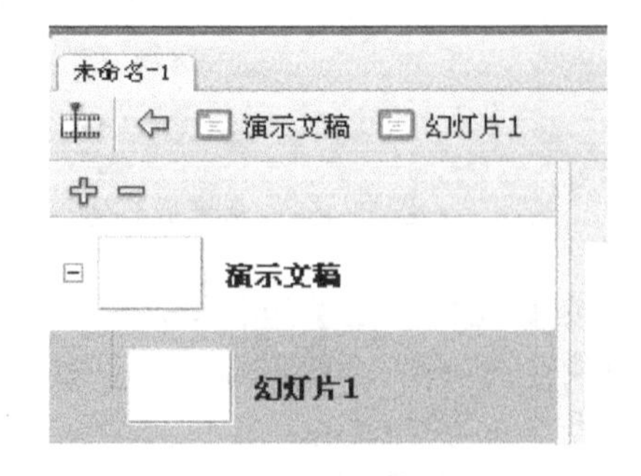

图 8-47 “屏幕轮廓”栏

可以看到，在“屏幕轮廓”栏内自动创建了两个屏幕，“幻灯片 1”屏幕在“演示文稿”屏幕的下边，“演示文稿”屏幕的内容会在“幻灯片 1”屏幕内显示出来。

（2）设置舞台工作区宽为 400 像素，高为 330 像素，以名称“【任务 45】中国著名湖泊展示.fla”保存。导入一幅“图像.jpg”风景图像、一幅框架图像和 8 幅中国著名湖泊图像。

（3）将公用库内的 2 个按钮复制到“【任务 45】中国著名湖泊展示.fla”Flash 文档的

“库”面板内。

（4）创建并进入“图像 1”影片剪辑元件的编辑状态，将“库”面板内的“图像.jpg”风景图像拖曳到舞台工作区的正中心处，调整它的大小宽为 400 像素，高为 330 像素。然后回到主场景。

（5）在“库”面板内创建“按钮”、“图像”和“文字”文件夹，将“库”面板内元件分别移到相应的文件夹中。

2．制作各个画面

（1）单击选中“屏幕轮廓”栏内的“演示文稿”屏幕，在舞台工作区内导入一幅框架图像，调整该图像的大小和位置，使它刚好将舞台工作区完全覆盖。

（2）将“库”面板内的“图像 1”影片剪辑元件拖曳到舞台工作区内，调整该实例的大小和位置，使它刚好将整个舞台工作区完全覆盖。再调整该实例的 Alpha 值为 54%。再将“库”面板内的两个按钮拖曳到舞台工作区内的下边，将其中的按钮复制一份，再将它水平翻转，效果如图 8-48 所示。

（3）单击选中“屏幕轮廓”栏内的“幻灯片 1”屏幕，在舞台工作区内输入红色、华文楷体、加粗、40 磅文字“中国著名湖泊展示”。然后，给该文字添加滤镜效果，使它成立体状，四周有绿色光。调整文字的大小和位置，效果如图 8-49 所示。

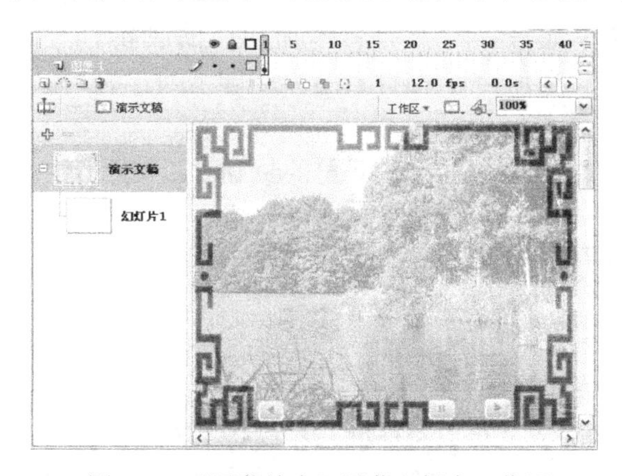

图 8-48　“屏幕轮廓”屏幕和舞台工作区

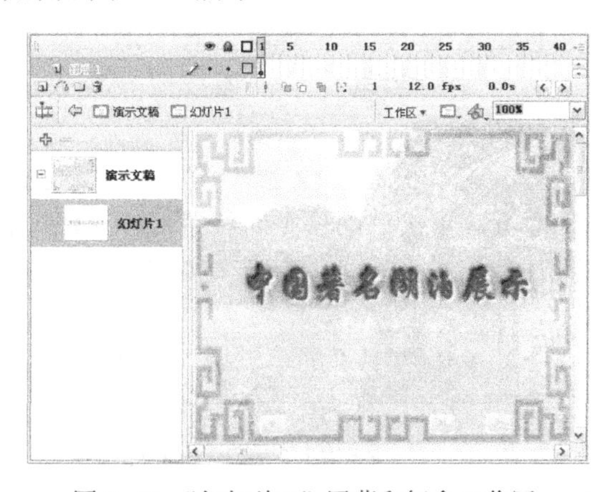

图 8-49　“幻灯片 1”屏幕和舞台工作区

（4）单击“屏幕轮廓”栏内的按钮，增加一个名称为“幻灯片 2”的屏幕，选中“屏幕轮廓”栏内的“幻灯片 2”屏幕，分别输入蓝色、华文行楷、26 号字的“中国著名湖泊名称”，如图 8-42（b）所示。

（5）单击“屏幕轮廓”栏内的按钮，增加一个名称为“幻灯片 3”的屏幕，单击选中“屏幕轮廓”栏内的“幻灯片 3”屏幕，将“库”面板内的“大明湖.jpg”图像元件拖动到框架图像内，调整它的大小（宽为 330 像素，高为 250 像素）和位置，再输入蓝色文字“大明湖”，如图 8-50 所示。

（6）按照上述方法，再添加 7 个“幻灯片”屏幕，分别加载相应的影片剪辑元件实例和输入相应的文字。

（7）双击“屏幕轮廓”栏内的“幻灯片 1”文字，进入文字的编辑状态，将文字改为“欢迎”。双击“幻灯片 2”文字，进入文字的编辑状态，将文字改为“图片标题栏”。

（8）按照上述方法，分别将 11 个“幻灯片”屏幕的名字改为与图像相符的文字。此时的“屏幕轮廓”栏和舞台工作区如图 8-51 所示。

图 8-50 “幻灯片 3”屏幕和舞台工作区

图 8-51 “屏幕轮廓”屏幕和舞台工作区

3. 制作各种行为

（1）单击选中“屏幕轮廓”栏内的“演示文稿”屏幕，单击选中舞台工作区内左下角的按钮，打开“行为”面板，单击该面板内的按钮，打开它的菜单，选择该菜单内的“屏幕”→“转到前一幻灯片”菜单命令，给该按钮添加相应的脚本程序。按钮行为是：当鼠标单击该按钮并释放后，转到前一个幻灯片播放。此时的“行为”面板如图 8-52（a）所示。

（2）选中“演示文稿”屏幕，单击选中舞台工作区内右下角的按钮，调出“行为”面板，单击该面板内的按钮，打开它的菜单，选择该菜单内的“屏幕”→“转到下一幻灯片”菜单命令，给该按钮添加相应的脚本程序。此时的“行为”面板如图 8-52（b）所示。

（3）单击选中“屏幕轮廓”栏内的“演示文稿”屏幕，单击选中舞台工作区内下边的按钮，打开“行为”菜单面板，单击该面板内的按钮，打开它的菜单，选择该菜单内的“屏幕”→“转到幻灯片”菜单命令，打开“选择屏幕”对话框，在该对话框内选择“图片标题栏”选项，如图 8-53 所示。再单击该对话框内的“确定”按钮，给该按钮添加可以转到“图片标题栏”屏幕的脚本程序。此时的“行为”面板如图 8-52（c）所示。

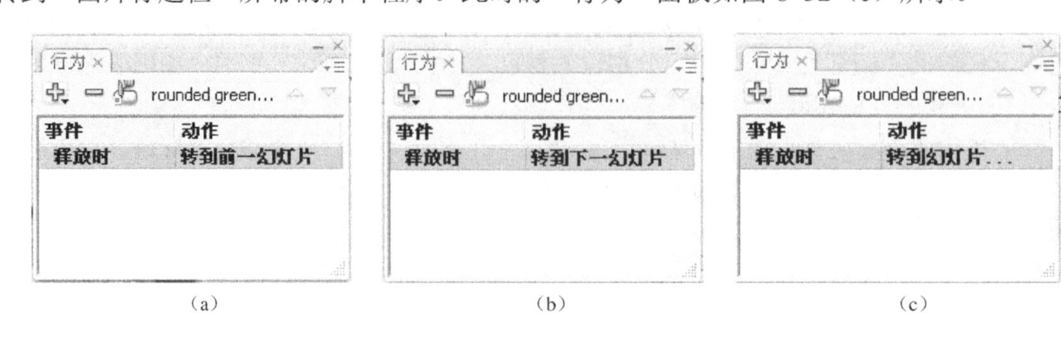

（a）　　（b）　　（c）

图 8-52 按钮的“行为”面板设置

（4）单击选中“屏幕轮廓”栏内的“图片标题栏”屏幕，单击选中舞台工作区内的

“大明湖”文字，打开“行为”面板，单击该面板内的按钮，打开它的菜单，选择该菜单内的“屏幕”→“转到幻灯片”菜单命令，打开“选择屏幕”对话框，在该对话框内选择“大明湖”选项，如图 8-54 所示。再单击该对话框内的“确定”按钮，可给“大明湖”文字添加转到“大明湖”屏幕的脚本程序。

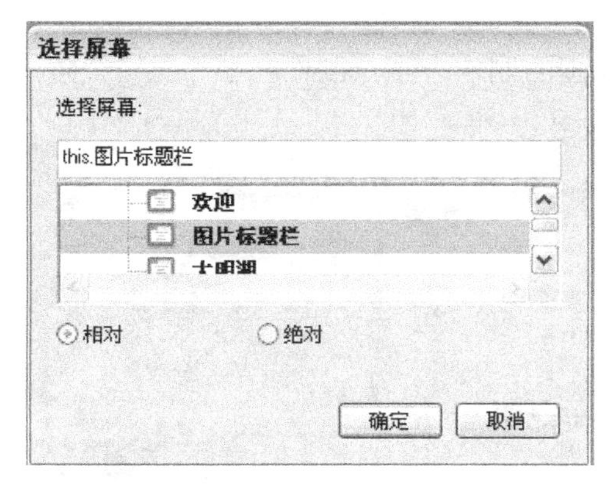

图 8-53　“选择屏幕”对话框

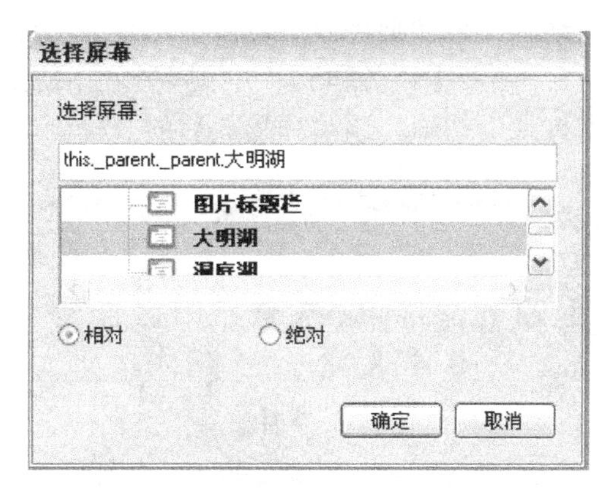

图 8-54　“选择屏幕”对话框

（5）按照上述方法，将“图片标题栏”屏幕中的其他文字均与相应的图像屏幕建立链接。

（6）在完成上述工作后，会在“库”面板内自动生成 8 个影片剪辑元件，各元件内是“图片标题栏”屏幕中相应的链接文字。将它们拖动到“库”面板内的“文字”文件夹中。

（7）选中“屏幕轮廓”栏内的“大明湖”屏幕，打开“行为”面板，单击该面板内的按钮，打开它的菜单，选择该菜单内的“屏幕”→“转变”菜单命令，打开“转变”对话框，在该对话框内进行图像切换转变的设置，如图 8-55 所示。再单击“确定”按钮，可给“大明湖”屏幕设置一种图像切换方式，此处设置“淡入/淡出”效果。

图 8-55　“转变”对话框

（8）按照上述方法，进行“屏幕轮廓”栏内其他屏幕的图像切换方式的设置。

课后习题 8-6

1．参考【任务 45】“中国著名湖泊展示”动画的制作方法，制作一个“Flash 动画浏览”动画，该动画播放后可以像幻灯片一样浏览 10 个 Flash 动画。

2．参考【任务 45】“中国著名湖泊展示”动画的制作方法，制作一个“红楼金陵十二钗幻灯片”动画，该动画播放后的 3 幅画面如图 8-56 所示。

图 8-56 “红楼金陵十二钗幻灯片”动画播放后的 3 幅画面

3．制作一个“文本浏览”动画，它可以浏览 10 个文本文件，文本文件可用滚动条浏览。

4．利用“照片幻灯片放映”模板制作一个“图像浏览器”动画。它有一个圆形播放器，如图 8-45 所示。利用圆形播放器可以浏览 10 幅图像。

5．利用“照片幻灯片放映”模板制作一个“文本浏览”动画，该动画可以使用图 8-45 所示的圆形播放器浏览 10 个文本文件，每个文本文件都可以用滚动条来滚动浏览。

6．利用“照片幻灯片放映”模板制作一个“Flash CS3 动画展示”动画，该动画可以使用图 8-45 所示的圆形播放器播放 10 个不同的 Flash 动画。

反侵权盗版声明

举报电话：（010）88254396；（010）88258888
传　　真：（010）88254397
E-mail：dbqq@phei.com.cn
通信地址：北京市海淀区万寿路 173 信箱
　　　　　电子工业出版社总编办公室
邮　　编：100036